A. W. SOLODOW

THEORIE DER INFORMATIONSÜBERTRAGUNG
IN AUTOMATISCHEN SYSTEMEN

ELEKTRONISCHES RECHNEN UND REGELN

Herausgegeben von

Prof. Dr. HANS FRÜHAUF · Prof. Dr. WILHELM KÄMMERER
Prof. Dr. KURT SCHRÖDER · Prof. Dr. HELMUT THIELE
Prof. Dr. HORST VÖLZ

Sonderband 4

THEORIE DER INFORMATIONSÜBERTRAGUNG IN AUTOMATISCHEN SYSTEMEN

von

A. W. SOLODOW

AKADEMIE-VERLAG · BERLIN
1972

A. W. SOLODOW

THEORIE DER INFORMATIONSÜBERTRAGUNG IN AUTOMATISCHEN SYSTEMEN

In deutscher Sprache herausgegeben

von

Prof. Dr. Horst Völz und Dr. Klaus Fritzsch

Mit 175 Abbildungen und 58 Tabellen

AKADEMIE-VERLAG · BERLIN
1972

А. В. Солодов

Теория информации и ее применение к задачам автоматического управления и контроля

Erschienen im Verlag „Nauka“, Moskau

Übersetzung aus dem Russischen:
Dr. K. Fritzsch, H. Laubsch,
W. Pößel, Dr. H. Weiß

Erschienen im Akademie-Verlag GmbH, 108 Berlin, Leipziger Straße 3–4

Lizenznummer: 202 · 100/603/72
Gesamtherstellung: VEB Druckerei „Thomas Müntzer“, 582 Bad Langensalza
Bestellnummer: 761 424 5(5809) · ES 20 K3, 19 B 5
Printed in German Democratic Republic

VORWORT
DES AUTORS ZUR DEUTSCHEN AUSGABE

Mit der vorliegenden Übersetzung wird der Inhalt meines Buches

Теория информация и ее
применение к задачам автоматического управления и контроля

einem breiten Kreis von qualifizierten Ingenieuren und Wissenschaftlern zugänglich gemacht. Dies ist sehr zu begrüßen, weil nach meiner Überzeugung sowohl diejenigen, die die Informationstheorie in der Regelung und Steuerung anwenden, als auch die Fachleute im engeren Sinne eine faßliche Darstellung der Prinzipien und Methoden dieser Wissenschaft benötigen.

Die deutsche Herausgabe des Werkes wurde durch Vermittlung der Herren Professoren Kindler und Burmeister möglich. Ihnen sowie den beiden Herausgebern der deutschen Ausgabe, Herrn Prof. Völz und Dr. Fritzsch, und dem Akademie-Verlag, Berlin, sei für alle Bemühungen herzlich gedankt.

September 1971 A. Solodow

VORWORT

Sowohl die Entwicklung automatischer Anlagen und Systeme mit elektronischen Rechenmaschinen als auch die ausgedehnte Verwendung von Datenübertragungsstrecken in der Automatisierungs- und Fernwirktechnik haben neue Fragestellungen für die Informationstheorie aufgeworfen. Bei der Untersuchung und Entwicklung automatischer Regelungs- und Überwachungsanlagen müssen auch die Informationsflüsse, die in das System einlaufen und zur Regelung benötigt werden, in Betracht gezogen werden. Deshalb enthalten Lehrbücher und Monographien zur Regelungs- und Steuerungstheorie häufig Abschnitte mit grundlegenden Darstellungen der Informationstheorie.

Aus seinen Vorlesungen weiß der Autor jedoch, daß es dringend notwendig ist, spezielle Anleitungen zu schaffen. Sie sollen jenen Ingenieuren dienen, die sich mit Steuerungs- und Regelungsproblemen befassen, aber keine Spezialisten der Nachrichtentheorie sind. Das vorliegende Buch versucht daher, die Informationstheorie auf die Regelungstechnik anzuwenden, um so den betreffenden Wissenschaftlern und Technikern zu helfen, auf einem für sie zunächst neuen Gebiet erfolgreich tätig zu sein.

Das erste Kapitel ist dem Signalbegriff und seinen verschiedenen Darstellungen gewidmet. Es soll außerdem die wichtigsten Eigenschaften der Signale im Hinblick auf die informationstheoretische Bewertung automatischer Regelungs- und Überwachungssysteme erläutern. Hiermit wird ein bestimmter Zweck verfolgt: Der Leser soll von Anfang an erfassen, daß es sehr wichtig ist, die Eigenschaften der Signale als die Träger von Information zu betrachten. Dies ist um so dringlicher, als in den Vorlesungen über Regelungstheorie gewöhnlich die Eigenschaften der Bauelemente an erster Stelle stehen, und erst danach die Signale, die diese Elemente durchlaufen, behandelt werden.

Das zweite Kapitel formuliert die wichtigsten Begriffe der Regelungstechnik. Es stellt zudem Probleme der Signalübertragung in Regelungs- und Überwachungssystemen dar, soweit dies zum Verständnis der folgenden Kapitel erforderlich ist.

Das dritte Kapitel bringt die Grundbegriffe der Informationstheorie: Entropie, Informationsgehalt, Kanalkapazität. Charakter und Stil der Darstellung dieses Kapitels sind mehr darauf angelegt, das Verständnis des Lesers für den physikalischen Gehalt der Erscheinungen zu wecken, als darauf, eine strenge Begründung zu geben. Dieser Standpunkt dürfte von der Zielstellung des Buches her vollständig gerechtfertigt sein.

In den Kapiteln 4 und 5 werden verschiedene Fragen der Störfestigkeit der Umwandlungseinrichtungen bei geringem und hohem Rauschpegel betrachtet. Sie dürften vor allem Gerätefachleute interessieren.

Das sechste Kapitel schließlich enthält eine Reihe von Ergebnissen, die von unmittelbarer Bedeutung für konkrete Fragestellungen sind.

Jedes Kapitel ist mit Beispielen ausgestattet. Sie veranschaulichen die eine oder andere theoretische Darstellung und zeigen gleichzeitig Methoden für die praktische Anwendung. Das Buch erhebt keinen Anspruch darauf, den Stoff vollständig dargestellt zu haben und allen Anforderungen von seiten der Regelungstechniker gerecht geworden zu sein. Dies erklärt sich unter anderem dadurch, daß die bisherigen Versuche, Ideen und Prinzipien der Informationstheorie in der Regelungstechnik anzuwenden, noch unzulänglich sind. Eines läßt sich allerdings mit Sicherheit voraussagen: Der Rahmen der Regelungstheorie wird sich durch das Eindringen informationstheoretischer Vorstellungen erweitern. Bereits heute zeigen sich die Anfänge neuer fruchtbringender Arbeitsrichtungen.

Der Autor fühlt sich Herrn Professor B. N. Petrow, Mitglied der Akademie der Wissenschaften, für seine Ratschläge bei der Konzeption des Buches zu tiefem Dank verpflichtet. Er dankt außerdem den Dozenten A. I. Aleksejew und A. G. Scheremetjew herzlich für die Durchsicht des Manuskripts und die Zuarbeiten zu den Paragraphen 24, 29, 30 und 35, Herrn Professor W. C. Pugatschow, korr. Mitglied der Akademie der Wissenschaften, und Herrn Dozent D. I. Gladkow für zahlreiche Bemerkungen und Kritiken, die der Vervollkommnung des Buches dienten, und Herrn F. S. Petrow, der sich der mühevollen Arbeit unterzog, das Manuskript zu redigieren.

INHALTSVERZEICHNIS

EINLEITUNG

Die Informationstheorie wurde geschaffen und entwickelte sich anfangs als eine wissenschaftliche Methode, um bestimmte theoretische Probleme der Nachrichtentechnik zu lösen. Heute ist die Informationstheorie als die Grundlage der Informationstechnik zu betrachten [20]. In diesem Sinne erweitert sich ihr Anwendungsbereich ständig. Wir leben in einer Periode, in der sich die wissenschaftlichen Disziplinen differenzieren und gleichzeitig mit Hilfe fundamentaler Prinzipien und Betrachtungsweisen ihre Grundlagen vereinheitlichen. Typisch hierfür ist die Entwicklung der Kybernetik, die eine Reihe von Forschungsrichtungen zusammenführt. Nach einer Definition A. N. KOLMOGOROWS „beschäftigt sie sich mit dem Studium aller möglichen Systeme, die fähig sind, Information aufzunehmen, zu speichern, zu verarbeiten sowie zur Steuerung und Regelung zu verwenden."

Was ist der Gegenstand der Informationstheorie? Gemäß der obigen Definition der Kybernetik ist es zulässig, die Informationstheorie als den Teil der Kybernetik anzusehen, der sich der Untersuchung der Speicherung, Übertragung und Verarbeitung der Information widmet.

Gegenwärtig haben sich deutlich zwei Zweige der Informationstheorie herausgebildet: ein mathematischer, in dem ein geschlossener Kalkül entwickelt wird, und ein angewandter, der die Ergebnisse der Grundlagenuntersuchungen auf die Lösung konkreter technischer Probleme überträgt.

Im Hintergrund stand dabei immer die Aufgabe, Nachrichten durch Codierung vor Störungen zu schützen.

Typische Beispiele für Arbeiten der mathematischen Richtung sind das Buch von A. FEINSTEIN [12] sowie die Arbeiten von A. N. KOLMOGOROW [21] und A. J. CHINTSCHIN [9].

Die zweite Richtung läßt sich am besten durch solche Werke wie die in methodischer Hinsicht mustergültigen Monographien von A. A. CHARKEWITSCH [6], [8] sowie die Bücher von S. GOLDMAN [16] und L. BRILLOUIN [5] charakterisieren. Auch die Arbeiten des Begründers der Informationstheorie, C. SHANNON [33], [34], gehören hierher. Ein Werk eigener Art ist das Buch von R. FANO [11]. Es enthält nicht nur Behauptungen mit den zugehörigen Beweisen, sondern erläutert parallel dazu den physikalischen Gehalt der Grundgedanken.

Für den deutschen Leser sei das Buch von P. FEY [14] empfohlen (Anm. des Herausgebers).

Im Rahmen einer detaillierten Darstellung muß auch die Frage des Begriffs *Information* selbst angeschnitten werden. Die folgende Definition Brillouins [5] sei hier verwendet (Übersetzung nach dem englischsprachigen Original): „Als Lösung eines Problems nehmen wir solange eine Reihe möglicher Antworten an, wie keine spezielle Information über die tatsächliche Situation verfügbar ist. Gelangen wir in den Besitz einiger Kenntnisse (Informationen) über das Problem, so reduziert sich die Zahl der möglichen Antworten. Eine vollständige Kenntnis (Information) läßt nur eine einzige Antwort zu. Die Information ist eine Funktion des Verhältnisses der Zahl möglicher Antworten vor und nach dem Erhalt spezieller Kenntnisse über das Problem . . .“.

Die Informationstheorie untersucht demnach die quantitativen Beziehungen in zufälligen Erscheinungen bzw. in Stichprobenprozessen. Die qualitative Seite der Information, die im Hinblick auf den Denkprozeß und die Bewertung empfangener Nachrichten von Bedeutung ist, hat in der herkömmlichen Theorie noch keine allgemein anerkannte Darstellung gefunden. Das bedeutet, daß nach der gegenwärtigen Anschauung die Informationsmenge eines Nachrichtenensembles bei beliebiger Aufeinanderfolge der Ereignisse unverändert bleibt, sofern nur die Wahrscheinlichkeit ihres Eintretens konstant ist. Hierin zeigt sich eine wesentliche Beschränkung der Theorie. Andererseits ist innerhalb der systematisch ausgearbeiteten Gebiete die Lösung vielfältiger technischer Aufgaben möglich, zum Beispiel, wenn es darum geht, Bedingungen zu finden, unter denen optimale Ergebnisse zu erreichen sind. Das System von Prinzipien, Behauptungen und Theoremen, aus denen sich die Informationstheorie heute zusammensetzt, entstand nicht von einem Tag auf den anderen. Die rasche Entwicklung der Elektro- und Funktechnik seit dem Ende der zwanziger und dem Beginn der dreißiger Jahre führte zu einer Reihe prinzipieller Probleme. Die wesentlichen Kenngrößen von Kommunikationssystemen mußten exakt erfaßt werden. Die Güte einer Nachrichtenübertragung bedurfte einer Bewertung mit objektiven Maßstäben. 1928 unternahm R. L. Hartley den Versuch, die Informationsmenge quantitativ zu fassen [18]. Er postulierte, daß sie sich logarithmisch mit der Zahl der Auswahlmöglichkeiten ändere. 1933 veröffentlichte W. A. Kotelnikow eine Arbeit, in der er einen Satz über die diskrete Darstellung von Zeitfunktionen mit begrenztem Spektrum formulierte. Mit Hilfe dieses Satzes ist es möglich, praktische Hinweise zur Bestimmung der Kanalkapazität von Übertragungsstrecken zu geben.

Also wurden schon zu Beginn der Entwicklung der Nachrichtentechnik Aufgaben betrachtet, die klar zu formulieren, in der Folgezeit zum Kern einer neuen Theorie wurden. Doch erst zu Ende der vierziger Jahre waren die Prinzipien, aus denen sich die moderne Informationstheorie bildet, geschlossen dargestellt und seither beherrschen statistische Betrachtungsweisen die Nachrichten- und Regelungstheorie. Sie sind dargelegt in den fundamentalen Arbeiten von A. N. Kolmogorow (1941) und N. Wiener (1948) über die Interpolation, Extrapolation und Filterung von Zufallsprozessen, in den Untersuchungen W. A. Kotelnikows zur Zuverlässigkeit von Nachrichtenverbindungen (1946) und schließlich in dem 1948 veröffentlichten Beitrag C. SHANNONS „The Mathematical Theory of Communication". Damit war der Grund für einen neuen Wissenschaftszweig gelegt, der zugleich den Kern aller nachfolgenden Richtungen der statistischen Kommunikations- und Regelungstheorie bildet.

Allen erwähnten Arbeiten ist die statistische Beschreibung von Nutz- und Störsignalen gemeinsam. Sie wurden interessanterweise zu Ausgangspunkten unterschiedlicher Teilgebiete der Kommunikations- und Regelungstheorie.

Welche Besonderheiten der Informationstheorie verdienen nun speziell die Aufmerksamkeit der Regelungstechniker?

Erstens ist das die Allgemeinheit der Resultate. Anerkanntermaßen gibt es in der Regelungstheorie kein Theorem, das dem SHANNONschen Theorem über die Kanalkapazität oder den KOTELNIKOWschen Gleichungen über die Störfestigkeit gleichwertig ist. Der Wunsch, den Geltungsbereich der Informationstheorie über die Nachrichtentechnik hinaus zu erweitern, ist deshalb ganz natürlich. Diese Erweiterung ist deshalb so dringlich, weil die Strukturen der Regelsysteme immer komplizierter werden und darin in steigendem Maße Rechner zum Einsatz kommen. Vor nicht allzu langer Zeit waren in den Regelungssystemen wegen der einfachen Regelungen große Reserven für eine rasche Informationsverarbeitung vorhanden. Jetzt sind die Regelsysteme oft derart kompliziert, daß selbst superschnelle Rechner nicht imstande sind, den einlaufenden Informationsfluß zu verarbeiten.

Zweitens lassen sich mit Hilfe der Informationstheorie die erreichbaren Grenzwerte der Systemparameter bestimmen. Dieses Problem ist in der Regelungstechnik nicht neu — es reicht bis in die ersten Anfänge der Regelungstheorie zurück. Als die Stabilitätskriterien gefunden worden waren, ließen sich zum Beispiel die Grenzwerte angeben, bei denen eine Steuerung prinzipiell gerade noch möglich ist. Nachdem in neuerer Zeit Methoden entwickelt wurden, um Operatoren für Optimalsysteme zu konstruieren, ist es möglich, die maximal erreichbare Genauigkeit einer Steuerung bei gegebenen Betriebsbedingungen vorauszusagen. Auf viele Fragen gibt es jedoch keine Antwort. Daher macht es sich nunmehr erforderlich, Regelungssysteme sowohl hinsichtlich ihrer Genauigkeit als auch unter dem Informationsaspekt zu bewerten.

Drittens sind viele informationstheoretische Methoden zur Lösung spezieller Aufgaben geeignet. So kommen die Regeln der optimalen Codierung den Prinzipien für die Konstruktion von optimalen Such- und Überwachungssystemen sehr nahe. Die Resultate der Theorie der störgeschützten Codes können daher dazu dienen, einen Zugang zur Lösung von Aufgaben zur Optimierung von Systemparametern in Regelkreisen zu gewinnen. Gleichzeitig muß jedoch davor gewarnt werden, sich falsche Vorstellungen über die Möglichkeiten der Informationstheorie zu machen und darin fertige Rezepte zu erwarten, mit denen alle Probleme der Informationsübertragung gelöst werden können.

Gegenwärtig kommt ein ständig wachsender Kreis von Regelungstechnikern mit diesen oder jenen Fragen der Informationsübertragung und -wandlung in Berührung. Es kann kein Zweifel darüber bestehen, daß wir in nächster Zukunft erleben werden, wie zahlreiche Betrachtungsweisen der Informationstheorie in die Regelungstheorie eindringen. Dieser Prozeß darf sich jedoch nicht auf den relativ kleinen Kreis von Theoretikern beschränken. Er erfordert die Aufmerksamkeit jener breiten Schicht von Fachleuten, die die praktischen Aufgaben lösen und gleichzeitig aktiv nach Mitteln und Wegen suchen, um die neuen theoretischen Erkenntnisse anzuwenden.

Dafür ist eine zureichende und umfassende Darlegung der grundlegenden Prinzipien und Ideen erforderlich. Der vorliegende Band ist ein Versuch, dieser Aufgabe, so gut es geht, gerecht zu werden.

KAPITEL I

Die Darstellung der Signale

§ 1. Allgemeine Bemerkungen

Der Begriff des Signals spielt eine entscheidende Rolle bei der Übertragung, der Umwandlung und dem Empfang von Informationen in automatischen Systemen.

Das Signal ist im weitesten Sinne des Wortes der materielle Träger von Informationen. Die Mannigfaltigkeit der Signale ist jedoch so groß, daß eine erschöpfende Definition des Signalbegriffes für alle Anwendungsfälle nicht möglich ist. In den weiteren Ausführungen werden daher nur solche Signale interessieren, die der Nachrichtenübertragung und der Regelung dienen.

Als Signale kommen vor allem mechanische und elektrische Zustandsänderungen und elektromagnetische Schwingungen (Radiowellen oder Licht) in Frage. In dem einen oder anderen Fall soll die Signaldefinition präzisiert werden, wenn es die Aspekte der Anwendung oder der Untersuchungsgegenstand erfordern.

Bei der Analyse der Prozesse, in denen Signale eine Rolle spielen, zeigt sich, daß bei weitem nicht alle Eigenschaften der physikalischen Größen oder der materiellen Objekte, die als Signale dienen, wesentlich sind. Es hat immer nur eine geringe Zahl dieser Eigenschaften praktische Bedeutung. So ist für das Telegrafiesignal nur die zeitliche Änderung von Strom (oder Spannung) von Bedeutung. Im Schallsignal ist nur die Intensitätsverteilung im Frequenzband entscheidend, die Phasenbeziehungen sind unwesentlich. Beim Buchdruck ist die Information unabhängig von Form und Farbe der Schrift.

Ein und dasselbe materielle Objekt kann in seiner Eigenschaft als Signal unterschiedliche mathematische Beschreibungen oder *Darstellungen* besitzen. Darstellungen von Signalen sind mathematische Modelle, die Grundeigenschaften realer Signale hinreichend vollständig widerspiegeln. Es handelt sich dabei um jene Grundeigenschaften, die für die Lösung der vorgegebenen Aufgaben wesentlich sind. Je umfassender eine Signaldarstellung ist, um so breiter läßt sie sich anwenden.

Bis vor kurzem genügten in der Regelungstheorie noch solche elementaren Signale wie Treppen- oder Sinusfunktion. Damit konnten fundamentale dynamische Eigenschaften des Systems bestimmt werden. Es konnten sogar Genauigkeitsbetrachtungen angestellt werden, obwohl derartige Signale von den real vorhandenen beträchtlich abweichen. Die theoretische und praktische Weiterentwicklung automatischer Systeme erforderte jedoch kompliziertere Signaldarstellungen, insbesondere in Form von stationären Zufallsprozessen. Da die

Theorie der Zufallsprozesse sehr weit gediehen ist, konnten in letzter Zeit auch nichtstationäre Prozesse als Signalmodelle verwendet werden.

Es ist aber keineswegs so, daß das die Anwendung elementarer Darstellungen, ähnlich der oben erwähnten Treppen- bzw. Sinusfunktionen, ausschließt. Vielmehr haben alle Darstellungen ihre Existenzberechtigung. In der Regel hängt es vom gewünschten Endergebnis ab, welche Darstellung zu bevorzugen ist.

Die in automatischen Systemen verwendeten Signale können somit in zwei Hauptgruppen eingeteilt werden: in determinierte und stochastische Signale.

Ein Signal heißt *determiniert*, wenn seine Werte zu jeder beliebigen Zeit bekannte Größen sind[1]). Wenn die Werte des Signals zu jeder beliebigen Zeit Zufallsgrößen sind, dann heißt ein derartiges Signal Zufallssignal (seltener stochastisches Signal, Anm. d. Hrsg.).

Die Signale aus jeder der beiden Gruppen können ihrerseits wieder in kontinuierliche und diskrete Signale unterteilt werden.

Ein Signal heißt *kontinuierlich*, wenn es in einem bestimmten Zeitabschnitt T jeden Wert innerhalb eines durch Minimum und Maximum begrenzten Intervalls annehmen kann. Im Zeitabschnitt T gibt es keinen Punkt, in dem das Signal nicht jeden beliebigen zugelassenen Wert annehmen könnte.

Ein Signal heißt *diskret*, wenn es bezüglich des Pegels oder der Zeit (oder gleichzeitig bezüglich Pegel und Zeit) quantisiert ist. Bei der Quantisierung bezüglich des Pegels werden die im gegebenen Zeitmoment möglichen Werte des Signals auf eine bestimmte endliche Zahl erlaubter Pegel begrenzt, deren Abstand voneinander endlich ist. Bei der Quantisierung bezüglich der *Zeit* wird das Signal nur durch seine Werte in bestimmten fixierten Zeitpunkten dargestellt.

Ein einfach quantisiertes Signal (d. h., das Signal ist entweder nur bezüglich des Pegels oder nur bezüglich der Zeit quantisiert) heißt bisweilen diskret-kontinuierlich, und als diskret gelten Signale, die gleichzeitig sowohl im Pegel als auch in der Zeit quantisiert sind. Diese letztere Definition wird hier nicht benutzt.

Ein typisches Beispiel für ein diskretes Signal, dessen Pegel quantisiert ist, ist die Ausgangsspannung eines groben Drahtpotentiometers. Hier ist die Ausgangsspannung infolge der Widerstandssprünge, die durch den Übergang des Potentiometerabgriffes von einer Windung zur andern verursacht werden, quantisiert. Ein Beispiel für ein diskretes zeitlich quantisiertes Signal ist eine amplitudenmodulierte Impulsfolge. Schließlich ist das Telegrafiesignal ein Beispiel für ein diskretes Signal, das sowohl nach der Zeit als auch nach dem Pegel quantisiert ist. Den einzelnen Quantisierungsstufen entsprechen die verschiedenen Buchstaben des Alphabets (Morse-Code) oder die ihnen entsprechenden Dualzahlen (Telegrafen-Code).

---

[1]) Verabredungsgemäß soll unter einem Signal das mathematische Modell eines physikalischen Sachverhalts verstanden werden.

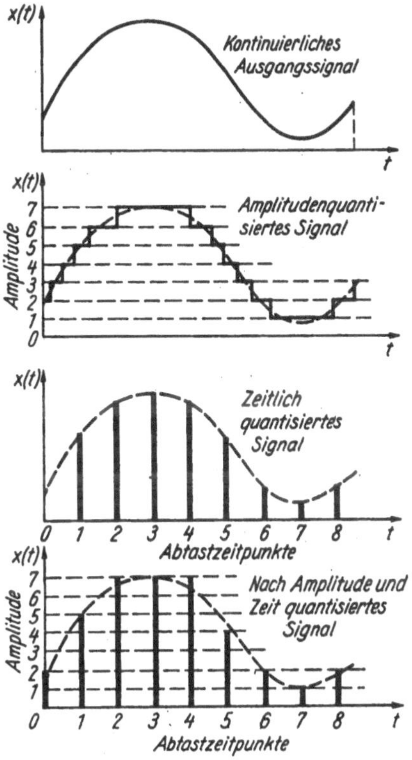

Abb. 1.1

In Abb. 1.1 sind stetige Ausgangssignale und die verschiedenen Arten ihrer diskreten Darstellung erläutert.

§ 2. Determinierte Signale

Die dynamischen Eigenschaften automatischer Systeme werden sehr oft mit Hilfe determinierter Signale untersucht. Bei entsprechender Auswahl der Signalformen lassen sich so die hauptsächlichsten dynamischen Kennlinien des betreffenden Systems finden.

1. Elementare determinierte Signale

Zunächst werden zwei Arten elementarer determinierter Testsignale beschrieben, die in der Theorie der linearen Regelungssysteme eine wichtige Rolle spielen. Elementar sind diese Signale nur wegen ihrer einfachen Darstellung. Sie werden durch einen oder höchstens zwei Parameter gekennzeichnet.

a) **Der ideale Einheitspuls.** Als idealer Einheitspuls wird ein Signal in Form der sogenannten Delta-Funktion betrachtet, deren Eigenschaften durch folgende Beziehungen bestimmt werden:

$$\delta(t-\xi)=\begin{cases}0 & \text{für}\quad t\neq\xi\,,\\ \infty & \text{für}\quad t=\xi\,.\end{cases} \tag{1.1}$$

$$\int_a^b f(t)\,\delta(t-\xi)\,dt=f(\xi)\,. \tag{1.2}$$

Hier bedeutet $\delta(t-\xi)$ die Deltafunktion, t ist die Zeit, ξ der Pulszeitpunkt, a und b sind beliebige reelle Zahlen (einschließlich $\pm\infty$).

Im vorliegenden Fall idealisiert das mathematische Modell den realen Puls in dem Sinne, daß seine Breite gleich Null und seine Amplitude gleich Unendlich ist. Diese Parameter sind der direkten Betrachtung somit nicht zugänglich. Die „Fläche" eines solchen idealisierten Pulses bleibt dabei endlich. Sie ist gleich Eins, da aus Gl. (1.2) für $f(t)=1$ folgt

$$\int_a^b \delta(t-\xi)\,dt=1\,,\qquad a<\xi<b\,. \tag{1.3}$$

Daher ist der einzige Parameter dieses Signales der Pulszeitpunkt ξ. Für $a=0$ und $b=t$ ergibt sich aus Gl. (1.3)

$$\int_0^t \delta(t-\xi)\,dt=1\,. \tag{1.3a}$$

Hieraus folgt, daß die Integration über die Delta-Funktion einen konstanten Wert ergibt, der gleich Eins ist. Erscheint der Impuls zur Zeit $t=\xi$, so ist das Integral für $t>\xi$ ungleich Null. Mathematisch formuliert wird dieser Tatbestand mit Hilfe des Ausdrucks $\mathbf{1}(t-\xi)$. Dann wird Gl. (1.3) exakter durch die Beziehung

$$\int_0^t \delta(t-\xi)\,dt=\mathbf{1}(t-\xi) \tag{1.4}$$

ausgedrückt. Die Differentiation von Gl. (1.4) nach der Zeit ergibt

$$\delta(t-\xi)=\frac{d}{dt}\mathbf{1}(t-\xi)\,. \tag{1.5}$$

Die Funktion $\mathbf{1}(t-\xi)$ wird Einheitssprungfunktion oder auch einfach Einheitssprung genannt.

Der Einheitssprung erscheint beispielsweise am Ausgang eines Integriergliedes, wenn am Eingang ein idealer Einheitspuls anliegt (Abb. 1.2a). Umgekehrt erzeugt ein Differenzierglied den Einheitspuls, wenn ihm ein Einheitssprung zugeführt wird (Abb. 1.2b).

Es ist leicht einzusehen, daß der Maßstab der Einheitssprungfunktion beliebig geändert werden kann, indem sie mit einer Konstanten multipliziert wird. Dann hat die Delta-Funktion denselben konstanten Faktor, der die entsprechende Änderung der „Fläche" der Delta-Funktion (im Verhältnis zur „Einheitsfläche") angibt. Mit Hilfe der Delta-Funktion kann eine Folge idealisierter

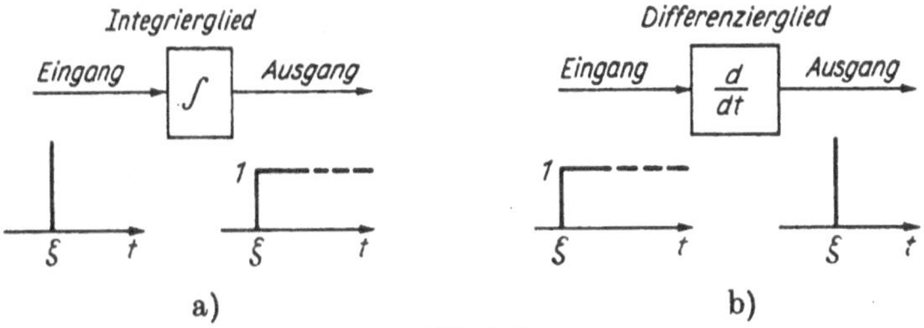

Abb. 1.2

Pulse dargestellt werden. Die Amplitude kann konstant oder veränderlich sein, die Pulsperiode ist gleich T_p (Abb. 1.3).

Bei konstanter Amplitude gilt

$$x(t) = \sum_{i=1}^{N} a\,\delta\,(t - i\,T_p) \tag{1.6}$$

und für veränderliche Amplitude lautet die Gleichung

$$x(t) = \sum_{i=1}^{N} x\,(i\,T_p)\cdot\delta\,(t - i\,T_p)\,. \tag{1.6a}$$

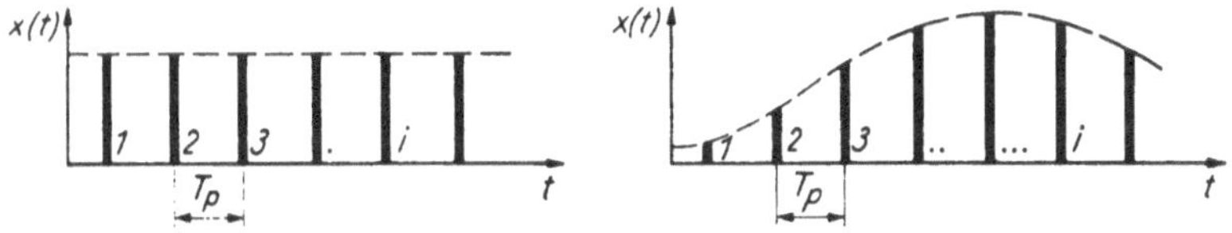

Abb. 1.3

Hierbei muß der symbolische Charakter der Faktoren a (in Gleichung (1.6)) und $x(i\,T_p)$ (in Gleichung (1.6a)) beachtet werden. Sie legen die „Flächen" der entsprechenden Delta-Funktionen fest. (Die Amplituden sind gleich Unendlich.)

b) **Sinusförmige Testsignale.** Sinusförmige Signale werden in der Übertragungstechnik sehr oft benutzt. Sie werden in der Regel durch zwei Parameter gekennzeichnet: die Amplitude a und die Kreisfrequenz ω der Schwingung[1]). Jedoch ist zu beachten, daß die Funktion $a \sin \omega t$ zeitlich unendlich ausgedehnt ist und damit genau genommen kein physikalisch mögliches Signal darstellt. Jedes reale Signal besitzt Anfang und Ende. Wird jedoch die zeitliche Wirkung des Signals auf ein bestimmtes Intervall T beschränkt, dann ergibt sich an Stelle der Sinusfunktion nur ein Abschnitt daraus, was keinesfalls dasselbe ist. In den meisten Fällen spielt die endliche Dauer keine wesentliche Rolle. Im folgenden wird deshalb stets angenommen, daß das betrachtete Sinussignal schon unendlich lang eingeschaltet ist.

---

[1]) Es muß zwischen der Frequenz f und der Kreisfrequenz $\omega = 2\pi f$ unterschieden werden. Wie vielfach in der Literatur wird vereinfacht auch für ω bzw. Ω der Begriff Frequenz verwendet werden (Anm. des Herausgebers).

2. Beliebige determinierte Signale und ihre Darstellung durch elementare Signale

Ein beliebiges determiniertes Signal sei eine bestimmte vorgegebene Zeitfunktion $x(t)$. Im allgemeinen erfordert die Darstellung des Signals in dieser direkten Form, daß in jedem Einzelfall untersucht wird, welche systemspezifischen Transformationen auf die konkrete Form des Signals anwendbar sind. Damit ist es unmöglich, alle Eigenschaften des Signals in bezug auf das Übertragungssystem hinreichend klar und vor allem allgemein genug zu definieren. Deshalb wird das determinierte Signal in den meisten Fällen durch eine geeignet zu wählende Gesamtheit elementarer Signale dargestellt.

Die Grundlage derartiger Betrachtungen sind FOURIER-Reihen und Integraltransformationen der Form

$$f(s) = \int_a^b W(s, \lambda) f(\lambda)\, d\lambda\,. \tag{1.7}$$

Bekanntlich kann jede Funktion $x(t)$, die im Intervall $0 \leqq t \leqq T$ die DIRICHLETschen Bedingungen erfüllt, in eine FOURIER-Reihe zerlegt werden, d. h., sie wird exakt oder näherungsweise durch die Summe der Harmonischen mit entsprechenden konstanten Koeffizienten dargestellt[1])

$$x(t) = \sum_{k=-\infty}^{\infty} C_k\, e^{2\pi k j \frac{t}{T}}\,, \tag{1.8}$$

$$C_k = \frac{1}{T} \int_0^T x(t)\, e^{-2\pi k j \frac{t}{T}}\, dt\,. \tag{1.9}$$

Wenn also die Funktion $x(t)$ eine endliche Länge besitzt (d. h. in der Zeit beschränkt ist) und die oben genannten Bedingungen erfüllt, kann sie beliebig genau durch eine Summe elementarer determinierter sinusförmiger Signale hergestellt werden. Dabei wird jedes elementare Signal durch seine Amplitude (Gl. 1.9) und seine Kreisfrequenz $\frac{2\pi k}{T} = \omega_k$ gekennzeichnet. Die grafische Darstellung dieses Sachverhaltes zeigt Abb. 1.4. Die Entfernung zwischen benachbarten Harmonischen längs der Frequenzachse ist gleich $\frac{2\pi}{T}$.

Wenn die Funktion $x(t)$ zeitlich nicht begrenzt ist, jedoch in jedem beliebigen endlichen Intervall die DIRICHLETschen Bedingungen und zusätzlich die Bedingung

$$\int_{-\infty}^{+\infty} |x(t)|\, dt < \infty\,, \tag{1.10}$$

---

[1]) Die DIRICHLETschen Bedingungen lauten:

a) Der Definitionsbereich der Funktion kann in eine endliche Anzahl von Intervallen aufgeteilt werden, wobei $x(t)$ in jedem dieser Intervalle stetig und monoton ist;

b) an jeder Sprungstelle von $x(t)$ existieren die Grenzwerte $x(t-0)$ und $x(t+0)$.

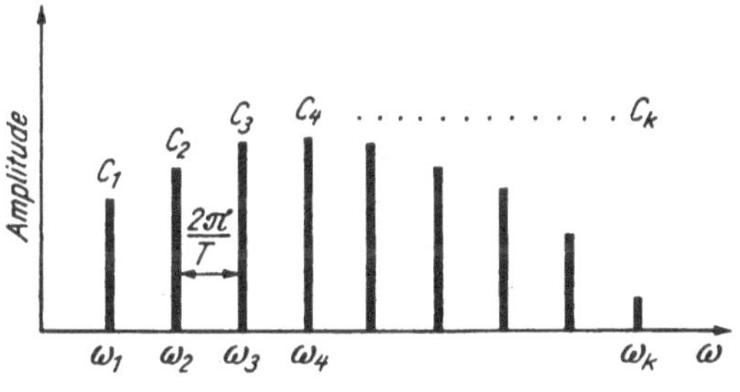

Abb. 1.4

erfüllt, d. h. das Integral (1.10) konvergiert, dann kann sie durch folgendes Integral dargestellt werden

$$x(t) = \frac{1}{2\pi} \int_{-\infty}^{+\infty} e^{j\omega t}\, d\omega \int_{-\infty}^{+\infty} x(t)\, e^{-j\omega t}\, dt \,. \tag{1.11}$$

Dies ist das sogenannte Fourier-Integral. Die Gl. (1.11) wird häufig auch durch folgende Integrale ausgedrückt

$$X(j\,\omega) = \int_{-\infty}^{+\infty} x(t)\, e^{-j\omega t}\, dt \,, \tag{1.12}$$

$$x(t) = \frac{1}{2\pi} \int_{-\infty}^{+\infty} X(j\,\omega)\, e^{j\omega t}\, d\omega \,. \tag{1.13}$$

Das erste Integral ist die Zeit-Frequenz-Fourier-Transformation, das zweite Integral die dazu reziproke Transformation. Ein Vergleich der Ausdrücke (1.7) und (1.13) zeigt, daß die reziproke Fourier-Transformation ebenfalls eine Integraltransformation der Form (1.7) mit dem Kern

$$W(t, \omega) = \frac{1}{2\pi} e^{j\omega t} \qquad (\lambda = \omega,\, s = t,\, a = -\infty,\, b = \infty)$$

darstellt.

Somit stellt das Integral (1.13) die Funktion $x(t)$ in Gestalt einer Summe von unendlich vielen Harmonischen mit stetig veränderlicher Kreisfrequenz ω dar, d. h., das Integral beschreibt die Zerlegung der Funktion in ein stetiges Spektrum mit der Dichte $X(j\,\omega)$.

Offenbar ist der Integralkern $e^{j\omega t}$, der die Fourier-Transformation liefert, nicht die einzige Möglichkeit, Gl. (1.7) zu konkretisieren. Sicher sind auch andere Darstellungen der Funktion $x(t)$ aus elementaren Komponenten möglich. In der Tat sind eine Reihe anderer Transformationen bekannt. Interessant ist die Transformation (1.2), die in folgender Form geschrieben werden kann:

$$x(t) = \int_{-\infty}^{+\infty} \delta(u - t)\, x(u)\, du \,. \tag{1.14}$$

Der Vergleich von Gl. (1.14) mit Gl. (1.7) zeigt, daß wieder eine Integraltransformation vorliegt, jedoch mit dem Kern $\delta(t - u) = W(u, t)$.

Es kann in Analogie mit den vorhergegangenen Ausführungen geschlossen werden, daß die Gl. (1.14) eine Zerlegung der Funktion $x(t)$ in eine unendliche Folge von Delta-Funktionen ist. Dabei werden die zugehörigen „Flächen" durch die entsprechenden Werte der zerlegten Funktion selbst bestimmt.

Diese Zerlegung hat eine erhebliche Bedeutung in der Theorie der linearen Systeme. Mit ihrer Hilfe kann die Reaktion des Systems auf ein willkürliches Eingangssignal bestimmt werden, indem es in einfache Eingangssignale, z. B. Delta-Funktionen, zerlegt wird. Die Reaktionen auf diese einfachen Signale werden überlagert. Damit ist das gewünschte Ergebnis erreicht [39].

3. Determiniert modulierte Signale

In der Technik der Informationsübertragung haben die sogenannten modulierten Signale große Bedeutung. Als Modulation wird die Transformation des Grundsignalspektrums mittels eines zusätzlichen Trägersignals bezeichnet. Dabei wird im Verlaufe der Modulation der eine oder andere Parameter des Trägers entsprechend der Veränderung des Grundsignales geändert. Als Träger sind Sinusschwingungen und Pulsfolgen besonders ausgezeichnet. Dementsprechend ist die Modulation entweder kontinuierlich oder pulsförmig.

a) Kontinuierliche Modulation

Bei der kontinuierlichen Modulation ist der Träger eine Sinusschwingung hoher Frequenz (Trägerfrequenz)

$$u = U_0 \cos(\omega_0 t + \varphi_0) . \tag{1.15}$$

Die Parameter der nichtmodulierten Trägerschwingung sind Amplitude U_0, Kreisfrequenz ω_0 und Phase φ_0. Es ergeben sich drei Arten der Modulation, je nachdem, welcher der drei Parameter geändert wird.

Bei der *Amplitudenmodulation* (*AM*) ändert sich die Schwingungsamplitude bezüglich U_0 in Abhängigkeit vom Signal $x(t)$

$$U = U_0 + \Delta U \, x(t) , \tag{1.16}$$

wobei der konstante Koeffizient ΔU den Einfluß des Signals $x(t)$ auf die Amplitude kennzeichnet.

Bei der *Frequenzmodulation* (*FM*) ändert sich die Frequenz der Schwingung bezüglich ω_0 in Abhängigkeit vom Signal $x(t)$

$$\omega = \omega_0 + \Delta\omega \, x(t) , \tag{1.17}$$

wobei der konstante Koeffizient $\Delta\omega$ den Einfluß des Signals $x(t)$ auf die Frequenz kennzeichnet.

Bei der *Phasenmodulation* (*PM*) ändert sich die Phase der Schwingung bezüglich φ_0 in Abhängigkeit vom Signal $x(t)$

$$\varphi = \varphi_0 + \Delta\varphi \, x(t) , \tag{1.18}$$

wobei der konstante Koeffizient $\Delta\varphi$ den Einfluß des Signals $x(t)$ auf die Phase der Schwingung kennzeichnet.

Wird der Ausdruck (1.16) an Stelle von U_0 in Gl. (1.15) eingesetzt, ergibt sich für die Amplitudenmodulation

$$u_{\mathrm{AM}} = U_0\left[1 + \frac{\Delta U}{U_0}\,x(t)\right]\cos\omega_0 t \tag{1.19}$$

(hier ist φ_0 weggelassen worden).

Wird der Ausdruck (1.18) an Stelle von φ_0 in Gl. (1.15) eingesetzt, folgt für die Phasenmodulation

$$u_{\mathrm{PM}} = U_0\cos\left[\omega_0 t + \Delta\varphi\, x(t)\right] \tag{1.20}$$

(auch hier wurde φ_0 nach dem Einsetzen weggelassen).

Um einen Ausdruck für die frequenzmodulierte Schwingung zu erhalten, wird Gl. (1.15) in der allgemeinen Form

$$u = U_0\cos\varphi(t)$$

geschrieben, wobei $\varphi(t)$ der augenblickliche Phasenwinkel ist.

Im Spezialfall einer sinusförmigen Schwingung ist $\varphi(t) = \omega_0 t$, d. h., die Phase ist proportional zur Zeit. Wenn die Frequenz nicht konstant ist, gilt für den Augenblickswert

$$\omega = \frac{d\varphi}{dt}$$

oder $\varphi = \int_0^t \omega\, dt$. Mit der Beziehung (1.17) ergibt sich dann

$$u_{\mathrm{FM}} = U_0\cos\left(\int_0^t \omega\, dt\right) = U_0\cos\left\{\int_0^t [\omega_0 + \Delta\omega\, x(t)]\, dt\right\} =$$

$$= U_0\cos\left[\omega_0 t + \Delta\omega\int_0^t x(t)\, dt\right]. \tag{1.21}$$

Wenn mit einem sinusförmigen Eingangssignal

$$x(t) = \sin\Omega t$$

frequenzmoduliert wird, dann folgt

$$u_{\mathrm{FM}} = U_0\cos\left(\omega_0 t - \frac{\Delta\omega}{\Omega}\cos\Omega t\right).$$

Es wird hierbei die Amplitude gleich Eins gewählt. In diesem Ausdruck heißt das Verhältnis $\Delta\omega/\Omega$ Modulationsindex und die Größe $\Delta\omega$ Frequenzhub. Es wird im allgemeinen zwischen Frequenzmodulation mit kleinem ($\Delta\omega/\Omega < 1$) und großem ($\Delta\omega/\Omega > 15$) Modulationsindex unterschieden. Bei kleinem Modulationsindex ist die Bandbreite der modulierten Schwingung etwa doppelt so groß wie die Frequenz des Eingangssignals. Bei großem Modulationsindex ist diese Bandbreite etwa doppelt so groß wie der Frequenzhub.

Als Beispiel wird die Modulation mit einem linear ansteigenden Signal $x(t) = b \cdot t$ betrachtet. Die verschiedenen Modulationsarten lauten

$$u_{AM} = U_0 (1 + a\,t) \cos \omega_0 t\,,$$

mit

$$a = b \frac{\Delta U}{U_0}\,;$$

$$u_{PM} = U_0 \cos (\omega_0 + a)\, t$$

mit

$$a = \Delta\varphi \cdot b;$$

$$u_{FM} = U_0 \cos [(\omega_0 + a\,t)\, t]$$

mit

$$a = \frac{\Delta\omega\, b}{2}\,.$$

Die entsprechenden grafischen Darstellungen zeigt Abb. 1.5.

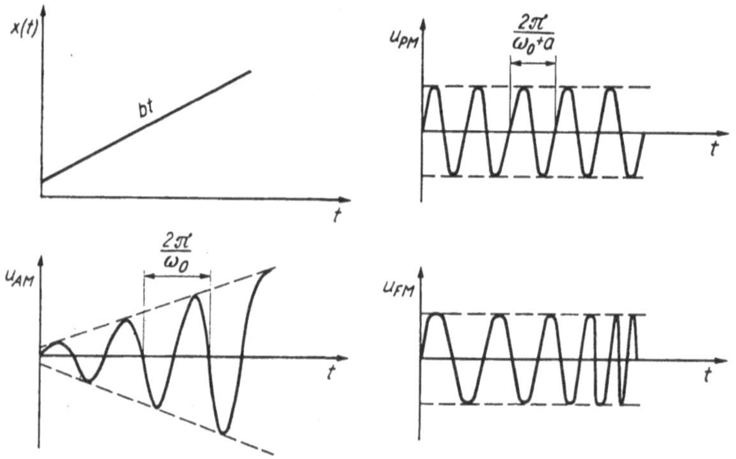

Abb. 1.5

b) Pulsmodulation

Bei der Pulsmodulation ist der Träger eine Pulsfolge (im Idealfall von Rechteckform), die folgende Parameter besitzt (Abb. 1.6): h = Amplitude, τ_i = Dauer, ω = Folgefrequenz und ϑ = Phase. Die Pulsfolge kann durch folgende Reihe dargestellt werden

$$u = \sum_{k=0}^{\infty} h\,\delta_i \left(t - k \frac{2\pi}{\omega} - \vartheta\right),$$

wobei $\delta_\lambda(t)$ eine ,,Kasten''funktion ist, die folgende Eigenschaften besitzt:

$$\delta_i(t) = \begin{cases} 1 & \text{für} \quad 0 \le t \le \tau_i \\ 0 & \text{für} \quad \text{sonst.} \end{cases}$$

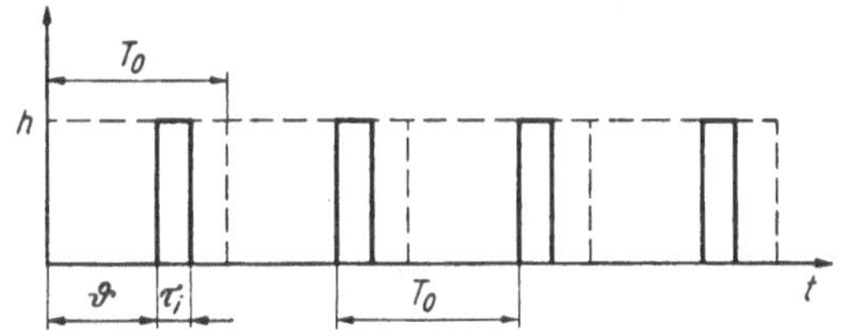

Abb. 1.6

Es ergeben sich vier Modulationsarten, wenn jeweils einer der Parameter des Trägers geändert wird:

Pulsamplitudenmodulation (*PAM*): Hierbei wird die Impulsamplitude h in bezug auf einen Mittelwert h_0 in Abhängigkeit vom Eingangssignal $x(t)$ geändert:

$$h = h_0 + \Delta h\, x(t)\ .$$

Der Koeffizient Δh wird so gewählt, daß stets die Bedingung $h_0 > \Delta h |x_{\max}|$ erfüllt ist. $x_{\max}$ ist die Signalamplitude.

Die *Pulsdauermodulation* (oder *Pulslängenmodulation*) (*PDM*, *PLM*) liegt vor, wenn sich τ_i bezüglich des Mittelwertes τ_{i0} in Abhängigkeit vom Signal $x(t)$ ändert:

$$\tau_i = \tau_{i0} + \Delta\tau_i\, x(t)\ .$$

Analog zum obigen muß $\tau_{i0} > \Delta\tau_i |x_{\max}|$ erfüllt sein.

Pulsfrequenzmodulation (*PFM*) entsteht dadurch, daß die Pulsfolgefrequenz ω in Abhängigkeit vom Signal $x(t)$ geändert wird

$$\omega = \omega_0 + \Delta\omega\, x(t)\ .$$

Die *Pulsphasenmodulation* (oder *Pulszeitmodulation*) (*PPM*, *PZM*) liegt vor, wenn sich in Abhängigkeit vom Signal $x(t)$ die Verteilung der Pulse auf der Zeitachse in bezug auf die Anfangsphase ändert

$$\vartheta = \vartheta_0 + \Delta\vartheta\, x(t)\ .$$

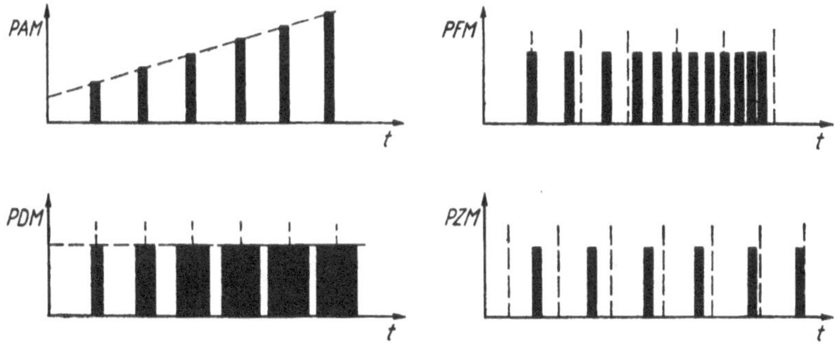

Abb. 1.7

Gewöhnlich gilt $\vartheta_0 = \frac{(2k+1)\pi}{\omega}$, d. h., die Anfangslage der Impulse entspricht der Mitte des Taktintervalls. Hierbei muß die Bedingung

$$\vartheta_0 \geqq \Delta\vartheta \, |x_{\max}| \, .$$

gelten.

Die Abb. 1.7 zeigt die grafischen Darstellungen der betrachteten Pulsmodulationsarten für ein linear ansteigendes Signal.

§ 3. Zeitliche Quantisierung kontinuierlicher Signale. Das Abtasttheorem

Für das kontinuierliche Signal ist charakteristisch, daß es innerhalb eines vorgegebenen Intervalls T jeden der erlaubten Werte annehmen kann. Sonst wäre es unstetig oder diskret. Die Anwendung aller Pulsmodulationen ist jedoch untrennbar damit verbunden, daß das Signal zeitlich diskret (quantisiert) ist. Dabei entsteht natürlich die Frage: Unter welchen Bedingungen läßt sich ein kontinuierliches Signal bei zeitlicher Quantisierung hinreichend exakt übertragen? Die Antwort ist nicht eindeutig, es sind viele Lösungen möglich. Im folgenden wird die Quantisierung eines kontinuierlichen Signals nach der Zeit im Sinne von Kotelnikow betrachtet. Dabei wird in erster Linie gefordert, daß das Signalspektrum beschränkt ist.

Das Signal als eine stetige Funktion der Zeit $x(t)$ möge ein begrenztes Spektrum besitzen: Mit anderen Worten, die Fourier-Transformierte von $x(t)$

$$X(j\,\omega) = \int_{-\infty}^{+\infty} x(t)\, e^{-j\omega t}\, dt$$

erfüllt die Bedingungen

$$X(j\,\omega) \neq 0\,, \qquad \omega_0 > |\omega| \geq 0\,,$$
$$X(j\,\omega) = 0\,, \qquad |\omega| > \omega_0\,,$$

wobei ω_0 die obere Grenzfrequenz ist. Damit kann das Spektrum auf der Grundlage der eben entwickelten Vorstellungen in eine Fourier-Reihe gemäß den Gl. (1.8) und (1.9) mit der Frequenz $T_\omega = 2\,\omega_0$ zerlegt werden. Es ergeben sich dabei die Gleichungen

$$X(j\,\omega) = \sum_{k=-\infty}^{\infty} C_k\, e^{j\pi k\frac{\omega}{\omega_0}}\,; \tag{1.22}$$

$$C_k = \frac{1}{2\,\omega_0} \int_{-\omega}^{\omega_0} X(j\,\omega)\, e^{-j\pi k\frac{\omega}{\omega_0}}\, d\omega\,. \tag{1.23}$$

Die reziproke Fourier-Transformation hat die Form

$$x(\tau) = \frac{1}{2\pi} \int_{-\infty}^{+\infty} X(j\,\omega)\, e^{j\omega\tau}\, d\omega\,. \tag{1.24}$$

Der Ausdruck (1.24) wird folgendermaßen umgeformt. Eingeführt werden die Bezeichnungen

$$\tau = -k\,\Delta t\,, \qquad \Delta t = \frac{\pi}{\omega_0} \tag{1.25}$$

Die linke und rechte Seite der Gl. (1.24) ist durch ω_0/π zu teilen. Dann ergibt sich

$$\frac{\pi}{\omega_0}\,x\,(-k\,\Delta t) = \frac{1}{2\,\omega_0}\int\limits_{-\omega_0}^{\omega_0} X(j\,\omega)\,e^{-j\pi k\frac{\omega}{\omega_0}}\,d\omega\,. \tag{1.26}$$

Der Vergleich von Gl. (1.26) und Gl. (1.23) führt auf

$$C_k = \frac{\pi}{\omega_0}\,x\,(-k\,\Delta t)\,.$$

Wird nun diese Beziehung in Gleichung (1.22) eingesetzt, so folgt

$$X(j\,\omega) = \sum_{k=-\infty}^{\infty} \frac{\pi}{\omega_0}\,x\,(-k\,\Delta t)\,e^{j\pi k\frac{\omega}{\omega_0}}\,.$$

Schließlich ist dieser Ausdruck in Gl. (1.24) einzusetzen, und es ergibt sich

$$x(\tau) = \frac{1}{2\,\pi}\int\limits_{-\omega_0}^{\omega_0} e^{j\omega\tau}\,d\omega \sum_{k=-\infty}^{\infty} x\,(-k\,\Delta t)\,\frac{\pi}{\omega_0}\,e^{j\omega k\Delta t}\,.$$

Da Fourier-Reihe und Fourier-Integral konvergieren, können Summen- und Integraloperator vertauscht werden. Außerdem wird k durch $-k$ und τ durch t ersetzt:

$$x(t) = \frac{1}{2\,\omega_0}\sum_{k=-\infty}^{\infty} x(k\,\Delta t)\int\limits_{-\omega_0}^{\omega_0} e^{j\omega(t-k\Delta t)}\,d\omega\,.$$

Die Integration ergibt

$$\int\limits_{-\omega_0}^{\omega_0} e^{j\omega(t-k\Delta t)}\,d\omega = \int\limits_{-\omega_0}^{\omega_0} \cos\omega\,(t-k\,\Delta t)\,d\omega - j\int\limits_{-\omega_0}^{\omega_0} \sin\omega\,(t-k\,\Delta t)\,d\omega\,.$$

Der zweite Term dieser Summe ist gleich Null, da es sich um ein Integral einer ungeraden Funktion bei symmetrischen Grenzen handelt. Die Integration des ersten Ausdrucks ergibt

$$\int\limits_{-\omega_0}^{\omega_0} e^{j\omega(t-k\Delta t)}\,d\omega = \frac{2\sin\omega_0\,(t-k\,\Delta t)}{t-k\,\Delta t}\,.$$

Schließlich folgt

$$x(t) = \sum_{k=-\infty}^{\infty} x(k\,\Delta t)\,\frac{\sin\omega_0\,(t-k\,\Delta t)}{\omega_0\,(t-k\,\Delta t)}\,. \tag{1.27}$$

Diese Beziehung heißt Abtasttheorem und kann folgendermaßen formuliert werden[1]).

Jedes stetige Signal, das ein begrenztes Spektrum besitzt, ist vollständig durch abzählbar viele Werte in Abtastpunkten definiert, die im Abstand $\Delta t = \frac{\pi}{\omega_0}$ voneinander entfernt liegen. Aus Gl. (1.27) ist ohne weiteres zu entnehmen, daß eine Funktion mit begrenztem Spektrum zeitlich unendlich ausgedehnt ist und aus einer Summe von unendlich vielen Gliedern besteht, wobei jedes Glied eine Funktion der Form $\mathrm{Sp}\, y = \frac{\sin y}{y}$ darstellt. Die konstanten Koeffizienten $x(k\,\Delta t)$ werden durch die Werte der Funktion $x(t)$ in den Abtastpunkten bestimmt. Die grafische Darstellung der Funktion $\mathrm{Sp}\, y$ (Abtastfunktion) ist in Abb. 1.8 zu sehen. Sind die Werte von $x(t)$ in den Abtastpunkten $k\,\Delta t$ bekannt,

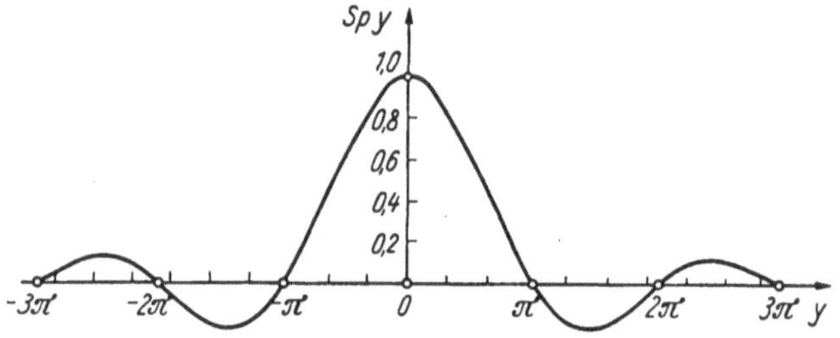

Abb. 1.8

dann kann die Funktion für alle Werte von t durch einfache Addition der Abtastfunktionen, multipliziert mit den entsprechenden Koeffizienten, vollständig ermittelt werden.

Jedoch treten bei der praktischen Handhabung des Abtasttheorems zwei prinzipielle Schwierigkeiten auf, die es nicht gestatten, das Theorem in aller Strenge auf die jeweils interessierenden Signale anzuwenden [7].

Erstens: Jedes reale Signal hat eine endliche Dauer, d. h., die Funktion $x(t)$ ist nur auf einem endlichen Zeitintervall definiert. Die Reihe (1.27) besteht jedoch aus Summen von Abtastfunktionen, die zeitlich unendlich ausgedehnt sind. Aus der zeitlichen Begrenztheit der Funktion $x(t)$ folgt jedoch ein unendlich breites Spektrum (siehe die Ausführungen weiter unten), und das widerspricht der Grundbedingung des Abtasttheorems. Ferner ist dieser Formalismus vom Standpunkt der Informationsübertragung her bedenklich, da Funktionen mit begrenztem Spektrum von einem bestimmten Zeitpunkt an keinen Informationszuwachs mehr zulassen. Denn die einmal vorgegebene und bekannte Funktion setzt sich unendlich lange fort. Deshalb mußten geeignete Methoden gefunden werden, um reale Signale durch die Reihe (1.27) darstellen und gleichzeitig den Grad der Näherung angeben zu können (siehe die Arbeiten von

---

[1]) In der sowjetischen Literatur wird es als Theorem von Kotelnikow bezeichnet (Anm. des Herausgebers).

Turbowitsch [41], [42]). Die Signale mit begrenztem Spektrum sind in diesem Sinne eine genäherte Darstellung realer Signale, die eine unendliche Bandbreite aufweisen.

Zweitens: Auf der Empfangsseite müssen zur Rekonstruktion des Signals $x(t)$ die Abtastfunktionen zur Verfügung stehen. Sie werden mit den übertragenen Abtastwerten multipliziert. Die Abtastfunktionen beginnen aber zur Zeit $t = -\infty$, sind also physikalisch nicht realisierbar. Es lassen sich jedoch Filter angeben, mit denen eine genäherte Rekonstruktion des Signals möglich ist.

Diese Besonderheiten des Abtasttheorem wirken sich nur dann wesentlich aus, wenn übertriebene Forderungen an die Genauigkeit bei der Rekonstruktion des übertragenen Signals gestellt werden. In der Praxis wird niemals eine ideal genaue Rekonstruktion gefordert, außerdem würde eine derartige Aufgabenstellung den realen Betriebsbedingungen bei der Informationsübertragung nicht entsprechen. Die genäherte Darstellung ist daher durchaus zulässig. Wichtig ist nur dabei, daß die Abweichungen gewisse vorgegebene Werte nicht überschreiten.

Eine Möglichkeit, das Signalspektrum zu begrenzen, besteht in folgendem:

Es wird vorausgesetzt, daß das zu übertragende Signal ein unendlich breites Spektrum im strengen Sinne besitzt, d. h., die Fourier-Darstellung ist entlang der Frequenzachse ω nicht beschränkt. In einem bestimmten Frequenzband von Null bis ω_0 soll jedoch der Hauptanteil der Energie des Spektrums konzentriert sein (Abb. 1.9), und außerhalb der Grenzen dieses Bereiches sei die Energie des Spektrums hinreichend klein. Wird für die Übertragung nur der von ω_0 begrenzte Frequenzbereich verwendet, so wird das Signal geringfügig verzerrt.

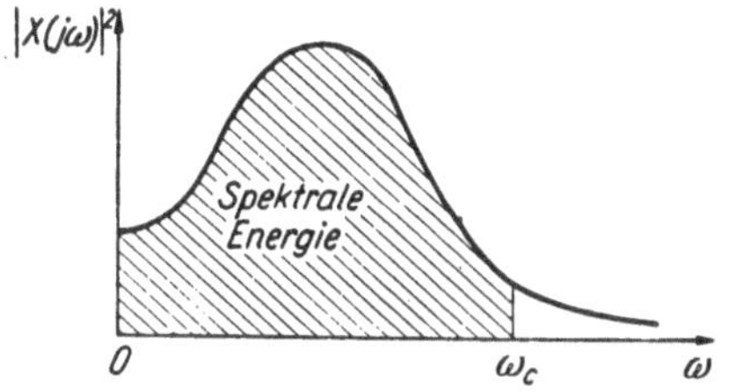

Abb. 1.9

Die Genauigkeit der Rekonstruktion des Signals werde durch die mittlere Leistung des zulässigen Fehlers P_ε gekennzeichnet, wobei dieser Fehler durch die Vernachlässigung der hochfrequenten Komponenten des Spektrums entsteht. Dann existiert ein gewisses Zeitintervall der Länge T, außerhalb dessen das Signal wegen der begrenzten Rekonstruktionsgenauigkeit nicht nachweisbar ist.

Innerhalb des Intervalls wird das Signal mit einem Fehler übertragen, dessen Gesamtenergie E_ε definiert wird durch die Gleichung

$$E_\varepsilon = \int_0^T \varepsilon^2(t)\, dt = P_\varepsilon T\,, \tag{1.28}$$

wobei $\varepsilon(t)$ der Augenblickswert des Fehlers ist.

Die Gesamtenergie des übertragenen Signals E_c ist gleich

$$E_0 = \int_0^T x^2(t)\, dt = P_c\, T\,, \tag{1.29}$$

hier ist P_c die mittlere Leistung des Signals.

Andererseits können auf Grund des RAYLEIGHschen Theorems folgende Gleichungen angegeben werden:

$$\left.\begin{aligned} E_\varepsilon &= \frac{1}{\pi} \int_{\omega_0}^{\infty} A^2(\omega)\, d\omega\,, \\ E_0 &= \frac{1}{\pi} \int_0^{\omega_0} A^2(\omega)\, d\omega\,, \end{aligned}\right\} \tag{1.30}$$

$A(\omega) = |X(j\,\omega)|$ ist das Amplitudenspektrum des Signals.

Wird die Größe $\gamma = P_\varepsilon/P_c$ eingeführt, die die relative Genauigkeit der Signalrekonstruktion definiert, dann folgt auf Grund der Gln. (1.28), (1.29) und (1.30)

$$\gamma = \frac{E_\varepsilon}{E_0} = \frac{\int_{\omega_0}^{\infty} A^2(\omega)\, d\omega}{\int_0^{\omega_0} A^2(\omega)\, d\omega}\,.$$

Unter Berücksichtigung der Näherung

$$E_0 = \frac{1}{\pi} \int_0^{\omega_0} A^2(\omega)\, d\omega \approx \frac{1}{\pi} \int_0^{\infty} A^2(\omega)\, d\omega\,, \tag{1.31}$$

ergibt sich schließlich

$$\gamma = \frac{\int_{\omega_0}^{\infty} A^2(\omega)\, d\omega}{\int_0^{\infty} A^2(\omega)\, d\omega}\,. \tag{1.32}$$

Gl. (1.32) gestattet, bei vorgegebenem γ und bei bekanntem Amplitudenspektrum des Signals $A(\omega)$ die obere Grenzfrequenz ω_0 zu bestimmen. Da ferner das Signal von endlicher Dauer T ist, wird es wegen

$$n = \frac{T}{\Delta t}\,. \tag{1.33}$$

durch n Abtastwerte festgelegt.

Es wird nun der Spezialfall eines exponentiell abklingenden Signals betrachtet, um den Gang der Rechnung zu demonstrieren. Es möge gegeben sein

$$x(t) = A_0\, e^{-\alpha t}\,, \qquad t \geqq 0\,. \tag{1.34}$$

Folglich gilt

$$X(j\,\omega) = A_0 \int\limits_0^\infty e^{-(\alpha + j\,\omega)t}\, dt = \frac{A_0}{\alpha + j\,\omega},$$

und weiter

$$|X(j\,\omega)| = A(\omega) = \frac{A_0}{\sqrt{\alpha^2 + \omega^2}}.$$

Werden die Gln. (1.30) und (1.31) benutzt, so ergeben sich die Gleichungen

$$E_\varepsilon = \frac{1}{\pi} \int\limits_{\omega_0}^\infty \frac{A_0^2}{\alpha^2 + \omega^2}\, d\omega = \frac{A_0^2}{\pi\,\alpha}\left(\frac{\pi}{2} - \operatorname{arctg}\frac{\omega_0}{\alpha}\right), \qquad (1.35)$$

$$E_0 = \frac{1}{\pi} \int\limits_0^\infty \frac{A_0^2}{\alpha^2 + \omega^2}\, d\omega = \frac{A_0^2}{2\,\alpha}. \qquad (1.35\,\mathrm{a})$$

Werden die Ergebnisse der Integration in Gl. (1.32) eingesetzt, dann folgt

$$\operatorname{arctg}\frac{\omega_0}{\alpha} = \frac{\pi}{2} - \frac{\pi}{2}\gamma,$$

woraus sich

$$\operatorname{tg}\left(\frac{\pi}{2} - \frac{\pi}{2}\gamma\right) = \frac{\omega_0}{\alpha}.$$

ergibt.

Wird die bekannte Beziehung $\operatorname{tg}\left(\frac{\pi}{2} - x\right) \doteq \operatorname{ctg} x$ verwendet und die Reihendarstellung $\operatorname{ctg} x$ für kleine Werte von x

$$\operatorname{ctg} x = \frac{1}{x} - \left[\frac{x}{3} + \frac{x^3}{45} + \cdots\right],$$

in Anspruch genommen, folgt

$$\frac{2}{\pi\,\gamma} = \frac{\omega_0}{\alpha}$$

und schließlich

$$\omega_0 = \frac{2\,\alpha}{\pi\,\gamma}. \qquad (1.36)$$

An Stelle des Verhältnisses der Leistungen von Fehler und Nutzsignal kann auch das Verhältnis der Elongationen verwendet werden. Es möge A_ε ihr zulässiger Fehler sein (Abb. 1.10), in dessen Grenzen Signalschwankungen nicht feststellbar sind. Dann kann auf Grund von Gl. (1.34) die Signaldauer T aus der Gleichung $A_\varepsilon = A_0\, e^{-\alpha T}$ zu

$$T = \frac{1}{\alpha} \ln \frac{A_0}{A_\varepsilon} \qquad (1.37)$$

ermittelt werden.

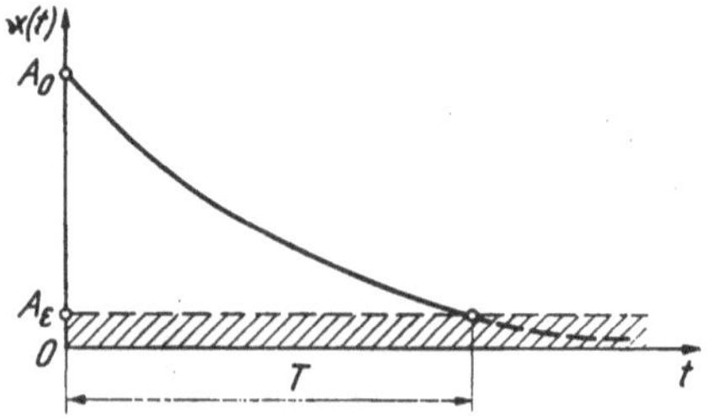

Abb. 1.10

Mit Gl. (1.35a) und $E_\varepsilon = A_\varepsilon^2 T$ folgt

$$\gamma = \frac{E_\varepsilon}{E_0} = \frac{2\,\alpha\,A_\varepsilon^2\,T}{A_0^2},$$

oder, wenn T aus Gl. (1.37) eingesetzt wird,

$$\gamma = 2\left(\frac{A_\varepsilon}{A_0}\right)^2 \ln\frac{A_0}{A_\varepsilon}.$$

Die Tabelle 1 zeigt anhand einiger Zahlenwerte, wie die einzelnen Größen bei verschiedenen Genauigkeiten der Rekonstruktion zusammenhängen ($\alpha = 1$).

Tabelle 1

A_0/A_ε	10	50	100	200	500
γ	1/22	1/320	1/1100	1/3800	1/20000
ω_0, [s^{-1}]	14	204	700	2420	12700
Δt, [s]	0,22	0,015	0,0045	0,0013	0,00025
n	10	260	1020	4080	24800

Es wird jetzt die Aufgabe der Rekonstruktion des Signals aus den Abtastwerten betrachtet. Dabei sei vorausgesetzt, daß diese Werte mittels elementarer Signale in Form von Deltafunktionen (s. Gl. (1.6a)!) übertragen werden. Dann

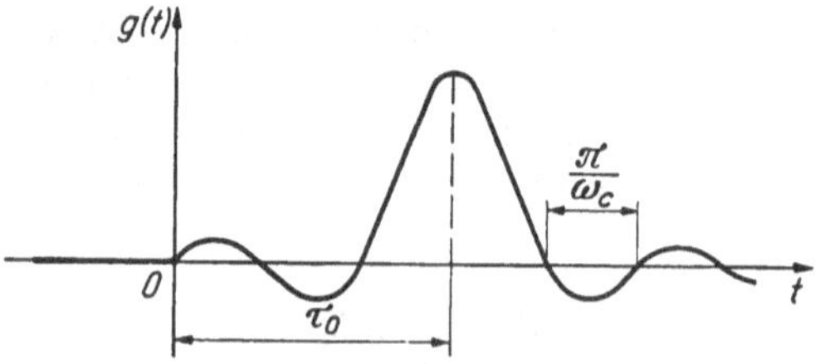

Abb. 1.11

ist für die exakte Rekonstruktion des Signals ein Filter erforderlich, das aus der Delta-Funktion die Abtastfunktion Sp erzeugt.

Ein derartiges Filter ist jedoch physikalisch nicht realisierbar, da seine Ausgangsreaktion bei $t = -\infty$ einsetzen müßte. Es läßt sich jedoch ein Filter angeben, das ein der Abtastfunktion beliebig genau angenähertes Signal erzeugt. Die Form dieses Signals zeigt Abb. 1.11, und der analytische Ausdruck lautet

$$g(t) = \begin{cases} \dfrac{\sin \omega_0 (t - \tau_0)}{\omega_0 (t - \tau_0)}, & t \geqq 0, \\ 0, & t < 0. \end{cases} \tag{1.38}$$

Es ist offensichtlich, daß die Funktion $g(t)$ die Abtastfunktion um so genauer darstellt, je größer der Wert von τ_0 ist. Jedoch wächst dabei die Laufzeit bei der Signalrekonstruktion. Das formierende Filter wird folgendermaßen aufgebaut. Zunächst wird ein Signal $g_1(t)$ der folgenden Form vorgegeben (Abb. 1.12a):

$$g_1(t) = \begin{cases} \dfrac{\sin \omega_0 t}{\omega_0 t}, & t \geqq 0, \\ 0, & t < 0. \end{cases} \tag{1.39}$$

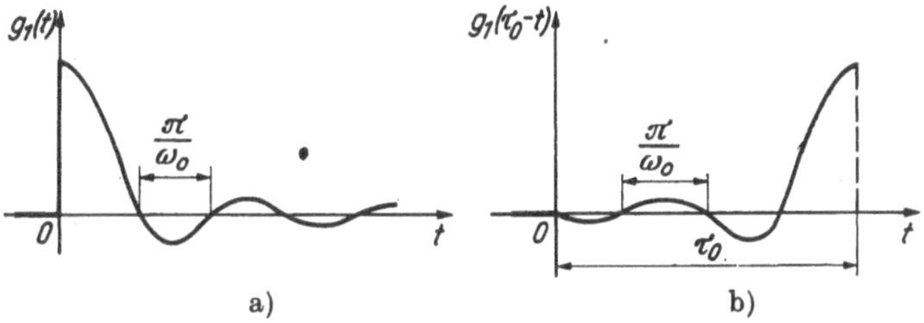

Abb. 1.12

Wird $g_1(t)$ ohne Berücksichtigung des Sprunges bei $t = 0$ differenziert, folgt

$$\frac{dg_1}{dt} = \frac{\cos \omega_0 t}{t} - \frac{\sin \omega_0 t}{\omega_0 t^2} = \frac{\cos \omega_0 t}{t} - \frac{g_1(t)}{t}. \tag{1.40}$$

Eine nochmalige Ableitung und die Berücksichtigung der Gln. (1.39) und (1.40) führt auf

$$\frac{d^2 g_1}{dt^2} = -\frac{2}{t} \cdot \frac{dg_1}{dt} - \omega_0^2 \, g_1(t),$$

woraus sich die Beziehung

$$\frac{d^2 g_1}{dt^2} + \frac{2}{t} \frac{dg_1}{dt} + \omega_0^2 \, g_1 = 0 \qquad \text{für} \qquad t > 0$$

ergibt.

Die gewonnene Differentialgleichung (1.41) hat bei entsprechenden Anfangsbedingungen die Lösung $g_1(t)$ für $t > 0$. Wird nun in dieser Gleichung das Argument t durch $\tau_0 - t$ ersetzt, dann folgt

$$\frac{d^2 g_1(\tau_0 - t)}{dt^2} - \frac{2}{\tau_0 - t} \cdot \frac{dg_1(\tau_0 - t)}{dt} + \omega_0^2\, g_1(\tau_0 - t) = 0\,. \tag{1.42}$$

Das bedeutet vom physikalischen Standpunkt aus, daß der Prozeß $g_1(t)$ bei den entsprechenden Anfangsbedingungen von $t = 0$ bis $t = \tau_0$ längs der Kurve $g_1(t)$ spiegelbildlich abläuft (Abb. 1.12b). Der Koeffizient der ersten Ableitung wird bei $t > \tau_0$ positiv, d. h., der Prozeß verläuft gedämpft.

Somit ist der Schluß erlaubt, daß die Differentialgleichung

$$\frac{d^2 g(t)}{dt^2} - \frac{2}{\tau_0 - t} \cdot \frac{dg(t)}{dt} + \omega_0^2\, g(t) = 0 \tag{1.43}$$

für die Werte $t > 0$ ein partielle Lösung in der Funktion $g(t)$ besitzt, die in Abb. 1.11 dargestellt ist.

Aus der Gl. (1.40) sind leicht die Werte der Ableitung in den Nullstellen $t = \frac{n\,\pi}{\omega_0}$ der Funktion $g(t)$ zugewinnen:

$$\left(\frac{dg(t)}{dt}\right)_0 = g_0' = (-1)^n \frac{\omega_0}{n\,\pi}\,, \qquad n \geqq 1\,, \tag{1.44}$$

wobei n von τ_0 an gezählt wird (Abb. 1.12b).

Wenn innerhalb der Laufzeit $\tau_0\, n_1$ Intervalle der Länge $\Delta t = \frac{\pi}{\omega_0}$ liegen, dann ergibt sich der Anfangswert der Ableitung im Punkte $t = 0$, indem in Gleichung (1.44) an Stelle von n der Wert $n_1 = \tau_0\, \omega_0/\pi$ gesetzt wird, zu

$$g_0' = (-1)^{n_1} \frac{1}{\tau_0}\,. \tag{1.45}$$

Wird jetzt vorausgesetzt, daß

$$g(t)\big|_{t=0} = 0 \tag{1.45a}$$

gilt, ist die Lösung der Gleichung (1.43) mit den Anfangsbedingungen (1.45) und (1.45a) die Funktion $g(t)$. Es ist bekannt [39], daß eine Delta-Funktion auf der rechten Seite einer Gleichung der Art von (1.43) den Anfangsbedingungen

$$g(t)\big|_{t=0} = 0\,, \qquad g'(t)\big|_{t=0} = 1\,,$$

entspricht.

Demzufolge übt ein Filter mit veränderlichen Parametern, beschrieben durch Gleichung (1.43), folgende Funktion aus: Gelangt an den Eingang eine Folge von Delta-Funktionen, wird eine Folge genäherter Abtastfunktionen $g(t)$ erzeugt, und das Signal wird den Abtastwerten gemäß rekonstruiert (Abb. 1.13).

Sehr nützlich für die Lösung bestimmter Aufgaben (siehe z. B. Kapitel 4) ist das Abtasttheorem im Frequenzbereich, dessen Beweis analog zum zeitlichen Abtasttheorem verläuft.

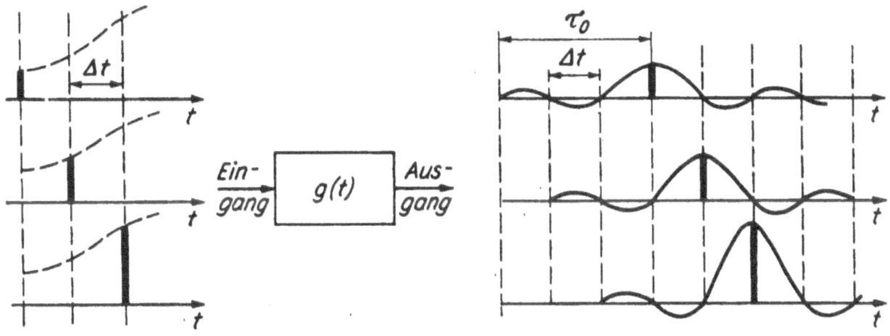

Abb. 1.13

Ist die Zeitfunktion $x(t)$ auf das Intervall $\left[-\frac{T}{2}, \frac{T}{2}\right]$ zeitlich begrenzt, so läßt sie sich in eine FOURIER-Reihe zerlegen

$$x(t) = \sum_{k=-\infty}^{\infty} D_k \, e^{2\pi j k \frac{t}{T}}, \tag{1.46}$$

mit

$$D_k = \frac{1}{T} \int_{-\frac{T}{2}}^{\frac{T}{2}} x(t) \, e^{-2\pi j k \frac{t}{T}} \, dt \,. \tag{1.47}$$

Die FOURIER-Darstellung der Funktion $x(t)$ hat die Form

$$X(j\,\omega_1) = \int_{-\frac{T}{2}}^{\frac{T}{2}} x(t) \, e^{-j\omega_1 t} \, dt \,, \tag{1.48}$$

da $x(t)$ nur im Intervall $-\frac{T}{2} \leqq t \leqq \frac{T}{2}$ von Null verschieden ist. Werden linke und rechte Seite der Gleichung (1.47) mit T multipliziert und wird die Beziehung

$$\frac{2\pi}{T} = \Delta\omega \,, \tag{1.49}$$

eingeführt, ergibt sich

$$T\,D_k = \int_{-\frac{T}{2}}^{\frac{T}{2}} x(t) \, e^{-jk\Delta\omega t} \, dt \,. \tag{1.50}$$

Wird jetzt in (1.48) $\omega_1 = k\,\Delta\omega$ gesetzt, sind die rechten Seiten der Gln. (1.48) und (1.50) gleich, und es folgt

$$D_k = \frac{1}{T} X(j\,k\,\Delta\omega) \,.$$

Durch Einsetzen von D_k in die Reihe (1.46) und bei Berücksichtigung von Gl. (1.48) folgt

$$x(t) = \sum_{k=-\infty}^{\infty} \frac{1}{T} X(j\,k\,\Delta\omega) \, e^{jk\Delta\omega t} \,.$$

Wird dieser Ausdruck nun in Gl. (1.48) eingesetzt, werden Integration und Summierung vertauscht und $\omega_1 = \omega$ gesetzt, dann ergibt sich

$$X(j\,\omega) = \sum_{k=-\infty}^{\infty} \frac{1}{T} X(j\,k\,\Delta\omega) \int_{-\frac{T}{2}}^{\frac{T}{2}} e^{-j(\omega - k\,\Delta\omega)t}\,dt\,.$$

Das Integral lautet

$$\int_{-\frac{T}{2}}^{\frac{T}{2}} e^{-j(\omega-k\,\Delta\omega)t}\,dt = \int_{-\frac{T}{2}}^{\frac{T}{2}} \cos(\omega - k\,\Delta\omega)\,t\,dt - j \int_{-\frac{T}{2}}^{\frac{T}{2}} \sin(\omega - k\,\Delta\omega)\,t\,dt =$$

$$= \frac{2\sin(\omega - k\,\Delta\omega)\,\frac{T}{2}}{(\omega - k\,\Delta\omega)}\,.$$

Damit heißt das Endresultat

$$X(j\,\omega) = \sum_{k=-\infty}^{\infty} X(j\,k\,\Delta\omega)\,\frac{\sin(\omega - k\,\Delta\omega)\,\frac{T}{2}}{(\omega - k\,\Delta\omega)\,\frac{T}{2}}\,. \tag{1.51}$$

Es ist offensichtlich, daß die Gl. (1.51) dieselbe Form wie Gl. (1.27) hat, jedoch ergibt sich jetzt für die zeitlich beschränkte Funktion ein Spektrum, das unendlich breit ist und durch die Werte in den Punkten $k\,\Delta\omega$ mit $k = 0, 1, 2, \ldots$ definiert ist.

§ 4. Die Quantisierung kontinuierlicher Signale in eine Stufenfunktion

Es wurde bereits dargelegt, daß die Darstellung kontinuierlicher Signale mit begrenztem Spektrum durch eine Folge diskreter Signalwerte in den Abtastpunkten als zeitliche Quantisierung eines Signals bezeichnet wird. Dabei können im allgemeinen die Werte der entsprechenden Signalpegel eine nicht abzählbare Menge bilden, wenn eine unendlich hohe Genauigkeit gefordert wird. Vom mathematischen Standpunkt aus ist jeder beliebige Signalwert im Abtastpunkt Glied einer beschränkten Zahlenfolge[1]), wobei der Grenzwert dieser Folge der maximale Signalwert ist. Da das Signal am Empfänger stets zusammen mit einer Störung ankommt (der Meßfehler des Signals wird ebenfalls als Störung behandelt), ist es nicht sinnvoll, das Signal genauer zu übertragen, als es die Störung zuläßt. Daher ist es zweckmäßig, vor der Übertragung eine definierte endliche Zahl von Signalwerten (Stufen) für die Übertragung auszuwählen, und zwar in Abhängigkeit von der Störung des Kanals und der erforderlichen Rekonstruktionsgenauigkeit. Die Darstellung eines Signals als Folge einer

[1]) Eine Zahlenfolge mit unendlich vielen Gliedern heißt beschränkt, wenn jedes Glied seinem absoluten Betrage nach kleiner als eine feste positive Zahl ist.

endlichen Zahl möglicher Elongationen (Pegel), die voneinander durch endliche Intervalle getrennt sind, heiße Quantisierung nach dem Pegel (oder Stufenquantisierung). Da der Momentanwert des Signals an den Abtastzeitpunkten im allgemeinen zwischen zwei Stufen liegt, wird folgende Regel vereinbart: An Stelle des tatsächlichen Wertes wird die nächstgelegene Stufe übertragen. Sei die Zahl der Stufen gleich m (einschließlich der Null), dann besteht das zu übertragende Signal aus einer Folge m verschiedener Werte (sie werden oft Zeichen genannt).

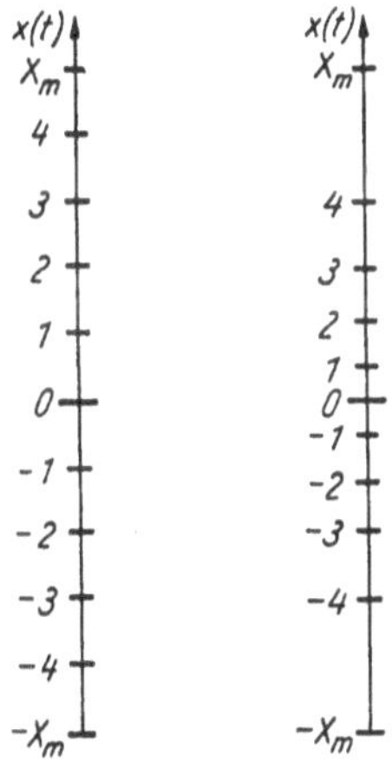

a) b)

Abb. 1.14

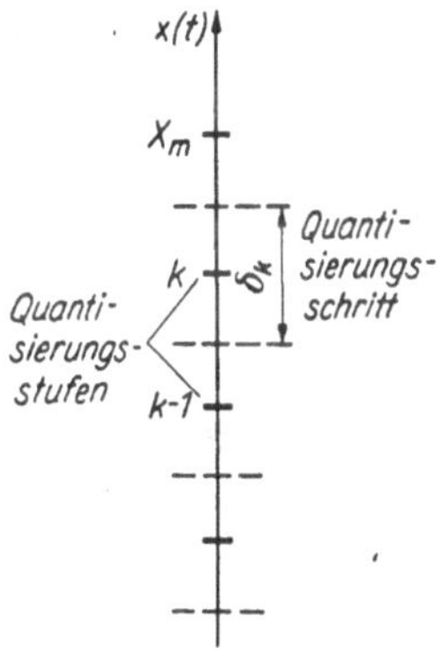

Abb. 1.15

Die Quantisierung kann gleichmäßig und ungleichmäßig erfolgen. Bei der gleichmäßigen Quantisierung wird der gesamte Wertebereich des Signals vom Minimalwert $-X_m$ bis zum Maximalwert X_m in $m-1$ gleiche Teile geteilt (Abb. 1.14a). Bei ungleichmäßiger Quantisierung sind die Abstände zwischen den Stufen voneinander verschieden (Abb. 1.14b).

Die Teilung wird als Quantisierungsskala bezeichnet; die Teilstriche sind die Quantisierungsstufen (Zeichen). Um eine klare Abgrenzung der Zugehörigkeit der gegebenen Menge der Signalwerte zu einem bestimmten Zeichen zu gewährleisten, wird das gesamte Gebiet der möglichen Signalwerte zwischen $-X_m$ und X_m in Intervalle geteilt, in die sogenannten Schritte der Quantisierung (die Grenzen der Quantisierungsschritte sind in Abb. 1.15 durch eine punktierte Linie dargestellt). Dabei liegen die Quantisierungsstufen (Zeichen) im Innern der Quantisierungsschritte, die nicht konstant sein müssen, sondern auch veränderlich sein können (u. U. sogar im Falle der gleichmäßigen Quantisierung). Für die k-te Stufe wird der Quantisierungsschritt mit δ_k bezeichnet. Wenn der tatsächliche Signalwert zu einem bestimmten Zeitpunkt im Innern des δ_k-ten Quantisierungsschritts liegt, dann wird er durch den Wert der k-ten Stufe ersetzt. Abb. 1.16 zeigt ein Beispiel dieser Quantisierung.

Wird die Quantisierungsstufe in die Mitte des Quantisierungsschrittes gelegt, dann ist das Verfahren im Sinne der Genauigkeit der Rekonstruktion des quantisierten Signals optimal (siehe folgende Ausführungen).

Es ist offensichtlich, daß bei der Quantisierung des Signals Fehler entstehen, da sich die zu übertragenden Werte auf die endlich vielen zugelassenen Stufen beschränken müssen. Beim Empfang wird das Signal nach den übertragenen quantisierten Werten rekonstruiert. Somit kann der erwähnte Fehler nicht

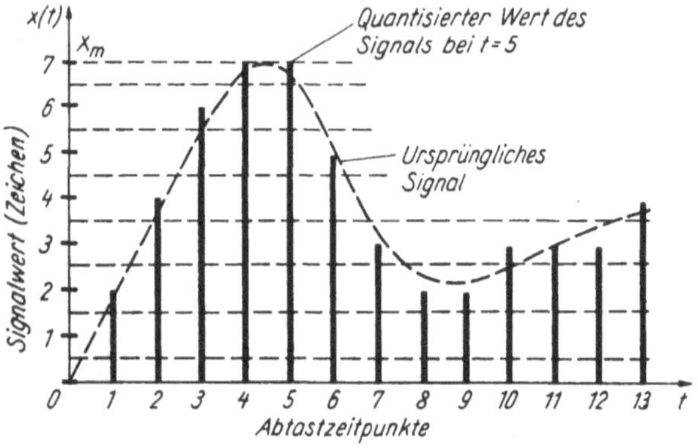

Abb. 1.16

beseitigt werden und stellt daher eine unvermeidliche Folge der Quantisierung dar.

Das quantisierte Signal $x_k(t_i)$ läßt sich als Summe von tatsächlichem Signal $x(t_i)$ und Fehler Δx_k darstellen:

$$x_k(t_i) = x(t_i) + \Delta x_k .$$

Die Quantisierung hat damit die Wirkung, als ob das Signal einer Störung Δx_k unterliegt (Abb. 1.17).

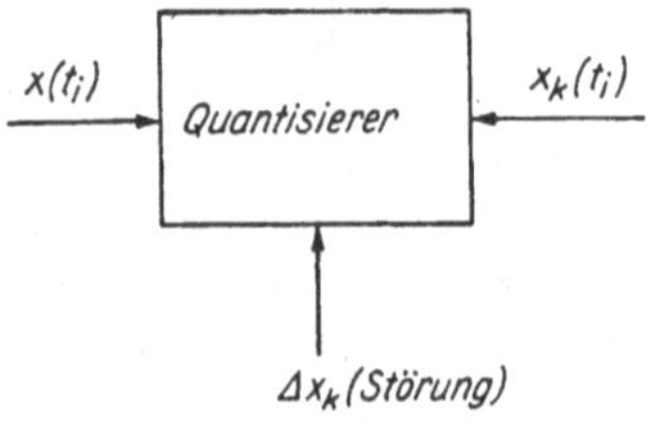

Abb. 1.17

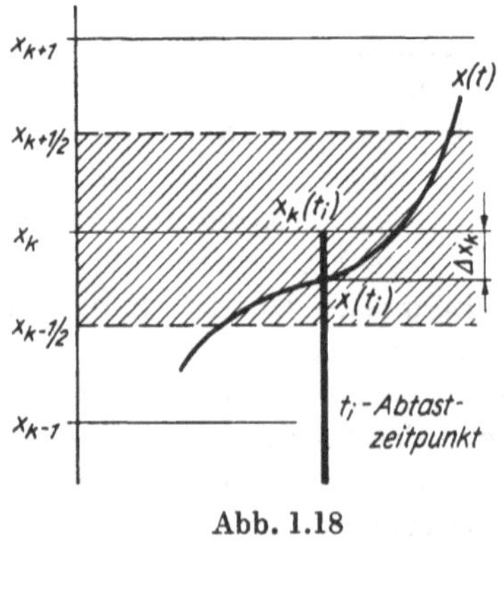

Abb. 1.18

Diese Störung heißt *Quantisierungsrauschen*. Da im allgemeinen das ursprüngliche Signal eine Zufallsfunktion der Zeit ist, ist das Quantisierungsrauschen auch ein Zufallsprozeß.

Nun soll die Statistik des Quantisierungsrauschens für einen gewissen fixierten Zeitpunkt t_i bestimmt werden. Entsprechend dem vorher dargelegten Quantisierungsprinzip wird jedesmal, wenn sich das ursprüngliche Signal im Intervall von $x_{k-\frac{1}{2}}$ bis $x_{k+\frac{1}{2}}$ befindet, die Stufe x_k übertragen (k-Nummer der Stufe (Abb. 1.18)) Dabei entsteht ein Fehler, der gleich $\Delta x_k = x(t_i) - x_k(t_i)$ ist.

Zu einem beliebigen Zeitpunkt sind die Werte von $x(t)$ im Intervall $-X_m$ bis X_m mit einer Wahrscheinlichkeit verteilt, die durch das entsprechende Verteilungsgesetz festgelegt ist. Damit folgt die Wahrscheinlichkeit der Stufe x_k aus der Wahrscheinlichkeit, das Signal $x(t)$ im Intervall $x_{k-\frac{1}{2}}$ bis $x_{k+\frac{1}{2}}$ aufzufinden.

Entsprechend Abb. 1.18 kann der Fehler Δx_k sich in den Grenzen $\left(x_k - x_{k-\frac{1}{2}}, x_{k+\frac{1}{2}} - x_k\right)$ ändern und dabei das Vorzeichen wechseln.

Da der Wert x_k bekannt ist, hängt die Wahrscheinlichkeit eines bestimmten Fehlerwertes Δx_k von der Wahrscheinlichkeit des entsprechenden Signalwertes $x(t)$ zur Zeit t_i ab.

Die mathematische Erwartung des Fehlers Δx_k ist gleich

$$M(\Delta x_k) = \int\limits_{x_{k-\frac{1}{2}}}^{x_{k+\frac{1}{2}}} (x - x_k)\, p(x)\, dx\,,$$

und der quadratische Mittelwert lautet

$$M(\Delta x_k^2) = \int\limits_{x_{k-\frac{1}{2}}}^{x_{k+\frac{1}{2}}} (x - x_k)^2\, p(x)\, dx\,,$$

wobei $p(x)$ die Verteilungsdichte des Signals $x(t)$ zur Zeit t_i ist. Wird das Intervall $\left(x_{k-\frac{1}{2}}, x_{k+\frac{1}{2}}\right)$ als klein im Vergleich zum Wertebereich des Signals $x(t)$ angenommen, dann kann die Funktion $p(x)$ in diesem Intervall als konstant und gleich dem Wert für einen mittleren Pegel $\bar{x}_k$ angesehen werden. Dabei ergibt sich

$$M(\Delta x_k) = p(\bar{x}_k) \int\limits_{x_{k-\frac{1}{2}}}^{x_{k+\frac{1}{2}}} (x - x_k)\, dx = \frac{1}{2}\, p(\bar{x}_k) \left[\left(x_{k+\frac{1}{2}} - x_k\right)^2 - \left(x_{k-\frac{1}{2}} - x_k\right)^2\right], \tag{1.52}$$

$$M(\Delta x_k^2) = p(\bar{x}_k) \int\limits_{x_{k-\frac{1}{2}}}^{x_{k+\frac{1}{2}}} (x - x_k)^2 \, dx = \frac{1}{3} p(\bar{x}_k) \left[\left(x_{k+\frac{1}{2}} - x_k \right)^3 - \left(x_{k-\frac{1}{2}} - x_k \right)^3 \right], \tag{1.53}$$

mit

$$\bar{x}_k = \frac{x_{k+\frac{1}{2}} + x_{k-\frac{1}{2}}}{2} .$$

Mit δ_k wird der Quantisierungsschritt für die k-te Stufe bezeichnet. Im allgemeinen ist es nicht erforderlich, daß die Stufe x_k in der Mitte des Quantisierungs-

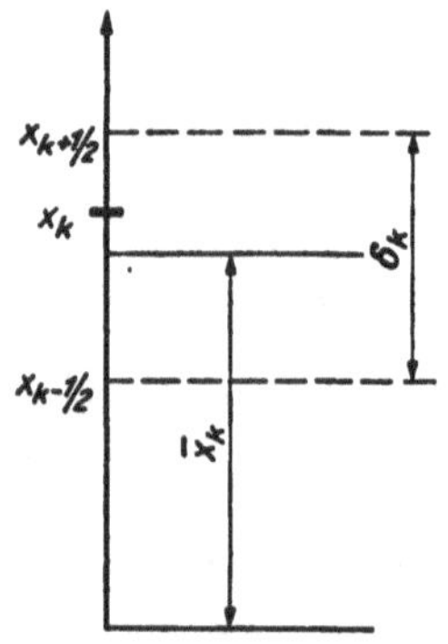

Abb. 1.19

schrittes liegt (Abb. 1.19). Nun ist eine solche Lage der Stufe x_k zu finden, daß die Dispersion in diesem Intervall ein Minimum hat. Aus Gl. (1.53) folgt

$$\frac{\partial [M(\Delta x_k^2)]}{\partial x_k} = p(\bar{x}_k) \left[- \left(x_{k+\frac{1}{2}} - x_k \right)^2 + \left(x_{k-\frac{1}{2}} - x_k \right)^2 \right] = 0 ,$$

woraus sich

$$\left(x_{k+\frac{1}{2}} - x_k \right)^2 = \left(x_{k-\frac{1}{2}} - x_k \right)^2$$

oder

$$\pm \left(x_{k+\frac{1}{2}} - x_k \right) = \pm \left(x_{k-\frac{1}{2}} - x_k \right)$$

ergibt.

Stehen rechts und links gleiche Vorzeichen, dann gilt

$$x_{k+\frac{1}{2}} = x_{k-\frac{1}{2}} .$$

Dann läge keine Quantisierung vor. Bei unterschiedlichen Vorzeichen folgt

$$x_k = \frac{x_{k+\frac{1}{2}} + x_{k-\frac{1}{2}}}{2} = \bar{x}_k .$$

Es ist offensichtlich, daß in diesem Fall $M(\Delta x_k)$ gleich Null ist.

Die minimale Dispersion tritt dann ein, wenn die Stufe x_k in der Mitte des Quantisierungsschrittes liegt. Hierfür gilt

$$x_{k+\frac{1}{2}} = x_k + \frac{\delta_k}{2}\,; \qquad x_{k-\frac{1}{2}} = x_k - \frac{\delta_k}{2}$$

und die Dispersion wird gleich

$$M(\Delta x_k^2) = \frac{1}{12} p(\bar{x}_k)\, \delta_k^3\,. \tag{1.54}$$

Wird diese Beziehung in der Form

$$M(\Delta x_k^2) = [p(\bar{x}_k)\, \delta_k]\, \frac{\delta_k^2}{12}$$

geschrieben, dann ist leicht einzusehen, daß sie die Dispersion einer Gleichverteilung im Intervall der Länge δ_k angibt, multipliziert mit der Wahrscheinlichkeit, daß der Wert der Funktion $x(t)$ in dieses Intervall fällt.

Folglich ergibt sich durch Summation von Gl. (1.54) über alle Stufen die Dispersion des Quantisierungsrauschens als mathematische Erwartung der Dispersion der einzelnen Stufen

$$D_\delta = \sum_{k=1}^{m} M(\Delta x_k^2) = \frac{1}{12} \sum_{j=1}^{m} p(x_j)\, \delta_j^3\,. \tag{1.55}$$

Wenn die Quantisierung gleichmäßig erfolgt, dann ist $\delta_k = \delta$ und die Dispersion errechnet sich zu

$$D_{\bar{\delta}} = \frac{\delta^2}{12} \sum_{j=1}^{m} p(x_j)\, \delta\,.$$

Wird vorausgesetzt, daß die Auftretenswahrscheinlichkeit der Signalwerte $x(t)$, die dem Absolutbetrag nach größer als das maximale Niveau X_m ist, vernachlässigbar klein bleibt, dann kann gesetzt werden

$$\sum_{j=1}^{m} p(x_j)\, \delta = \sum_{j=1}^{m} P(x_j) = 1\,,$$

wobei $P(x_j)$ die Wahrscheinlichkeit ist, daß sich das Signal $x(t)$ im Intervall δ befindet. Dann gilt für die Dispersion bei gleichmäßiger Quantisierung

$$D_{\bar{\delta}} = \frac{\delta^2}{12}\,. \tag{1.56}$$

§ 5. Die optimale Verteilung der Quantisierungsstufen

Der im vorangegangenen Paragraphen ermittelte Ausdruck für die Dispersion des Quantisierungsrauschens zeigt, daß diese sowohl von der Art der Dichtefunktion $p(x)$ abhängt als auch davon, wie sich die Quantisierungsschritte innerhalb des Intervalls $(-X_m, +X_m)$ ändern. Eine überschlägige Analyse der Gl. (1.55) zeigt, daß es zweckmäßig ist, zur Verkleinerung der Dispersion des Quantisierungsrauschens die weniger wahrscheinlichen Signalwerte mit großen Schritten und die wahrscheinlichen Werte mit kleinen Schritten zu quantisieren.

Nun wird die Aufgabe untersucht, diejenige Quantisierung des Signals zu finden, bei der die Dispersion des Quantisierungsrauschens einen Minimalwert annimmt. Dabei ist die Verteilungsdichte des Signals $p(x)$, der Maximalwert des Signals X_m und die Zahl m der Quantisierungsstufen vorgegeben.

In die Gleichung (1.55) wird für die Dispersion

$$D_\delta = \frac{1}{12} \sum_{j=1}^{m} p(x_j)\, \delta_j^3$$

der Ausdruck

$$z_j = \delta_j \sqrt[3]{p(x_j)} \tag{1.57}$$

eingesetzt, so daß

$$D_\delta = \frac{1}{12} \sum_{j=1}^{m} z_j^3 \tag{1.58}$$

folgt.

Da das Produkt $p(x_j) \cdot \delta_j$ die Auftretenswahrscheinlichkeit des Signals $x(t)$ im Intervall der Länge δ_j ist, gilt offensichtlich

$$\sum_{j=1}^{m} p(x_j)\, \delta_j = 1\ .$$

Eine analoge Bedingung muß auch für z_j gelten

$$\sum_{j=1}^{m} z_j = \sum_{j=1}^{m} p^{1/3}(x_j)\, \delta_j = S\ , \tag{1.59}$$

wobei S eine gewisse konstante Größe ist. Für hinreichend kleine Werte von δ_j im Vergleich zu X_m (großes m) kann die Bedingung (1.59) näherungsweise in folgender Form

$$S = \int_{-X_m}^{X_m} p^{1/3}(x)\, dx = 2 \int_{0}^{X_m} p^{1/3}(x)\, dx \qquad \big(p(x) = p(-x)\big) \tag{1.60}$$

geschrieben werden. Dieser letzte Ausdruck ist für die Berechnung von S aus der gegebenen Funktion $p(x)$ gut geeignet. Es besteht somit die Aufgabe der Minimalisierung des Ausdrucks (1.58) unter der Nebenbedingung (1.59). Das ist eine Extremwertaufgabe, die mit Hilfe der LAGRANGEschen Multiplikatormethode gelöst wird. Es ist der Extremwert der Funktion $\chi(x_1, x_2, \ldots, x_n)$ mehrerer Veränderlicher zu finden, die durch die k Nebenbedingungen $(k < n)$

$$\varphi_1(x_1, x_2, \ldots, x_n) = 0\ , \qquad \varphi_2(x_1, x_2, \ldots, x_n) = 0\ , \ldots,$$

$$\varphi_k(x_1, x_2, \ldots, x_n) = 0\ ,$$

miteinander verbunden sind. Hierfür sind die unbestimmten Multiplikatoren $\lambda_1, \lambda_2, \ldots, \lambda_k$ einzuführen, und es muß die neue Funktion mit $n + k$ Veränderlichen

$$\chi_1(x_1, x_2, \ldots, x_n, \lambda_1, \lambda_2, \ldots, \lambda_k) =$$
$$= \chi(x_1, x_2, \ldots, x_n) + \lambda_1 \varphi_1(x_1, x_2, \ldots, x_n) +$$
$$+ \lambda_2 \varphi_2(x_1, x_2, \ldots, x_n) + \cdots + \lambda_k \varphi_k(x_1, x_2, \ldots, x_n)$$

betrachtet werden.

Die notwendigen Extremalbedingungen lauten

$$\frac{\partial \chi_1}{\partial x_1} = 0; \qquad \frac{\partial \chi_1}{\partial x_2} = 0; \ldots; \qquad \frac{\partial \chi_1}{\partial x_n} = 0;$$
$$\frac{\partial \chi_1}{\partial \lambda_1} = 0; \qquad \frac{\partial \chi_1}{\partial \lambda_2} = 0; \ldots; \qquad \frac{\partial \chi_1}{\partial \lambda_n} = 0.$$

Das führt auf $n + k$ Gleichungen mit den Unbekannten $x_1, x_2, \ldots, x_n, \lambda_1, \lambda_2, \ldots, \lambda_k$.

Die Schar von Lösungen, die diesen Gleichungen genügen, ergibt für die Funktion χ ein Extremum. Die Bestimmung hinreichender Bedingungen ist im allgemeinen kompliziert. Für die Bestimmung des Charakters des Extremwertes (Maximum oder Minimum) muß der Verlauf der Funktion in der Nähe der Extremwerte $x_1, x_2, \ldots, x_n$ untersucht werden.

Die Art des Extremwertes läßt sich auch aus physikalischen Überlegungen ermitteln.

Hinsichtlich der Größen z_j [Gl. (1.57)] läßt sich eine Optimalbedingung finden. Hierfür schreiben wir zunächst

$$\chi(z) = \frac{1}{12} \sum_{j=1}^{m} z_j^3, \qquad \varphi = S - \sum_{j=1}^{m} z_j, \qquad \chi_1 = \chi + \lambda \varphi. \tag{1.61}$$

Dann gilt

$$\frac{\partial \chi_1}{\partial z_j} = \frac{\partial \chi}{\partial z_j} + \lambda \frac{\partial \varphi}{\partial z_j} = \frac{1}{4} z_j^2 - \lambda = 0,$$

mit

$$\frac{\partial \chi}{\partial z_j} = \frac{3}{12} z_j^2, \qquad \frac{\partial \varphi}{\partial z_j} = -1.$$

Ferner ist

$$\lambda = \frac{1}{4} z_j^2,$$

und daraus folgt

$$z_j = 2 \sqrt{\lambda}. \tag{1.62}$$

Wird jetzt die Nebenbedingung (1.59) herangezogen, gilt

$$S = \sum_{i=1}^{m} 2 \sqrt{\lambda} = 2 m \sqrt{\lambda}$$

oder

$$z_j = \frac{S}{m}. \tag{1.63}$$

Damit ergibt sich als Bedingung für die optimale Quantisierung, daß z_j konstant sein muß.

Die minimale Dispersion, die der optimalen Quantisierung entspricht, ist durch Einsetzen von Gl. (1.63) in Gl. (1.58) leicht zu finden:

$$D_{\delta\,\min} = \frac{S^3}{12\,m^2}. \tag{1.64}$$

Die optimale Quantisierungsskala läßt sich näherungsweise wie folgt finden. Eine bestimmte i-te Quantisierungsstufe ist als Summe der Quantisierungsschritte bis einschließlich des i-ten Schrittes nach der Gleichung

$$x_i = \sum_j^i{}^* \delta_j \tag{1.65}$$

zu ermitteln, wobei $\sum_j^i{}^* \delta_j$ die Summe

$$\frac{\delta_0}{2} + \delta_1 + \delta_2 + \cdots + \frac{\delta_i}{2}.$$

bedeutet. Aus den Gln. (1.57) und (1.63) folgt

$$\delta_j = \frac{S}{m\,p^{1/3}(x_j)}. \tag{1.66}$$

Wird Gl. (1.66) in Gl. (1.65) eingesetzt, ergibt sich

$$x_i = \sum_j^i{}^* \frac{S}{m\;p^{1/3}(x_j)}.$$

Dieser Ausdruck kann näherungsweise durch das Integral

$$x(y) = Q\int_0^y \frac{dy}{p^{1/3}(y)} \tag{1.67}$$

ersetzt werden, wobei x jetzt eine stetige Größe ist, und wobei die Konstante Q aus der Bedingung

$$x_i(y)\,\big|_{y=X_m} = X_m \tag{1.67a}$$

folgt, d. h., es ist

$$X_m = Q\int_0^{X_m} \frac{dy}{p^{1/3}(y)},$$

woraus

$$Q = \frac{X_m}{S_1} \tag{1.68}$$

mit

$$S_1 = \int_0^{X_m} p^{-1/3}(y)\,dy \tag{1.69}$$

folgt.

Wird die Gl. (1.68) in Gl. (1.67) eingesetzt, dann ist

$$x(y) = \frac{X_m}{S_1} \int_0^y \frac{dy}{p^{1/3}(y)}\,. \tag{1.70}$$

Diese Gleichung stellt den funktionalen Zusammenhang zwischen der unabhängigen Veränderlichen y und der Veränderlichen x dar. Die x bilden im Intervall $(-X_m, +X_m)$ die optimale Quantisierungsskala.

Eine praktikable Methode, die optimale Quantisierungsskala aufzustellen, besteht im folgenden. Die unabhängige Veränderliche y liegt im Intervall $(0, X_m)$ (Bedingung (1.67a)). Die Quantisierungsstufen x_i ergeben sich dadurch, daß das Intervall 0 bis X_m in $\frac{m-1}{2}$ gleiche Teile geteilt wird. Mit Hilfe der Kurve $x = f(y)$, die der Gleichung (1.70) entspricht, lassen sich dann die x_i auffinden (Abb. 1.20).

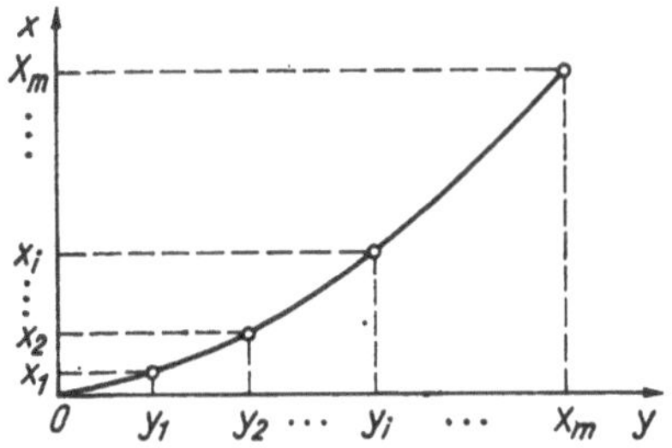

Abb. 1.20

Sind die x_i gefunden, ist es nicht schwierig, gemäß Gl. (1.66) die Quantisierungsschritte δ_i zu finden, da die Quantisierungsstufe x_i das Intervall δ_i in zwei Hälften teilt.

Um die praktischen Rechnungen zu erleichtern, empfiehlt es sich, eine Reihe von Näherungen durchzuführen. Der Charakter dieser Näherungen wird an einem Beispiel am Ende des Paragraphen erläutert.

Jetzt sollen einige konkrete Verteilungen betrachtet und dafür die jeweilige Dispersion des Quantisierungsrauschens, das der optimalen Quantisierung entspricht, angegeben werden.

1. Die Normalverteilung

Für die Normalverteilung hat die Dichtefunktion die Gestalt (Abb. 1.21)

$$p(x) = \frac{1}{\sigma_x \sqrt{2\pi}}\, e^{-\frac{x^2}{2\sigma_x^2}},$$

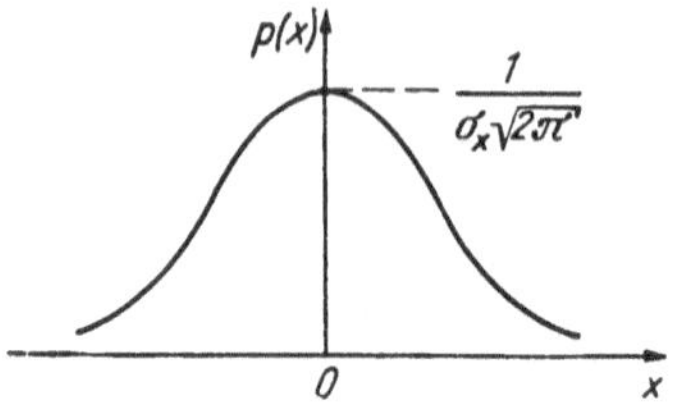

Abb. 1.21

und es gilt

$$p^{1/3}(x) = \frac{(\sigma_x \sqrt{2\pi})^{2/3}}{\sigma_x \sqrt{2\pi}} e^{-\frac{x^2}{6\sigma_x^2}}.$$

Bei Verwendung der Gl. (1.60) und der Substitution $x = \sqrt{3}\, y$ ergibt sich

$$S = 2\sqrt{3}\,(\sigma_x \sqrt{2\pi})^{2/3} \int\limits_0^{\frac{X_m}{\sqrt{3}}} \frac{1}{\sigma_x \sqrt{2\pi}} e^{-\frac{y^2}{2\sigma_x^2}} dy,$$

oder

$$S = \sqrt{3}\,(\sigma_x \sqrt{2\pi})^{2/3}\, \Phi\left(\frac{X_m}{\sigma_x \sqrt{3}}\right),$$

wobei $\Phi = \frac{2}{\sqrt{2\pi}} \int\limits_0^x e^{-\frac{t^2}{2}} dt$ das sogenannte Fehlerintegral ist. Wird der Wert von S in Gleichung (1.64) eingesetzt, folgt

$$D_{\delta\,\mathrm{norm}} = \frac{(\sqrt{3})^3 \pi\, \sigma_x^2\, \Phi^3 \left(\frac{X_m}{\sigma_x \sqrt{3}}\right)}{6\, m^2}. \tag{1.71}$$

Wird die Abkürzung

$$\nu = \frac{X_m}{\sigma_x} \tag{1.72}$$

eingeführt, dann gilt

$$D_{\delta\,\mathrm{norm}} = \frac{(\sqrt{3})^3 \pi\, X_m^2\, \Phi^3 \left(\frac{\nu}{\sqrt{3}}\right)}{6\, \nu^2 m^2}. \tag{1.73}$$

Bei der gleichmäßigen Quantisierung ist die Dispersion gleich

$$D_{\delta} = \frac{X_m^2}{3\, m^2},$$

mit

$$\delta = \frac{2\, X_m}{m}.$$

In welchem Maß die Dispersion durch die optimale Quantisierung abnimmt, wird durch die Beziehung

$$V(\nu) = \frac{D_{\delta\,\mathrm{norm}}}{D_{\bar{\delta}}} = \frac{8{,}16}{\nu}\,\Phi^3\left(\frac{\nu}{\sqrt{3}}\right) \tag{1.74}$$

bestimmt. Dabei ist auf die Gleichverteilung normiert. Die grafische Darstellung der Funktion $V(\nu)$ zeigt Abb. 1.22. Es ist ersichtlich, daß sich mit wachsendem ν (ausgenommen der Teilabschnitt $\nu < 2$, der keine praktische

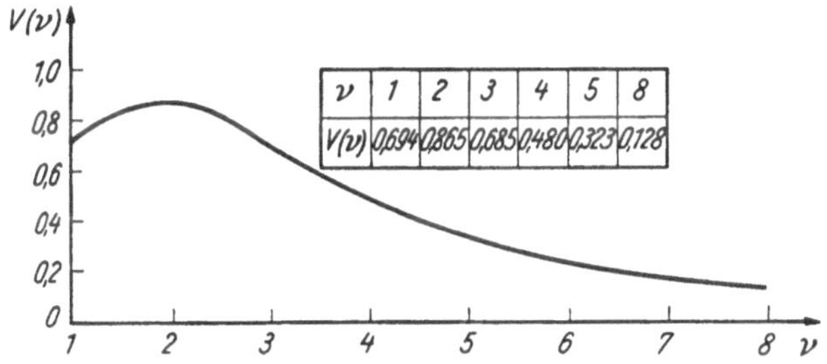

Abb. 1.22

Bedeutung besitzt) die Dispersion des Quantisierungsrauschens stetig verkleinert. Der in der Praxis häufige Fall $\nu = 3$ ergibt $V(\nu) = 0{,}685$, d. h. die Dispersion verringert sich um etwa 30% im Vergleich zur gleichmäßigen Quantisierung. Der mittlere quadratische Fehler wird dabei um 17% geringer.

2. Die symmetrische Exponentialverteilung

Die Dichtefunktion der betrachteten Verteilung hat folgende Gestalt (Abb.1.23)

$$p(x) = \frac{a}{2}\,e^{-a|x|}\,.$$

Folglich gilt

$$p^{1/3}(x) = \sqrt[3]{\frac{a}{2}}\;e^{-\frac{a}{3}|x|}\,.$$

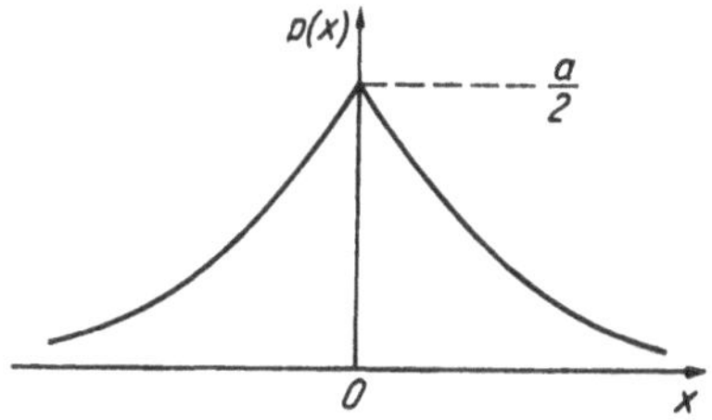

Abb. 1.23

Mit Benutzung der Gleichung (1.60) ergibt sich

$$S = 2\left(\frac{a}{2}\right)^{1/3} \int_0^{X_m} e^{-\frac{a x}{3}}\, dx = \frac{6}{a} \sqrt[3]{\frac{a}{2}} \left(1 - e^{-\frac{a X_m}{3}}\right). \qquad (1.75)$$

Wird der für S ermittelte Wert in Gleichung (1.64) eingesetzt, folgt

$$D_{\delta\,\mathrm{exp}} = \frac{9}{a^2 m^2}\left(1 - e^{-\frac{a X_m}{3}}\right)^3.$$

Mit der Bezeichnung $\nu_1 = a\, X_m$ folgt

$$D_{\delta\,\mathrm{exp}} = \frac{9 X_m^2}{\nu_1^2 m^2}\left(1 - e^{-\frac{\nu_1}{3}}\right)^3. \qquad (1.76)$$

Die relative Abnahme der Dispersion infolge der optimalen Quantisierung folgt in diesem Falle der Beziehung

$$V(\nu_1) = \frac{D_{\delta\,\mathrm{exp}}}{D_{\bar{\delta}}} = \frac{27}{\nu_1^2}\left(1 - e^{-\frac{\nu_1}{3}}\right)^3. \qquad (1.77)$$

Die grafische Darstellung der Funktion $V(\nu_1)$ zeigt Abb. 1.24.

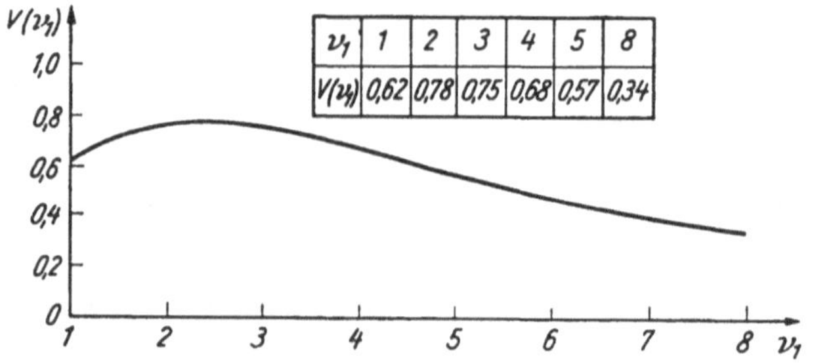

ν_1	1	2	3	4	5	8
$V(\nu_1)$	0,62	0,78	0,75	0,68	0,57	0,34

Abb. 1.24

3. Die Dreiecksverteilung

Die Dichtefunktion dieser Verteilung hat die Gestalt (Abb. 1.25)

$$p(x) = \begin{cases} \dfrac{X_m - |x|}{X_m^2}, & |x| \leq X_m\,, \\ 0, & |x| > X_m\,. \end{cases}$$

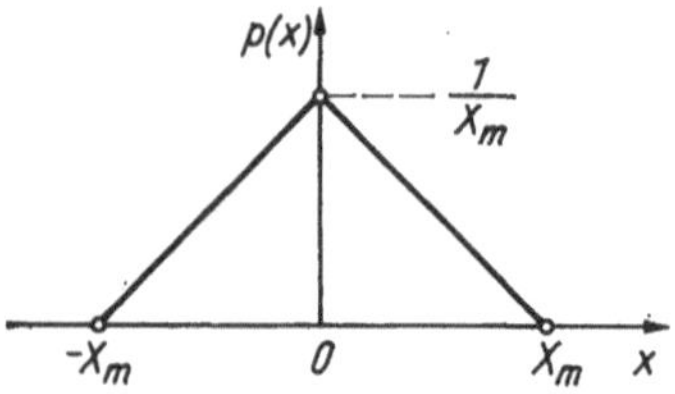

Abb. 1.25

Mit Gl. (1.60) gilt für S:

$$S = \frac{2}{X_m^{2/3}} \int_0^{X_m} (X_m - x)^{1/3}\, dx = \frac{3}{2} X_m^{2/3} .$$

Nach Einsetzen von S in Gl. (1.64) ergibt sich

$$D\delta_{\text{dr.}} = \frac{9\, X_m^2}{32\, m^2} . \tag{1.78}$$

In diesem Fall ist die relative Abnahme der Dispersion konstant und gleich

$$\frac{D\delta_{\text{dr.}}}{D_{\bar{\delta}}} = \frac{27}{32} \approx 0{,}845 \text{ ist.}$$

Beispiel 1.1. Das Signal möge durch die eindimensionale Wahrscheinlichkeitsdichte

$$p(x) = \frac{a}{2}\, e^{-a|x|}\ (a = 1)$$

charakterisiert sein. Es wird gefordert, eine optimale Quantisierungsskala für $m = 9$ zu konstruieren, wenn der maximale Signalwert X_m gleich 3 ist.

1. Nach Gl. (1.69) wird die Konstante S_1 wie folgt bestimmt:

$$S_1 = \left(\frac{a}{2}\right)^{-\frac{1}{3}} \int_0^{X_m} e^{\frac{ax}{3}}\, dx = \frac{3}{a} \left(\frac{a}{2}\right)^{-\frac{1}{3}} \left(e^{\frac{a X_m}{3}} - 1\right).$$

2. Aus Gl. (1.70) folgt der Wert für x

$$x(y) = \frac{X_m}{S_1} \left(\frac{a}{2}\right)^{-\frac{1}{3}} \int_0^{y} e^{\frac{ay}{3}}\, dy = \frac{3\, X_m}{a\, S_1} \left(\frac{a}{2}\right)^{-\frac{1}{3}} \left(e^{\frac{ay}{3}} - 1\right).$$

Das Einsetzen dieses Ausdrucks in S_1 führt auf

$$x(y) = X_m \frac{e^{\frac{ay}{3}} - 1}{e^{\frac{a X_m}{3}} - 1} .$$

Bei Beachtung der Zahlenwerte $a = 1$ und $X_m = 3$ folgt

$$x(y) = 3\, \frac{e^{y/3} - 1}{e - 1} = 1{,}75\, (e^{y/3} - 1) .$$

Wird das gesamte zur Verfügung stehende Intervall $(-X_m, X_m)$ in 8 gleiche Teile geteilt (da $m = 9$ gilt), ergeben sich folgende Werte für y: $-3{,}00$; $-2{,}25$; $-1{,}50$; $-0{,}75$; 0; 0,75; 1,50; 2,25 und 3,00. Da sich das Signal symmetrisch zum Nullpunkt ändert, genügt es, die Rechnung auf die positiven Werte der Quantisierungsstufen zu beschränken.

Die Ergebnisse sind in Tabelle 2 angeführt.

Tabelle 2

i	0	1	2	3	4
y_i	0	0,75	1,50	2,25	3,00
$y_i/3$	0	0,25	0,50	0,75	1,00
$e^{y_i/3}$	1	1,28	1,65	2,12	2,72
x_i	0	0,49	1,13	1,96	3,00

3. Die Quantisierungsschritte werden wie folgt bestimmt. Aus Abb. 1.26 ist die allgemeine Beziehung

$$x_{k+1} - x_k = \frac{\delta_{k+1}}{2} + \frac{\delta_k}{2},$$

zu entnehmen.

Daraus folgt

$$\delta_k = 2\,(x_{k+1} - x_k) - \delta_{k-1}\,. \qquad (*)$$

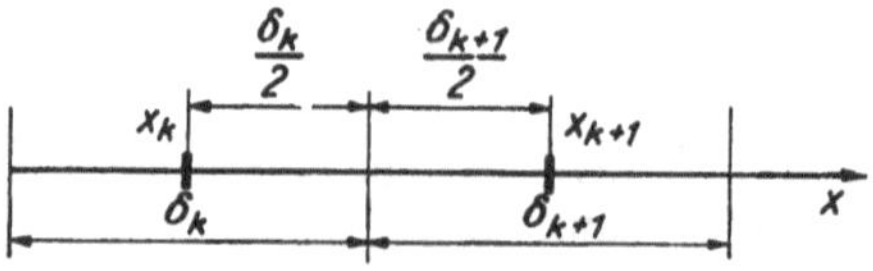

Abb. 1.26

Bei praktischen Rechnungen ist es zweckmäßig, aus Gl. (1.66) nur den letzten Schritt δ_m zu ermitteln, um Abweichungen bei der Summation über die Quantisierungsschritte in der Nähe von X_m zu vermeiden. Wegen der verschiedenen Näherungen lassen sich diese Abweichungen nicht ausschalten. Für δ_m ergibt sich

$$\delta_m = \frac{S}{m p^{1/3}(X_m)}\,. \qquad (**)$$

Die Ermittlung der übrigen δ_k folgt zweckmäßig aus Gl. (*).

S ergibt sich aus Gl. (1.75) (mit $a = 1$ und $X_m = 3$):

$$S = 6\sqrt[3]{0,5}\,(1 - e^{-1}) = 3,00\,.$$

Dann ist δ_m nach Gl. (**)

$$\delta_m = \delta_4 = \frac{3,00}{9\left(\frac{1}{2}e^{-3}\right)^{1/3}} = 1,14\,.$$

Alle übrigen Werte der Quantisierungsschritte folgen aus Gl. (*)

$$\delta_3 = 2\,(X_m - x_3) - \delta_4 = 2\,(3,00 - 1,96) - 1,14 = 0,94\,,$$

$$\delta_2 = 2\,(x_3 - x_2) - \delta_3 = 2\,(1,96 - 1,13) - 0,94 = 0,72\,,$$

$$\delta_1 = 2\,(x_2 - x_1) - \delta_2 = 2\,(1,13 - 0,49) - 0,72 = 0,56\,,$$

$$\delta_0 = 2\,x_1 - \delta_1 = 0,98 - 0,56 = 0,42\,.$$

Die grafische Darstellung des einen Zweiges der Wahrscheinlichkeitsdichtefunktion mit den eingetragenen Quantisierungsstufen und den Quantisierungsschritten zeigt Abb. 1.27.

4. Die Dispersion des Quantisierungsrauschens für $\nu_1 = a\,X_m = 3$ wird nach Gleichung (1.76) zu $D_{\text{exp}} = 0{,}035$ bestimmt[1]). Es ist aufschlußreich, das Ergebnis mit dem Wert zu vergleichen, der aus der allgemeinen Gl. (1.55) folgt. In diesem Falle gilt

$$D_{\delta\,\text{exp}} = \frac{1}{12}\left[p(0)\,\delta_0^3 + 2\,p(x_1)\,\delta_1^3 + 2\,p(x_2)\,\delta_2^3 + 2\,p(x_3)\,\delta_3^3 + p(X_m)\,\delta_m^3\right] =$$

$$= \frac{1}{12}(0{,}5 \cdot 0{,}0735 + 0{,}6 \cdot 0{,}175 + 0{,}322 \cdot 0{,}37 + 0{,}14 \cdot 0{,}825 +$$

$$+ 0{,}025 \cdot 1{,}47) = 0{,}0345\,.$$

Der Vergleich zeigt, daß die Ergebnisse hinreichend gut übereinstimmen.

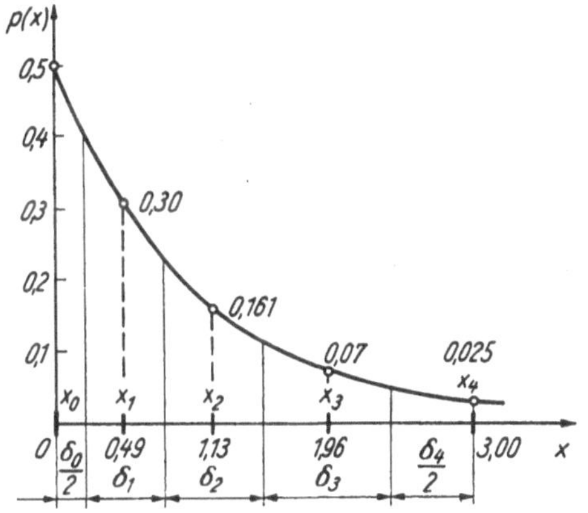

Abb. 1.27

§ 6. Stochastische Signale und ihre Eigenschaften

Die Untersuchung automatischer Systeme mit Hilfe der eben beschriebenen determinierten Signale beschränkt sich auf Aufgaben, in denen der zeitliche Verlauf des Eingangssignals bekannt ist. Dabei wird angenommen, daß zufällige Abweichungen des Signals von einem bestimmten Mittelwert keine wesentliche Bedeutung für die Analyse des Systems haben. Die Aufgabe besteht darin, die Antwort (Reaktion) des Systems auf ein vorgegebenes Signal zu ermitteln.

Bei den meisten technischen Problemstellungen jedoch ist es häufig nicht möglich, das Eingangssignal explizit darzustellen. Häufig wird auch danach gefragt, welcher Art die zufälligen Abweichungen im Ausgangssignal sind, die als Folge zufälliger Komponenten des Eingangssignals entstehen. Solche Problemstellung tritt auf, wenn auf das Eingangssignal eine fest vorgegebene Transformation (z. B. durch ein Filter) angewandt wird, oder wenn das Signal

[1]) Da im vorliegenden Fall die Zahl der Quantisierungsstufen klein ist, sollte in Gl. 1.76) m^2 durch $(m - 1)^2$ ersetzt werden, um nicht zuviel an Genauigkeit zu verlieren.

einfach kopiert werden soll (Nachlaufsysteme). Denn die Anwesenheit zufälliger Störungen beschränkt die Genauigkeit der Rekonstruktion.

Die Eingangssignale als gegebene Funktionen der Zeit implizieren keinerlei Beschränkungen für die Möglichkeit einer genauen Rekonstruktion. Im allgemeinen Fall muß das tatsächliche Eingangssignal, das an irgendeiner Stelle einwirkt und das sowohl Nutz-Informationen als auch Störungen enthält, statistisch beschrieben werden. Deshalb muß die allgemeine Theorie von Übertragungs- und Regelungssystemen statistisch begründet werden.

Ein Regelungssystem ist nur dann notwendig, wenn Informationen übertragen, verarbeitet und verwendet werden sollen. Der Begriff der Information beruht seinerseits wiederum, wie noch gezeigt werden wird, auf dem Vorhandensein einer gewissen a-priori-Unbestimmtheit der anfallenden Daten — von vornherein genau bekannte Daten enthalten keinerlei neue Information. Wenn alles über die Eingangssignale bekannt ist, ist es nicht nötig, einen Regelkreis einzubauen. Dann könnte aufgrund der a-priori-Kenntnisse die erwünschte Wirkung durch eine Steuerungseinrichtung erzielt werden.

Daher müssen die auf den Eingang des Regelungssystems gelangenden Signale als zufällige Funktionen der Zeit angesehen werden. Sie bringen eine gewisse Information über äußere Störungen ein.

Wie bereits festgestellt, sind die realen physikalischen Signale in der Zeit begrenzt. Dieser Umstand beeinflußt in einigen Fällen die Methoden der mathematischen Beschreibung der untersuchten Erscheinung wesentlich. In anderen Fällen ist dies ohne Belang. Folglich ist es erforderlich, stets anzugeben, unter welchen Bedingungen dieser oder jener Darstellung des zufälligen Signals der Vorzug zu geben ist.

Ein Prozeß heißt zufällig, wenn seine Werte in jedem Zeitpunkt Realisierungen einer zufälligen Größe sind. Wie bekannt [29], kann ein Zufallsprozeß $X(t)$ durch die mathematische Erwartung

$$m_x(t) = M[X(t)] \tag{1.79}$$

und durch die Korrelationsfunktion

$$K(t_1, t_2) = M\,\{[X(t_1) - m_x(t_1)]\,[X(t_2) - m_x(t_2)]\} \tag{1.80}$$

charakterisiert werden, wobei das Zeichen M der Operator der mathematischen Erwartung ist (oder der Operator des Mittels aller Realisierungen des Zufallsprozesses).

Im allgemeinen Fall sind die mathematische Erwartung und die Korrelationsfunktion zeitabhängig. Dann ist der zugehörige Prozeß nichtstationär.

Insofern einer Zufallsfunktion $X(t)$ nicht zusätzliche Bedingungen bezüglich des Argumentes t auferlegt werden, kann sie außerhalb der Grenzen eines bestimmten Intervalles gleich Null sein und ist demzufolge in der Lage, ein reales Eingangssignal zu beschreiben.

Bei der Behandlung praktischer Aufgaben wird oft die Voraussetzung gemacht, daß der Prozeß stationär ist. Zur Behandlung stationärer Prozesse liegt ein ausgearbeiteter mathematischer Apparat vor. Als stationär im weitesten Sinne wird ein Prozeß bezeichnet, bei dem die mathematische Erwartung konstant ist und die Korrelationsfunktion nur von der Differenz der Argumente abhängt.

$$m_x(t) = m_x = \text{const} , \tag{1.81}$$

$$K(t_1, t_2) = K(t_1 - t_2) = K(\tau) . \tag{1.82}$$

In Wirklichkeit sind die realen Eingangssignale nichtstationär und können nur bei Beachtung bestimmter Bedingungen als stationär angesehen werden. Um diese Behauptung zu veranschaulichen, sei eine hypothetische Quelle betrachtet, die ein stationäres Zufallssignal erzeugt und in einem bestimmten Zeitpunkt, der als Anfang der Zählung dient, an den Eingang des Systems geschaltet wird (Abb. 1.28a).

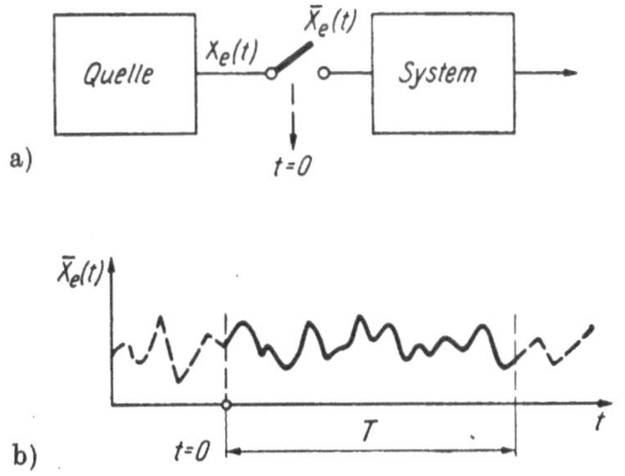

Abb. 1.28

Es ist offensichtlich, daß das Eingangssignal $\bar{X}_e(t)$ einen „Abschnitt“ der Länge T des stationären zufälligen Prozesses darstellt, wobei T die Betriebszeit des Systems ist (Abb. 1.28b). Wird nur der Einschaltzeitpunkt beachtet und angenommen, daß trägheitslos geschaltet wird, lautet das Eingangssignal

$$\bar{X}_e(t) = X_e(t)\, \mathbf{1}(t) ,$$

mit

$$\mathbf{1}(t) = \begin{cases} 0 & \text{für} \quad t < 0 , \\ 1 & \text{für} \quad t \geq 0 \end{cases}$$

als Einheitssprungfunktion.

Zur Vereinfachung wird angenommen, daß die mathematische Erwartung des Prozesses $X_e(t)$ gleich Null ist. Dann ist die Korrelationsfunktion leicht zu ermitteln. In Übereinstimmung mit Gl. (1.80) gilt

$$K_e(t, t - \tau) = M\,[X_e(t)\, \mathbf{1}(t)\, X_e(t - \tau)\, \mathbf{1}(t - \tau)] =$$
$$= \mathbf{1}(t)\, \mathbf{1}(t - \tau)\, M\,[X_e(t)\, X_e(t - \tau)] .$$

Da die Einheitssprungfunktion determiniert ist, kann sie vor den Mittelungsoperator gezogen werden. In diesem Ausdruck ist $M\,[X_e(t)\,X_e\,(t - \tau)]$ die Korrelationsfunktion eines stationären Prozesses und folglich ergibt sich entsprechend den Gln. (1.81) und (1.82)

$$K_e\,(t, t - \tau) = \mathbf{1}(t)\,\mathbf{1}\,(t - \tau)\,K(\tau)\,,$$

oder für $t > 0$, da dann $\mathbf{1}(t) = 1$ ist,

$$K_e\,(t, t - \tau) = \mathbf{1}\,(t - \tau)\,K(\tau)\,.$$

Die Korrelationsfunktion des Eingangssignals hängt daher von der Zeit ab und charakterisiert demzufolge einen nichtstationären Prozeß. Die grafische Darstellung der Funktionen $\mathbf{1}\,(t - \tau)$ und $K(\tau)$ entlang der t- und τ-Achsen ist in Abb. 1.29 zu sehen.

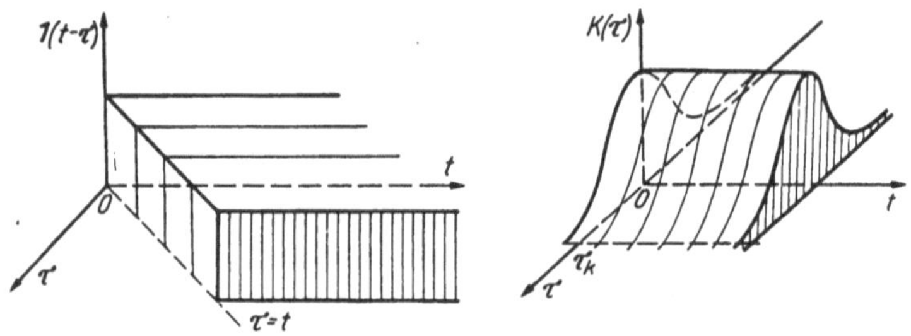

a) b)

Abb. 1.29

Nun wird der Begriff des Korrelationsintervalls τ_K eingeführt. Es bestimmt den Abschnitt, außerhalb dessen die Korrelationsfunktion $K(\tau)$ praktisch Null ist (Abb. 1.29b). Das heißt, daß für $\tau > \tau_K$ der absolute Betrag der Korrelationsfunktion kleiner als eine bestimmte vorgegebene Größe bleibt. Es ist keine Korrelation mehr feststellbar. Dann nimmt die grafische Darstellung der Korrelationsfunktion des Eingangssignals eine Gestalt an, wie sie Abb. 1.30

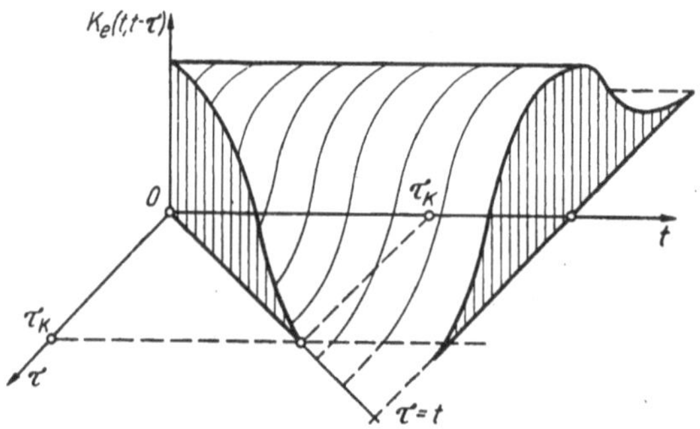

Abb. 1.30

zeigt. Aus dieser Abbildung ist ersichtlich, daß die Korrelationsfunktion $K_e(t, t-\tau)$ für $t < \tau_K$ von der Funktion $K(\tau)$ verschieden und für $t > \tau_K$ gleich dieser Funktion $K(\tau)$ ist. Ein analoges Bild ergibt sich auch am anderen Ende des Intervall zum Ausschaltzeitpunkt, weil die Korrelationsfunktion eine gerade Funktion ist.

Die Nichtstationarität des Signals kann gut erläutert werden, wenn die statistische Verarbeitung genauer betrachtet wird (Abb. 1.31).

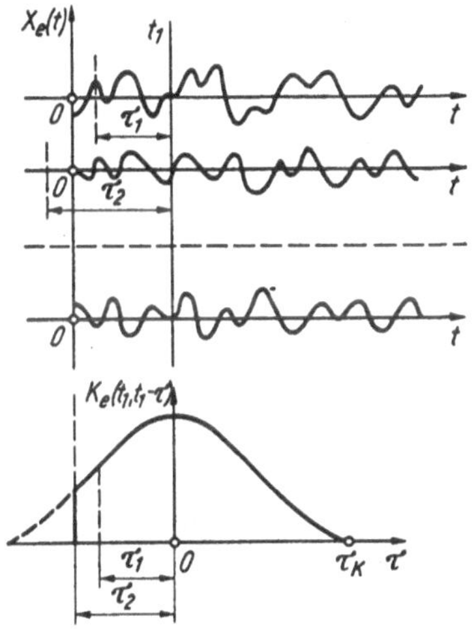

Abb. 1.31

Es werde ein beliebiger Zeitpunkt t_1 festgelegt, es soll nun die Korrelationsfunktion bestimmt werden. Wird das Korrelationsintervall τ_1 kleiner als t_1 gewählt, dann fallen alle Realisierungen in das Verarbeitungsintervall. Somit ist der Wert der Korrelationsfunktion (mit $\tau_1 < \tau_K$) von Null verschieden. Wird jedoch ein anderes Intervall τ_2 größer als t_1 gewählt, dann werden alle Realisierungen, die links von $t = 0$ liegen, gleich Null sein. Demzufolge ist auch der entsprechende Wert der Korrelationsfunktion gleich Null.

Im Endergebnis wird in der grafischen Darstellung die Korrelationsfunktion bei $\tau = t_1$ von links her abgeschnitten (Abb. 1.31). Offensichtlich tritt für $t > \tau_K$ diese Erscheinung nicht ein, und die Korrelationsfunktion ist für $t \leqq T - \tau_K$ nicht zeitabhängig. Für t größer als $T - \tau_K$ ist die Korrelationsfunktion von rechts her abgeschnitten. Auf Grund der angestellten Betrachtungen gilt

$$K_e(t, t-\tau) = \begin{cases} K(\tau) & \text{für} \quad \tau_K \leqq t \leqq T - \tau_K\,, \\ 1\,(t-\tau)\,K(\tau) & \text{für} \quad \tau_K > t > T - \tau_K\,. \end{cases}$$

Daher kann das Eingangssignal, das einen stationären Prozeß der Länge T darstellt, nur im Intervall $\tau_K \leqq t \leqq T - \tau_K$ als stationär betrachtet werden.

Bei vielen Aufgaben ist die Betriebszeit T des Systems viel größer als das Korrelationsintervall τ_K, daher tritt ein nichtstationärer Zustand dieser Art praktisch nicht auf. In anderen Fällen kann jedoch das Signal stark korreliert oder die Betriebsdauer des Systems so klein sein, daß mit einem nichtstationären Zustand des Systems gerechnet werden muß. Im weiteren werden Signale, die einen Abschnitt aus einem stationären Prozeß darstellen, als *quasistationär* bezeichnet. Von besonderem Interesse sind Prozesse mit kleinen Korrelationsintervallen τ_K. Dann ist es bequem, spektrale Darstellungen heranzuziehen.

Wenn eine Zufallsfunktion $X(t)$ eine kanonische Darstellung der Art

$$X(t) = m_x(t) + \sum_\nu V_\nu \, x_\nu(t)$$

besitzt, dann hat bekanntlich [29] die zugehörige Korrelationsfunktion die kanonische Darstellung

$$K_x(t_1, t_2) = \sum_\nu D_\nu \, x_\nu(t_1) \, x_\nu(t_2) \,. \tag{1.83}$$

Dabei ist V_ν eine statistisch unabhängige Zufallsgröße mit der mathematischen Erwartung Null. Die x_ν sind vorgegebene Funktionen, die Koordinaten heißen sollen. D_ν ist die Dispersion der Zufallsgrößen V_ν.

Die Korrelationsfunktion des stationären Prozesses wird im Intervall (τ_K; $T - \tau_K$) in eine Fourier-Reihe zerlegt

$$K(\tau) = \sum_{\nu=-\infty}^{\infty} D_\nu \, e^{j \omega_\nu \tau} \,,$$

mit

$$D_\nu = \frac{1}{T - \tau_K} \int_{\tau_K}^{T-\tau_K} K(\tau) \, e^{-j \omega_\nu \tau} \, d\tau \,. \tag{1.84}$$

Wird $\tau = t_1 - t_2$ gesetzt, ergibt sich

$$K\,(t_1 - t_2) = \sum_{\nu=-\infty}^{\infty} D_\nu \, e^{j \omega_\nu t_1} \, e^{-j \omega_\nu t_2} \,,$$

d. h. entsprechend der Gl. (1.83), die kanonische Darstellung der Korrelationsfunktion $K(\tau)$. Die entsprechende Zufallsfunktion hat die Form[1])

$$X(t) = \sum_{\nu=-\infty}^{\infty} V_\nu \, e^{j \omega_\nu t} \,. \tag{1.85}$$

Gl. (1.85) ist eine Fourier-Zerlegung der Zufallsfunktion $X(t)$, wobei die Amplituden der Harmonischen Zufallsgrößen mit der Dispersion D_ν darstellen. Wird die Betriebszeit des Systems T hinreichend groß im Vergleich zu dem Korrelationsintervall τ_K gewählt, dann ist Gleichung (1.84) in der Gestalt

$$D_\nu = \frac{1}{T} \int_0^T K(\tau) \, e^{-j \omega_\nu \tau} \, d\tau \tag{1.86}$$

angebbar.

---

[1]) Der Einfachheit halber wird hier $m_x(t) = 0$ gesetzt.

Die Dispersionen D_ν hängen von den Frequenzen ω_ν der Harmonischen ab und geben an, wie die Gesamtleistung des Prozesses über die Frequenz verteilt ist (Abb. 1.32a).

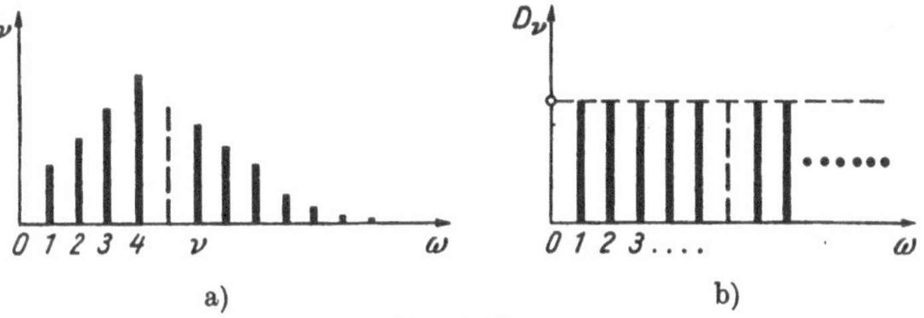

Abb. 1.32

Die Gesamtleistung des Prozesses beträgt

$$D_x = \sum_{\nu=-\infty}^{\infty} D_\nu .$$

Jetzt wird ein Prozeß betrachtet, bei dem die D_ν für alle ν gleich sind (Abb. 1.32b). Hier muß das Integral (1.86), unabhängig von den Größen ω_ν, konstant sein. Das ist nur dann möglich, wenn die Korrelationsfunktion gleich einer Delta-Funktion ist:

$$K(\tau) = S\,\delta(\tau) . \tag{1.87}$$

Denn es gilt

$$D_\nu = \frac{1}{T}\int_0^T S\,\delta(\tau)\,e^{-j\omega_\nu\tau}\,d\tau = \frac{S}{T} = \text{const} . \tag{1.88}$$

Da die Anzahl der Komponenten unendlich ist, geht die Gesamtleistung eines solchen Prozesses über alle Grenzen. Sein Frequenzband ist unendlich breit und seine Spektraldichte konstant. Innerhalb des Prozesses fehlt jegliche Korrelation. Er wird als weißes Rauschen bezeichnet. Es ist offensichtlich, daß das weiße Rauschen physikalisch nicht realisierbar ist und nur eine bequeme Abstraktion beim Aufbau der Theorie darstellt. Jedoch sind reale Prozesse, die kleine Korrelationsintervalle besitzen, gut durch das weiße Rauschen zu approximieren.

Ist die Betriebszeit T des Systems so groß, daß sie praktisch als unendlich angesehen werden kann, ist der Prozeß im exakten Sinne stationär. Es kann dann die spektrale Leistungsdichte eingeführt werden, die durch

$$S(\omega) = \int_{-\infty}^{+\infty} K(\tau)\,e^{-j\omega\tau}\,d\tau \tag{1.89}$$

bestimmt wird.

Die Dimension der spektralen Dichte ist $[x^2 \cdot \mathrm{s}]$, wobei $[x]$ die Dimension des Prozesses ist.

Die reziproke FOURIER-Transformation lautet

$$K(\tau) = \frac{1}{2\pi} \int_{-\infty}^{+\infty} S(\omega)\, e^{j\omega\tau}\, d\omega\,. \qquad (1.89\,\text{a})$$

Daraus folgt

$$K(0) = D_x = \frac{1}{2\pi} \int_{-\infty}^{+\infty} S(\omega)\, d\omega = \frac{1}{\pi} \int_{0}^{\infty} S(\omega)\, d\omega\,, \qquad (1.90)$$

da die Spektraldichte eine gerade Funktion der Frequenz ist. Wird in Gl. (1.89) der Wert der Korrelationsfunktion für das weiße Rauschen eingesetzt, folgt

$$S(\omega) = S\,.$$

Daher ist der Koeffizient S in Gl. (1.87) die Spektraldichte. S ist damit eine Maßzahl für die Intensität des weißen Rauschens.

Häufig wird der Begriff des normalverteilten weißen Rauschens verwendet. Er besagt, daß eine beliebige n-dimensionale Verteilungsdichte des gegebenen Rauschens normal ist. Dadurch ist das weiße Rauschen zwar noch nicht vollkommen beschrieben. Der Begriff ist jedoch insofern von Nutzen, als das normalverteilte weiße Rauschen seinen Charakter beibehält, wenn es durch ein beliebiges lineares Filter transformiert wird.

Es werde speziell ein ideales Filter betrachtet, das die Harmonischen nur in einem bestimmten Frequenzbereich F durchläßt. Ist das Eingangssignal normalverteiltes weißes Rauschen, so lautet das Ausgangssignal

$$D_x = \frac{1}{\pi} \int_{0}^{2\pi F} S\, d\omega = 2\, S\, F\,. \qquad (1.91)$$

Der Vergleich der Beziehungen (1.88) und (1.91) ergibt

$$D_x = 2\, F\, T\, D_v\,. \qquad (1.92)$$

Es ist zu sehen, daß die Gesamtleistung des Prozesses um den Faktor $2\,F\,T$ größer ist, als die Leistung einer einzelnen Harmonischen, und daher ist die Größe $2\,F\,T$ gleich der Zahl der Harmonischen. Der behandelte Prozeß wird daher vollkommen durch eine $2\,F\,T$-dimensionales Verteilungsdichte beschrieben. Da im Falle des weißen Rauschens die n-dimensionale Verteilungsdichte ein Produkt aus n eindimensionalen Dichten der Normalverteilung ist, gilt

$$f_{2FT}(x_1, x_2, \ldots, x_n) = \prod_{k=1}^{2FT} \frac{1}{\sqrt{2\pi}\,\sigma}\, e^{-\frac{x_k^2}{2\sigma^2}}\,. \qquad (1.93)$$

Der Prozeß, der sich durch Beschränkung des weißen Rauschens auf die Bandbreite F ergibt, heißt zuweilen frequenzbeschränktes weißes Rauschen.

Das frequenzbeschränkte weiße Rauschen besitzt die in Abb. 1.33 dargestellte Korrelationsfunktion. Sie folgt aus Gleichung (1.89a) zu

$$K(\tau) = 2\,S \int\limits_0^{2\pi F} \cos 2\,\pi\,F\,\tau\,dF = \frac{S}{\pi} \cdot \frac{\sin 2\,\pi\,F\,\tau}{\tau}\,. \tag{1.94}$$

Offenbar wird die in dieser Gleichung definierte Korrelationsfunktion nirgends identisch Null. In diesem Falle muß als Korrelationsintervall ein Abschnitt τ_k auf der τ-Achse gewählt werden, außerhalb dessen Grenzen der absolute Betrag der Funktion $K(\tau)$ vernachlässigt werden kann.

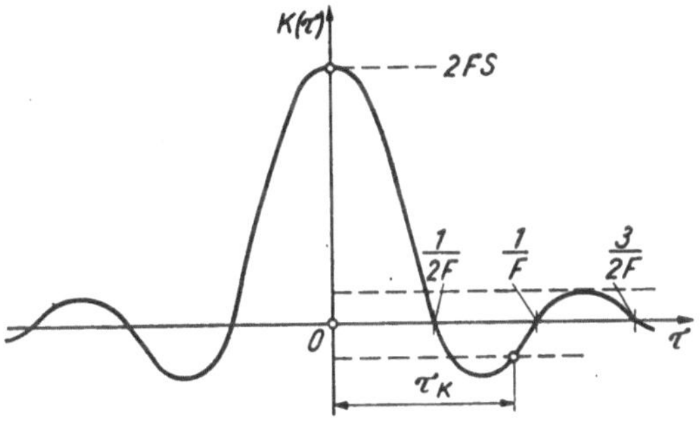

Abb. 1.33

Sowohl der Zufallsprozeß mit beschränktem Spektrum als auch der determinierte Prozeß können zeitlich quantisiert werden, indem das Abtasttheorem zugrunde gelegt wird. Es ist aber auch ein anderes Herangehen möglich, das sich auf den Begriff des Korrelationsintervalles stützt [37].

In der Mehrzahl der Fälle läßt sich nämlich die Übertragung von Zufallssignalen mit Hilfe der mathematischen Erwartung und der Korrelationsfunktion

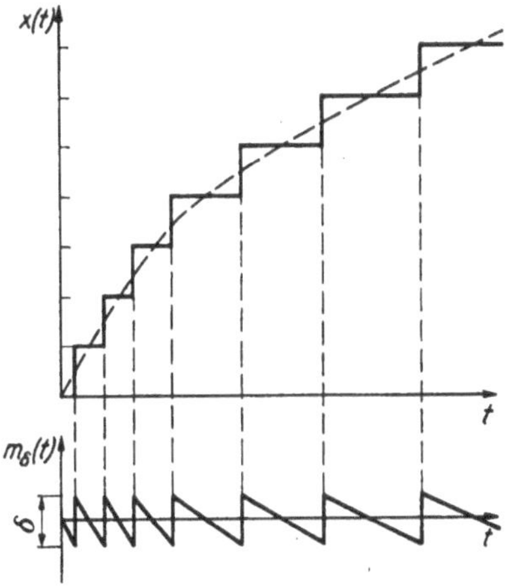

Abb. 1.34

beschreiben. Deshalb sei jetzt die Korrelationsfunktion des Quantisierungsrauschens berechnet, die zugehörige Dispersion wurde in § 4 bestimmt.

Wir gehen aus von der Realisierung $m_\delta(t)$ des Quantisierungsrauschens. Ein typisches Beispiel ist in Abb. 1.34 dargestellt. Wird angenommen, daß sich das Nutzsignal $X(t)$ über einige Perioden von $m_\delta(t)$ praktisch linear ändert, dann ist die dominierende Frequenz in $m_\delta(t)$ gleich Ω/δ. Dabei ist Ω gleich dem Momentanwert der Ableitung von $X(t)$. In diesem Abschnitt kann dann das Quantisierungsrauschen näherungsweise als Sinus mit konstanter Amplitude m_0 dargestellt werden

$$m_\delta(t) = m_0 \sin 2\pi f t .$$

Dabei gilt $f = \dfrac{\Omega}{\delta}$.

Mit Hilfe dieser Darstellung gelingt es leicht, die Korrelationsfunktion in guter Näherung zu finden, da die höheren Harmonischen der FOURIER-Zerlegung von $m_\delta(t)$ das Endresultat kaum beeinflussen, wie noch gezeigt wird. Da im betrachteten Intervall $X = \Omega t$ gilt, kann geschrieben werden

$$m_\delta(t) = m_0 \sin \frac{2\pi}{\delta} X(t) .$$

Offensichtlich ist dieser Ausdruck für einen beliebigen Abschnitt der Funktion $X(t)$ richtig. Somit hat die Korrelationsfunktion des Quantisierungsrauschens die Gestalt

$$K_m(t_1, t_2) = M\left[m_0^2 \sin\frac{2\pi}{\delta} X(t_1) \sin\frac{2\pi}{\delta} X(t_2)\right]. \tag{1.95}$$

Nun wird der Fall eines normalverteilten stationären Prozesses betrachtet. Korrelationsfunktion und zweidimensionale Dichteverteilung sollen bestimmt werden. Die letztere gibt die Auftrittswahrscheinlichkeit zweier Signalwerte, etwa der Werte X_1 und X_2 in den infinitesimalen Intervallen dx_1 und dx_2, die voneinander um die Zeit τ entfernt sind, an. Dann kann Gl. (1.95) geschrieben werden

$$K_m(\tau) = m_0^2\, M\left[\sin\frac{2\pi}{\delta} X(t) \sin\frac{2\pi}{\delta} Y(t)\right],$$

mit

$$Y(t) = X(t + \tau) .$$

Wird die Identität

$$\sin A = \frac{e^{jA} - e^{-jA}}{2j}$$

benutzt, folgt

$$K_m(\tau) = \frac{m_0^2}{4} M\left[e^{\frac{2\pi j}{\delta}(X-Y)} - e^{\frac{2\pi j}{\delta}(X+Y)} + e^{\frac{2\pi j}{\delta}(Y-X)} - e^{\frac{2\pi j}{\delta}(-X-Y)}\right]. \tag{1.96}$$

Es ist bekannt, daß die mathematische Erwartung der Zufallsfunktion $e^{j(\lambda_1 u_1 + \lambda_2 u_2)}$ die charakteristische Funktion der entsprechenden Verteilung

$$M[e^{j(\lambda_1 u_1 + \lambda_2 u_2)}] = G(\lambda_1, \lambda_2) \tag{1.97}$$

darstellt. G ist die charakteristische Funktion. Die Koeffizienten λ_1 und λ_2, die bei den Zufallsgrößen u_1 und u_2 stehen, sind die Argumente von G.

Wird Gleichung (1.97) auf die Beziehung (1.96) angewendet, folgt

$$K_m(\tau) = \frac{m_0^2}{4}\left[G\left(\frac{2\pi}{\delta}; -\frac{2\pi}{\delta}\right) - G\left(\frac{2\pi}{\delta}; \frac{2\pi}{\delta}\right) + G\left(\frac{2\pi}{\delta}; -\frac{2\pi}{\delta}\right) - G\left(-\frac{2\pi}{\delta}; -\frac{2\pi}{\delta}\right)\right]. \tag{1.98}$$

Für die zweidimensionale Normalverteilung hat die charakteristische Funktion die Form ([24])

$$G(\lambda_1, \lambda_2) = \exp\left[-\frac{\sigma_x^2}{2}(\lambda_1^2 + 2\, r_x(\tau)\, \lambda_1 \lambda_2 + \lambda_2^2)\right],$$

wobei $r_x(t) = \dfrac{K_x(\tau)}{\sigma_x^2}$ die normierte Korrelationsfunktion und σ_x^2 die Dispersion des Prozesses $X(t)$ ist.

Diese Gleichung in Verbindung mit Gl. (1.98) ergibt

$$K_m(\tau) = \frac{m_0^2}{2}\left\{\exp\left[-\frac{\sigma_x^2}{2}\left(\frac{8\pi^2}{\delta^2} - \frac{8\pi^2 r_x}{\delta^2}\right)\right] - \exp\left[-\frac{\sigma_x^2}{2}\left(\frac{8\pi^2}{\delta^2} + \frac{8\pi^2 r_x}{\delta^2}\right)\right]\right\} =$$

$$= \frac{m_0^2}{2}\exp\left(-\frac{4\sigma_x^2\pi^2}{\delta^2}\right)\left[\exp\frac{4\pi^2\sigma_x^2 r_x}{\delta^2} - \exp\left(-\frac{4\pi^2\sigma_x^2 r_x}{\delta^2}\right)\right]. \tag{1.99}$$

Es ist leicht einzusehen, daß in Gl. (1.99) der zweite Term in den eckigen Klammern gegen den ersten vernachlässigbar klein ist. Wesentlich ist hier die Größe σ_x/δ, die praktisch gleich $X_m/3\,\delta$ ist, wobei X_m die Amplitude des Signals $X(t)$ ist. Folglich gilt

$$\frac{\sigma_x^2}{\delta^2} = \frac{X_m^2}{9\,\delta^2} = \frac{m^2}{9}.$$

m ist die Zahl der Quantisierungsstufen mit $m \gg 1$. Daher liegt die Zahl $4\pi^2\sigma_x^2/\delta^2$ in der Größenordnung von 10 bis 10^3. Somit läßt sich näherungsweise schreiben

$$K_m(\tau) = \frac{m_0^2}{2}\exp\left\{-\frac{4\pi^2\sigma_x^2}{\delta^2}[1 - r_x(\tau)]\right\}.$$

Entsprechend Gl. (1.56) gilt bei $\tau = 0$

$$K_m(0) = D_\delta = \frac{\delta^2}{12}$$

und schließlich

$$K_m(\tau) = \frac{\delta^2}{12}\exp\left\{-\frac{4\pi^2\sigma_x^2}{\delta^2}[1 - r_x(\tau)]\right\}. \tag{1.100}$$

In normierter Schreibweise ist die Korrelationsfunktion des Quantisierungsrauschens gleich

$$r_m(\tau) = \frac{K_m(\tau)}{D_\delta} = \exp\left\{-\frac{4\pi^2\sigma_x^2}{\delta^2}[1 - r_x(\tau)]\right\}. \tag{1.101}$$

Es ließe sich allgemein zeigen, daß die Funktion $r_m(\tau)$ mit wachsendem τ bedeutend schneller fällt als die Funktion $r_x(\tau)$. Es soll aber lediglich der Fall $r_x(\tau) = e^{-\alpha\tau^2}$ grafisch dargestellt werden. Es ist ohne weiteres zu erkennen, daß

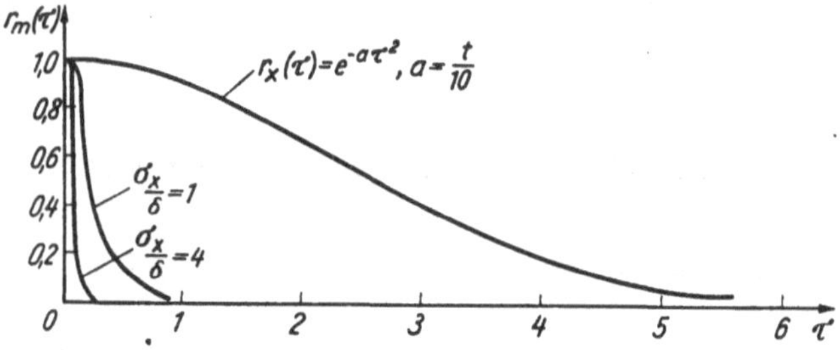

Abb. 1.35

die Korrelationsfunktion $r_m(\tau)$ schon für kleine Werte von m ($m \geqq 12$) sehr „schmal" im Vergleich zur Korrelationsfunktion des Nutzsignales wird (Abb. 1.35). Danach kann das Quantisierungsrauschen als frequenzbeschränktes weißes Rauschen angesehen werden, das mit dem Nutzsignal nicht korreliert ist. Hieraus folgt auch, daß die Berücksichtigung der höheren Harmonischen der Funktion $m_\delta(t)$ das Endresultat nicht verändert.

§ 7. Die geometrische Darstellung der Signale

Zur Lösung vieler Aufgaben der Informationstheorie wird häufig die geometrische Darstellung von Signalen benutzt [6], [8]. Im n-dimensionalen Raum ist ein Vektor durch eine Gesamtheit von n Komponenten definiert, die die Projektionen auf die entsprechenden Achsen darstellen.

Das heißt

$$\mathfrak{x} = (x_1, x_2, \ldots, x_n) .$$

Im EUKLIDischen Raum gilt für die Länge eines Vektors

$$\|\mathfrak{x}\| = \sqrt{\sum_{j=1}^{n} x_j^2} . \tag{1.102}$$

Diese Beziehung ist eine Verallgemeinerung des Lehrsatzes von PYTHAGORAS. Die Länge des Vektors wird gewöhnlich als seine Norm bezeichnet. Aus der Komponentendarstellung zweier Vektoren $\mathfrak{x}_1$ und $\mathfrak{x}_2$ (Abb. 1.36 zeigt ein zweidimensionales Beispiel) läßt sich der Winkel, den sie einschließen, und die Entfernung der Endpunkte bestimmen.

Aus Abb. 1.36 folgt

$$\cos\alpha_1 = \frac{x_{11}}{\|\mathfrak{x}_1\|} ; \qquad \cos\alpha_2 = \frac{x_{21}}{\|\mathfrak{x}_2\|} ,$$

$$\sin\alpha_1 = \frac{x_{12}}{\|\mathfrak{x}_1\|} ; \qquad \sin\alpha_2 = \frac{x_{22}}{\|\mathfrak{x}_2\|} .$$

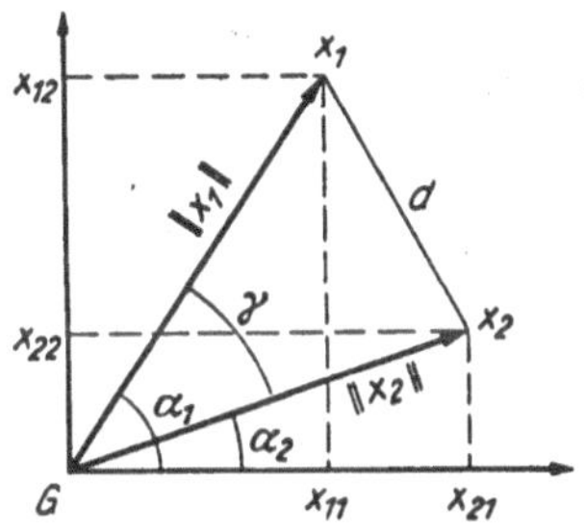

Abb. 1.36

Daraus ergibt sich

$$\cos\alpha_1 \cos\alpha_2 + \sin\alpha_1 \sin\alpha_2 = \cos(\alpha_1 - \alpha_2) = \cos\gamma = \frac{x_{11}\, x_{21} + x_{12}\, x_{22}}{\|\mathfrak{x}_1\| \cdot \|\mathfrak{x}_2\|}.$$

Wird der so ermittelte Ausdruck für den n-dimensionalen Raum verallgemeinert, gilt

$$\cos\gamma = \frac{\sum_{j=1}^{n} x_{1j} \cdot x_{2j}}{\|\mathfrak{x}_1\| \cdot \|\mathfrak{x}_2\|}. \tag{1.103}$$

Die Entfernung d zwischen den Enden der Vektoren erfüllt in der Ebene die Beziehung

$$d^2 = (x_{21} - x_{11})^2 + (x_{22} - x_{12})^2 .$$

Für den n-dimensionalen Fall folgt

$$d = \sqrt{\sum_{j=1}^{n} (x_{2j} - x_{1j})^2} . \tag{1.104}$$

Nun möge ein diskretes zufälliges Signal der endlichen Dauer T und mit zeitlicher Quantisierung gegeben sein, wobei die Signalpegel zwischen 0 und X_m liegen (Abb. 1.37). Dann kann jede beliebige Realisierung des Signals als Vektor

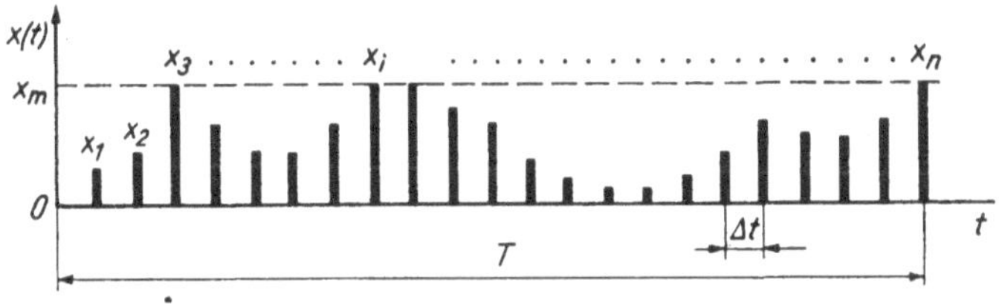

Abb. 1.37

im Raum der Dimension $n = T/\Delta t$ mit den Koordinaten $x_1, x_2, \ldots, x_n$ aufgefaßt werden.

Die Übertragung soll mit Hilfe von Impulsen erfolgen, die in ihrer Form den Abtastfunktionen ähnlich sind

$$x_j(t) = x_j \frac{\sin 2\pi F (t - j\,\Delta t)}{2\pi F (t - j\,\Delta t)} .$$

Dabei ist F die den Abtastfunktionen zur Verfügung stehende Frequenzbandbreite. Dann ergibt sich die Energie des Signals als Summe der Energien aller Impulse

$$E_s = \sum_{j=1}^{n} \int_{-\infty}^{+\infty} x_j^2(t)\, dt = \sum_{j=1}^{n} x_j^2 \int_{-\infty}^{+\infty} \frac{\sin^2 2\pi F (t - j\,\Delta t)}{[2\pi F (t - j\,\Delta t)]^2}\, dt\,.$$

Wird die Bezeichnung $\lambda = 2\pi F (t - j\,\Delta t)$ eingeführt und die Identität

$$\int_{-\infty}^{+\infty} \frac{\sin^2 \lambda}{\lambda^2}\, d\lambda = \pi$$

berücksichtigt, so ergibt sich

$$E_s = \frac{1}{2F} \sum_{j=1}^{n} x_j^2\,.$$

Wird dieser Wert mit der Gleichung (1.102) in Beziehung gesetzt, folgt $\|\mathfrak{x}\|^2 = 2 F E_S$.

Da die Signallänge endlich ist, kann die mittlere Leistung des Signals P_S zu $P_S = E_S/T$ bestimmt werden. Mithin gilt

$$\|\mathfrak{x}\| = \sqrt{2\, F\, T\, P_S}\,. \tag{1.105}$$

Diese Beziehung ist auch für ein kontinuierliches Signal richtig, dessen Spektrum auf die Bandbreite F beschränkt ist, da hier eine Darstellung durch eine Reihe von Abtastfunktionen möglich ist. Die Norm des Signalvektors bestimmt bei vorgegebener Dauer und Bandbreite die mittlere Leistung des Signals.

Beim stationären Zufallsprozeß bestimmt das quadratische Zeitmittel die Dispersion, folglich ist die Norm des Signalvektors proportional zum quadratischen Mittelwert

$$\|\mathfrak{x}\| = \sigma_x \sqrt{2\, F\, T}\,. \tag{1.106}$$

Es werden jetzt zwei Zufallssignale X_1 und X_2 betrachtet, die gleiche Dauer und gleiche Bandbreite haben. Der normierte Korrelationskoeffizient dieser Signale wird dann durch

$$r_{12} = \frac{M[X_1 \cdot X_2]}{\sigma_{x1} \cdot \sigma_{x2}} \tag{1.107}$$

bestimmt, wobei $M\,[X_1 \cdot X_2]$ die mathematische Erwartung des Produktes der Funktionen X_1 und X_2 ist. σ_{x1} und σ_{x2} sind die entsprechenden quadratischen Mittelwerte.

Wenn die Zahl n der Abtastwerte hinreichend groß ist, dann kann die mathematische Erwartung durch das Mittel über n Werte ersetzt werden

$$M\,[X_1 \cdot X_2] = \frac{1}{n} \sum_{j=1}^{n} x_{1j}\, x_{2j}\,, \tag{1.108}$$

wobei x_{1j} und x_{2j} die Signalwerte von X_1 und X_2 zur Abtastzeit sind. Werden nun die Gln. (1.106) und (1.108) in Gl. (1.103) eingesetzt und wird berücksichtigt, daß $n = 2\,F\,T$ ist, ergibt sich

$$\cos\gamma = \frac{2\,F\,T \cdot M\,[X_1 \cdot X_2]}{2\,F\,T\,\sigma_{x1} \cdot \sigma_{x2}},$$

und folglich

$$\cos\gamma = r_{12} = \frac{M[X_1 \cdot X_2]}{\sigma_{x1}\,\sigma_{x2}}. \tag{1.109}$$

Der Winkel zwischen beiden Vektoren ist also gleich dem normierten Kreuz-Korrelationskoeffizienten. Bilden die Vektoren einen Winkel von 90°, d. h., stehen sie orthogonal aufeinander, dann sind die Signale nicht korreliert.

Die mittlere quadratische Abweichung des einen Signals von dem anderen kann statistisch folgendermaßen bestimmt werden:

$$M\,[(X_2 - X_1)^2] = \frac{1}{n} \sum_{j=1}^{n} (x_{2j} - x_{1j})^2 = \frac{1}{2\,F\,T} \sum_{j=1}^{n} (x_{2j} - x_{1j})^2 .$$

Wird nun Gleichung (1.104) benutzt, folgt

$$d = \sqrt{2\,F\,T}\,\sigma_{x12} .$$

Folglich ist die Entfernung zwischen den Enden der beiden Signalvektoren $\mathfrak{x}_1$ und $\mathfrak{x}_2$ proportional zur mittleren quadratischen Abweichung des einen Signals vom anderen.

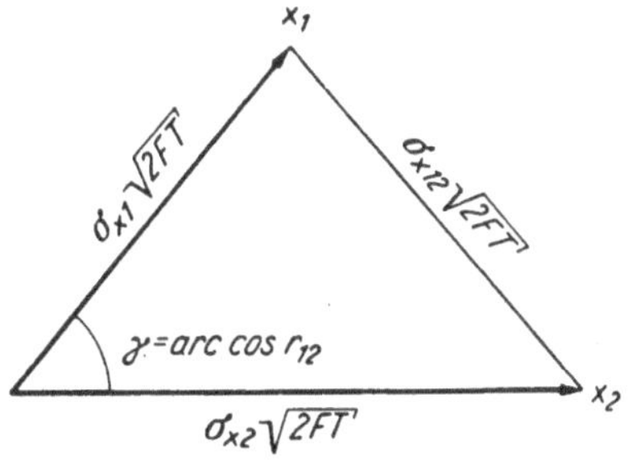

Abb. 1.38

In Abb. 1.38 sind zwei Vektoren im Signalraum dargestellt, und die geometrische Interpretation der hauptsächlichsten Kenngrößen ist angeführt. Beide Signale sind zeitlich gleich lang und haben dieselbe Bandbreite. Aus der Zeichnung folgt unmittelbar der bekannte Zusammenhang

$$\sigma_{x12}^2 = \sigma_{x1}^2 + \sigma_{x2}^2 - 2\,\sigma_{x1}\,\sigma_{x2} \cos\gamma = \sigma_{x1}^2 + \sigma_{x2}^2 - 2\,\sigma_{x1}\,\sigma_{x2}\,r_{12} . \tag{1.110}$$

§ 8. Ein einfaches Informationsmaß für diskrete Signale

Die bisher betrachteten Methoden der Signaldarstellung dienen dazu, die Wechselbeziehung zwischen Signal und System zu untersuchen. Das Signal ist jedoch gleichzeitig Träger von Informationen. Deshalb ist es erforderlich, das Signal von diesem Standpunkt aus zu betrachten. In diesem Paragraphen sollen zunächst einfache Betrachtungen hierzu angestellt werden.

Für die quantitative Abschätzung der Information, die im Signal enthalten ist, muß eine Informationseinheit und eine entsprechende Berechnungsmethode eingeführt werden.

Hierfür sei ein Signal $X(t)$ zugrunde gelegt, das eine Zufallsfunktion realisiert, sich über eine Zeit T erstreckt und die Amplitude X_m hat.

Wird angenommen, daß das Signal auf die Bandbreite F beschränkt ist, dann beträgt die Zahl der zeitlichen Quantisierungsintervalle $n = 2\,F\,T$ (siehe § 3).

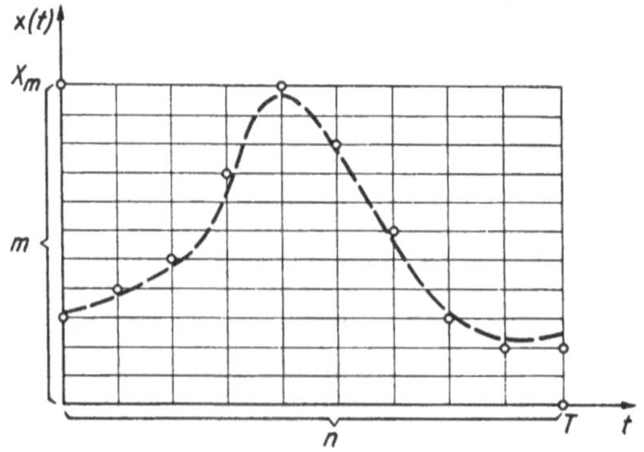

Abb. 1.39

Das Signal wird in m Stufen quantisiert. Somit kann das Gebiet der möglichen Signalwerte in Form eines rechtwinkligen Rasters dargestellt werden, dessen Seiten gleich T und X_m sind (Abb. 1.39). Das Signal ist nur in den Rasterpunkten, wo sich die Senkrechten und Waagerechten schneiden, definiert.

Es sei etwa angenommen, daß die Zahl m der Quantisierungsniveaus gleich drei ist (0; 1; 2). Ein Signal mit einem einzigen Abtastpunkt auf der Zeitachse kann dann soviel Werte annehmen, wie es Stufen besitzt. Folglich ist die Menge der verschiedenen Signalwerte in diesem Fall gleich Drei.

Für ein Signal mit zwei Abtastpunkten ($n = 2$) sind alle Kombinationen dieser Niveaus möglich, nämlich

00 01 02 10 11 12 20 21 22 .

Dabei kennzeichnet die erste Ziffer die Stufe im ersten Abtastzeitpunkt und die zweite Ziffer die Stufe im zweiten Abtastzeitpunkt. Daher gibt es insgesamt 9 verschiedene Signalwerte. Wird diese Betrachtungsweise entsprechend fortgesetzt, ist leicht eine allgemeine Abhängigkeit für die Zahl N der möglichen Signalwerte zu erhalten. Sie lautet:

$$N = m^n .$$

Folglich hat die bezüglich Zeit und Pegel quantisierte Zufallsfunktion der Dauer T und Amplitude $X_m N$ mögliche Realisierungen. Irgendeine beliebige Einrichtung, die die betrachtete Zufallsfunktion erzeugt, kann dabei eine beliebige Realisierung ausgeben. Je größer N ist, um so reichhaltiger wird dabei die erzeugte Information sein. Aber wie soll sie gemessen werden? Wir überlegen dazu folgendes. Es sei vorausgesetzt, daß die Informationsquelle eine einzige Quantisierungsstufe besitzt ($m = 1$). Dann wird jedes beliebige Signal im Intervall 0 bis T aus einer Folge von gleichartigen Symbolen h_1 bestehen, und es wird von vornherein klar sein, was der Kanal überträgt, wenn er eingeschaltet wird. Mit anderen Worten, der Empfang des Signals gibt keinerlei zusätzliche Information.

Nun mögen 2 Quantisierungsstufen ($m = 2$) vorhanden sein. Da diese in beliebiger Reihenfolge übertragen werden können, ist nicht von vornherein klar, welche Kombination gerade übertragen wird. Erst nach dem Empfang ergibt sich die Antwort auf diese Frage, d. h., es werden zusätzliche Informationen über das Signal gegeben. Je weniger Angaben über das übertragene Signal von vornherein (a priori) bekannt sind, desto mehr zusätzliche Informationen liefert die Übertragung. Da die Zahl der Quantisierungsstufen m und die Signaldauer T (ausgedrückt durch die Anzahl der Intervalle n) bekannt ist, wird die a-priori-Kenntnis über das Signal um so geringer sein, je mehr Kombinationen möglich sind. Wenn z. B. die Dauer T feststeht und $n = 2$ ist, dann sind für $m = 2$ folgende Signalkombinationen möglich:

$$00 \quad 01 \quad 10 \quad 11 \,.$$

Vor dem Empfang besteht eine Unsicherheit darüber, welcher dieser vier Fälle eintreten wird. Bei zwei Abtastzeitpunkten und drei Quantisierungsstufen ergeben sich die bereits oben aufgeführten Kombinationen

$$00 \quad 01 \quad 02 \quad 10 \quad 11 \quad 12 \quad 20 \quad 21 \quad 22 \,;$$

dann wird die Unsicherheit über das zu empfangende Signal schon größer.

Es ist ersichtlich, daß sich die Zahl der möglichen Signalkombinationen auch dann vergrößert, wenn die Zahl der Quantisierungsniveaus m konstant ist, jedoch die Signaldauer (d. h. die Zahl n) zunimmt.

Daher ist die Informationsmenge, die durch ein Signal übertragen werden kann, um so größer, je größer N, also die Zahl der möglichen Signalkombinationen ist. Aus N könnte also ein Maß abgeleitet werden, indem auf eine Informationseinheit bezogen wird.

Aus den eben angestellten Überlegungen folgt weiter, daß die Informationsmenge konstant ist, wenn N fixiert ist. Mithin folgt, daß als Maß der Informationsmenge die Zahl der möglichen Signalkombinationen N verwendet werden könnte. In diese Richtung zielten die ersten Vorschläge von R. HARTLEY [18] für ein quantitatives Informationsmaß: „Es wird sich erweisen, wie gut sie (d. h. die Zahl N) die Forderungen erfüllt, die an ein derartiges Maß gestellt werden. Bei dem ausgewählten Maß wächst die Menge der übertragenen Informationen exponentiell mit der Zahl der Proben (n). Der Beitrag jeder einzelnen Probe nimmt daher im Laufe der Übertragung zu. Zweifellos findet sich ein derartiges Anwachsen bei einer Nachrichtenübertragung häufig dann, wenn sie vom psychologischen Standpunkt aus betrachtet wird. So können z. B. die Worte „Ja“ oder „Nein“, die am Ende einer sich in die Länge ziehenden Diskussion kommen, eine außerordentlich große Bedeutung haben. Jedoch sind diese Fälle eher die Ausnahme als die Regel. Ein physikalisches Maß darf jedoch nicht von psychologischen Faktoren abhängen. Wird ein physikalisches System betrachtet, dann zeigt sich, daß es nicht notwendig ist, ein exponentielles Anwachsen der Eigenschaften bei der Übertragung aufeinanderfolgender Versuchsergebnisse anzunehmen.

Der Telegraf überträgt das zehnte Wort einer Nachricht mit demselben Aufwand wie das erste. Das Telefon überträgt die Schallsignale mit gleichbleibender Qualität, solange die Eigenschaften des Systems unveränderlich bleiben. Damit das Maß der Information praktischen ingenieurtechnischen Wert besitzt, muß es so beschaffen sein, daß die Information proportional zur Zahl der übertragenen Proben ist.“

Daher ist die Zahl der möglichen Signalkombinationen N ungeeignet für das Maß der Informationsmenge. Es ist erforderlich, daß die Informationsmenge proportional zur Signaldauer ist (Zahl n). Das gibt folgende Abhängigkeit an:

$$I = K n ,$$

wobei I die Informationsmenge und K eine Konstante ist, die von der Anzahl m der Stufen abhängt.

Wenn bei festem N die Informationsmenge I konstant bleibt, gilt die Beziehung

$$N = m_1^{n_1} = m_2^{n_2} ,$$

$$I = K_1 n_1 = K_2 n_2 .$$

Daraus folgt

$$K_1 \log_a m_2 = K_2 \log_a m_1 .$$

Aus dieser Gleichung ist ersichtlich, daß der Koeffizient K dem Logarithmus von m proportional ist:

$$K = \log_a m .$$

Folglich wird das Maß der Informationsmenge durch

$$I = n \log_a m \tag{1.111}$$

oder

$$I = \log_a N$$

bestimmt, wobei a die Basis des Logarithmus ist.

Natürlich soll als Einheit diejenige Informationsmenge genommen werden, die in der allereinfachsten elementaren Mitteilung, die die Quelle senden kann, enthalten ist. Es ist leicht einzusehen, daß die elementarste Mitteilung mindestens zwei mögliche Stufen zu einem Abtastzeitpunkt besitzen muß. Das entspricht dem Fall $m = 2$ und $n = 1$. Wird eine dieser beiden Stufen übertragen, so enthält das Signal die Informationsmenge eines Binärzeichens oder ein bit (von engl. binary digit).

Die Basis des Logarithmus in Gleichung (1.111) ist wegen $\log_a 2 = 1$ gleich $a = 2$.

Daher lautet die Informationsmenge in binären Einheiten (bit)

$$I = \log_2 N \tag{1.112}$$

oder

$$I = n \log_2 m\,. \tag{1.112a}$$

Die voranstehenden Betrachtungen sind vereinfacht und stützen sich hauptsächlich auf physikalische Vorstellungen, weniger auf strenge Formulierungen und Schlußfolgerungen.

In der oben stehenden Ableitung sind eine Reihe wichtiger Aspekte der Informationsübertragung, vor allem die statistischen Signaleigenschaften, nur unzureichend berücksichtigt worden. Die Ableitung demonstrierte jedoch sehr anschaulich, wie Informationsmengen abgeschätzt werden können. Detaillierte Betrachtungen zu Informationsmaßen bringt das nächste Kapitel.

Abschließend wird versucht, eine Definition der Begriffe Information — Nachricht — Signal, die grundlegende Termini sind, zu geben (vgl. [20]).

Information — das sind Mitteilungen, die Gegenstand von Speicherung, Übertragung und Verarbeitung sind. Die Inhalte der Information sind sehr vielfältig. Zum anderen hat die Information viele verschiedenartige physikalische Erscheinungsformen.

Solche Erscheinungsformen sind z. B.: Sprache, Abbildung, gedruckter und anderer Text, die Lage der Bauteile eines Mechanismus, Gesamtheiten nummerischer Daten, die Anordnung der Figuren auf dem Schachbrett, die Einschlagstellen der Geschosse nach Artilleriebeschuß, der Zustand von Regelungssystemen usw. Jede der vielgestaltigen Formen, in denen sich die Information darstellt, soll unabhängig von dem konkreten physikalischen Träger eine *Nachricht* heißen.

In einigen Fällen ist die Nachricht unmittelbar für Speicherung, Übertragung und Verarbeitung geeignet. Jedoch werden im allgemeinen für die Darstellung von Nachrichten physikalische Größen verwendet, die speziell für die Zwecke der Speicherung, Übertragung und Verarbeitung geeignet sind. Die physikalischen Größen sind die *Signale*.

KAPITEL II

Automatische Regelungs- und Überwachungssysteme

§ 9. Allgemeine Funktionsschemata der mit Recheneinrichtungen ausgestatteten Regelungssysteme

Ein automatisches Regelungssystem besteht gewöhnlich aus dem Objekt der Regelung (Regelstrecke) und dem regelnden System (Regler). Der Regler enthält im einzelnen verschiedene Elemente und Einrichtungen zur Erfassung und Verarbeitung von Informationen über den Zustand der Regelstrecke sowie zur Beeinflussung der Regelstrecke.

Die Grundaufgabe des Regelungssystems besteht darin, einen Prozeß auf ein bestimmtes Ziel hin in Gang zu halten.

Die Zustandsgrößen der Regelstrecke, die durch den Regelungsvorgang beeinflußt werden, bezeichnet man als Regelgrößen. So sind z. B. im System zur automatischen Ausrichtung der Antenne einer Funkortungsanlage die Winkelkoordinaten der elektrischen Achse die Regelgrößen.

Gegenwärtig werden zur Lösung komplizierter Aufgaben der Regelungstechnik dank der Fortschritte der modernen Rechentechnik immer häufiger Recheneinrichtungen eingesetzt. Der Begriff „Recheneinrichtung" ist hier in einem gewissen eingeschränkten Sinne zu verstehen. Grundsätzlich können alle Glieder eines Regelkreises, die Signaltransformationen bewirken, als Recheneinrichtungen betrachtet werden, da jede Signaltransformation durch irgendeinen Operator definiert ist. Im folgenden sollen nur solche Elemente des Systems als Recheneinrichtungen bezeichnet werden, deren Übertragungsverhalten durch hinreichend komplizierte Operatoren beschrieben wird[1]).

In Regelungssystemen werden meist Ziffernrechenautomaten benutzt, da diese gegenüber anderen Rechnertypen eine Reihe von Vorzügen aufweisen.

Das allgemeine Funktionsschema eines mit einer Rechenanlage ausgerüsteten Regelungssystems ist in Abb. 2.1 gezeigt. Die Regelgrößen X_i gelangen nach ihrer Erfassung durch die Meßeinrichtung in Form der Signale u_i zum Eingang der Recheneinrichtung. In der Recheneinrichtung werden die Befehle B_i zur Betätigung der Stellglieder berechnet.

Die Ausgangsgrößen σ_i der Stellglieder üben schließlich die Regelwirkung auf die Regelstrecke aus. Somit liegt ein geschlossener Wirkungsablauf im Regelungssystem vor.

Der vorgegebene Regelungsablauf wird durch Störgrößen beeinträchtigt, die sowohl auf die Regelstrecke als auch auf die Meßeinrichtung wirken. Dem-

---

[1]) Recheneinrichtungen, die komplizierte technologische Prozesse steuern, heißen im Deutschen Prozeßrechner. Unter Recheneinrichtungen werden im folgenden alle Baueinheiten verstanden, die Rechenoperationen, auch relativ einfache, ausführen.

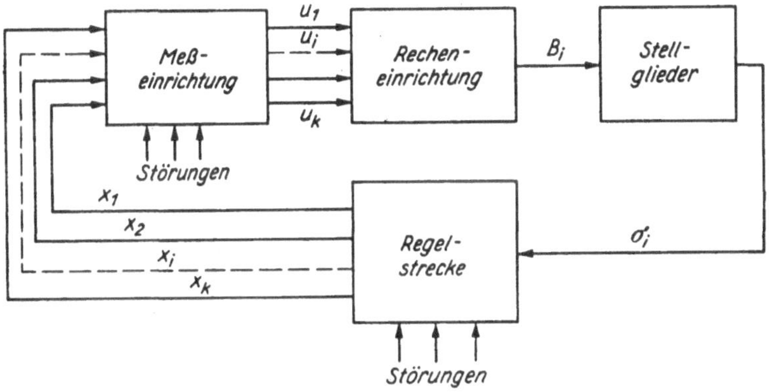

Abb. 2.1

entsprechend wird die Genauigkeit, mit der das gesamte System arbeitet, davon abhängen, inwieweit der Einfluß der Störgrößen bei der Lösung des Regelungsproblems berücksichtigt wird.

Es ist zweckmäßig, bei den informationstheoretischen Betrachtungen von Regelungssystemen zwei Typen hinsichtlich des zeitlichen Verlaufs der Stellgröße zu unterscheiden: Systeme mit beständiger oder mit einmaliger Regelnachstellung.

Beim ersten Typ wirken die Stellgrößen σ_i fortlaufend während bestimmter Zeitintervalle oder auch kontinuierlich auf die Regelstrecke und gewährleisten

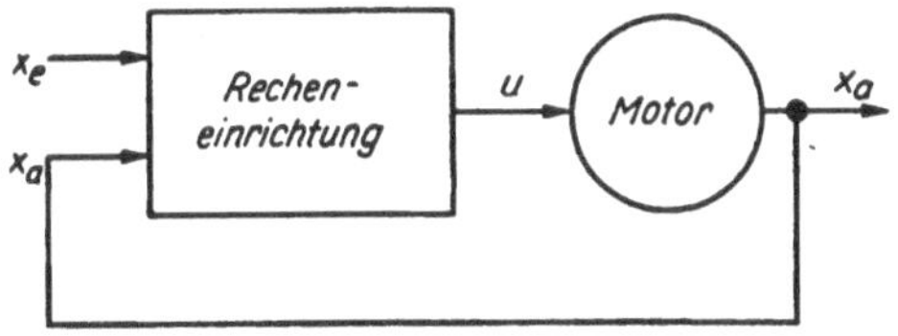

Abb. 2.2

auf diese Weise die Einhaltung der geforderten Werte der Regelgrößen x_i. Beim zweiten Typ erfolgt eine einmalige Einstellung während der Betriebszeit des Reglers.

Der erforderliche Zeitpunkt der Stellwirkung wird dabei von der Recheneinrichtung bestimmt.

Als Beispiel für ein System des ersten Typs betrachten wir die Regelung des Drehwinkels der Welle eines Motors [13]. Das Blockschaltbild des Regelkreises ist in Abb. 2.2 dargestellt. Die Abhängigkeit der Regelgröße x_a (Drehwinkel der Welle) von der Stellgröße u (Klemmenspannung des Motors) ist gegeben durch

$$x_a = k \int_0^t \int_0^t u \, dt^2$$

oder

$$\frac{d^2x_a}{dt^2} = k \cdot u \,. \tag{2.1}$$

Die Winkelbeschleunigung besitzt einen gewissen oberen Grenzwert

$$\left|\frac{d^2x_a}{dt^2}\right|_{\max} \leqq B \,. \tag{2.2}$$

Die Recheneinrichtung soll dafür sorgen, daß Änderungen der Eingangsgröße x_e in kürzester Zeit entsprechende Änderungen der Winkeleinstellung x_a der Welle bewirken. Das kann erreicht werden, indem der Motor zunächst bis zum Erreichen einer bestimmten Winkelkoordinate x_p maximal beschleunigt und anschließend schnell abgebremst wird, bis $x_a = x_e$ gilt.

Der vorgegebene Ablauf läßt sich analytisch wie folgt beschreiben [13]:

$$w = 2\,x\,(B - A \operatorname{sign} y) + y^2 \operatorname{sign} y \,, \tag{2.3}$$

mit

$$x = x_e - x_a \,, \qquad A = \left|\frac{d^2x_e}{dt^2}\right|_{\max} , \qquad y = \frac{dx}{dt} ,$$

$$\operatorname{sign} y = \begin{cases} +1 & \text{für} \quad y \geq 0 \,, \\ -1 & \text{für} \quad y < 0 \,. \end{cases}$$

Die Größe w wirkt als Eingangssignal auf das Stellglied, das eine Schaltcharakteristik nach Abb. 2.3 hat. Das entsprechende Blockschaltbild der Rechenrichtung ist in Abb. 2.4 dargestellt. Sie setzt jede Änderung des Eingangssignals X_e in Befehle zum Anlassen, Anhalten bzw. Umschalten des Motors um. Dabei ergeben sich gewisse Forderungen an den Ziffernrechenautomaten. Die Zeit für einen Rechenzyklus muß wegen der zeitdiskreten Resultatausgabe genügend klein sein, damit der Regelungsvorgang nicht unnötig verzögert wird.

Als Beispiel für ein System des zweiten Typs betrachten wir die Regelung der Flugweite einer Rakete [32]. Unter der Annahme, daß sich die Rakete in einer ebenen Flugbahn bewegt, wird die Flugweite von den Koordinaten x und y des Schwerpunkts der Rakete und außerdem von den entsprechenden Geschwindigkeitskomponenten zum Zeitpunkt der Abschaltung des Triebwerkes

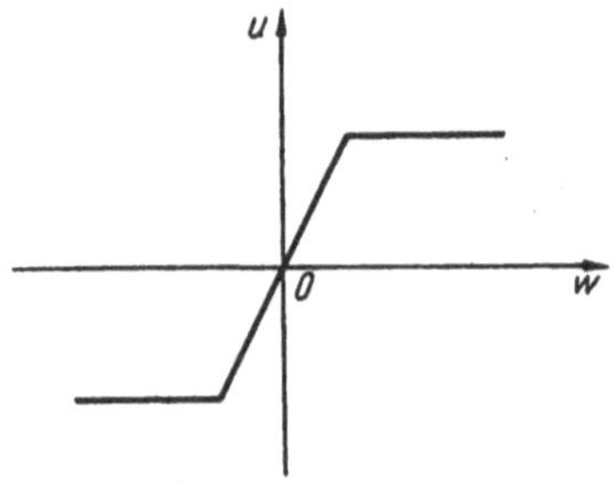

Abb. 2.3

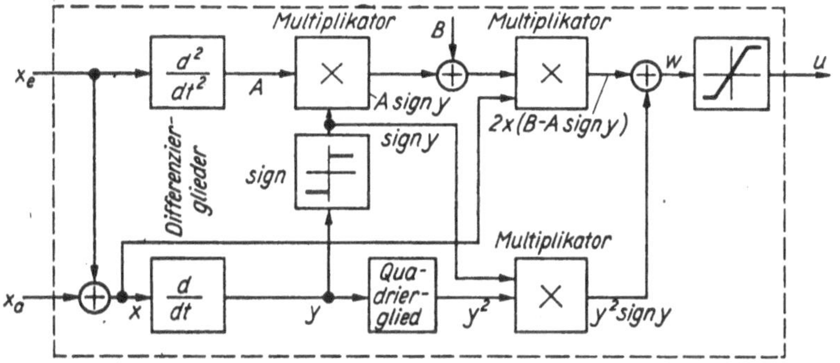

Abb. 2.4

abhängen. Verschiedene Kombinationen dieser Größen führen auf verschiedene Abschaltzeitpunkte. Das Regelungsproblem besteht nun darin, den Abschaltzeitpunkt aus den Momentanwerten der Größen x, y, v_x und v_y bei vorgegebener Flugweite R zu bestimmen. Bei geringen Abweichungen dieser Größen von den Sollwerten x_s, y_s, x_{xs} und v_{ys} berechnet sich der Fehler der Flugweite aus folgender Formel:

$$\Delta R = \left(\frac{\partial R}{\partial x}\right)_0 (x - x_s) + \left(\frac{\partial R}{\partial y}\right)_0 (y - y_s) + \left(\frac{\partial R}{\partial v_x}\right)_0 (v_x - v_{xs}) + \left(\frac{\partial R}{\partial v_y}\right)_0 (v_y - v_{ys}) .$$

Bei Kenntnis der Koeffizienten $\left(\frac{\partial R}{\partial x}\right)_0$, $\left(\frac{\partial R}{\partial y}\right)_0$, $\left(\frac{\partial R}{\partial v_x}\right)_0$ und $\left(\frac{\partial R}{\partial v_y}\right)_0$ ist es möglich, die Abweichungen der Flugweite als Funktion der Abweichung der Koordinaten x, y, v_x, v_y von den Sollwerten zu bestimmen. Das Blockschaltbild der entsprechenden Recheneinrichtung ist in Abb. 2.5 angegeben. Die in der Horizontalen und Vertikalen stabilisierten Beschleunigungsmesser stellen

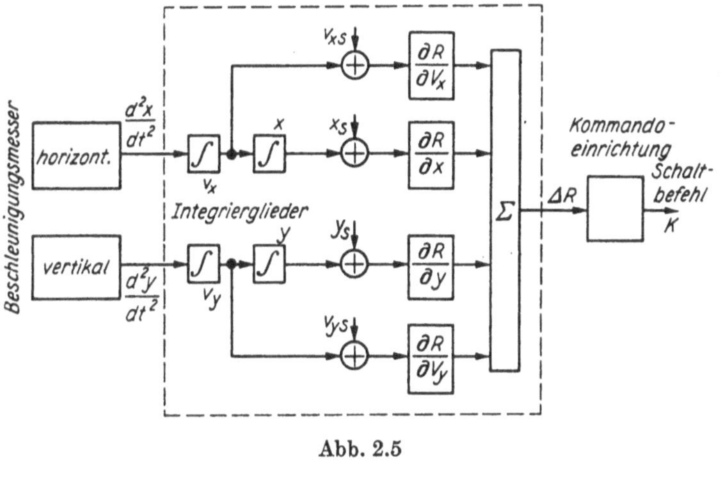

Abb. 2.5

fortlaufend die Beschleunigungen $\frac{d^2x}{dt^2}$ und $\frac{d^2y}{dt^2}$ fest. Nach ein- bzw. zweimaliger Integration werden die entsprechenden Komponenten der Geschwindigkeit sowie die Ortskoordinaten mit den aus der vorgegebenen Weite berechneten Werten verglichen. Die Differenzen werden mit den entsprechenden Koeffizienten $\frac{\partial R}{\partial x}$, ... multipliziert. Nach Addition aller Terme ergibt sich der Fehler der Flugweite ΔR. Sobald ΔR gleich Null ist, gibt die Kommandoeinrichtung den Befehl zum Abschalten des Triebwerkes. Der Zeitpunkt dieser einmaligen Regelwirkung hängt von der zeitlichen Änderung der Bahnkoordinaten x, y, v_x und v_y während des Fluges der Rakete ab. Die Lage dieses Zeitpunktes ist eine Zufallsgröße, die innerhalb des für den Abschaltvorgang vorgesehenen Zeitintervalls einer Wahrscheinlichkeitsverteilung unterliegt.

Den betrachteten zwei Typen kann der weitaus größte Teil der automatischen Regelungssysteme mit Recheneinrichtungen zugeordnet werden, die für informationstheoretische Betrachtungen von Interesse sind. Es sei deshalb von einer weiteren Klassifizierung abgesehen.

Wie bereits festgestellt, werden in automatischen Regelungssystemen Informationen über den Zustand und die Zustandsänderungen der Regelstrecke verarbeitet. Die Erfassung dieser Informationen erfolgt durch die Meßeinrichtung, die in Abhängigkeit vom Zustand oder von den Zustandsänderungen der Regelstrecke bestimmte Ausgangssignale erzeugt. Regelstrecke und Meßeinrichtung können auf verschiedene Weise miteinander verbunden sein.

Bei der Verwendung von Beschleunigungsmessern in dem oben betrachteten Abschaltsystem für ein Raketentriebwerk sind sie z. B. unmittelbar miteinander verbunden. Die Meßeinrichtung kann mit der Regelstrecke auch durch Funkstrecken verbunden sein, wie das z. B. bei den Radarstationen der Fall ist. Es sind noch andere Arten von Übertragungskanälen zwischen Regelstrecke und Meßeinrichtung möglich. In allen Fällen wirken Störungen, so daß die Genauigkeit des Meßvorganges beeinträchtigt wird. Zur Meßwertverarbeitung ist die Übertragung der Ausgangssignale der Meßeinrichtung zur Recheneinrichtung erforderlich. Dabei entstehen ebenfalls Signalverzerrungen, die sowohl

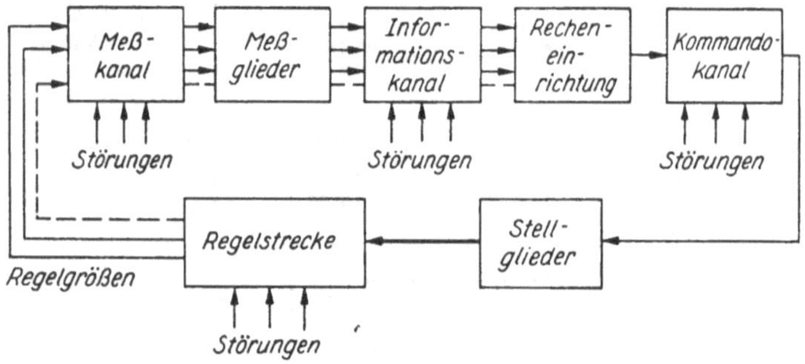

Abb. 2.6

durch systematische und zufällige Fehler der Meßeinrichtung als auch durch Störungen im Übertragungskanal bedingt sein können.

Schließlich hängt die Genauigkeit des Regelungsvorganges auch von der Qualität der Übertragung zwischen der Recheneinrichtung und den Stellgliedern ab, die im allgemeinen ebenfalls gestört ist. Ein entsprechend erweitertes Funktionsschema berücksichtigt die verschiedenen Störeinflüsse (Abb. 2.6). Hierbei werden der Kanal zur Messung der Regelgrößen als Meßkanal, der Kanal zur Übertragung der Meßresultate als Informationskanal und der Kanal zur Übertragung der Stellbefehle zu den Stellgliedern als Kommandokanal bezeichnet. Die Eigenschaften dieser Kanäle in bezug auf die Qualität der Informationsübertragung sollen im folgenden betrachtet werden.

In Regelungssystemen mit Ziffernrechenautomaten ergeben sich Verzögerungen bei der Informationsübertragung. Einesteils entstehen sie durch die sequentielle Arbeitsweise der Rechenmaschine, andererseits rühren sie von der zeitlichen Quantisierung der verarbeiteten Signale her.

Die Zykluszeit der Recheneinrichtung ist gleich dem zeitlichen Abstand zwischen der Eingabe der zu verarbeitenden Informationen und der Ausgabe der entsprechenden Resultate. Die Eingabe der Daten in die Rechenmaschine hat demnach zeitlich diskret in Intervallen zu erfolgen, die der Zykluszeit entsprechen.

In der Regel werden für die Signalübertragung in automatischen Regelungssystemen Codierungs- und Modulationsverfahren verwendet. Als sehr einfaches Beispiel für die Modulation sei die Messung des Drehwinkels mit Hilfe eines Potentiometers betrachtet. Dabei wird eine Gleichspannung durch die dem gemessenen Winkel entsprechende Zeitfunktion moduliert. Wir werden noch darauf eingehen, daß die Qualität der Informationsübertragung unter dem Einfluß von Störungen wesentlich von der Art des gewählten Codierungs- bzw. Modulationsverfahrens abhängt. Deshalb wird das Problem der Störfestigkeit der Übertragungsglieder des Regelkreises in den Kapiteln 4 und 5 Gegenstand weiterer Betrachtungen sein.

§ 10. Dynamische Eigenschaften von Regelungssystemen

In jedem Regelungssystem kann zwischen Eingangs- und Ausgangsgrößen unterschieden werden. Als Ausgangsgrößen seien die Zustandsgrößen der Regelstrecke bezeichnet, die durch den Regelungsvorgang direkt beeinflußt werden (Regelgrößen). Eingangsgrößen sind die Stellgrößen und die Störungen.

Der Zusammenhang zwischen den Eingangs- und Ausgangsgrößen wird von der Struktur des Regelungssystems bestimmt. Im allgemeinen können die Übertragungseigenschaften beliebiger Systeme mit Hilfe von Operatoren charakterisiert werden. Durch Operatoren lassen sich alle mathematischen Operationen wie Summation, Integration (unter anderem auch von Differentialgleichungen), Differentiation, Funktionaltransformationen und andere beschreiben.

Für die Abhängigkeit des Ausgangssignals $x_a(t)$ vom Eingangssignal $x_e(t)$ und von der Störung $s(t)$ können wir schreiben:

$$x_a(t) = A\, x_e(t) + B\, s(t)\,. \tag{2.4}$$

Dabei sind A und B die Operatoren des Übertragungssystems, die den Einfluß des Eingangssignals bzw. der Störungen auf das Ausgangssignal beschreiben.

Eine große Klasse von Übertragungssystemen (die linearen Systeme) kann durch lineare Operatoren beschrieben werden. Ein Operator wird als linear bezeichnet, wenn er das Superpositionsprinzip erfüllt:

$$A\,[c_1\, x_1(t) + c_2\, x_2(t)] = c_1\, A\, x_1(t) + c_2\, A\, x_2(t)\,.$$

Diese Beziehung besagt, daß die Anwendung des Operators A auf eine Summe von Funktionen identisch gleich der Summe der Ausdrücke ist, die sich bei der Anwendung des gleichen Operators auf die einzelnen Funktionen ergeben. Dabei können konstante Koeffizienten vor das Operatorzeichen gezogen werden. Wenn die Eingangsgrößen Zufallsfunktionen sind, wird die Beziehung (2.4) für beliebige Realisierungen dieser Funktionen, jedoch nicht für die Kenngrößen des Zufallsprozesses gelten (vgl. § 13). Der Zusammenhang zwischen den Kenngrößen der Zufallsprozesse am Eingang und am Ausgang des Systems wird durch andere Operatoren bestimmt.

Der Begriff des Systemoperators weist auf folgenden Sachverhalt hin: Nichtlineare Systeme besitzen im allgemeinen für jedes spezielle Eingangssignal einen besonderen Systemoperator. Liegt dagegen ein lineares System vor, kann die Systemreaktion auf beliebige Eingangssignale als Summe (oder im Grenzfall als Integral) der Reaktionen des Systems auf Elementarsignale bestimmt werden.

Die Untersuchung der linearen Systeme stützt sich somit auf einige allgemeine Systemcharakteristiken, während die Untersuchung nichtlinearer Systeme einen je nach Art des Falles zu wählenden Zugang erfordert.

Eine zur Untersuchung von linearen Systemen oft verwendete Charakteristik ist die sogenannte Stoßantwort[1]). Es sei angenommen, daß auf den Eingang eines nichterregten linearen Systems zum Zeitpunkt ξ ein Signal in Form eines einzelnen Pulses mit der Länge $\Delta\xi$ und der Amplitude σ gegeben wird. (Abb. 2.7). Im allgemeinen entsteht dann am Ausgang des Systems ein Signal

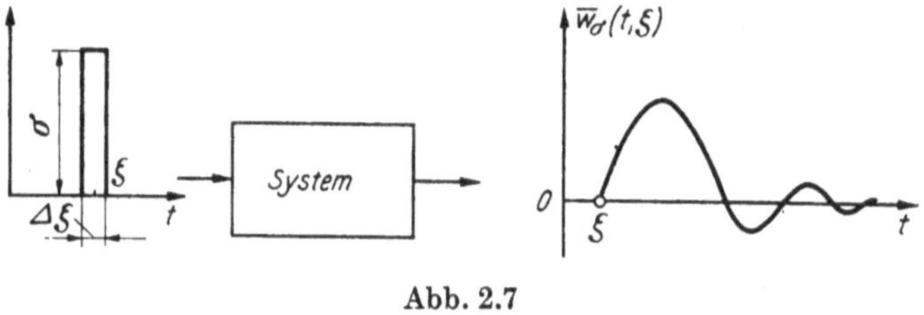

Abb. 2.7

[1]) Hierfür ist auch die Bezeichnung „Gewichtsfunktion" gebräuchlich.

$\bar{w}_\sigma(t, \xi)$, das entweder zur Zeit ξ oder um ein bestimmtes Zeitintervall verzögert beginnt. Die Form des Signals hängt u. a. auch von der Länge des Intervalls $\Delta\xi$ ab. Offenbar kann das Ausgangssignal nicht vor dem Eingangssignal einsetzen. Diese Eigenschaft realer Systeme ist eine Folge des Kausalitätsprinzips. Der Einzelpuls kann durch Überlagerung zweier Sprungfunktionen entstanden sein, die zeitlich um $\Delta\xi$ gegeneinander verschoben sind und gleiche Amplitude bei unterschiedlichem Vorzeichen besitzen (Abb. 2.8a). Dann kann

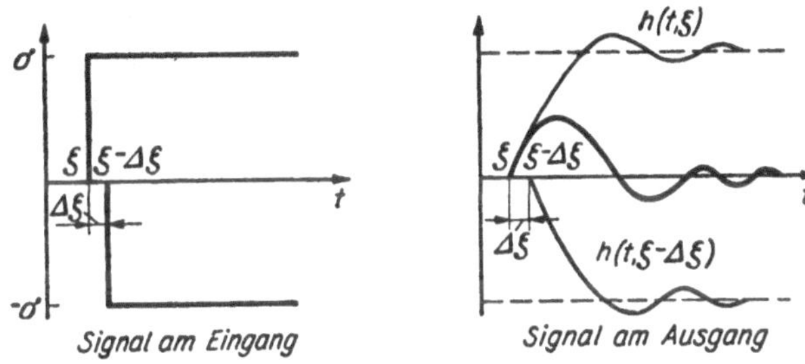

a) b)

Abb. 2.8

das Ausgangssignal ebenfalls als Summe zweier Komponenten aufgefaßt werden. Dies sind die Antworten auf zwei Sprungfunktionen mit den Amplituden $+\sigma$ bzw. $-\sigma$ (Abb. 2.8b). Somit gilt

$$\bar{w}_\sigma(t, \xi) = \sigma\,[h(t, \xi) - h\,(t, \xi - \Delta\xi)]\,.$$

Dabei ist $h(t, \xi)$ die Reaktion des Systems auf einen Einheitssprung zum Zeitpunkt ξ (Sprungantwort)[1]). Der obige Ausdruck wird nun in folgender Form geschrieben:

$$\bar{w}_\sigma(t, \xi) = \sigma \cdot \Delta\xi \left[\frac{h(t, \xi) - h\,(t, \xi - \Delta\xi)}{\Delta\xi}\right].$$

Das Produkt $\sigma \cdot \Delta\xi$ legt den Maßstab für die Funktion $\bar{w}_\sigma(t, \xi)$ fest. Der Verlauf des Ausgangssignals sollte nicht von der Größe $\Delta\xi$ abhängig sein. Deshalb soll die Länge dieses Intervalls ohne Änderung des Maßstabes der Funktion $\bar{w}_\sigma(t, \xi)$, also unter Einhaltung der Bedingung $\sigma \cdot \Delta\xi = C$ gegen Null streben:

$$\lim_{\Delta\xi \to 0} \bar{w}_\delta(t, \xi) = w_\sigma(t, \xi) = C \lim_{\Delta\xi \to 0} \frac{h(t, \xi) - h\,(t, \xi - \Delta\xi)}{\Delta\xi} = C\,\frac{dh(t, \xi)}{d\xi}\,.$$

Dabei ist die Konstante C gleich der Fläche eines idealisierten Impulses, der zeitlich unendlich kurz ist sowie eine unendlich große Amplitude besitzt. Das ist bis auf den Faktor C die in § 2 eingeführte Delta-Funktion. Die Einführung eines solchen Signals bringt ungeachtet der Unmöglichkeit seiner physikalischen Realisierung große Vorteile beim Aufbau der Theorie der dynamischen Systeme.

1) Anstelle von „Sprungantwort“ wird häufig auch „Übergangsfunktion“ verwendet.

Die Antwort des Systems auf den idealisierten Impuls hängt nur von dessen „Fläche" ab. Für $C = 1$ folgt

$$w_\sigma(t, \xi) = w(t, \xi) = \frac{dh(t, \xi)}{d\xi}. \tag{2.5}$$

Die zeitliche Ableitung der Sprungantwort des Systems wird als Stoßantwort des Systems bezeichnet.

Aus den obigen Betrachtungen folgt, daß die Stoßantwort die Reaktion des Systems auf den idealisierten Einheitsimpuls, die Delta-Funktion darstellt. Wenn die Dimension des Eingangssignals mit [E] bezeichnet wird, besitzt die Stoßantwort des Systems die Dimension [E/sec], falls Eingangs- und Ausgangssignal des Systems physikalisch von gleicher Art sind. Es sei gezeigt, daß mit

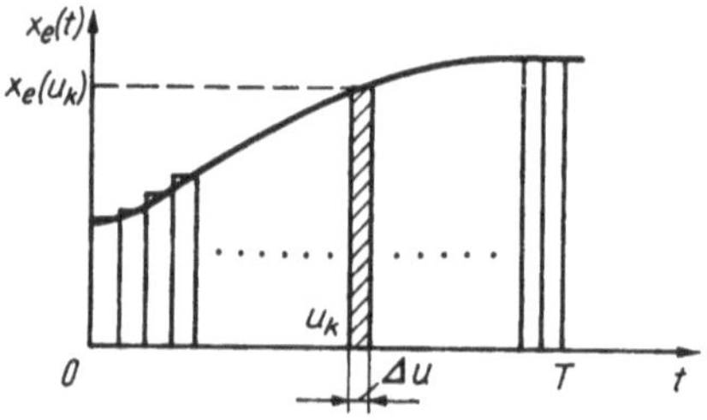

Abb. 2.9

der Stoßantwort eindeutige Beziehungen zwischen beliebigen Eingangssignalen und den entsprechenden Ausgangssignalen aufgestellt werden können, und daß damit die Stoßantwort die dynamischen Eigenschaften des Systems vollständig beschreibt. Ein willkürliches Eingangssignal sei näherungsweise als Summe von dichtaufeinanderfolgenden Pulsen der Länge Δu dargestellt (Abb. 2.9). Die Höhe der Pulse wird von den Werten des Eingangssignals zu den Zeitpunkten t_k bestimmt. Aufgrund des Superpositionsprinzips kann dann das Ausgangssignal des Systems näherungsweise als Summe der Systemantworten auf die Einzelimpulse berechnet werden.

Die Systemantwort auf einen Impuls zum Zeitpunkt t_k wird z. B. näherungsweise gleich

$$x_e(u_k) \cdot \Delta u \cdot w(t, u_k)$$

sein. Durch Summierung über alle Impulse gilt für das Ausgangssignal

$$x_a(t) \approx \sum_k x_e(u_k) \cdot w(t, u_k) \cdot \Delta u .$$

Für Δu gegen Null geht die Summe in das Integral über:

$$x_a(t) = \int_0^t x_e(u)\, w(t, u)\, du . \tag{2.6}$$

Diese Beziehung besitzt in der Theorie der linearen Systeme grundlegende Bedeutung und wird zur Lösung vieler praktischer Aufgaben benutzt.

Wenn in der Gl. (2.6) als Eingangssignal die Delta-Funktion steht, folgt unter Benutzung der Gl. (1.2) als Ausgangssignal definitionsgemäß die Stoßantwort

$$x_a(t) = \int_0^t \delta(u - \xi)\, w(t, u)\, du = w(t, \xi) .$$

Mit Gl. (2.6) können die Ausgangssignale eines linearen Systems für beliebige Eingangssignale berechnet werden, wenn die Stoßantwort des Systems bekannt ist. Das gilt sowohl für Systeme mit zeitlich veränderlichen als auch für Systeme mit konstanten Parametern. Das bedeutet, daß die Stoßantwort die dynamischen Eigenschaften eines linearen Systems vollständig charakterisiert [39]. Der Verlauf der Stoßantwort $w(t, \xi)$ hängt sowohl von der Zeit t ab als auch davon, zu welchem Zeitpunkt ξ das System von dem Eingangsimpuls erregt wurde. Wenn das entsprechende System konstante Parameter besitzt, ist die Gestalt der Stoßantwort unabhängig vom Zeitpunkt ξ der Anregung des Systems. Der Momentanwert wird dann lediglich von der Differenz $t - \xi$ bestimmt. Gl. (2.6) nimmt deshalb für lineare Systeme mit konstanten Parametern folgende Gestalt an:

$$x_a(t) = \int_0^t x_e(u) \cdot w(t - u)\, du .$$

Mit der neuen Variablen $\tau = t - u$ folgt daraus

$$x_a(t) = \int_0^t x_e(t - \tau) \cdot w(\tau)\, d\tau . \tag{2.7}$$

In Abb. 2.10 sind Stoßantworten von Systemen mit zeitvariablen (*a*) und konstanten Parametern (*b*) dargestellt. Alle Stoßantworten verschwinden für $t < 0$ in Übereinstimmung mit der bereits erwähnten Kausalitätsbedingung. Eine wichtige Eigenschaft praktisch verwendbarer Systeme ist die asymptotische Stabilität. Ein vorgegebenes System besitzt diese Eigenschaft dann, wenn die Ungleichung

$$\int_{-\infty}^{\infty} |w(\tau)|\, d\tau < \infty \tag{2.8}$$

erfüllt ist.

Die Stoßantwort muß also absolut integrierbar sein. Für Systeme mit zeitlich veränderlichen Parametern ist die Formulierung eines Stabilitätskriteriums wesentlich komplizierter. Eine für praktische Zwecke geeignete Form in der Art von Gl. (2.8) existiert für solche Systeme bisher nicht [39].

Der Zusammenhang zwischen den Eingangs- und Ausgangssignalen linearer Systeme mit konstanten Parametern kann auch durch spektrale Größen ausgedrückt werden. Dazu sei die Fourier-Transformation benutzt. Wir be-

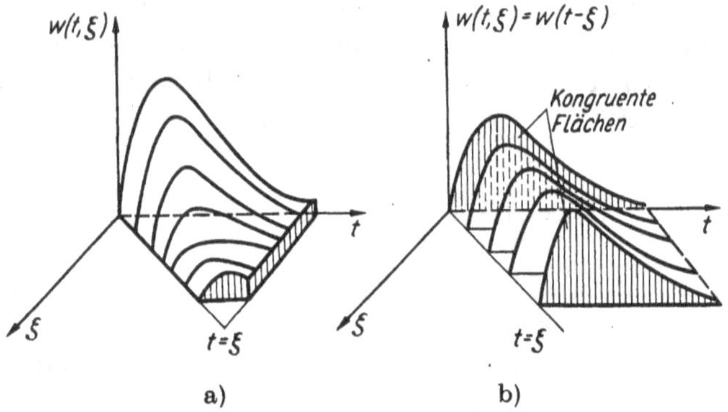

Abb. 2.10

trachten zunächst allgemeiner das Faltungsintegral

$$f_2(t) = \int_{-\infty}^{\infty} v_1(\tau)\, f_1(t - \tau)\, d\tau \, .$$

Es sei vorausgesetzt, daß alle Zeitfunktionen der Bedingung (2.8) genügen. Die linke und rechte Seite der Gleichung wird mit $e^{-j\omega t}$ multipliziert und von $-\infty$ bis $+\infty$ integriert:

$$\int_{-\infty}^{\infty} f_2(t)\, e^{-j\omega t}\, dt = \int_{-\infty}^{\infty} e^{-j\omega t}\, dt \int_{-\infty}^{\infty} v_1(\tau)\, f_1(t-\tau)\, d\tau =$$

$$= \int_{-\infty}^{\infty} f_1(\lambda)\, e^{-j\omega\lambda}\, d\lambda \int_{-\infty}^{\infty} v_1(\tau)\, e^{-j\omega\tau}\, d\tau \, .$$

Dabei wurde $\lambda = t - \tau$ als neue Veränderliche eingeführt. Die Integrale der rechten und linken Seite sind die FOURIER-Transformierten der entsprechenden Zeitfunktionen. Somit gilt

$$\mathcal{F}[f_2(t)] = \mathcal{F}[f_1(t)] \cdot \mathcal{F}[v_1(t)] \, . \tag{2.9}$$

Das Symbol $\mathcal{F}$ bezeichnet dabei den Operator der FOURIER-Transformation.

Die Funktionen $x_e(t)$ und $x_a(t)$ in der Formel (2.7) sollen wieder der Bedingung (2.8) genügen. Da sie für $t < 0$ verschwinden, besitzen sie einseitige FOURIER-Transformierte (untere Integrationsgrenze gleich Null), die mit $X_e(j\,\omega)$ bzw. $X_a(j\,\omega)$ bezeichnet seien. Da die obere Integrationsgrenze in der Formel (2.7) gleich t ist, wird die Transformierte der Funktion $w(\tau)$ durch

$$W(j\,\omega, t) = \int_0^t w(\tau)\, e^{-j\omega\tau}\, d\tau \tag{2.10}$$

bestimmt. $W(j\,\omega, t)$ heißt „parametrischer Übertragungsfaktor" des linearen Systems [39]. Der parametrische Übertragungsfaktor wird zur Berechnung der Kenngrößen des Ausgangssignals bei der Übertragung von Zufallssignalen benötigt.

Für determinierte Signale, die in FOURIER-Darstellung aus einer Menge von Sinusfunktionen, die im Unendlichen beginnen, bestehen, kann in Gl. (2.10) der Übergang $t \to \infty$ vollzogen werden. Dann ergibt sich der Übertragungsfaktor, der gleich der FOURIER-Transformierten der Stoßantwort ist

$$W(j\,\omega) = \int_0^\infty w(\tau)\, e^{-j\,\omega\,\tau}\, d\tau\,. \tag{2.10a}$$

Die FOURIER-Transformierten des Eingangs- und des Ausgangssignals sind dann über die Beziehung

$$X_a(j\,\omega) = W(j\,\omega) \cdot X_e(j\,\omega)$$

miteinander verknüpft.

Der Übertragungsfaktor des Systems ist eine komplexe Funktion. Es sind zwei äquivalente Darstellungen möglich

$$W(j\,\omega) = A(\omega)\, e^{j\,\varphi(\omega)}\,, \tag{2.11}$$

$$W(j\,\omega) = P(\omega) + j\,Q(\omega)\,. \tag{2.12}$$

Dabei ist $A(\omega) = |W(j\,\omega)|$ der Betrag des Übertragungsfaktors, der auch als Amplitudenfrequenzgang des Systems bezeichnet wird. Die Phase $\varphi(\omega)$ des Übertragungsfaktors wird entsprechend Phasenfrequenzgang genannt. $P(\omega)$ und $Q(\omega)$ werden als reelle bzw. imaginäre Frequenzcharakteristik des Systems bezeichnet. Aus den Gl. (2.11) und (2.12) können folgende Beziehungen hergeleitet werden:

$$A(\omega) = \sqrt{P^2(\omega) + Q^2(\omega)}\,, \tag{2.13}$$

$$\varphi(\omega) = \operatorname{arctg} \frac{Q(\omega)}{P(\omega)}\,. \tag{2.14}$$

Die Stoßantwort des Systems kann aus dem Übertragungsfaktor durch inverse FOURIER-Transformation bestimmt werden:

$$w(t) = \frac{1}{2\,\pi} \int_{-\infty}^{\infty} W(j\,\omega)\, e^{j\,\omega\,t}\, d\omega\,.$$

Wird in den Integranden Gl. (2.12) eingesetzt und berücksichtigt, daß $P(\omega)$ und $Q(\omega)$ gerade bzw. ungerade Funktionen der Frequenz sind, so folgt

$$w(t) = \frac{1}{2\,\pi} \int_{-\infty}^{\infty} P(\omega) \cos \omega\, t\, d\omega - \frac{1}{2\,\pi} \int_{-\infty}^{\infty} Q(\omega) \sin \omega\, t\, d\omega\,. \tag{2.15}$$

Da $w(t)$ für $t < 0$ verschwinden muß, gilt, nachdem t durch $-t$ ersetzt wurde, die Bedingung

$$\int_{-\infty}^{\infty} P(\omega) \cos \omega\, t\, d\omega = - \int_{-\infty}^{\infty} Q(\omega) \sin \omega\, t\, d\omega\,,$$

für $t > 0$. Somit kann die Stoßantwort auch mit

$$\left.\begin{aligned} w(t) &= \frac{2}{\pi}\int\limits_0^\infty P(\omega)\cos\omega\, t\, d\omega\,, \\ w(t) &= -\frac{2}{\pi}\int\limits_0^\infty Q(\omega)\sin\omega\, t\, d\omega\,. \end{aligned}\right\} \tag{2.15a}$$

berechnet werden.

Mit Hilfe der Gl. (2.13) und (2.14) kann außerdem die folgende Bedingung für den Amplituden- und Phasenfrequenzgang des Systems aufgestellt werden:

$$\int\limits_0^\infty A(\omega)\cos[\omega\, t - \varphi(\omega)]\, d\omega = 0 \qquad \text{für} \qquad t > 0\,.$$

Diese Bedingung besagt, daß die Amplituden- und Phasenfrequenzgänge realer Systeme nicht unabhängig voneinander vorgegeben werden können. Für den Übertragungsfaktor, der auch in der Form

$$W(j\,\omega) = \frac{M(j\,\omega)}{N(j\,\omega)}$$

dargestellt werden kann, bedeutet das, daß die Wurzeln der Gleichungen

$$M(j\,\omega) = 0 \qquad \text{sowie} \qquad N(j\,\omega) = 0$$

in der oberen Halbebene der komplexen Variablen $\omega + j\,\sigma$ liegen müssen.

Zur Berechnung der Stoßantwort linearer Systeme (oder auch des Übertragungsfaktors von linearen Systemen mit konstanten Koeffizienten) muß die Differentialgleichung bekannt sein, die die Abhängigkeit des Ausgangssignals vom Eingangssignal beschreibt. Die Differentialgleichung des Systems liegt gewöhnlich in folgender Form vor:

$$\begin{aligned} a_n(t)\frac{d^n x_a}{dt^n} + a_{n-1}(t)\frac{d^{n-1} x_a}{dt^{n-1}} + \cdots + a_0(t)\, x_a = \\ = b_m(t)\frac{d^m x_e}{dt^m} + b_{m-1}(t)\frac{d^{m-1} x_e}{dt^{m-1}} + \cdots + b_0(t)\, x_e\,. \end{aligned} \tag{2.16}$$

Wenn für die homogene Differentialgleichung n linear unabhängige Lösungen $\varphi_i(t)$ bekannt sind, kann die Stoßantwort des Systems mit Hilfe von

$$g(t,\xi) = \frac{(-1)^{n-1}}{a_n(\xi)}\cdot\frac{\begin{vmatrix} \varphi_1(t) & \varphi_2(t) & \ldots\varphi_n(t) \\ \varphi_1(\xi) & \varphi_2(\xi) & \ldots\varphi_n(\xi) \\ \cdots & \cdots & \cdots \\ \varphi_1^{(n-2)}(\xi) & \varphi_2^{(n-2)}(\xi) & \ldots\varphi_n^{(n-2)}(\xi) \end{vmatrix}}{\Delta(\xi)}\,, \tag{2.17}$$

$$w(t,\xi) = (-1)^m\frac{d^m}{d\xi^m}[g(t,\xi)\, b_m(\xi)] + \cdots + b_0(\xi)\, g(t,\xi) \tag{2.18}$$

bestimmt werden [39]. Dabei ist $\Delta(\xi)$ die Wronskische Determinante.

Für Systeme mit konstanten Parametern besitzen die partikulären Lösungen die Form $e^{\lambda_i t}$, wobei λ_i die Wurzeln der charakteristischen Gleichungen sind. Außerdem verschwinden die Ableitungen der Koeffizienten b_j in Gl. (2.18). Für diese Systeme ist es jedoch vorteilhafter, zunächst den Übertragungsfaktor und dann daraus durch inverse FOURIER- bzw. LAPLACE-Transformation die Stoßantwort zu bestimmen.

Der Übertragungsfaktor kann recht einfach aus der Differentialgleichung (2.16) ermittelt werden, indem zunächst $\delta(t-\xi)$ für x_e und $w(t, \xi)$ für x_a eingesetzt wird. Anschließend wird auf beiden Seiten die LAPLACE-Transformation durchgeführt. Für konstante Koeffizienten a_i und b_j ergibt sich als Resultat

$$W(s) = \frac{b_m s^m + b_{m-1} s^{m-1} + \cdots + b_0}{a_n s^n + a_{n-1} s^{n-1} + \cdots + a_0}. \tag{2.19}$$

Wenn s durch $j\omega$ ersetzt wird, liegt der Übertragungsfaktor im Sinne der FOURIER-Transformation vor.

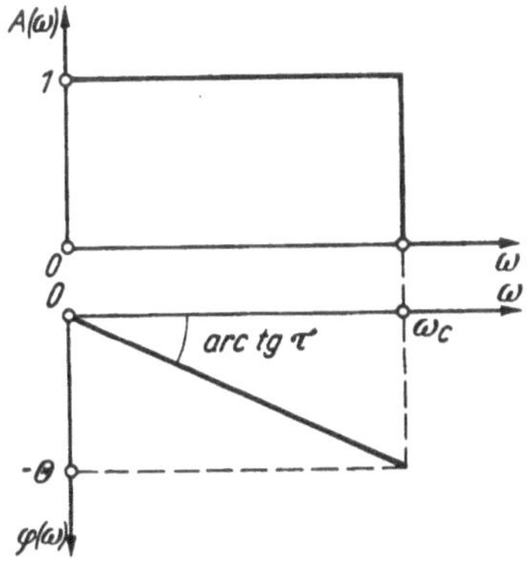

Abb. 2.11

In der Übertragungs- und Regelungstheorie werden die Übertragungsfaktoren realer Systeme oft durch ideale Tiefpässe angenähert. Unter einem idealen Tiefpaß ist ein lineares System mit folgenden Frequenzcharakteristiken zu verstehen (Abb. 2.11):

$$A(\omega) = \begin{cases} 1 & \text{für} \quad 0 \leqq \omega \leqq \omega_0, \\ 0 & \text{für} \quad \omega > \omega_0, \end{cases} \tag{2.20}$$

$$\varphi(\omega) = \begin{cases} -\omega\tau & \text{für} \quad 0 \leqq \omega \leqq \omega_0, \\ -\Theta & \text{für} \quad \omega > \omega_0. \end{cases} \tag{2.21}$$

Hierbei sind τ die Laufzeit des Signals im System und Θ die Phasendrehung bei der Frequenz ω_0. Der ideale Tiefpaß überträgt demnach alle Spektralkomponenten des Eingangssignals im Frequenzband von $\omega = 0$ bis $\omega = \omega_0$

gleichmäßig mit dem Übertragungsfaktor $A = 1$, während alle Komponenten oberhalb ω_0 vollständig unterdrückt werden. Da die Phase im Durchlaßbereich frequenzproportional verläuft, treten Phasenverzerrungen nicht auf.

Es sei nun das Zeitverhalten des idealen Tiefpasses untersucht[1]). Da bis jetzt nichts über die physikalische Realisierbarkeit dieses Filters auszusagen ist, sei zur Berechnung der Stoßantwort die Gl. (2.15) in folgender Schreibweise benutzt

$$w(t) = \frac{1}{2\pi} \int_0^\infty [P(\omega) \cos \omega t - Q(\omega) \sin \omega t] \, d\omega . \tag{2.22}$$

Die Gln. (2.13) und (2.14) ergeben für den idealen Tiefpaß

$$P^2(\omega) + Q^2(\omega) = 1 , \qquad \operatorname{tg}^2 \varphi(\omega) = \frac{Q^2(\omega)}{P^2(\omega)} ,$$

sowie

$$P(\omega) = \cos \varphi(\omega) , \qquad Q(\omega) = \sin \varphi(\omega) .$$

Diese Werte in Gl. (2.22) eingesetzt, ergeben

$$w(t) = \frac{1}{2\pi} \int_0^\infty \cos \Omega t \, d\omega$$

mit $\Omega t = \omega t + \varphi(\omega)$.

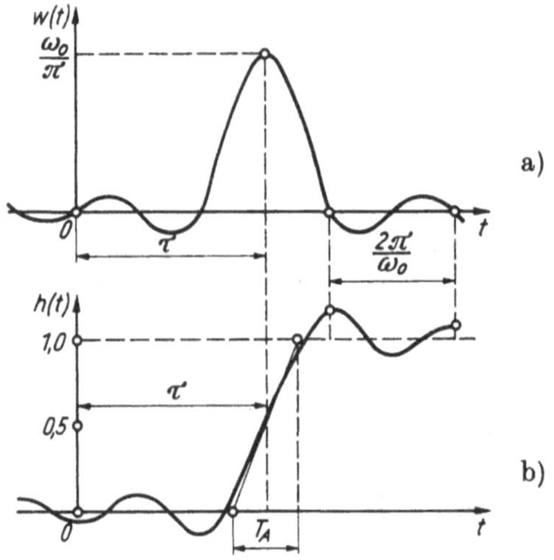

Abb. 2.12

---

[1]) Die im folgenden benutzte Funktion $w(t)$ ist mit der bisher betrachteten $w(t)$ nicht identisch (Anm. d. Herausg.)!

Gemäß Gl. (2.21) gelte $\varphi(\omega) = -\omega\tau$. Da der Integrand eine gerade Funktion der Frequenz ist, folgt unter Berücksichtigung des begrenzten Durchlaßbereiches (bei Verwendung eines Grenzprozesses für den Bereich $\omega > \omega_0$)

$$w(t) = \frac{1}{\pi}\int_0^{\omega_0} \cos\omega\,(t-\tau)\,d\omega$$

und somit für den zeitlichen Verlauf der Stoßantwort

$$w(t) = \frac{\sin\omega_0\,(t-\tau)}{\pi\,(t-\tau)}\,. \tag{2.23}$$

Dies ist, abgesehen von der Laufzeit τ und dem Faktor ω_0/π, die bereits im Kapitel 1 eingeführte Spaltfunktion $\mathcal{S}p$ (s. Abb. 2.12a). Demnach ist eine exakte physikalische Realisierung des idealen Tiefpasses nicht möglich. Allerdings lassen sich genäherte Frequenzcharakteristiken realisieren (s. § 3).

Wir betrachten nun die Reaktion des idealen Tiefpasses auf einen Einheitssprung am Eingang. Mit der Beziehung (2.5) gilt für die Sprungantwort

$$h(t) = \int_{-\infty}^{t} w(t)\,dt$$

und nach Einsetzen von Gl. (2.23)

$$h(t) = \frac{1}{\pi}\int_{-\infty}^{t} \frac{\sin\omega_0\,(t-\tau)}{t-\tau}\,dt\,.$$

Aus den Integraltafeln [31] lassen sich die Zahlenwerte

$$\int_{\tau}^{\infty} \frac{\sin\omega_0\,(t-\tau)}{t-\tau}\,dt = \frac{\pi}{2}\,, \qquad \int_{-\infty}^{\tau} \frac{\sin\omega_0\,(t-\tau)}{t-\tau}\,dt = \frac{\pi}{2}$$

ablesen.

Die Sprungantwort erreicht somit zum Zeitpunkt $t = \tau$ den Wert $\frac{1}{2}$ und strebt für $t \to \infty$ gegen den Wert 1, wobei sie um diesen Wert mit der Frequenz ω_0 pendelt (Abb. 2.12b). Die zeitliche Ableitung der Sprungantwort zum Zeitpunkt $t = \tau$ ist gleich ω_0/π. Somit gilt für die Länge des Intervalls T_A (Abb. 2.12b)

$$T_A = \frac{\pi}{\omega_0}\,. \tag{2.24}$$

Diese Größe ist die Anstiegszeit der Sprungantwort. Sie ist gleich einer halben Schwingungsperiode des Einschwingvorganges.

Die Verzögerung der Sprungantwort kann aus der Beziehung (2.21) und Abb. 2.11 bestimmt werden:

$$\tau = \frac{\Theta}{\omega_0}\,. \tag{2.25}$$

Mit den Gln. (2.24) und (2.25) lassen sich die Verzögerungs- und Anstiegszeiten der Sprungantwort realer Systeme meist hinreichend genau abschätzen. Dazu müssen nur die Grenzfrequenz des Systems sowie die zugehörige Phasendrehung bekannt sein.

Innerhalb der linearen Systeme läßt sich die Klasse der zeitdiskreten linearen Systeme bilden, deren Ausgangssignale zeitlich quantisiert sind. Man kann sich solche Systeme aus einem stetigen System und einer vorgeschalteten Abtastvorrichtung mit der Taktperiode T_p zusammengesetzt vorstellen (Abb. 2.13).

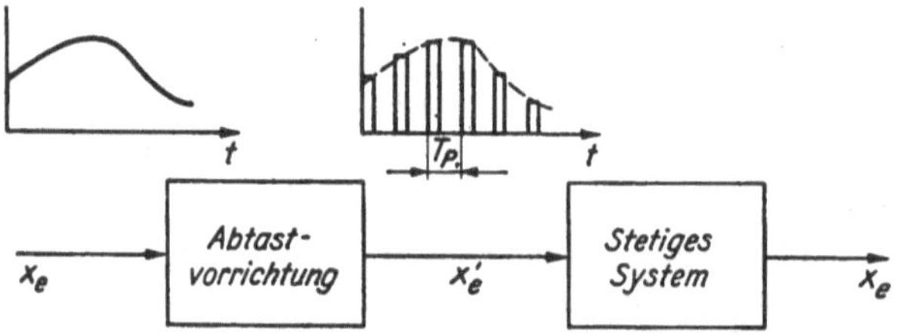

Abb. 2.13

Wenn die Länge der Abtastimpulse klein gegenüber der Anstiegszeit des stetigen Systems ist, dann sind Impulse hinreichend genau durch Delta-Funktionen zu beschreiben (s. Kapitel 1). Das Ausgangssignal der Abtastvorrichtung kann dann in der Form

$$x_e'(t) = \sum_{k=0}^{N} x_e(t) \cdot \delta(t - K\,T_p)$$

dargestellt werden. Dabei ist $N = \frac{T}{T_p}$ die Zahl der Impulse, während T die Dauer des Signals angibt.

Mit der Gl. (2.6) folgt für das Ausgangssignal des zeitdiskreten Systems

$$x_a(t) = \int_0^t w(t, u) \sum_{k=0}^{N} x_e(u)\, \delta(u - k\,T_p)\, du$$

oder auch

$$x_a(t) = \int_0^t \left[\sum_{k=0}^{N} w(t, u)\, \delta\,(u - k\,T_p)\right] x_e(u)\, du\,.$$

Diese Beziehung und Gl. (2.6) sind vollkommen gleichwertig, wenn der Ausdruck in den eckigen Klammern als die Stoßantwort des zeitdiskreten System betrachtet wird. Zeitdiskrete Systeme sind demnach als spezielle Varianten der zeitlich stetigen Systeme aufzufassen.

Da die „Fläche" der Abtastimpulse sowohl von der Amplitude als auch von der Dauer der Pulse abhängt, kann die Abtastung des Eingangssignals sowohl durch Pulsamplituden- als auch durch Pulsdauermodulation erfolgen. Beide Verfahren liefern gleiche Resultate, wenn die Abtastvorrichtung hinreichend kurzzeitige Impulse erzeugt. Im allgemeinen wird zur Beschreibung der Übertragungseigenschaften zeitdiskreter linearer Systeme die diskrete LAPLACE-Transformation benutzt [43].

Es wurde bereits darauf hingewiesen, daß die Systemoperatoren nichtlinearer Systeme von der speziellen Art der Eingangssignale abhängen. Dadurch wird der Aufbau einer Systemtheorie für nichtlineare Systeme wesentlich erschwert. Hier sollen jedoch nur die Systemeigenschaften interessieren, die für die Änderung des Informationsgehaltes des Eingangssignals bei der Signalübertragung wesentlich sind. Dabei seien der Einfachheit halber nur verzögerungsfreie nichtlineare Übertragungsglieder berücksichtigt, deren Übertragungseigenschaften ohne Differentialoperatoren beschrieben werden können.

Anhand der Formeln des § 8 ist leicht festzustellen, daß sich der Informationsgehalt eines Signals bei der Übertragung durch einen idealen linearen Verstärker nicht ändert. Denn dabei wird weder die Zahl noch die Höhe der Quantisierungsstufen verändert. Hingegen kann eine Amplitudenbegrenzung bei der Signalübertragung zu einer Verminderung der Quantisierungsstufenzahl führen und damit einen Informationsverlust verursachen.

Bestimmte nichtlineare Glieder lassen sich auch im informationstheoretischen Sinne näherungsweise als linear behandeln, können also linearisiert werden. Die für informationstheoretische Betrachtungen erforderliche Linearisierung muß jedoch strengere Bedingungen erfüllen, als es für dynamische Probleme allgemein üblich ist.

Linearisierung in der Dynamik heißt z. B., daß gemittelte Signalwerte benutzt werden. Damit ist keine Aussage über die Einzelheiten spezieller Realisierungen von Zufallsprozessen möglich. Deshalb geht der Informationsgehalt des Signals bei der statistischen Linearisierung verloren.

Es sei nun ein nichtlineares Element betrachtet, das durch die allgemeine Beziehung

$$y = F(x) \tag{2.26}$$

beschrieben wird. Dabei sind y das Ausgangssignal und x das Eingangssignal, wobei der funktionelle Zusammenhang zwischen beiden Größen nicht in jedem Falle eindeutig[1]) und stetig sein muß. Die Gleichung (2.26) soll nun für informationstheoretische Betrachtungen linearisiert werden.

Die erste Bedingung für die Linearisierung des nichtlinearen Elementes ist die Stetigkeit und Eindeutigkeit der Funktion F im Bezugspunkt. Die Funktion F kann dann als TAYLOR-Reihe im Bezugspunkt dargestellt werden:

$$y = F(x) = F(x_0) + F'(x_0)(x - x_0) + \frac{1}{2}F''(x_0)(x - x_0)^2 + \ldots,$$

x_0 ist der Signalwert im Bezugspunkt, $F'(x_0)$ die erste Ableitung der Funktion F im Punkt $x = x_0$, $F''(x_0)$ die zweite Ableitung, usw. Die Entwicklung ist nur dann erlaubt, wenn die Reihe konvergiert.

[1]) gemeint ist stets umkehrbar eindeutig

Die zweite Bedingung für die Linearisierung ist, daß alle Glieder der Reihe von höherer als erster Ordnung vernachlässigbar sind.

Inwieweit sich diese Bedingung einhalten läßt, hängt sowohl vom Charakter der Nichtlinearität als auch von den maximalen Schwankungen des Eingangssignals x um den Wert x_0 ab.

Bei hinreichend „glatten" nichtlinearen Kennlinien kann für die Nichtlinearität die Abschätzung

$$\frac{F''(x_0)}{2\,F'(x_0)}(x_m - x_0) \leqq \mu$$

verwendet werden. Dabei sind x_m der Maximalwert des Eingangssignals und μ eine kleine Größe, die den Grad der nichtlinearen Verzerrungen bei der Signalübertragung angibt.

Für einen Röhrenverstärker sei z. B. ein Klirrfaktor von 1% zugelassen. Das bedeutet bei sinusförmigem Eingangssignal, daß keine höhere Harmonische des Ausgangssignals dem Betrage nach größer als 1% der ersten Harmonischen sein darf. Wenn die aufgeführten Bedingungen eingehalten werden, gilt zwischen Ausgangs- und Eingangssignal mit guter Näherung die lineare Beziehung

$$y_l = k_l \cdot (x - x_0)\,.$$

Dabei sind $y_l = y - F(x_0)$ die Wechselkomponente des Ausgangssignals und k_l die Verstärkung des äquivalenten linearen Übertragungsgliedes.

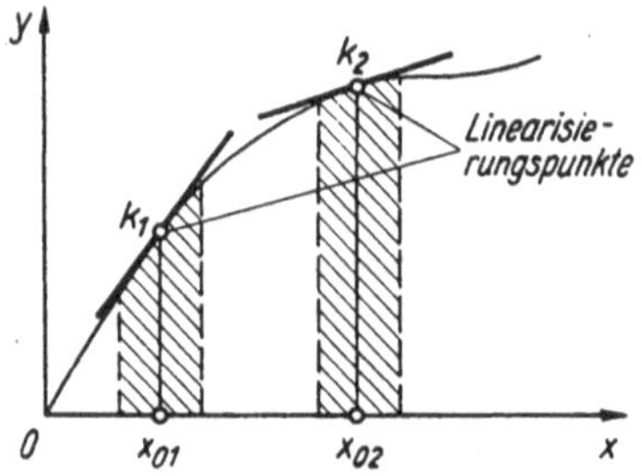

Abb. 2.14

Bei Änderungen des Bezugswertes des Eingangssignals nimmt auch der Koeffizient k_l einen anderen Wert an. Dies ist auf die Nichtlinearität zurückzuführen (Abb. 2.14).

Inwieweit es möglich ist, nach der nichtlinearen Transformation die ursprüngliche Signalform wieder herzustellen, hängt von der Eindeutigkeit der Funktion F ab, die das nichtlineare Element vollständig beschreibt. Bei eindeutiger Funktion F ist es prinzipiell immer möglich, ein nichtlineares Element mit der reziproken Kennlinie

$$y_1 = F^{-1}(x_1) \tag{2.27}$$

zu konstruieren, wobei x_1 das Eingangssignal und y_1 das Ausgangssignal des betrachteten nichtlinearen Elementes sind.

Mit $x_1 = y$ und mit Gl. (2.26) folgt

$$y_1 = F^{-1}[F(x)] = x\,,$$

womit das Signal x vollständig reproduziert ist. Es existiert jedoch eine große Zahl nichtlinearer Elemente mit nichteindeutigen Kennlinien, bei denen die vollständige Reproduktion des ursprünglichen Signals nicht möglich ist. Vom Standpunkt der Informationsübertragung können die Übertragungsverluste einiger nichtlinearer Elemente als Wirkung spezifischer Störungen aufgefaßt werden (z. B. als Quantisierungsrauschen).

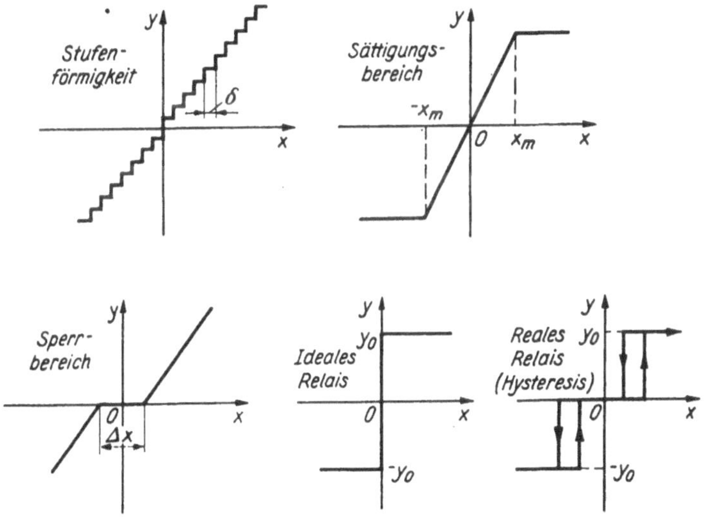

Abb. 2.15

In Abb. 2.15 sind einige typische mehrdeutige nichtlineare Kennlinien gezeigt. Offensichtlich kann man sich nichtlineare Elemente mit stufenförmiger Kennlinie oder mit einem Sperrbereich, aber auch Elemente, die bis in den Sättigungsbereich ausgesteuert werden, näherungsweise als „rauschende" Verstärker vorstellen, durch die bestimmte Komponenten des Nutzsignals unterdrückt werden.

Für nichtlineare Elemente vom Typ des Relais ist eine lineare Näherung nicht möglich. Diese Elemente setzen Signale mit beliebigem Informationsgehalt in binäre Signale um, da das Ausgangssignal nur zwei verschiedene Werte annehmen kann.

§ 11. Die Übertragung von Zufallssignalen durch lineare Systeme

Gegeben sei ein lineares System mit zeitlich veränderlichen Parametern und mit der Stoßantwort $w(t, \xi)$. An den Eingang des Systems wird bei $t = 0$ das stochastische Signal $X_e(t)$ eingeschaltet. Am Ausgang erscheint dann ebenfalls ein stochastisches Signal $X_a(t)$, wobei für die zufälligen Prozesse $X_e(t)$ und $X_a(t)$ gemäß Gl. (2.6) die Beziehung

$$X_a(t) = \int_0^t w(t, u)\, X_e(u)\, du \tag{2.28}$$

gilt. Die gleiche Beziehung gilt für die Erwartungswerte beider Zufallsfunktionen:

$$m_a(t) = \int_0^t w(t, u)\, m_e(u)\, du\,. \tag{2.29}$$

Dabei sind $m_e(t)$ und $m_a(t)$ die Erwartungswerte des Eingangs- bzw. des Ausgangssignals.

Die Autokorrelationsfunktion des Ausgangssignals ist durch

$$K_a(t_1, t_2) = M\,\{[X_a(t_1) - m_a(t_1)]\,[X_a(t_2) - m_a(t_2)]\}$$

definiert. Für X_a und m_a gelten die Ausdrücke (2.28) und (2.29); daher ergibt sich:

$$K_a(t_1, t_2) = M\left\{\int_0^{t_1} w(t_1, \xi)\,[X_e(\xi) - m_e(\xi)]\, d\xi \int_0^{t_2} w(t_2, u)\,[X_e(u) - m_e(u)]\, du\right\} =$$

$$= M\left\{\int_0^{t_1} w(t_1, \xi)\, d\xi \int_0^{t_2} w(t_2, u)\,[X_e(u) - m_e(u)]\,[X_e(\xi) - m_e(\xi)]\, du\right\}.$$

Da $w(t, \xi)$ eine determinierte Funktion ist, wird die Bildung des Erwartungswertes auf die Ausdrücke in den eckigen Klammern beschränkt:

$$K_a(t_1, t_2) = \int_0^{t_1} w(t_1, \xi)\, d\xi \int_0^{t_2} w(t_2, u)\, K_e(u, \xi)\, du\,. \tag{2.30}$$

Dabei ist

$$K_e(u, \xi) = M\,\{[X_e(u) - m_e(u)]\,[X_e(\xi) - m_k(\xi)]\} \tag{2.31}$$

die Autokorrelationsfunktion des Eingangssignals.

Die Dispersion des Ausgangssignals ist gleich der Autokorrelationsfunktion $K_a(t_1, t_2)$ für $t_1 = t_2 = t$:

$$D_a(t) = \int_0^t w(t, \xi)\, d\xi \int_0^t w(t, u) \cdot K_e(u, \xi)\, du\,. \tag{2.32}$$

Mit dieser Gleichung kann die Dispersion am Ausgang eines beliebigen Systems aus der Autokorrelationsfunktion des Eingangssignals berechnet werden, wenn die Stoßantwort des Systems bekannt ist. Da die Autokorrelationsfunktion invariant gegen das Vertauschen der Argumente ist, wird sie gewöhnlich nur für $u > \xi$ angegeben. Gl. (2.32) wird so umgeformt, daß zur Berechnung der Dispersion des Ausgangssignals nur die Werte von $K_e(u, \xi)$ für $u > \xi$ benötigt werden.

Das Integral von Gl. (2.32) kann als Flächenintegral aufgefaßt werden:

$$D_a(t) = \int\int_B w(t, \xi) \cdot w(t, u) \cdot K_e(u, \xi)\, d\xi\, du\,.$$

Das Integrationsgebiet ist ein Quadrat mit der Seitenlänge t (s. Abb. 2.16), das durch die Ungleichungen $0 \leqq u \leqq t$ sowie $0 \leqq \xi \leqq t$ definiert ist. Die Diagonale $u = \xi$ teilt das Quadrat in zwei Gebiete B_1 und B_2, für die folgende Ungleichungen gelten: für B_1

$$0 \leqq \xi \leqq u < t\,,$$

für B_2

$$0 \leqq u \leqq \xi \leqq t\,.$$

Symbolisch gilt also:

$$\int_B\int = \int_{B_1}\int + \int_{B_2}\int\,.$$

Die durch den Integranden $w(t, \xi) \cdot w(t, u) \cdot K_e(u, \xi)$ beschriebene Fläche zeigt Abb. 2.17.

Wegen

$$w(t, \xi)\, w(t, u) = w(t, u)\, w(t, \xi)$$

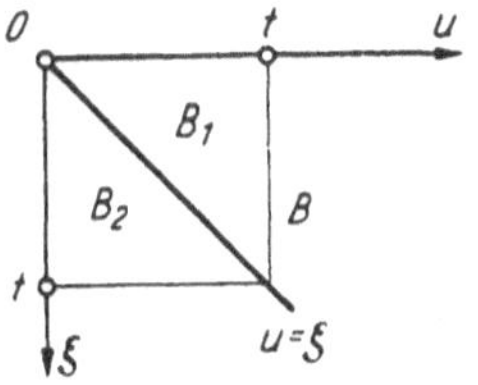

Abb. 2.16

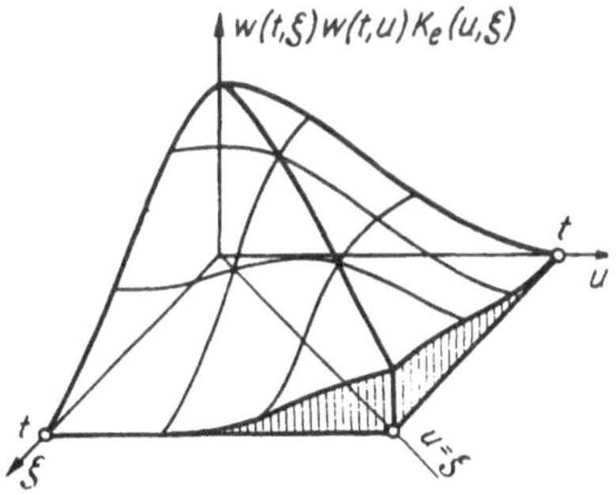

Abb. 2.17

und $K_e(u, \xi) = K_e(\xi, u)$ ist diese Fläche symmetrisch bezüglich der Diagonalen $u = \xi$.

Somit gelten die symbolischen Gleichungen

$$\int_B\int = 2\int_{B_1}\int\,, \qquad \int_B\int = 2\int_{B_2}\int\,.$$

Mit der ersten dieser Gleichungen wird Gl. (2.33) umgeformt:

$$D_a(t) = 2\int_{B_1}\int w(t, \xi) \cdot w(t, u) \cdot K_e(u, \xi)\, d\xi\, du =$$

$$= 2\int_0^t w(t, \xi)\, d\xi \int_\xi^t w(t, u)\, K_e(u, \xi)\, du\,. \tag{2.34}$$

Mit der Substitution

$$H(t, \xi) = \int_\xi^t w(t, u) \cdot K_e(u, \xi)\, du$$

folgt für die Dispersion

$$D_a(t) = 2 \int_0^t w(t, \xi) \cdot H(t, \xi)\, d\xi \,.$$

Nun wird der folgende nichtstationäre Prozeß betrachtet. Es sei angenommen, daß an dem Eingang eines linearen Systems mit konstanten Koeffizienten zum Zeitpunkt $t = 0$ ein stationäres zufälliges Signal geschaltet wird. Es soll der zeitliche Verlauf der Dispersion des Ausgangssignals berechnet werden. Wie bereits festgestellt wurde, hängt die Stoßantwort von Systemen mit konstanten Parametern nur von der Differenz ihrer Argumente ab. Das Integral (2.34) nimmt dann die folgende Gestalt an:

$$D_a(t) = 2 \int_0^t w(\tau)\, d\tau \int_0^\tau w(\lambda) \cdot K_e\,(t - \lambda, t - \lambda)\, d\lambda$$

mit $\tau = t - \xi$ und $\lambda = t - u$. Da das Eingangssignal stationär ist, gilt für die Korrelationsfunktion

$$K_e\,(t - \lambda, t - \tau) = K_e\,(\tau - \lambda) \,.$$

Somit folgt

$$D_a(t) = 2 \int_0^t w(\tau)\, d\tau \int_0^\tau w(\lambda) \cdot K_e\,(\tau - \lambda)\, d\lambda \qquad (2.35)$$

oder mit $\tau - \lambda = z$

$$D_a(t) = 2 \int_0^t w(\tau)\, d\tau \int_0^\tau w\,(\tau - z) \cdot K_e(z)\, dz \,.$$

Das Integrationsgebiet ist dabei ein rechtwinkliges Dreieck mit der Kathetenlänge t (Abb. 2.18a). Die Integration erfolgt zunächst für konstantes τ und z von $z = 0$ bis $z = \tau$ längs der Linie b_1 und anschließend über τ von $\tau = 0$ bis

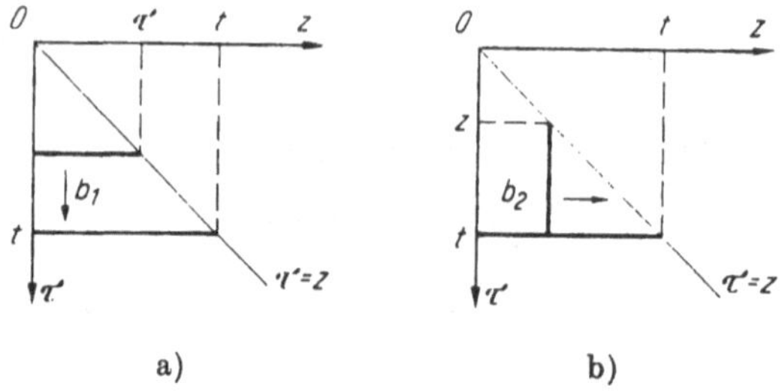

Abb. 2.18

$\tau = t$. Die Integrationsreihenfolge ist vertauschbar, indem zunächst über τ längs der Linie b_2 für konstantes z von $\tau = z$ bis $\tau = t$ integriert wird und anschließend über z von $z = 0$ bis $z = t$ (Abb. 2.18b). Dann folgt für die Dispersion

$$D_a(t) = 2 \int_0^t K_e(z)\, dz \int_z^t w\,(\tau - z) \cdot w(\tau)\, d\tau$$

und mit der Substitution

$$u = \tau - z\,, \qquad du = d\tau\,,$$

folgt schließlich

$$D_a(t) = 2 \int_0^t K_e(z) \int_0^{t-z} w(u) \cdot w\,(u + z)\, du\,.$$

Nach Einführung der Funktion

$$L(t, z) = \int_0^t w(u)\, w\,(u + z)\, du \tag{2.36}$$

nimmt das Integral die Form

$$D_a(t) = 2 \int_0^t L\,(t - z, z) \cdot K_e(z)\, dz \tag{2.36a}$$

an.

Mit dieser Gleichung läßt sich im stationären Fall die Dispersion des Ausgangssignals für ein System mit konstanten Parametern als Funktion der Zeit bestimmen, wenn die Stoßantwort des Systems und die Autokorrelationsfunktion des Eingangssignals gegeben sind.

Für die meisten praktischen Aufgabenstellungen kann das zufällige Eingangssignal hinreichend genau durch weißes Rauschen angenähert werden. Die Korrelationsfunktion wird dann durch eine schmale Spitze dargestellt, gleicherweise für stationäre und nichtstationäre Signale.

Für stationäres Rauschen ist die Dispersion des Eingangssignals konstant (Abb. 2.19a). Die von der Korelationsfunktion des Eingangssignals $K_e(u, \xi)$ eingenommene Fläche läßt sich parallel zu den Achsen u oder ξ aufschneiden. Dann ergeben sich Impulse konstanter Fläche. Bei nichtstationärem Rauschen sind sowohl die Dispersion als auch die Schnittflächen (Abb. 2.19b) zeitlich

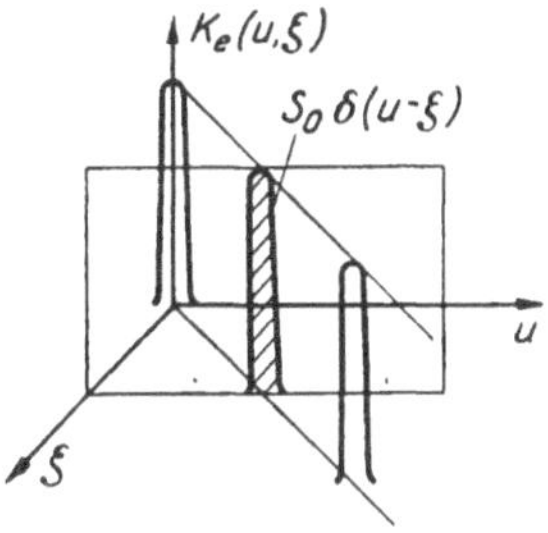

a)

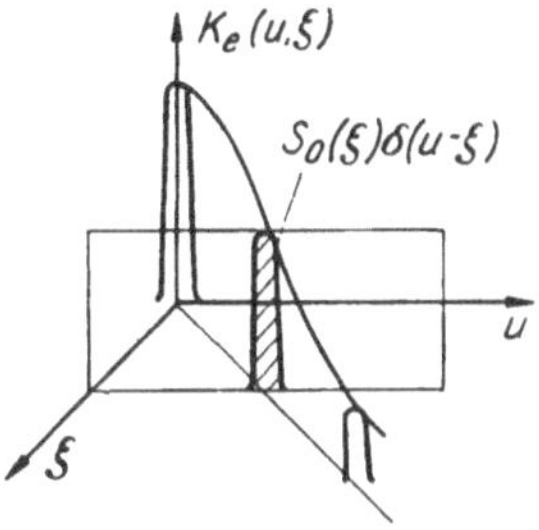

b)

Abb. 2.19

veränderlich. In beiden Fällen kann als Korrelationsfunktion näherungsweise die Delta-Funktion angesetzt werden. Für stationäres weißes Rauschen mit konstanter spektraler Leistungsdichte gilt näherungsweise

$$K_e(u, \xi) = S_0 \cdot \delta\,(u - \xi)\,.$$

Da sich die spektrale Leistungsdichte nichtstationärer Prozesse zeitlich ändert, ist auch die Korrelationsfunktion zeitabhängig:

$$K_e(u, \xi) = S_0(\xi) \cdot \delta\,(u - \xi)\,.$$

Wird dieser Ausdruck in die Gl. (2.34) eingesetzt, so gilt für die Dispersion des Ausgangssignals

$$D_a(t) = 2 \int_0^t w(t, \xi)\, d\xi \int_0^t w(t, u)\, S_0(\xi)\, \delta\,(u - \xi)\, du\,.$$

Das innere Integral ergibt gemäß Gl. (1.2) den Wert

$$\frac{1}{2}\, S_0(\xi)\, w(t, \xi)\,.$$

Bei nichtstationärem weißem Rauschen am Eingang gilt also für die Dispersion des Ausgangssignals

$$D_a(t) = \int_0^t S_0(\xi)\, w^2(t, \xi)\, d\xi \tag{2.37}$$

und bei stationärem Rauschen

$$D_a(t) = S_0 \int_0^t w^2(t, \xi)\, d\xi\,. \tag{2.38}$$

Wenn das betrachtete System konstante Parameter besitzt, gilt

$$w(t, \xi) = w\,(t - \xi)\,.$$

Mit der Substitution $\tau = t - \xi$ folgt

$$D_a(t) = S_0 \int_0^t w^2(\tau)\, d\tau \tag{2.39}$$

für stationäres Rauschen sowie

$$D_a(t) = \int_0^t S_0\,(t - \tau) \cdot w^2(\tau)\, d\tau \tag{2.40}$$

für nichtstationäres Rauschen.

Die Integration in den Gln. (2.37) und (2.40) laufen im wesentlichen darauf hinaus, den Inhalt der Fläche, die von der Abszisse τ und dem Wert des Integranden zwischen $\tau = 0$ und $\tau = t$ begrenzt wird, zu bestimmen (Abb. 2.20).

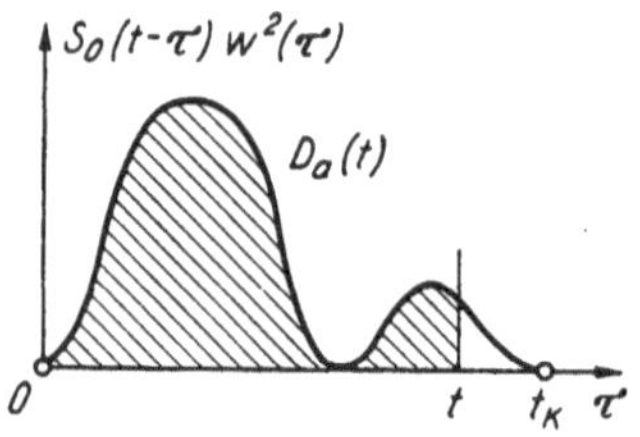

Abb. 2.20

Da die Stoßantwort stabiler Systeme im Unendlichen gegen Null strebt, wird der Integrand $S_0(t-\tau) \cdot w^2(\tau)$ oberhalb einer gewissen Grenze $\tau = t_k$ praktisch verschwinden. Bei der Berechnung der Dispersion nach den Gln. (2.39) und (2.40) für $t > t_k$ kann deshalb die obere Integrationsgrenze gleich Unendlich gesetzt werden, ohne daß wesentliche Fehler entstehen.

Die Dispersion des nichtstationären Prozesses am Ausgang des Systems kann für ein stationäres Eingangssignal auch mit Hilfe spektraler Darstellungen berechnet werden. Die spektrale Leistungsdichte des Eingangssignals läßt sich mit

$$S_e(\omega) = \int_{-\infty}^{+\infty} K_e(\tau)\, e^{-j\omega\tau}\, d\tau = 2\int_0^{\infty} K_e(\tau) \cos\omega\tau\, d\tau$$

bestimmen, wobei $\tau = t - \xi$ gesetzt wurde.

Zur Berechnung der Autokorrelationsfunktion aus der entsprechenden spektralen Leistungsdichte wird die inverse Beziehung

$$K_e(u-\xi) = \frac{1}{2\pi}\int_{-\infty}^{+\infty} S_e(\omega)\, e^{j\omega(u-\xi)}\, d\omega$$

benutzt.

Wird dieser Ausdruck in Gl. (2.30) eingesetzt, entsteht

$$K_a(t_1, t_2) = \frac{1}{2\pi}\int_0^{t_1} w(t_1, \xi)\, d\xi \int_0^{t_2} w(t_2, u)\left[\int_{-\infty}^{+\infty} S_e(\omega)\, e^{+j\omega(u-\xi)} \cdot d\omega\right] du\,.$$

Mit

$$e^{j\omega(t_2-t_1)} \cdot e^{-j\omega(t_2-t_1)} = 1$$

und nach Änderung der Reihenfolge der Integration gilt

$$K_a(t_1, t_2) = \frac{1}{2\pi}\int_{-\infty}^{+\infty} S_e(\omega)\, e^{j\omega(t_2-t_1)}\, d\omega \times$$

$$\times \int_0^{t_1} w(t_1, \xi)\, e^{j\omega(t_1-\xi)}\, d\xi \int_0^{t_2} w(t_2, u)\, e^{-j\omega(t_2-u)}\, du\,.$$

Die Gl. (2.10) läßt sich verallgemeinern, indem mit

$$W(j\omega, t) = \int_0^{t} w(t, \lambda)\, e^{-j\omega(t-\lambda)}\, d\lambda \qquad (2.41)$$

der sogenannte nichtstationäre parametrische Übertragungsfaktor eingeführt wird. Dann nimmt der Ausdruck für die Autokorrelationsfunktion die folgende Gestalt an:

$$K_a(t_1, t_2) = \frac{1}{2\pi}\int_{-\infty}^{+\infty} S_e(\omega) \cdot W^*(j\omega, t_1) \cdot W(j\omega, t_2)\, e^{+j\omega(t_2-t_1)}\, d\omega\,. \qquad (2.42)$$

Dabei ist $W^*(j\,\omega, t_1)$ die konjugiert komplexe Form von $W(j\,\omega, t_1)$. Mit der Gl. (2.42) kann die Autokorrelationsfunktion des Ausgangssignals über den nichtstationären parametrischen Übertragungsfaktor aus dem Spektrum des Eingangssignals berechnet werden. Zur Bestimmung der Dispersion wird in Gl. (2.42) $t_1 = t_2 = t$ eingesetzt:

$$D_a(t) = \frac{1}{\pi} \int_0^\infty S_e(\omega)\,|W(j\,\omega, t)|^2\,d\omega \tag{2.43}$$

(der Integrand ist eine gerade Funktion der Frequenz). Für weißes Rauschen als Eingangssignal mit $S_e(\omega) = S_0$ wird die Dispersion des Ausgangssignals durch

$$D_a(t) = \frac{S_0}{\pi} \int_0^\infty |W(j\,\omega, t)|^2\,d\omega \tag{2.44}$$

bestimmt.

Wenn die Kenngrößen des zufälligen Prozesses am Ausgang des Systems zu Zeitpunkten berechnet werden sollen, die die „Länge" der Stoßantwort wesentlich überschreiten, kann anstelle des parametrischen Übertragungsfaktors des Systems der gewöhnliche Übertragungsfaktor benutzt werden.

Beispiel 2.1. An den Eingang des in Abb. 2.21 dargestellten Filters wird zum Zeitpunkt $t = 0$ ein Rauschsignal u_e mit der frequenzunabhängigen spektralen Leistungsdichte S_0 geschaltet. Es soll der zeitliche Verlauf der Dispersion des Ausgangssignals u bestimmt werden. Für das Filter gilt die Differentialgleichung

$$T\,\frac{du_a}{dt} + u_a = u_e$$

mit $T = R\,C$ (Zeitkonstante des Filters).

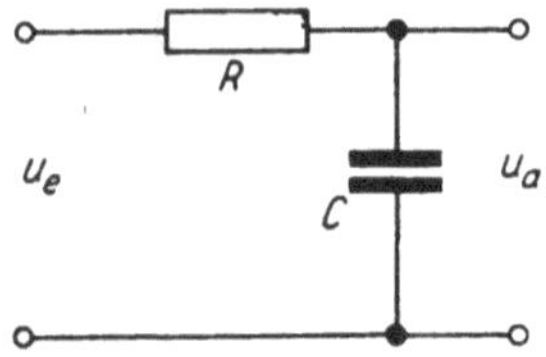

Abb. 2.21

Die Stoßantwort des Filters ist gleich

$$w(t, \xi) = \frac{1}{T}\,e^{-\frac{1}{T}(t-\xi)}.$$

Den parametrischen Übertragungsfaktor erhält man nach Gl. (2.41) zu

$$W(j\,\omega, t) = \frac{1}{T} \int_0^t e^{-\frac{1}{T}(t-\lambda) - j\,\omega(t-\lambda)}\,d\lambda = \frac{1}{1 + j\,\omega\,T}\left[1 - e^{-\left(\frac{1}{T} + j\,\omega\right)t}\right].$$

Mit

$$|W(j\,\omega,t)|^2 = \frac{1}{1+\omega^2 T^2}\left(1 - 2\,e^{-\frac{t}{T}}\cos\omega t + e^{-\frac{2t}{T}}\right).$$

gilt für die Dispersion des Ausgangssignals nach Gl. (2.44)

$$D_a(t) = \frac{S_0}{\pi}\left[\left(1+e^{-\frac{2t}{T}}\right)\int_0^\infty \frac{d\omega}{1+\omega^2T^2} - 2\,e^{-\frac{t}{T}}\int_0^\infty \frac{\cos\omega t\,d\omega}{1+\omega^2T^2}\right] =$$

$$= \frac{S_0}{\pi}\left[\left(1+e^{-\frac{2t}{T}}\right)\frac{\pi}{2T} - 2\,e^{-\frac{t}{T}}\cdot\frac{\pi}{2T}e^{-\frac{t}{T}}\right] = \frac{S_0}{2T}\left(1-e^{-\frac{2t}{T}}\right).$$

Für den eingeschwungenen Zustand ($t \to \infty$) ergibt sich

$$D_a = \frac{S_0}{2T}.$$

Beispiel 2.2. Die gleiche Aufgabe ist auch nur mittels der Stoßantwort lösbar. Mit der im vorangegangenen Beispiel bestimmten Stoßantwort folgt gemäß Gl. (2.39)

$$D_a(t) = S_0\int_0^t \frac{1}{T^2}e^{-\frac{2\tau}{T}}d\tau = \frac{S_0}{2T}\left(1-e^{-\frac{2t}{T}}\right).$$

Hier ist es also von Vorteil, direkt Gl. (2.39) zu benutzen.

Beispiel 2.3. An den Eingang des im Beispiel 2.1 betrachteten Filters wird zum Zeitpunkt $t = 0$ ein Signal mit der Autokorrelationsfunktion

$$K_e(\tau) = D_e\cdot e^{-\beta|\tau|}$$

geschaltet. Die Dispersion des Ausgangssignals ist zu bestimmen. Mit Gl. (2.36) gilt

$$L(t,z) = \int_0^t \frac{1}{T^2}e^{-\frac{1}{T}(z+u)}e^{-\frac{u}{T}}du = \frac{1}{2T}e^{-\frac{z}{T}}\left(1-e^{-\frac{2t}{T}}\right)$$

und mit Gl. (2.36a)

$$D_a(t) = 2\int_0^t \frac{1}{2T}e^{-\frac{z}{T}}\left[1-e^{-\frac{2(t-z)}{T}}\right]D_e\cdot e^{-\beta|z|}dz =$$

$$= \frac{D_e}{T}\left[\int_0^t e^{-\left(\frac{1}{T}+\beta\right)z}\right]dz - e^{-\frac{2t}{T}}\int_0^t e^{\left(\frac{1}{T}-\beta\right)z}dz =$$

$$= D_e\left\{\frac{1}{1+T\beta}\left[1-e^{-\left(\frac{1}{T}+\beta\right)t}\right] - \frac{1}{1-T\beta}\left[e^{-\left(\frac{1}{T}+\beta\right)t} - e^{-\frac{2t}{T}}\right]\right\} =$$

$$= \frac{2\,D_e}{(1+T\beta)(1-T\beta)}\left[1-e^{-\left(\frac{1}{T}+\beta\right)t} - \frac{1}{2}(1+T\beta)\left(1-e^{-\frac{2t}{T}}\right)\right]$$

Für den eingeschwungenen Zustand ($t \to \infty$) gilt

$$D_a = \frac{D_e}{1+T\beta}.$$

§ 12. Allgemeine Funktionsschemata automatischer Überwachungs- und Nachrichtenübertragungssysteme

Als automatische Überwachungssysteme werden im allgemeinen die Einrichtungen zur Messung und Verarbeitung bestimmter Parameter irgendeines Prozesses bezeichnet.

Die Aufgabe solcher Systeme besteht darin, bestimmte Kenngrößen des entsprechenden Prozesses zu bestimmen. Außer den Einrichtungen zur Meßwerterfassung und Meßwertverarbeitung enthalten die Überwachungssysteme natürlich auch Übertragungsstrecken zur Weiterleitung der Meßresultate. In der Regel enthält das gesamte System entsprechend der Zahl der zu messenden Parameter mehrere Kanäle.

Das Überwachungssystem kann auch, je nach der weiteren Verwendung der berechneten Kenngrößen, Bestandteil eines größeren, komplizierteren Systems sein.

Das Blockschaltbild eines solchen Überwachungssystems wird in Abb. 2.22 gezeigt. Die Messung der einzelnen Parameter kann gleichzeitig (Parallelbetrieb) oder der Reihe nach (Serienbetrieb) erfolgen. Von der Methode der Meßwerterfassung hängen sowohl der Aufbau der Überwachungseinrichtung als auch die Funktionsweise der Meßwertverarbeitungseinrichtung ab. In modernen Anlagen wird in den seltensten Fällen für jeden Meßkanal eine spezielle Übertragungsstrecke verwendet. In der Regel werden Mehrfachkanäle benutzt. Zum Entwurf solcher Mehrkanalsysteme ist die Lösung zweier grundlegender Aufgaben erforderlich. Zunächst muß für jeden Meßkanal die erforderliche Kanalkapazität bestimmt werden. Danach hat die Aufteilung der gemeinsamen Übertragungsstrecke in die entsprechende Anzahl von Übertragungskanälen zu erfolgen. Dabei muß der Einfluß von Störungen, die die Meßergebnisse bei der Übertragung verfälschen können, berücksichtigt werden. Hierbei gelten die allgemeinen Gesetzmäßigkeiten, die aus den informationstheoretischen Betrachtungen der Signalübertragung durch gestörte Systeme folgen.

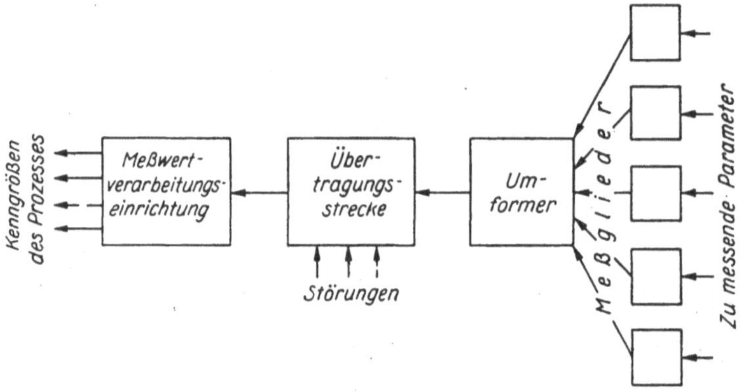

Abb. 2.22

Genauso wichtig ist es, einen optimalen Algorithmus für die Meßwertverarbeitung zu finden. Die Güte solcher Algorithmen kann ebenfalls anhand informationstheoretischer Kenngrößen beurteilt werden (siehe Kap. 6).

Ein automatisches Überwachungssystem stellt somit im wesentlichen ein Nachrichtenübertragungssystem dar. Es besitzt jedoch einige spezifische Besonderheiten, hauptsächlich im Hinblick auf die Verarbeitung der Meßresultate. Typische Beispiele sind die Funkfernmeßsysteme mit automatischer Meßwertverarbeitung.

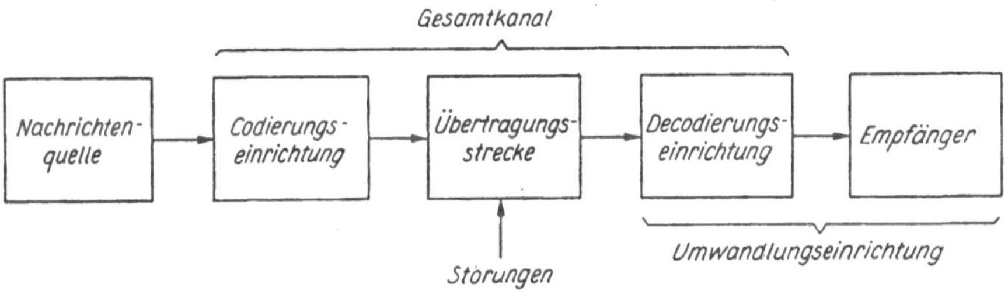

Abb. 2.23

Das Blockschaltbild eines Nachrichtenübertragungssystem zeigt Abb. 2.23. Zur Beschreibung solcher Systeme sind folgende Begriffe gebräuchlich:

1. die Nachrichtenquelle (Meßwertgeber), in der die Primärsignale (Nachrichten) erzeugt werden;
2. die Codierungseinrichtung (Modulatoren, Analog-Digital-Umsetzer), die die Primärsignale durch Codierung oder Modulation an die Übertragungsstrecke anpassen. Unter Modulation soll dabei die Veränderung irgendeines Parameters einer Trägerschwingung (siehe Kap. 1) durch das Primärsignal verstanden werden, während unter Codierung ganz allgemein die Umstrukturierung des Primärsignals nach einem vorgegebenen Prinzip zu verstehen ist;
3. die Übertragungsstrecke, in der die Signale direkt oder mittels eines Trägers übertragen werden (in Übertragungsstrecken werden als Träger gewöhnlich elektrische oder elektromagnetische Schwingungen benutzt);
4. die Decodierungseinrichtung (Demodulatoren, Digital-Analog-Umsetzer), die die Selektion der einzelnen Signale und die Rückwandlung in die entsprechenden Nachrichten besorgt;
5. der einzelne Nachrichtenkanal zur Übertragung einer der Meßgrößen, der aus der Kette von Codierungseinrichtung, Übertragungsstrecke und Decodierungseinrichtung besteht;
6. der Empfänger.

Diese Elemente des Nachrichtenübertragungssystems seien jetzt ausführlicher betrachtet.

Die Nachrichtenquelle sondert aus der Gesamtheit aller möglichen Nachrichten ganz bestimmte aus.

So wird z. B. die Formierung einer Nachricht auf der Schreibmaschine dadurch vorgenommen, daß die Schreibkraft ganz bestimmte Zeichenkombinationen auswählt. Die Zeichenmenge, aus denen die Nachricht gebildet werden kann, ist dabei durch den begrenzten Zeichenvorrat der Schreibmaschine gegeben.

Ein Potentiometer, das von einem Gleichstrom durchflossen wird, kann ebenfalls als Nachrichtenquelle angesehen werden. Die Zahl der unterscheidbaren Spannungspegel am Ausgang bildet den Zeichenvorrat. Er ist wegen des endlichen Auflösungsvermögens des Potentiometers begrenzt. Eine Nachricht entsteht dadurch, daß die Stellung des Abgriffs geändert wird.

Das Nachrichtenensemble wird um so vielfältiger sein, je größer der Zeichenvorrat ist.

Die Codierungseinrichtung wandelt die Nachrichten in Signale um. Wie bereits erwähnt wurde, sind diese Signale in elektrischen Übertragungssystemen Spannungen oder Ströme, während in mechanischen Systemen mechanische Größen, wie örtliche Verschiebungen oder die Beschleunigung, zur Signalübertragung benutzt werden.

Das Signal muß nicht unbedingt ein vollständiges Abbild der Nachricht sein. Es braucht nur diejenigen Elemente der Nachricht zu enthalten, die im gegebenen Fall als wesentlich angesehen werden und übertragen werden sollen. Bei der telegrafischen Übertragung gehen z. B. die Klangfarbe und Intonation der entsprechenden mündlichen Mitteilung vollständig verloren, ohne daß dies als eine Unzulänglichkeit anzusehen ist. Für ein einwandfreies Funktionieren ist es jedoch erforderlich, daß das Signal eindeutig von der entsprechenden Nachricht abhängt. Da die Umwandlung von Nachrichten in Signale einen wesentlichen Vorgang bei der Nachrichtenübertragung darstellt, ist die Codierungseinrichtung untrennbarer Bestandteil eines jeden Nachrichtenübertragungssystems.

Die oben gegebene Definition der Codierungseinrichtung umfaßt die verschiedensten technischen Ausführungsformen. Dazu zählen die Amplituden-, Frequenz-, Phasenmodulatoren, Schaltungen zur Puls-Code-Modulation und auch das Mikrofon, das Schallschwingungen in elektrische Schwingungen wandelt. Die Hauptaufgabe der Codierungseinrichtung besteht in der Erzeugung eines Signals, das bestimmten Forderungen genügt. Wenn z. B. die Übertragungszeit begrenzt ist, muß der verwendete Code eine möglichst rasche Übertragung gewährleisten (ein charakteristisches Beispiel ist die Stenografie).

Die Übertragungsstrecken sind die Medien, die der Weiterleitung der Signale dienen. Elektrische Übertragungsstrecken bestehen entweder aus einer Leitung oder einer Funkstrecke einschließich Sender und Empfänger. In mechanischen Übertragungsstrecken können verschiedene Schwingungen zur Übertragung benutzt werden.

Die Übertragung der Signale ist stets mit Signalverzerrungen verbunden, die sowohl durch die Eigenschaften der Übertragungsstrecke als auch durch äußere Störungen bedingt sind. Bei der theoretischen Behandlung des Übertragungsvorganges ist es zweckmäßig, alle auftretenden Störungen in die Störungen der Übertragungsstrecke zu subsummieren.

Die Decodierungseinrichtung ist dasjenige Element des Nachrichtenübertragungssystems, in dem die Rückwandlung des Signals in die Nachricht erfolgt. Die Decodierung stellt somit die Umkehroperation zur Codierung dar.

Der Nachrichtenkanal (Gesamtkanal) ist die Übertragungskette, die aus der Codierungseinrichtung, der Übertragungsstrecke und der Decodierungseinrichtung besteht. Er wird dadurch charakterisiert, daß von ihm zu einem gegebenen Zeitpunkt nur Elemente einer einzigen Nachricht übertragen werden. Wenn gleichzeitig mehrere Nachrichten übertragen werden sollen, muß die Übertragungsstrecke mehrere Nachrichtenkanäle enthalten.

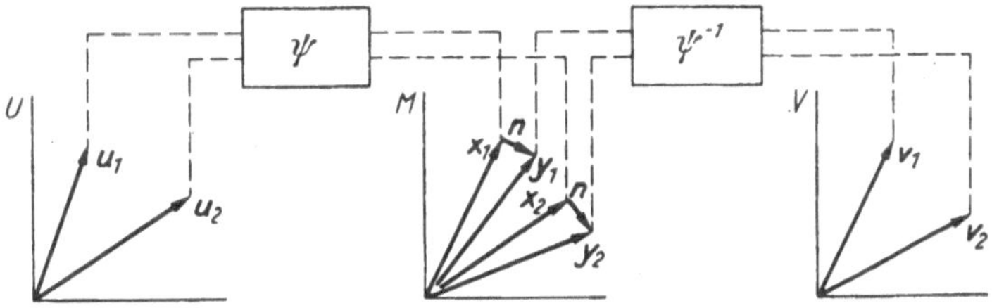

Abb. 2.24

Der Empfänger ist derjenige Bestandteil des Nachrichtenübertragungssystems, von dem die übertragenen Nachrichten aufgenommen und zweckentsprechend weiterverarbeitet werden. Decodierungseinrichtung und Empfänger können häufig in einer einzigen Einrichtung vereinigt werden. Sie decodiert nicht nur das übertragene Signal, sondern filtert auch die Nachricht optimal aus dem Störuntergrund.

Die Qualität des Empfängers hängt sowohl von der Methode der Aussonderung des Nutzsignals aus den Störungen ab als auch vom verwendeten Codierungsverfahren. Eine anschauliche Vorstellung über den Einfluß der Codierung auf die Störfestigkeit des Übertragungssystems vermittelt die folgende geometrische Betrachtung.

In Abb. 2.24 wird das zweidimensionale Modell eines Übertragungssystems gezeigt. Die Nachrichten $\boldsymbol{u}_1$ und $\boldsymbol{u}_2$, die im Nachrichtenraum U als Vektoren dargestellt sind, werden durch den Operator Ψ in die Signale $\boldsymbol{x}_1$ und $\boldsymbol{x}_2$ umgewandelt. Der Operator Ψ beschreibt das entsprechende Codierungsverfahren. Der Codierungsvorgang selbst sei von Verzerrungen oder Störungen frei. Auf die Signale $\boldsymbol{x}_1$ und $\boldsymbol{x}_2$ wirken in der Übertragungsstrecke die Störungen $\boldsymbol{n}$, dabei entstehen die Signale $\boldsymbol{y}_1$ und $\boldsymbol{y}_2$. Sowohl die Signale $\boldsymbol{y}_1$ und $\boldsymbol{y}_2$ als auch die Störungen $\boldsymbol{n}$ werden als Vektoren im Signalraum M dargestellt. Der Abstand der Endpunkte der Vektoren ist ein Maß für die mittlere quadratische Abweichung der Signale voneinander. Durch den Operator Ψ^{-1}, der das Decodierungsverfahren beschreibt und invers zum Operator Ψ ist, werden die Signale $\boldsymbol{y}_1$ und $\boldsymbol{y}_2$ in die Nachrichten $\boldsymbol{v}_1$ und $\boldsymbol{v}_2$ zurückverwandelt. Wegen des Einflusses der Störungen sind die Nachrichten V im allgemeinen nicht mit den Nachrichten U identisch. Es ist leicht einzusehen, daß die Identifizierung der Signale $\boldsymbol{y}_i$ bei einem vorgegebenen Störpegel (charakterisiert durch den Vektor $\boldsymbol{n}$) um so leichter ist, je weiter die Endpunkte der entsprechenden Vektoren voneinander entfernt sind. Diese Entfernung hängt wesentlich von der Art des Operators Ψ, d. h. vom Codierungsverfahren ab. Durch die Wahl günstiger Codierungsverfahren können die ursprünglichen Abstände der Primärsignale und somit die Störungsstabilität des Übertragungssystems erhöht werden.

KAPITEL III

Entropie und Informationsmaß

§ 13. Die Ereigniswahrscheinlichkeiten beim diskreten Zufallssignal

Bereits die Betrachtung des einfachsten Informationsmaßes im Kapitel 1 ergab, daß diese Größe mit der Anzahl und den Wahrscheinlichkeiten der möglichen Zeichenkombinationen am Ausgang der Quelle eng zusammenhängt.

Deshalb soll sich jetzt ein genaueres Studium der statistischen Eigenschaften diskreter Zufallssignale anschließen. Solche Signale werden aufgefaßt als stationäre Zeichenfolgen, deren Glieder Zufallsgrößen mit m verschiedenen Werten $h_1 \ldots h_m$ sind. In erster Linie interessiert dabei, mit welcher Wahrscheinlichkeit die einzelnen Realisierungen des betreffenden Prozesses auftreten. Davon hängt die Menge der übertragenen Information ab.

Eine statistische Theorie beschränkt sich jedoch im allgemeinen nicht darauf, Informationsmaße zu liefern. Sie ist auch wichtig, um die Genauigkeit automatischer Steuersysteme zu bewerten. Gegenwärtig wird die Exaktheit, mit der ein System arbeitet, oft nach der Methode der „Grenz"-Genauigkeit bestimmt. Dabei wird unter allen möglichen Eingangssignalen das ungünstigste ausgewählt. Als typische Eingangswirkung wird also eine Realisierung des Zufallssignals benutzt, die sich von den Durchschnittsrealisierungen wesentlich unterscheidet.

Weiter unten wird gezeigt, daß die Wahrscheinlichkeit der Grenz-Fälle, die in ihren Eigenschaften bedeutend von den übrigen Realisierungen abweichen, vernachlässigbar klein ist. Die Berechnung von Regelsystemen im äußerst seltenen Grenzbetrieb hat deshalb keine praktische Bedeutung.[1])

Betrachtet seien nun einige Eigenschaften einer endlichen Menge von Realisierungen diskreter Zufallsprozesse. Eine Meßapparatur möge ein Signal ausgeben, das sich über einen endlichen Zeitabschnitt T erstreckt, in Zeitintervalle Δt geteilt ist und m Quantisierungsstufen besitzt. Mit N sei die Zahl der möglichen Realisierungen bezeichnet. Dann gilt

$$N = m^n = 2^{n \log_2 m} \text{ mit } n = \frac{T}{\Delta t}. \tag{3.1}$$

Zu Beginn werde ein einfacher Fall betrachtet, mit $m = 2$ und $n = 4$. Abb. 3.1 zeigt alle möglichen 16 Realisierungen dieses Prozesses.

---

[1]) Hierbei ist stets die Rede von Systemen ohne Wiederkehr, wo kein Regelzyklus vor den anderen wesentlich ausgezeichnet ist. Dann sind statistische Methoden zur Verarbeitung der Beobachtungen angemessen. Es gibt natürlich auch Systeme, die so ausgelegt sind, daß ein anderer Zugang notwendig ist.

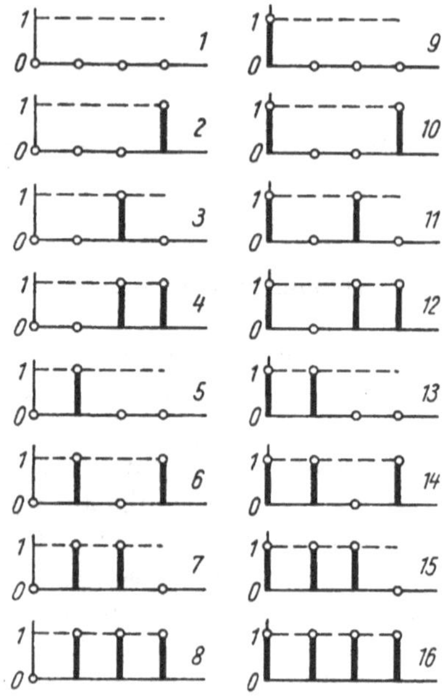

Abb. 3.1

Aus der Zeichnung ist leicht abzulesen, wieviel Realisierungen es jeweils für eine konstante Zahl von Nullen und Einsen gibt (Tab. 3). Die Tabelle zeigt, daß solche Prozesse am häufigsten vorkommen, wo die Zahl der Nullen gleich der Zahl der Einsen ist. Dies gilt allgemein immer dann, wenn Nullen und Einsen gleichwahrscheinlich sind. Im vorliegenden Fall gibt es sechs solcher Realisierungen. Schon aus diesem einfachen Beispiel geht hervor, daß ,,ausgefallene" Signale wie Nr. 1 (nur Nullen) und Nr. 16 (nur Einsen) am seltensten erscheinen. Wird jetzt die zu untersuchende Folge auf $n = 20$ verlängert, so beträgt nach Gl. (3.1) die Gesamtzahl aller Realisierungen $N = 2^{20} = 1\,048576$, und die Zahl der Realisierungen mit n_0 Nullen und $n - n_0$ Einsen ist bestimmt durch

$$N_{n_0} = \frac{n!}{n_0!\,(n - n_0)!}\,. \tag{3.2}$$

Tabelle 3

Zahl der Nullen n_0	Zahl der Einsen $n_1 = 4 - n_0$	Zahl der Realisierungen mit n_0 Nullen und n_1 Einsen	Häufigkeit der Realisierungen
0	4	1	1/16
1	3	4	4/16
2	2	6	6/16
3	1	4	4/16
4	0	1	1/16

Die numerische Auswertung ist in Tabelle 4 dargestellt. Daraus geht hervor, daß etwa dreiviertel aller Realisierungen (73,6%) zwischen acht und zwölf Nullen (bzw. Einsen) enthalten [16].

Tabelle 4

Zahl der Nullen n_0	Zahl der Einsen $n_{51} = n - n_0$	Zahl der Realisierungen mit n_0 Nullen und n_1 Einsen	Häufigkeit dieser Realisierungen	
0	20	1	0,000001	
1	19	20	0,000019	
2	18	190	0,00018	
3	17	1 140	0,0011	
4	16	4 845	0,005	
5	15	15 504	0,015	
6	14	38 760	0,037	
7	13	77 520	0,074	
8	**12**	**125 970**	**0,120**	
9	**11**	**167 960**	**0,160**	
10	**10**	**184 756**	**0,176**	**0,736**
11	**9**	**167 960**	**0,160**	
12	**8**	**125 970**	**0,120**	
13	7	77 520	0,074	
14	6	38 760	0,037	
15	5	15 504	0,015	
16	4	4 845	0,005	
17	3	1 140	0,0011	
18	2	190	0,00018	
19	1	20	0,000019	
20	0	1	0,000001	
	Insgesamt	1 048 576	1,000	

Das bedeutet, daß dann, wenn Nullen und Einsen gleichwahrscheinlich sind, der Hauptanteil aller Realisierungen nahezu gleichviel Nullen und Einsen enthält. „Ausgefallene“ Realisierungen wie 20 Nullen und keine Eins (oder umgekehrt) erscheinen äußerst selten. Es ist leicht einzusehen, daß mit zunehmender Verlängerung des Prozesses ein ständig steigender Anteil von Realisierungen ebensoviel Nullen wie Einsen enthalten wird. Es ist daher immer möglich, ein n anzugeben, wo die Häufigkeit derartiger Realisierungen sich nur um eine vorgegebene kleine Größe von Eins unterscheidet. Entsprechend liegt die Häufigkeit aller übrigen Realisierungen beliebig nahe bei Null. Bei diesem speziellen Fall gleichwahrscheinlichen Auftretens von Nullen und Einsen zeigt es sich, daß nur in einem unbedeutenden Bruchteil aller Realisierungen nicht ebensoviel Nullen wie Einsen enthalten sind.

Das Bild ändert sich, wenn Nullen und Einsen nicht gleichwahrscheinlich sind. Es sei wieder ein Signal der Länge n zugrundegelegt. Die Gesamtzahl der Realisierungen bleibt gleich 1048576. Die Nullen bzw. Einsen sollen aber mit den Wahrscheinlichkeiten 0,75 bzw. 0,25 unabhängig voneinander auftreten. Die Wahrscheinlichkeit einer bestimmten Realisierung mit genau n_0 Nullen und n_1 Einsen ist gleich

$$P_N = P_0^{n_0} \cdot P_1^{n_1} . \tag{3.3}$$

Dabei gilt: P_0 — Wahrscheinlichkeit für das Auftreten einer Null,
P_1 — Wahrscheinlichkeit für das Auftreten einer Eins,
$n_0 + n_1 = n$.

Im vorliegenden Fall gilt also

$$P_N = 0{,}75^{n_0} \cdot 0{,}25^{n_1} = 0{,}75^{n_0} \cdot 0{,}25^{n-n_0} .$$

Die Gesamtzahl der Realisierungen mit genau n_0 Nullen und n_1 Einsen bestimmt sich wie oben aus Gl. (3.2). Die Wahrscheinlichkeit dafür, daß ein n-stelliges Signal n_0 Nullen und n_1 Einsen in beliebiger Reihenfolge enthält, ergibt sich, indem die Wahrscheinlichkeit P_N einer bestimmten Realisierung Gl. (3.3) mit der Zahl aller Möglichkeiten Gl. (3.2) multipliziert wird.

$$P_{n_0} = N_{n_0} P_N = \frac{n!}{n_0!\,(n - n_0)!} P_0^{n_0} P_1^{n-n_0}. \tag{3.4}$$

Das heißt

$$P_{n_0} = \frac{20!}{n_0!\,(20 - n_0)!} 0{,}75^{n_0} 0{,}25^{20-n_0} .$$

In Tabelle 5 sind zahlenmäßige Ergebnisse angegeben. Die Wahrscheinlichkeit für Realisierungen mit 15 Nullen und 5 Einsen in beliebiger Reihenfolge ist relativ am größten (ungefähr 0,2), obwohl die Anzahl der möglichen Realisierungen dieser Art verhältnismäßig klein ist (15504, d. h. etwa 1,5%).

Ist das Signal genügend lang (d. h. n hinreichend groß), kommt die Wahrscheinlichkeit für Realisierungen mit 75% Nullen und 25% Einsen beliebig nahe an Eins heran. Am Ausgang der Meßeinrichtung sind praktisch nur Realisierungen mit 75% Nullen und 25% Einsen festzustellen. Es ließe sich leicht allgemein zeigen, daß P_{n_0} in Gl. (3.4) gegen Eins strebt, wenn n gegen Unendlich geht.

Damit ist eine wichtige Eigenschaft der Zufallssignale gefunden. Bei hinreichender Dauer zerfallen sie in zwei Gruppen, in eine hochwahrscheinliche und eine unwahrscheinliche. In dem Maße, wie die Dauer des Signals zunimmt, strebt die Auftretenswahrscheinlichkeit der einen Gruppe gegen Eins, während die der anderen gegen Null geht. Das Verhältnis von Nullen zu Einsen in den Realisierungen der hochwahrscheinlichen Gruppe ist dann gleich den entsprechenden Wahrscheinlichkeiten.

Die Ergebnisse für Binärsignale mit den Zeichen 0 und L lassen sich leicht auf den Fall verallgemeinern, daß im Signal m Symbole $h_1, \ldots, h_j, \ldots, h_m$ mit den Wahrscheinlichkeiten $P_1, \ldots, P_j, \ldots, Pm$ auftreten können.

Analog zu Gl. (3.3) folgt für die Wahrscheinlichkeiten einer bestimmten Realisierung, die je n_j Zeichen h_j enthält

$$P_N = P_0^{n_0} P_1^{n_1} \ldots P_j^{n_j} \ldots P_m^{n_m} . \tag{3.5}$$

Tabelle 5

Zahl der Nullen n_0	Zahl der Einsen $n_1 = n - n_0$	Zahl der Realisierungen mit n_0 Nullen und n_1 Einsen	Wahrscheinlichkeit für eine konkrete Realisierung mit n_0 Nullen	Wahrscheinlichkeit für eine Realisierung mit n_0 Nullen in beliebiger Reihenfolge
0	20	1	$9{,}095 \cdot 10^{-13}$	$9{,}095 \cdot 10^{-13}$
1	19	20	$2{,}729 \cdot 10^{-12}$	$5{,}457 \cdot 10^{-11}$
2	18	190	$8{,}186 \cdot 10^{-12}$	$1{,}555 \cdot 10^{-9}$
3	17	1 140	$2{,}456 \cdot 10^{-11}$	$2{,}800 \cdot 10^{-8}$
4	16	4 845	$7{,}337 \cdot 10^{-11}$	$3{,}555 \cdot 10^{-7}$
5	15	15 504	$2{,}210 \cdot 10^{-10}$	$3{,}426 \cdot 10^{-6}$
6	14	38 760	$6{,}630 \cdot 10^{-10}$	$2{,}570 \cdot 10^{-5}$
7	13	77 520	$1{,}989 \cdot 10^{-9}$	$1{,}542 \cdot 10^{-4}$
8	12	125 970	$5{,}967 \cdot 10^{-9}$	$7{,}517 \cdot 10^{-4}$
9	11	167 960	$1{,}790 \cdot 10^{-8}$	$3{,}007 \cdot 10^{-3}$
10	10	184 756	$5{,}371 \cdot 10^{-8}$	$9{,}923 \cdot 10^{-3}$
11	9	167 960	$1{,}612 \cdot 10^{-7}$	$2{,}706 \cdot 10^{-2}$
12	8	125 970	$4{,}833 \cdot 10^{-7}$	0,06088
13	7	77 520	$1{,}450 \cdot 10^{-6}$	0,1124
14	6	38 760	$4{,}350 \cdot 10^{-6}$	0,1686
15	**5**	**15 504**	$\mathbf{1{,}305 \cdot 10^{-5}}$	**0,2023** max
16	4	4 845	$3{,}915 \cdot 10^{-5}$	0,1897
17	3	1 140	$1{,}174 \cdot 10^{-4}$	0,1338
18	2	190	$3{,}523 \cdot 10^{-4}$	0,06694
19	1	20	$1{,}057 \cdot 10^{-3}$	$2{,}114 \cdot 10^{-2}$
20	0	1	$3{,}171 \cdot 10^{-3}$	$3{,}171 \cdot 10^{-3}$
	Insgesamt	1 048 576	—	1,000

Das ist offenbar die Wahrscheinlichkeit für das Auftreten einer Realisierung der hochwahrscheinlichen Gruppe, wobei

$$\frac{n_0}{n} = P_0, \ldots \text{ usw. gilt.}$$

Diese eben gefundene Eigenschaft eines Zufallsprozesses führt zu der Folgerung, daß alle Realisierungen der hochwahrscheinlichen Gruppe gleichwahrscheinlich sind. Gl. (3.5) bestimmt nämlich die Wahrscheinlichkeiten einer beliebigen Realisierung der hochwahrscheinlichen Gruppe, wobei die Zeichen beliebig kombiniert werden können. Doch diese Wahrscheinlichkeit ist konstant bei bekannten $P_0\, P_1 \ldots P_m$ und vorgegebener Signaldauer n, da

$$P_N = P_0^{n P_0} \cdot P_1^{n P_1} \ldots P_j^{n P_j} \ldots P_m^{n P_m} \qquad (3.6)$$

gilt.

Damit ist die Behauptung bewiesen.

Gl. (3.2) kann auf m Zeichen erweitert werden und es ergibt sich für die Zahl der Realisierungen der hochwahrscheinlichen Gruppe

$$N_0 = \frac{n!}{n_0!\, n_1! \ldots n_m!}\,. \qquad (3.7)$$

Andererseits ist diese Zahl durch die Wahrscheinlichkeit des Auftretens einer bestimmten Realisierung der hochwahrscheinlichen Gruppe festgelegt:

$$N_0 = \frac{1}{P_N}. \tag{3.8}$$

Weiterhin läßt sich zeigen, daß die Zahl der voneinander verschiedenen Realisierungen der hochwahrscheinlichen Gruppe verschwindend klein zur Gesamtzahl aller möglichen Realisierungen ist. Dies ist eine weitere Folgerung. Aus den Beziehungen (3.6) und (3.8) ergibt sich

$$N_0 = P_0^{-nP_0} \cdot P_1^{-nP_1} \ldots P_m^{-nP_m},$$

bzw.

$$N_0 = 2^{\log_2\left(P_0^{-nP_0} P_1^{-nP_1} \ldots P_m^{-nP_m}\right)} = 2^{-n \log_2\left(P_0^{P_0} \cdot P_1^{P_1} \ldots P_m^{P_m}\right)} \tag{3.8a}$$

Die Gesamtzahl aller Realisierungen ist durch Gl. (3.1) gegeben. Damit wird das Verhältnis der Anzahl der Realisierungen der hochwahrscheinlichen Gruppe zur Gesamtzahl gleich

$$\frac{N_0}{N} = 2^{-n\left[\log_2 m + \log_2\left(P_0^{P_0} \cdot P_1^{P_1} \ldots P_m^{P_m}\right)\right]}. \tag{3.9}$$

Der Faktor $-n$ im Exponenten von Gl. (3.9) zeigt die Richtigkeit der obenstehenden Behauptung. Zum Beispiel ergibt sich für ein Binärsignal mit den Wahrscheinlichkeiten $P_0 = {}^3/_4$ und $P_1 = {}^1/_4$ sowie mit $n = 100$:

$$\frac{N_0}{N} = 2^{-100\left[\log_2 2 + \log_2\left(\frac{3}{4}\right)^{3/4} + \log_2\left(\frac{1}{4}\right)^{1/4}\right]} = 2^{-19} \approx 10^{-6}.$$

Nur ein Millionstel aller möglichen Realisierungen gehört demnach zur hochwahrscheinlichen Gruppe! Nichtsdestoweniger sind nur die Realisierungen dieser Gruppe typisch für das betrachtete Signal. Sie erscheinen mit der Wahrscheinlichkeit Eins, wenn das Signal unendlich lang wird. Diskrete Zufallssignale in der Form stochastischer Zeichenfolgen mit den eben aufgezählten Eigenschaften heißen ergodisch.

§ 14. Die Entropie als Maß der Unbestimmtheit von Beobachtungen an Zufallsereignissen

Die Ergebnisse von Beobachtungen an Zufallsereignissen sind mit einer gewissen Unbestimmtheit behaftet und lassen sich daher nicht vornweg (a priori) festlegen. Die Unbestimmtheit kann größer oder kleiner sein, je nach dem, welche Anfangsinformation bekannt ist.

Wenn z. B. eine Quelle die Zeichen h_1 und h_2 mit den Wahrscheinlichkeiten 0,99 und 0,01 erzeugt, ist es fast sicher, daß nur das Zeichen h_1 erscheint. Die anfängliche Unbestimmtheit ist hier verhältnismäßig gering. Sind die Zeichen h_1 und h_2 gleichwahrscheinlich, so kann bei der Voraussage keinem von beiden der Vorzug gegeben werden. Die Unbestimmtheit ist hier größer als im voranstehenden Fall. A priori lassen sich nur die Zahl aller möglichen Versuchsausgänge (die Zahl aller möglichen Zustände eines Objektes) und die entsprechenden Wahrscheinlichkeitsverteilungen angeben. Für sich allein genommen, können diese Größen einen Begriff geben von der Unbestimmtheit der Beobachtungen. Sie stellen aber kein exaktes Maß dar. Zudem wächst bei komplizierten Ereignissen die Zahl der möglichen Versuchsausgänge sehr rasch. Bei direkter Verwendung der entsprechenden Wahrscheinlichkeiten geht jede Anschaulichkeit und jede Übersichtlichkeit verloren. Es soll nun ein quantitatives Maß für die Unbestimmtheit eingeführt werden, das nur von der Gestalt der Wahrscheinlichkeitsverteilung abhängt. Mit den konkreten Parametern der beobachteten Erscheinungen steht es nicht in Zusammenhang, ist also unabhängig davon. Dieses Maß ist im allgemeinen Fall ein Funktional der Wahrscheinlichkeitsverteilung.[1]) Es muß bei größter Unbestimmtheit ein Maximum besitzen und eine Reihe weiterer Eigenschaften aufweisen, wie weiter unten erörtert werden.

Für die Ableitung eines Unbestimmtheitsmaßes sei ein Versuch gemacht, bei dem jeweils eines aus der Gruppe von m einander ausschließenden Ereignissen $E_1 \ldots E_m$ erscheint. Im Anschluß an Pugatschow [29] läßt sich folgendes Schema zur Charakterisierung der Versuchsergebnisse benutzen. Jedes Ereignis E_i erhält eine Nummer in Binärdarstellung, wobei gleichwahrscheinliche Resultate gleichviel Binärstellen erhalten. Je höher die Wahrscheinlichkeit des betreffenden Versuchs ist, umso weniger Binärstellen werden zur Charakterisierung benutzt.

Zu diesem Zweck werden alle möglichen Ereignisse in zwei Gruppen geteilt, die möglichst gleichwahrscheinlich sind. Die eine Gruppe erhält als erste Stelle eine Eins, die andere eine Null. Um die zweite Binärstelle zu bestimmen, wird jede der beiden Gruppen ihrerseits zerlegt, so daß sich jeweils Gruppen mit Wahrscheinlichkeiten von etwa einem Viertel ergeben. Nach der k-ten Zerlegung schließlich entstehen Gruppen, deren Wahrscheinlichkeit näherungsweise gleich $1/2^k$ ist.

Wenn nach k Zerlegungen in einer Gruppe nur noch ein möglicher Versuchsausgang enthalten ist, so drückt sich seine Nummer in einer k-stelligen Binärziffer aus. Sollte z. B. ein Ausgang die Wahrscheinlichkeit $1/2^k$ aufweisen, so ist dessen Nummer gleich k. Offensichtlich muß

$$\sum_{i=1}^{m} P_i = \sum_{i=1}^{m} \frac{1}{2^{m_i}} = 1$$

gelten. Dabei ist $P_i = \frac{1}{2^{m_i}}$ die Wahrscheinlichkeit des m_i-ten Versuchsausgangs. Zeige etwa ein Versuch Ergebnisse mit den Wahrscheinlichkeiten

$$P_1 = \frac{1}{2}, \quad P_2 = \frac{1}{4}, \quad P_3 = \frac{1}{8}, \quad P_4 = \frac{1}{16}, \quad P_5 = \frac{1}{32}, \quad P_6 = \frac{1}{32},$$

[1]) Ein Funktional bringt eine aus Funktionen bestehende Menge mit einer Zahlenmenge in Zusammenhang. So ist die Dispersion (Streuung) eine Zahl, die von der Wahrscheinlichkeitsdichte abhängt.

so hat die oben beschriebene Zerlegung folgendes Aussehen:

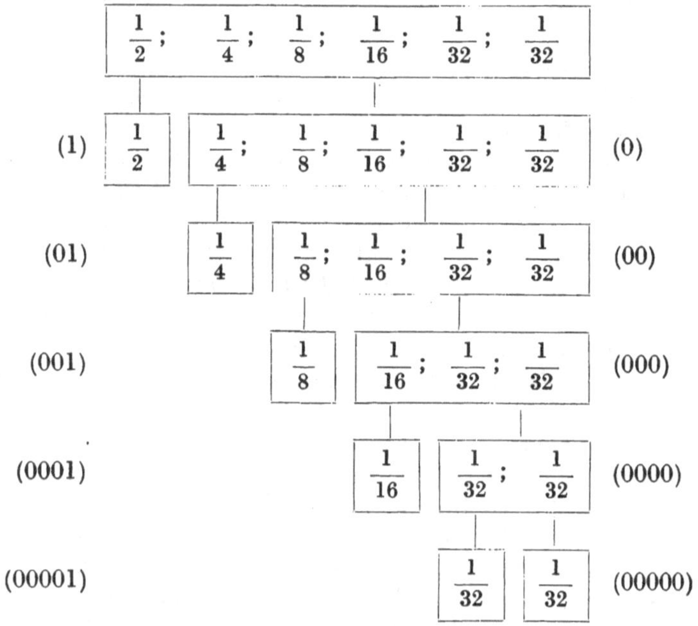

Tabelle 6

P_i	1/2	1/4	1/8	1/16	1/32	1/32
m_i	1	2	3	4	5	5

Die Anzahl der Binärstellen läßt sich aus Tabelle 6 ablesen.

Da sich die Numerierung der Versuchsausgänge nach den entsprechenden Wahrscheinlichkeiten richtet, kann die Menge $\{m_i\}$ als Zufallsgröße mit den Realisierungen $m_1 \ldots m_n$ aufgefaßt werden.

Als Maß der Unbestimmtheit läßt sich der Erwartungswert

$$H = M[m_i]$$

einführen.

Unter Benutzung der jeweiligen Wahrscheinlichkeiten ergibt sich

$$H = P_1 m_1 + P_2 m_2 + \cdots + P_m m_m . \tag{3.10}$$

Mit Hilfe der Beziehungen

$$P_i = 2^{-m_i}, \qquad -m_i = \log_2 P_i$$

folgt schließlich

$$H = -\sum_{i=1}^{m} P_i \log_2 P_i . \tag{3.11}$$

H drückt die mittlere Unbestimmtheit eines Versuchs in bit (**b**inary digit — Binäreinheit) aus. Aus der Wahrscheinlichkeitstheorie ist dafür die Bezeichnung Entropie geläufig. Im obigen Beispiel folgt für die Entropie;

a) nach Gl. (3.10)

$$H = \frac{1}{2} \cdot 1 + \frac{1}{4} \cdot 2 + \frac{1}{8} \cdot 3 + \frac{1}{16} \cdot 4 + \frac{1}{32} \cdot 5 + \frac{1}{32} \cdot 5 = \frac{31}{16} \frac{\text{bit}}{\text{Versuch}};$$

b) nach Gl. (3.11)

$$H = -\left(\frac{1}{2} \log_2 \frac{1}{2} + \frac{1}{4} \log_2 \frac{1}{4} + \frac{1}{8} \log_2 \frac{1}{8} + \frac{1}{16} \log_2 \frac{1}{16} + \frac{2}{32} \log_2 \frac{1}{32}\right) =$$

$$= \frac{31}{16} \frac{\text{bit}}{\text{Versuch}}.$$

Einige Grundeigenschaften der Entropie sind:

a) Die Entropie ist eine stetige positive Funktion der Argumente P_i im Definitionsbereich (0,1). Da das Argument des Logarithmus stets kleiner als Eins ist, sind wegen des Minuszeichens alle Glieder positiv. Die Stetigkeit folgt daraus, daß kleine Änderungen in den P_i auch nur kleine Änderungen von H hervorrufen.

b) Ist nur ein einziger Versuchsausgang (mit der Wahrscheinlichkeit Eins) möglich, so gilt $H = 0$. Jegliche Unbestimmtheit ist verschwunden. Es sei etwa

$$P_1 = 1, \qquad P_2 = 0, \qquad P_3 = 0, \ldots, P_m = 0.$$

Dann ergibt Gl. (3.11) $H = 0$.

c) Die Entropie erreicht ihr Maximum, wenn alle Versuchsausgänge gleichwahrscheinlich sind. Zum Beweis dieser Eigenschaft ist eine Extremwertaufgabe mit Nebenbedingungen zu lösen. Dies geschieht mit Hilfe der LAGRANGEschen Multiplikatorenmethode (vgl. § 5).

Zunächst gelte

$$F = -k \sum_{i=1}^{m} P_i \ln P_i. \tag{3.12}$$

Die Nebenbedingung lautet

$$\sum P_i = 1$$

oder

$$1 - \sum P_i = \varphi. \tag{3.12a}$$

Daraus ist die neue Funktion $F_1 = F + \lambda \varphi$ zu bilden. Sie hat die Gestalt

$$F_1 = -k \sum P_i \ln P_i + \lambda (1 - \sum P_i).$$

Davon ist die partielle Ableitung nach den P_i auszurechnen und gleich Null zu setzen:

$$\frac{\partial F_1}{\partial P_i} = -k (\ln P_i + 1) - \lambda = 0.$$

Daraus folgt

$$\lambda = -k(\ln P_i + 1) .$$

Alle P_i haben demnach denselben Wert, nämlich

$$P_i = e^{-\left(\frac{\lambda}{k}+1\right)} .$$

Nun wird einfach $P_i = P$ gesetzt und es ergibt sich mit Hilfe von Gl. (3.12a)

$$\sum_{i=1}^{m} P = 1 ,$$

woraus

$$P = \frac{1}{m}$$

folgt.

In Gl. (3.11) eingesetzt, führt dies auf

$$H = -\sum_{i=1}^{m} \frac{1}{m} \log_2 \frac{1}{m} = \log_2 m . \tag{3.13}$$

Aufgrund der Eigenschaften a) und b) ist der Ausdruck Gl. (3.13) maximal. Abb. 3.2 zeigt ein Relief von H in einem rechtwinkligen Koordinatensystem. Zugrundegelegt ist ein Versuch mit drei Ausgängen, denen die Wahrscheinlichkeiten P_1, P_2 bzw. $P_3 = 1 - P_1 - P_2$ zukommen.

d) Die Entropie zweier unabhängiger Versuche mit m_1 bzw. m_2 Ausgängen (d. h. zweier unabhängiger Zufallsprozesse mit m_1 bzw. m_2 Zuständen) ist

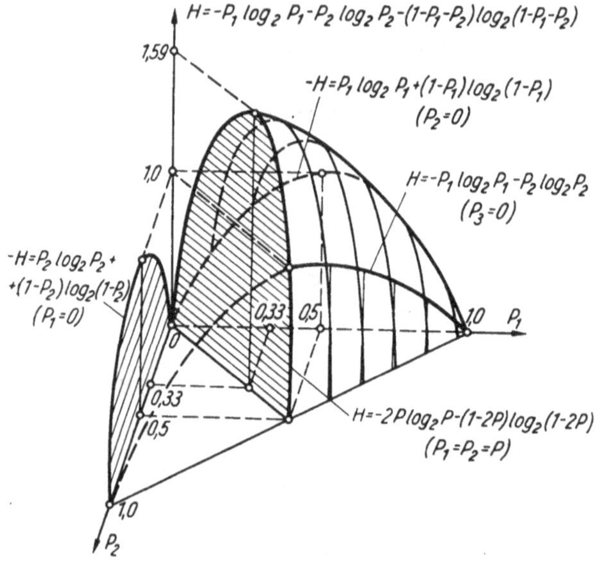

Abb. 3.2

gleich der Summe der Einzelentropien beider Versuche. Für unabhängige Ereignisse ist die Verbundwahrscheinlichkeit des i-ten Ausgangs des einen mit dem j-ten Ausgang des anderen Prozesses gleich

$$P(i, j) = P_i P_j .$$

P_i; P_j — Wahrscheinlichkeiten des i-ten bzw. j-ten Ausgangs.

Die Verbundentropie bestimmt sich mit Hilfe der allgemeinen Gl. (3.11) zu

$$H_{1,2} = -\sum_{i=1}^{m_1}\sum_{j=1}^{m_2} P(i,j)\log_2 P(i,j) = -\sum_{i=1}^{m_1}\sum_{j=1}^{m_2} P_i P_j (\log_2 P_i + \log_2 P_j) =$$

$$= -\sum_{i=1}^{m_1} P_i \log_2 P_i \sum_{j=1}^{m_2} P_j - \sum_{j=1}^{m_2} P_j \log_2 P_j \sum_{i=1}^{m_1} P_i .$$

Wegen

$$\sum_{j=1}^{m_2} P_j = 1 , \qquad \sum_{i=1}^{m_1} P_i = 1 , \qquad H_1 = -\sum_{i=1}^{m_1} P_i \log_2 P_i$$

und

$$H_2 = -\sum_{j=1}^{m_2} P_j \log_2 P_j$$

ergibt sich schließlich

$$H_{1,2} = H_1 + H_2 . \tag{3.14}$$

Der Begriff der Entropie von Zufallsereignissen hängt mit den Eigenschaften von ergodischen Folgen, die im vorigen Abschnitt besprochen worden sind, eng zusammen. Ausgehend von Gl. (3.8a) folgt, daß die Zahl der Realisierungen der hochwahrscheinlichen Gruppe ziemlich genau gleich

$$N_0 = 2^{-n\sum\limits_{i=1}^{m} P_i \log_2 P_i} , \tag{3.15}$$

oder

$$N_0 = 2^{nH} \tag{3.15a}$$

ist. Andererseits gilt [siehe Gl. (3.8)!] $P_N \approx \frac{1}{N_0}$ oder genauer $|1 - P_N \cdot N_0| \leqq \delta$. Dabei steht P_N für die Wahrscheinlichkeit einer beliebigen Realisierung der hochwahrscheinlichen Gruppe und δ ist eine kleine positive Zahl. Wird wiederum Gl. (3.11) verwendet, ergibt sich

$$\log_2 P_N \approx n H ,$$

oder genauer

$$|\log_2 P_N - n H| < \varepsilon , \tag{3.16}$$

wobei ε eine kleine positive Größe ist.

Gl. (3.16) drückt eine fundamentale Eigenschaft ergodischer Prozesse aus, die SHANNON [33] zunächst für den Sonderfall unabhängiger Ereignisse gefunden hat. CHINTSCHIN [9] hat sie später allgemein bewiesen. Sie läßt sich wie folgt bestimmen. Für beliebig vorgegebene $\varepsilon > 0$ und $\delta > 0$ existiert stets eine Länge n_T des ergodischen Prozesses, daß für $n \geqq n_T$ alle Realisierungen dieses Prozesses in zwei Gruppen zerfallen. Die eine Gruppe, die unwahrscheinliche, hat eine Gesamtwahrscheinlichkeit kleiner als δ. Die hochwahrscheinliche Gruppe erfüllt die Ungl. (3.16).

Der eben dargestellte Sachverhalt ist äußerst wichtig, wenn allgemeine quantitative Informationsmaße für ergodische Signale gefunden werden sollen. Zudem läßt sich mit Hilfe von Gl. (3.15a) die Zahl der Realisierungen der hochwahrscheinlichen Gruppe bestimmen, sofern die Länge und die Entropie des Signals bekannt sind.

Beispiel 3.1. Es wird ein System betrachtet, das die Rotationsgeschwindigkeit einer Motorwelle regelt (Abschn. 2). Die Eingangsgröße, eine elektrische Spannung x_e, hat 17 unabhängige Werte im Abstand δ voneinander. Die x_e sind nach einem Exponentialgesetz mit der Dichte

$$p(x) = \frac{1}{2a} e^{-\frac{|x|}{a}}$$

verteilt. Dabei sei $a = 0{,}5$ V, $x_s = 1{,}6$ V, $\delta = 0{,}2$ V (Abb. 3.3). Das Signal ist zeitlich quantisiert in Stufen von $\Delta t = 0{,}3$ s und hat eine Länge von $T = 30$ s. Zu bestimmen ist die Entropie des Signals sowie die Zahl der Realisierungen der hochwahrscheinlichen Gruppe und deren Anteil im Vergleich zur Zahl aller möglichen Realisierungen.

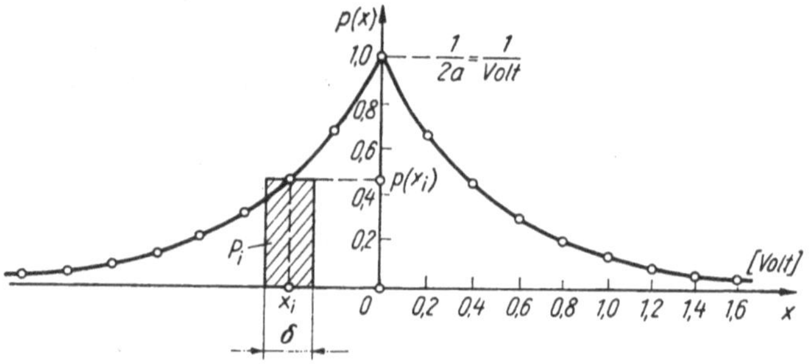

Abb. 3.3

a) Näherungsweise gilt für die Wahrscheinlichkeit eines bestimmten Signalpegels (vgl. Abb. 3.3)

$$P_i = p(x_i)\,\delta = 0{,}2\, e^{-\frac{|x|}{0{,}5}} .$$

Die Ergebnisse sind in Tabelle 7 angegeben.

Tabelle 7

i	0	1	2	3	4	5	6	7	8
x_i	0	0,2	0,4	0,6	0,8	1,0	1,2	1,4	1,6
$p(x_i)$	1,00	0,67	0,45	0,30	0,20	0,14	0,091	0,061	0,041
P_i	0,200	0,134	0,090	0,060	0,040	0,028	0,018	0,012	0,008

Die Entropie wird nach Gl. (3.11) berechnet. Infolge der Symmetrie von $p(x)$ gilt $P_i = P_{-i}$. Somit ergibt sich

$$H = - P_0 \log_2 P_0 - 2 \sum_{i=1}^{8} P_i \log_2 P_i$$

mit

$$- P_0 \log_2 P_0 = - 0{,}2 \log_2 0{,}2 = 0{,}464 \,.$$

Tabelle 8 enthält Zwischenergebnisse.

Tabelle 8

i	1	2	3	4	5	6	7	8
P_i	0,134	0,090	0,060	0,040	0,028	0,018	0,012	0,008
$-\log_2 P_i$	2,90	3,47	3,76	4,65	5,16	5,80	6,38	6,97
$-2 P_i \log_2 P_i$	0,777	0,625	0,450	0,370	0,290	0,210	0,156	0,112

Das Endergebnis lautet $H = 3{,}46 \dfrac{\text{bit}}{\text{Einstellung}}$.

b) Die Zahl der Abtastungen ist gleich

$$n = \frac{T}{\Delta t} = \frac{30}{0{,}3} = 100 \,.$$

Mithin ergibt sich für die Zahl der hochwahrscheinlichen Realisierungen

$$N_0 = 2^{nH} = 2^{346} \,.$$

Nun läßt sich das Verhältnis der Zahl der hochwahrscheinlichen Realisierungen zur Gesamtzahl angeben. Es lautet

$$\frac{N_0}{N} = 2^{-n(\log_2 m - H)} = 2^{-100(\log_2 17 - 3{,}46)} = 2^{-63} \approx 10^{-19} \,.$$

Dies ist eine sehr kleine Größe, wie es sein muß.

§ 15. Informationsgehalt einer Nachrichtenquelle bei unterschiedlichen Zeichenwahrscheinlichkeiten

Im § 8 wurde als Informationsmaß der Logarithmus aller möglichen Realisierungen eines Signals vorgeschlagen. Dieses Maß erfüllt, wie gezeigt worden ist, die grundlegenden Forderungen, die an eine quantitative Größe zu stellen sind. Z. B. ist es eine lineare Funktion der Signaldauer, d. h. der Zeichenanzahl im Signal. Die Realisierungen jedoch unterscheiden sich dadurch voneinander, daß die einzelnen Zeichensorten darin in unterschiedlicher Anzahl vorkommen. Jede Zeichensorte erscheint innerhalb des Signals mit einer bestimmten Wahrscheinlichkeit. Die Wahrscheinlichkeiten sind schon zu Beginn bekannt, sie stellen eine Art Anfangsinformation dar.

Einfache physikalische Überlegungen führen zu der Ansicht, daß die Nachrichtenquelle dann die größten Informationsmöglichkeiten hat, wenn die Zeichen keinerlei Beschränkungen unterworfen sind und keine Zeichensorte vor der anderen ausgezeichnet ist. Erscheinen hingegen die Zeichen nach einer strengen Vorschrift, so ergibt sich ein determiniertes Signal, das in der Regel keine Information enthält. Die Wahrscheinlichkeiten, mit denen die einzelnen Zeichen erscheinen, haben mithin einen wesentlichen Einfluß auf die Informationsmenge. Dies soll nun näher erläutert werden. Eine Nachrichtenquelle sende m verschiedene Sorten von Zeichen $h_1, \ldots, h_j, \ldots, h_m$ aus. Ein Signal bestehe aus n Abtastungen solcher Zeichen. Die Zeichenwahrscheinlichkeiten seien gleich $P_1, \ldots, P_j \ldots P_m$.

Bereits aus § 13 ist bekannt, daß die Realisierungen auch dann in eine hoch- und eine unwahrscheinliche Gruppe zerfallen, wenn die Zeichenwahrscheinlichkeiten verschieden sind, n aber sehr groß ist. In der hochwahrscheinlichen Gruppe ist die relative Anzahl der Zeichen jeweils gleich den entsprechenden Wahrscheinlichkeiten:

$$\frac{n_1}{n} = P_1, \qquad \frac{n_2}{n} = P_2, \ldots, \qquad \frac{n_m}{n} = P_m. \tag{3.17}$$

Hierbei geben die $n_1, \ldots, n_m$ die Zahl der Symbole $h_1, \ldots, h_m$ in jeder Realisierung an.

Die Nachrichtenquelle wird aus der Menge der m^n möglichen Realisierungen praktisch nur Glieder der hochwahrscheinlichen Gruppe erzeugen. Für die Bewertung der Informationseigenschaften der Quelle genügt es daher, nur diesen Teil der Realisierungen in Betracht zu ziehen. Alle anderen Realisierungen erscheinen vernachlässigbar selten.

Die Gesamtzahl der Realisierungen N_1 ist gleich der Zahl der Möglichkeiten, ein n-stelliges Signal aus n_1 Zeichen h_1, n_2 Zeichen h_2 usw. zu bilden. Dies ist

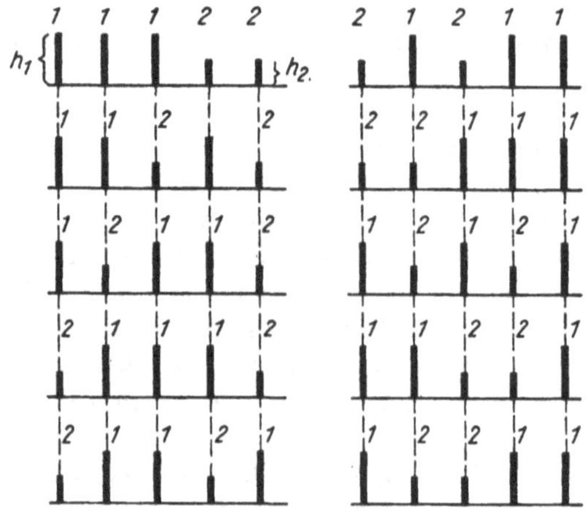

Abb. 3.4

gleich der Zahl der Permutationen mit Wiederholung, d. h.

$$N_1 = \frac{n!}{n_1!\, n_2! \ldots n_j! \ldots n_m!} .$$

Abb. 3.4 zeigt, wie zwei Zeichen h_1 und h_2 die mit den Wahrscheinlichkeiten 0,6 bzw. 0,4 erscheinen ($n_1 = 3$, $n_2 = 2$), auf fünf Stellen verteilt werden können. Insgesamt gibt es 10 verschiedene Möglichkeiten.

Als Informationsmaß sei der Logarithmus der Zahl aller möglichen Kombinationen verwendet, da diese untereinander gleichwahrscheinlich sind (vgl. § 14):

$$I = \log_2 N_1 \text{ bit}.$$

Wird in diese Gleichung die obige Beziehung für N_1 eingesetzt, so ergibt sich

$$I = \log_2 n! - \log_2 n_1! - \log_2 n_2! - \cdots - \log_2 n_m! =$$

$$= \frac{1}{\ln 2} [\ln(n!) - \ln(n_1!) - \ln(n_2!) - \cdots - \ln(n_m!)] .$$

Im Bereich großer n läßt sich der Logarithmus der Fakultät mit Hilfe der STIRLINGschen Formel

$$\lim_{n\to\infty} \frac{\Gamma(n+1)}{\sqrt{2\pi n}\left(\frac{n}{e}\right)^n} = 1 \tag{3.18}$$

bestimmen.

Für ganzzahliges n gilt $\Gamma(n+1) = n!$. Mithin folgt aus Gl. (3.18)

$$\lim_{n\to\infty} \ln\left[\frac{n}{\sqrt{2\pi n}\left(\frac{n}{e}\right)^n}\right] = 0 ,$$

und schließlich

$$\ln(n!) \approx \frac{1}{2}\ln 2\pi + \frac{1}{2}\ln n + n(\ln n - 1) .$$

Schon bei $n = 100$ sind das erste und zweite Glied etwa 150mal kleiner als das dritte. Die Beziehung

$$\ln(n!) \approx n(\ln n - 1) \tag{3.19}$$

ist also eine gute Näherung.

Gl. (3.19) auf den obenstehenden Ausdruck angewandt, führt auf

$$I = \frac{1}{\ln 2}(n_1 + n_2 + \cdots + n_m - n +$$

$$+ n \ln n - n_1 \ln n_1 - n_2 \ln n_2 - \cdots - n_m \ln n_m) .$$

Daraus ergibt sich unter Zuhilfenahme von $n = n_1 + n_2 + \ldots n_m$

$$I = \frac{n}{\ln 2}\left(-\frac{n_1}{n}\ln\frac{n_1}{n} - \frac{n_2}{n}\ln\frac{n_2}{n} - \cdots - \frac{n_m}{n}\ln\frac{n_m}{n}\right).$$

Wird hierin Gl. (3.17) eingesetzt und zum Binärlogarithmus übergegangen, folgt schließlich

$$I = -n \sum_{i=1}^{m} P_i \log_2 P_i \text{ bit} . \tag{3.20}$$

Wie schon aus den früheren Betrachtungen folgte, ist auch hier der Informationsgehalt proportional zur Dauer des Signals (der Zahl der Abtastungen n) und eine Funktion der Zeichenwahrscheinlichkeiten P_i.

Für den Sonderfall gleichwahrscheinlicher Zeichen ergibt sich

$$P_i = P = \frac{1}{m},$$

und Gl. (3.20) führt auf

$$I = n \sum_{i=1}^{m} \frac{1}{m} \log_2 m = \log_2 N . \tag{3.21}$$

$N = m^n$ ist die Gesamtzahl aller möglichen Zustände der Nachrichtenquelle.

Das im Kapitel 1 eingeführte allereinfachste Informationsmaß ist gemäß Gl. (3.21) dann zutreffend, wenn die Zeichen gleichwahrscheinlich sind.

Nun folgt ein wichtiger Zusammenhang. Die Entropie eines Versuchs mit unabhängigen Ausgängen gemäß Gl. (3.11) und der Informationsgehalt nach Gl. (3.20) genügen der zunächst rein formalen Beziehung

$$I = n H \tag{3.22}$$

bzw.

$$\frac{I}{n} = H . \tag{3.22a}$$

Es dürfte kein Zufall sein, daß der Informationsgehalt einer Abtastung und die Entropie zahlenmäßig zusammenfallen. Immerhin wurde jeder der beiden Begriffe für sich abgeleitet, ohne daß von vornherein eine Verbindung hergestellt war. Es sollte einerseits ein Ausdruck für das Informationsmaß gefunden werden, der gewisse physikalische und logische Forderungen erfüllt. Das Maß sollte additiv sein und von der Zahl der möglichen Realisierungen abhängen. Die Entropie ihrerseits ergab sich als ein mittleres Maß der Unkenntnis über den konkreten Zustand eines Objektes. Gemeinsam ist beiden Ableitungen der statistische Zugang. Ihm ist auch zuzuschreiben, daß eine Wechselbeziehung besteht.

Was geht beim Erhalt von Informationen vor sich? Es existiert irgendein zufälliges Objekt, z. B. eine Meßapparatur. Zu bestimmten Zeitpunkten kann das Objekt eine Reihe von Zuständen einnehmen. Das konkrete Aussehen der Reihe ist unbekannt. Lediglich die Gesamtzahl der Zustände und die zugehörigen Wahrscheinlichkeiten liegen vor. Die damit verbundene Unbestimmtheit wird in Form einer Entropie gemessen.

Zu einem bestimmten Zeitpunkt wird ein Signal ausgesendet, das einen eindeutigen Schluß auf den Zustand des Objekts zuläßt. In diesem Fall verschwindet jede Unbestimmtheit. Mit der Wahrscheinlichkeit Eins ist bekannt, in welchem Zustand sich das Objekt zu diesem Zeitpunkt befindet. Die erhaltene Information läßt sich mittels Gl. (3.20) bestimmen. Bei einer einzigen Abtastung ist $n = 1$ zu setzen. Nach dem Empfang des Signals ist die Unbestimmtheit hinsichtlich des Zustands des Objekts zu Null geworden.

Dafür hat jetzt die Information einen Wert, der gleich der Entropie ist. Gl. (3.22a) drückt diesen Sachverhalt aus. Die Entropie liefert mithin ein Maß dafür, was an Information über das Objekt fehlt.

In diesem Zusammenhang schreibt BRILLOUIN [5] (übersetzt nach dem englischsprachigen Original): ,,Die Entropie wird gewöhnlich als Maß für die Unordnung eines physikalischen Systems angesehen. Genauer ist die Aussage, daß die Entropie die Unkenntnis (der Mangel an Information) über die tatsächliche Struktur des Systems mißt.''

Es ist aber nicht so, daß die Entropie sich beim Erhalt von Informationen stets auf Null reduziert, wie es hier zunächst gezeigt worden ist. Das ist ein Sonderfall. Allgemein läßt sich sagen, daß die Entropie eines Objektes durch Zufluß von Informationen bis auf eine Restunbestimmtheit vermindert wird. Eine Unbestimmtheit bleibt z. B., wenn die Informationsübertragung gestört ist. Extrem starke Störungen können sogar bewirken, daß jeder statistische Zusammenhang zwischen dem Zustand des Objekts und dem übertragenen Signal verloren geht. Das Signal übermittelt dann keinerlei Information und demzufolge nimmt auch die Entropie nicht ab.

Um den Zusammenhang von Entropie und Informationsmaß noch deutlicher zu machen, sei ein Beispiel diskutiert. Als Zufallsobjekt gelte die Anzeige eines Digitalvoltmeters. Während der Zeit T sollen im Abstand Δt Ablesungen gemacht werden. Bekannt ist, daß auf dem Anzeigetableau m Ziffern mit gewissen Wahrscheinlichkeiten P_i erscheinen. Die Wahrscheinlichkeiten sollen nicht von der Zeit abhängen, der Prozeß ist mithin stationär.

Die Gesamtzahl aller möglichen Anzeigenreihen der Dauer T bestimmt die Zahl der Realisierungen N_1 [Gl. (3.17)]. Die Entropie des Objekts ist gleich

$$H = - \sum_{i=1}^{m} P_i \log_2 P_i \, .$$

Weiterhin seien die Ablesungen voneinander unabhängig. Dann ist wegen der Eigenschaft d) der Entropie (vgl. § 14) die Gesamtentropie für n Ablesungen $\left(n = \frac{T}{\Delta t}\right)$ gleich

$$H_n = n\,H = - n \sum_{i=1}^{m} P_i \log_2 P_i \, .$$

n Ablesungen eines Voltmeters, jeweils aus m Möglichkeiten wählbar, erbringen die Information

$$I = - n \sum_{i=1}^{m} P_i \log_2 P_i \, .$$

Nach Empfang einer Realisierung steht also soviel Information zur Verfügung, daß die Unbestimmtheit im Objekt für die Dauer des Intervalls T vollständig beseitigt ist. Im Falle der Stationarität (m und P_i bleiben unverändert) gilt das eben Gesagte für jede beliebige Realisierung der hochwahrscheinlichen Gruppe. Die Unsicherheit verschwindet allerdings nur während des Intervalls T. Sofort nach Abschluß der Messung nimmt die Entropie des Objekts wieder proportional zur Zeit zu. Die Messung der folgenden Serie beseitigt wiederum die Entropie H_m. Dieser Prozeß setzt sich fort, solange das Voltmeter in Betrieb ist. Nach jeweils T Sekunden wird eine bestimmte Informationsmenge aufgenommen.

Der Prozeß ist ergodisch. Deshalb ist es gleichgültig, ob die Messung mehrfach wiederholt wird oder ob viele Systeme mit m Zuständen und derselben Statistik parallel arbeiten. Jedes beliebige Ensemble hat die Entropie H_m und jede Messung bringt die Information I ein.

Ein weiterer wichtiger Begriff ist der Informationsgehalt eines Einzelereignisses [16]. Die Summe in Gl. (3.20) setzt sich aus m Summanden I_i der Art

$$I_i = -n\, P_i \log_2 P_i$$

zusammen. Die I_i geben an, wieviel die h_i jeweils nach m Abtastungen zum Gesamtinformationsgehalt beitragen. Da in den hochwahrscheinlichen Gruppen die Größen $n\, P_i$ gleich der Anzahl der Zeichen h_i im Signal ist, läßt sich I_i als Summe aus n_i Termen

$$\bar{I} = -\log_2 P_i \tag{3.23}$$

auffassen.

$\bar{I}$ ist der Informationsgehalt eines Einzelereignisses. Ein Einzelereignis besteht darin, daß ein Zeichen h_i zu einem der Abtastzeitpunkte erschienen ist. Je niedriger die Wahrscheinlichkeit eines Einzelergebnisses, um so höher ist sein Informationsgehalt. Dabei wurde stillschweigend vorausgesetzt, daß mindestens eines der Zeichen h_i auch erscheint (dies mit der Wahrscheinlichkeit Eins). Tritt etwa ein Zeichen auf, das h_i zwar sehr ähnlich, aber doch verschieden davon ist, erniedrigt sich die empfangene Information (siehe § 16).

Bei einer hohen Zahl von Quantisierungsstufen steigt auch die Zahl der Summanden. Dann ist Gl. (3.20) zur Bestimmung des Informationsgehaltes ungeeignet. Sehr oft wird solch ein quantisiertes Signal erst aus einem kontinuierlichen gebildet. Dessen Statistik wird durch eine Dichteverteilung gegeben. Es erweist sich dann als vorteilhaft, den Informationsgehalt näherungsweise mit Hilfe eines Integrals anzugeben.

Die Wahrscheinlichkeit des Zeichens h_i gibt an, wie oft sich die Funktion $x(t)$ innerhalb der δ_i-ten Quantisierungsstufe befindet (Abb. 3.5). Es gilt

$$P_i = P\left[h_i - \frac{\delta_i}{2} < x(t) < h_i + \frac{\delta_i}{2}\right] = \int\limits_{h_i - \frac{\delta_i}{2}}^{h_i + \frac{\delta_i}{2}} p(x)\, dx.$$

Da die Stufe meist klein im Vergleich zur Amplitude von $x(t)$ ist, läßt sich die Integration der Dichtefunktion $p(x)$ hinreichend ausführen, indem die Fläche eines gleichgroßen Rechteckes bestimmt wird. Dabei ergibt sich

$$P_i = p(h_i)\,\delta_i\,.$$

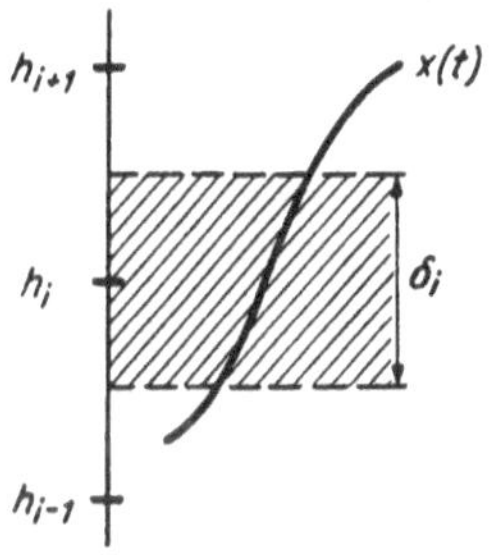

Abb. 3.5

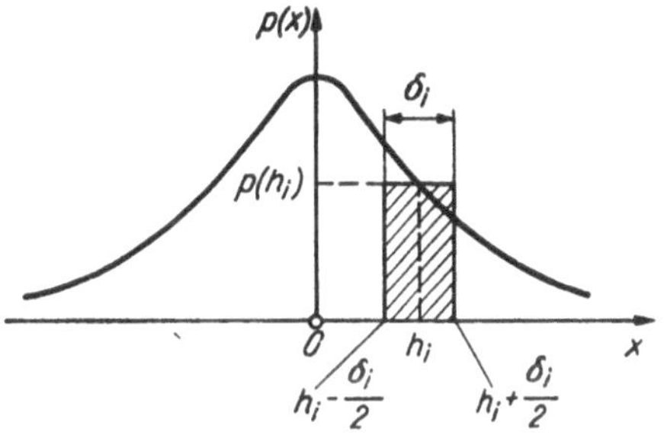

Abb. 3.6

Sind die Quantisierungsstufen einander gleich, gilt

$$P_i = p(h_i)\,\delta\,.$$

Nach Einsetzen in Gl. (3.20) folgt

$$I = -\,n \sum_{i=1}^{m} p(h_i)\,\delta \log_2 [p(h_i)\,\delta]\,.$$

Wenn die Zahl der Quantisierungsschritte hinreichend groß ist, tritt an die Stelle der Summe ein Integral, wobei δ außerhalb des Logarithmus zum Differential dx wird

$$I = -\,n \int_{x_{\min}}^{x_{\max}} p(x) \log_2 [p(x)\,\delta]\,dx\,.$$

In der Regel liegt $x(t)$ äußerst selten außerhalb des Intervalls $(x_{\min}, x_{\max})$. Somit folgt

$$I = -\,n \int_{-\infty}^{\infty} p(x) \log_2 [p(x)\,\delta]\,dx\,. \tag{3.24}$$

Ganz analog dazu schreibt sich die Entropie eines quantisierten Signals

$$H = -\int_{-\infty}^{\infty} p(x) \log_2 [p(x)\,\delta]\,dx\,. \tag{3.24a}$$

Sowohl Gl. (3.24) als auch Gl. (3.24a) gelten nur genähert. Sie sind jedoch bequemer auszuwerten als die exakte Gl. (3.20). Die zu erwartende Genauigkeit sei anhand folgender Angaben veranschaulicht.

Bei Normalverteilung und unter der Bedingung $x_{\max} = 3\,\sigma_x$ (σ_x — Streuung) hat die Entropie für $m = 9$ folgende Werte:

a) nach der genauen Gleichung (3.20) $H = 2{,}498$ bit/Zeichen;
b) nach der Näherungsformel Gl. (3.24a) $H = 2{,}470$ bit/Zeichen.

§ 16. Entropie und Informationsmaß bei korrelierten Objekten

Für die praktischen Erfordernisse der Regelungstechnik und Signalübertragung reicht es meist nicht aus, sich auf Signale aus unabhängigen Zeichen zu beschränken. Es gibt viele Prozesse, wo die Objekte in gewissen Abhängigkeiten zueinander stehen. Wechselseitige Zusammenhänge zeigen sich auf vielerlei Weise. Einige typische Fälle sollen folgen.

a) Quelle mit korreliertem Signal.

Die Quelle erzeugt ein diskretes Signal mit voneinander abhängigen Zeichen. Die Korrelation wird mit Hilfe bedingter Wahrscheinlichkeiten für das Erscheinen des Zeichens h_j nach dem Zeichen h_i dargestellt (Abb. 3.7). Insgesamt hat

Abb. 3.7

die Quelle m Zeichen. Wurde das diskrete Signal aus einem stetigen durch Abtastung in Zeitintervallen Δt erzeugt, so ist die Wechselbeziehung zwischen den Abtastwerten durch die Korrelation in dem stetigen Signal bedingt. Die Reichweite der Korrelation muß allerdings größer sein als das Abtastintervall. Die Meßglieder der Regelungstechnik sind meist als Quellen korrelierter Signale anzusehen.

b) Zwei parallel arbeitende Quellen im Verbundbetrieb.

In diesem Falle werden die jeweils miteinander korrelierten Zeichen in verschiedenen Quellen erzeugt (Abb. 3.8).

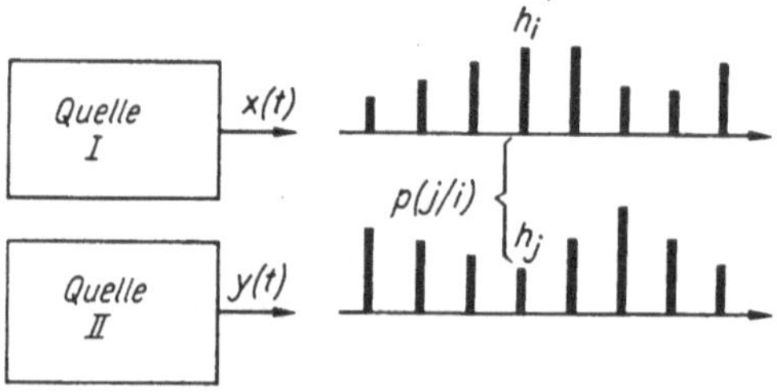

Abb. 3.8

Ohne Einschränkung der Allgemeinheit kann angenommen werden, daß jede der beiden Quellen m verschiedene Zeichen zu erzeugen vermag. Die bedingte Wahrscheinlichkeit gibt jetzt an, wie stark sich das Erscheinen des Zeichens h_i der einen Quelle auf das Erscheinen des Zeichens h_j der anderen Quelle auswirkt. Z. B. sind die Messungen des Gierens und des Stampfens eines

Flugzeuges zueinander korreliert. Ein stampfendes Flugzeug führt nämlich automatisch auch Gierschwingungen aus, wenn es sich senkrecht zur Flugrichtung neigt.

c) Verbindung von Sender und Empfänger über einen gestörten Kanal.

Wegen der Störungen herrscht auf Seiten des Empfängers eine gewisse Unsicherheit darüber, welches Zeichen tatsächlich gesendet worden ist. Es läßt sich nur mit bestimmter Wahrscheinlichkeit $P(y|x)$ behaupten, daß das empfangene Zeichen y ist, wenn das Zeichen x gesendet wurde (Abb. 3.9).

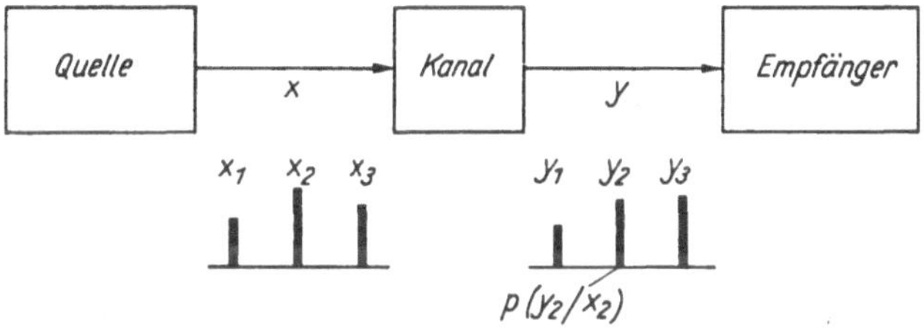

Abb. 3.9

Im störungsfreien Fall gilt offenbar $P(y/x) = 1$ für ein bestimmtes Paar und sonst $P(y/x) = 0$. Der statistische Zusammenhang geht damit in vollständige Determiniertheit über. Reale Kanäle sind stets mit Störungen behaftet (siehe Kapitel 2). Die Untersuchungen über die Korrelation zwischen Sende- und Empfangssignal sind deshalb von großer praktischer Bedeutung. Im folgenden soll nun die Entropie verbundener Ereignisse bestimmt werden.

Eine Quelle diskreter Nachrichten verfüge über m verschiedenen Zeichen h_i, die jeweils die Wahrscheinlichkeiten P_i haben. Dabei soll das vorhergehende Zeichen h_i einen bestimmten Einfluß auf das Erscheinen des Zeichens h_j haben. Diese Wechselbeziehung wird, wie zuvor ausgeführt, durch $P(j/i)$ gegeben. Die Unbestimmtheit, die hinsichtlich des auf h_i folgenden Zeichens noch bestehen bleibt, wird übereinstimmend mit Gl. (3.11) dargestellt durch

$$H_i = -\sum P(j|i) \log_2 P(j|i) \,. \tag{3.25}$$

Da die h_i ihrerseits mit den Wahrscheinlichkeiten P_i erscheinen, ergibt sich die gesamte Entropie als mathematische Erwartung der Entropie H_i

$$H(j|i) = M[H_i] = P_1 H_1 + P_2 H_2 + \cdots + P_m H_m \,.$$

Daraus folgt schließlich

$$H(j|i) = -\sum_{i=1}^{m} P_i \sum_{j=1}^{m} P(j|i) \log_2 P(j|i) \,. \tag{3.26}$$

Ein einfaches Beispiel diene zur Veranschaulichung. Das Signal sei im Binärcode gegeben, wobei die Zeichen 0 bzw. L (Eins) mit den Wahrscheinlichkeiten 0,4 bzw. 0,6 auftreten. Die folgenden Werte geben die Korrelation zwischen den Ereignissen zahlenmäßig an. Es folgt mit den Wahrscheinlichkeiten

$P(0|0) = 0{,}1$ eine Null auf eine Null,

$P(L|0) = 0{,}9$ eine Eins auf eine Null,

$P(L|L) = 0{,}4$ eine Eins auf eine Eins und

$P(0|L) = 0{,}6$ eine Null auf eine Eins.

Aus Gl. (3.26) ergibt sich damit unter Beachtung von $P(0) = 0{,}4$ und $P(L) = 0{,}6$

$$H(j|i) = -0{,}6\,(0{,}4 \log_2 0{,}4 + 0{,}6 \log_2 0{,}6) - 0{,}4\,(0{,}9 \log_2 0{,}9 + 0{,}1 \log_2 0{,}1) \doteq 0{,}770 \text{ bit/Zeichen}\,.$$

Die Größe $H(j|i)$ in Gl. (3.26) heißt bedingte Entropie. Das Attribut „bedingt" hebt die Tatsache hervor, daß hier zusätzliche Bedingungen über die Wechselbeziehung der Zeichen vorliegen. Dem entspricht auch die Schreibweise $H(y/x)$ [oder $H_x(y)$]. $H(y/x)$ mißt die Unbestimmtheit der Zufallsgröße y bei gegebenem x.

Als weiteres Beispiel werden zwei parallel betriebene, verbundene Quellen betrachtet (Abb. 3.10a). Sie erzeugen die diskreten Signale x und y. Es sei angenommen, daß die Quelle I zu einem bestimmten Zeitpunkt ein Ensemble der Art

$$x_1, x_2, x_3, \ldots, x_i, \ldots, x_m$$

und Quelle II zum selben Zeitpunkt ein Ensemble der Art

$$y_1, y_2, y_3, \ldots, y_j, \ldots, y_m$$

senden.

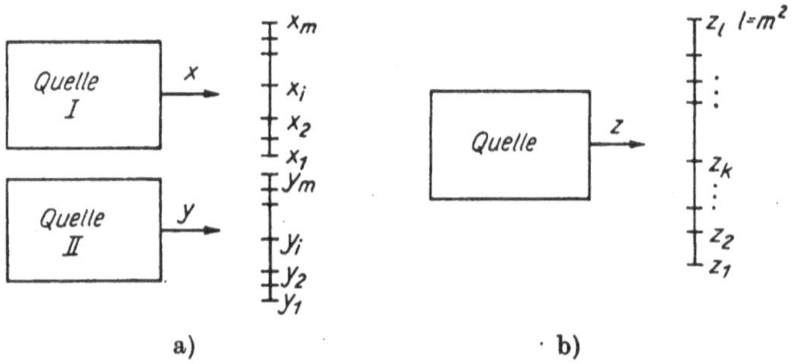

Abb. 3.10

Das Paar x_i, y_i erscheint mit der Verbundwahrscheinlichkeit $P(i, j)$. $P(i, j)$ enthält die Angaben über die Korrelation der beiden Ereignisse. Tabelle 9 vermittelt einen Überblick über alle möglichen Kombinationen der x_i und y_i sowie über die zugehörigen Wahrscheinlichkeiten. Insgesamt gibt es m^2 Kombinationen.

Tabelle 9

y	x					
	x_1	x_2	...	x_i	...	x_m
y_1	$P(1, 1)$	$(P2, 1)$	...	$P(i, 1)$	...	$P(m, 1)$
y_2	$P(1, 2)$	$P(2, 2)$	...	$P(i, 2)$	...	$P(m, 2)$
...	...	...	...	...	...	...
y_j	$P(1, j)$	$P(2, j)$	...	$P(i, j)$	...	$P(m, j)$
...	...	...	...	...	...	...
y_m	$P(1, m)$	$P(2, m)$	...	$P(i, m)$	...	$P(m, m)$

Das aus zwei Quellen bestehende Verbundsystem kann somit durch eine einzige Quelle mit m^2 Zeichen $z_k = (x_i, y_j)$ jeweils zu einem Abtastzeitpunkt genommen, ersetzt werden. Hierfür gibt es entsprechend m^2 Wahrscheinlichkeiten (Abb. 3.10b). Das Ensemble wird dargestellt durch

$$z_1, z_2, \ldots, z_k, \ldots, z_l; \qquad Q_1, Q_2, \ldots, Q_k, \ldots, Q_l .$$

z_k entspricht dem gleichzeitigen Auftreten von x_i und y_j, wobei

$$Q_k = P(i, j) , \qquad l = m^2 \tag{3.27}$$

gilt.

Wegen der Identitäten

$$\sum_{i=1}^{m} P(i, j) = P_j , \quad \sum_{j=1}^{m} P(i, j) = P_i \tag{3.28}$$

erfüllt die Doppelsumme die Beziehung

$$\sum_{i=1}^{m} \sum_{j=1}^{m} P(i, j) = 1 . \tag{3.29}$$

Das bedeutet, auf die Q_k bezogen,

$$\sum_{k=1}^{l} Q_k = 1 .$$

Die Entropie der neuen Quelle lautet im Anschluß an Gl. (3.11)

$$H(z) = - \sum_{k=1}^{l} Q_k \log_2 Q_k ,$$

oder, unter Benutzung von Gl. (3.27),

$$H(x, y) = - \sum_{i=1}^{m} \sum_{j=1}^{m} P(i, j) \log_2 P(i, j) . \tag{3.30}$$

Sie ist gleich der Verbundentropie zweier parallel betriebener, voneinander abhängiger Quellen. Die Verbundentropie läßt sich auch in einer anderen Form, die für das Weitere von Nutzen ist, darstellen. Die Entropie hinsichtlich der

Einzelereignisse x und y ist bekanntermaßen

$$H(x) = -\sum_{i=1}^{m} P_i \log_2 P_i\,, \qquad H(y) = -\sum_{j=1}^{m} P_j \log_2 P_j\,. \tag{3.31}$$

P_i bzw. P_j sind dabei die Wahrscheinlichkeiten für das Auftreten der x_i bzw. y_j.

Unter Zuhilfenahme der Gl. (3.28) folgt daraus

$$H(x) = -\sum_{i=1}^{m}\sum_{j=1}^{m} P(i, j) \log_2 P_i\,, \tag{3.32}$$

$$H(y) = -\sum_{i=1}^{m}\sum_{j=1}^{m} P(i, j) \log_2 P_j\,. \tag{3.33}$$

Die Summation liefert

$$H(x) + H(y) = -\sum_{i=1}^{m}\sum_{j=1}^{m} P(i, j)\,(\log_2 P_i + \log_2 P_j) =$$

$$= -\sum_{i=1}^{m}\sum_{j=1}^{m} P(i, j) \log_2 (P_i\, P_j)\,. \tag{3.34}$$

Gesucht werden Beziehungen zwischen den verschiedenen Entropien

$$H(x),\ H(y),\ H(x, y),\ H_x(y) \text{ und } H_y(x)\,.$$

Die Größe $P(j|i)$ gibt die Wahrscheinlichkeit für das Ereignis $y = y_j$ am Ausgang der zweiten Quelle unter der Bedingung an, daß am Ausgang der ersten Quelle $x = x_i$ bereits eingetretenen ist. Es gilt

$$P(j|i) = \frac{P(i, j)}{P_i}\,. \tag{3.35}$$

Übereinstimmend mit Gl. (3.26) schreibt sich die bedingte Entropie in der Form

$$H_x(y) = -\sum_{i=1}^{m} P_i \sum_{j=1}^{m} P(j|i) \log_2 P(j|i)\,. \tag{3.36}$$

Werden die Gln. (3.30) und (3.32) voneinander abgezogen, so gilt

$$H(x, y) - H(x) = -\sum_{i=1}^{m}\sum_{j=1}^{m} P(i, j) \log_2 P(i, j) +$$

$$+ \sum_{i=1}^{m}\sum_{j=1}^{m} P(i, j) \log_2 P_i = -\sum_{i=1}^{m}\sum_{j=1}^{m} P(i, j) \log_2 \frac{P(i, j)}{P_i}\,.$$

Wird hierin Gl. (3.35) eingesetzt, so folgt

$$H(x, y) - H(x) = -\sum_{i=1}^{m}\sum_{j=1}^{m} P_i\, P(j|i) \log_2 P(j|i).$$

Bei Beachtung von Gl. (3.36) ergibt sich schließlich

$$H(x, y) - H(x) = H_x(y)\,. \tag{3.37}$$

Analog läßt sich die komplementäre Beziehung

$$H(x, y) - H(y) = H_y(x) \tag{3.37a}$$

finden. Es seien nun einige Eigenschaften der Entropien von Verbundprozessen betrachtet. Infolge der zusätzlichen Bindungen, denen parallel betriebene Quellen unterworfen sind, erniedrigt sich die Entropie im Vergleich zum Fall der statistischen Unabhängigkeit. Für unabhängige Quellen lautet die Verbundwahrscheinlichkeit

$$P(i, j) = P_i\, P_j\,.$$

Im allgemeinen Fall läßt sich

$$P(i, j) = P_i\, P_j + q(i, j) \tag{3.38}$$

schreiben. Die $q(i, j)$ sind dabei gewisse positive oder negative Zahlen, mit bestimmten Werten für jedes Paar x_i, y_j. Sie unterliegen der Einschränkung

$$\sum_{i=1}^{m} \sum_{j=1}^{m} q(i, j) = 0\,. \tag{3.39}$$

Werden nämlich die einzelnen Glieder der Gl. (3.38) addiert, so ergibt sich zunächst

$$\sum_{i=1}^{m} \sum_{j=1}^{m} P(i, j) = \sum_{i=1}^{m} P_i \sum_{j=1}^{m} P_j + \sum_{i=1}^{m} \sum_{j=1}^{m} q(i, j)\,.$$

Wegen Gl. (3.29) folgt unmittelbar Gl. (3.39) und ist somit bewiesen. Unter Verwendung von Gl. (3.38) im Logarithmus von Gl. (3.30) gilt für die Verbundentropie

$$H(x, y) = -\sum_{i=1}^{m} \sum_{j=1}^{m} P(i, j) \log_2 [P_i\, P_j + q(i, j)]\,. \tag{3.40}$$

Das Argument des Logarithmus wird mit Hilfe des Mittelwertsatzes umgeformt:

$$\ln (x + \Delta x) - \ln x = \Delta x \frac{d}{dx} \ln (x + \Theta\, \Delta x) = \frac{\Delta x}{x + \Theta\, \Delta x}. \tag{3.41}$$

Für Θ gilt

$$0 \leqq \Theta \leqq 1\,.$$

Im vorliegenden Fall heißt das

$$\log_2 [P_i\, P_j + q(i, j)] - \log_2 (P_i\, P_j) = k \frac{q(i, j)}{P_i P_j + \Theta q(i, j)}$$

mit $k = \frac{1}{\ln 2}$. Mithin ändert sich Gl. (3.40) ab in

$$H(x, y) = -\sum_{i=1}^{m} \sum_{j=1}^{m} P(i, j) \left[\log_2 (P_i\, P_j) + k \frac{q(i, j)}{P_i\, P_j + \Theta\, q(i, j)}\right] =$$

$$= -\sum_{i=1}^{m} \sum_{j=1}^{m} P(i, j) \log_2 (P_i\, P_j) - \sum_{i=1}^{m} \sum_{j=1}^{m} k \frac{P(i, j)\, q(i, j)}{P_i\, P_j + \Theta\, q(i, j)}\,.$$

Mit Gl. (3.34) und der Abkürzung

$$\eta(x, y) = \sum_{i=1}^{m} \sum_{j=1}^{m} k \frac{P(i, j)\, q(i, j)}{P_i\, P_j + \Theta\, q(i, j)}$$

folgt

$$H(x, y) + \eta(x, y) = H(x) + H(y)\,. \tag{3.42}$$

Jetzt soll eine Aussage über $\eta(x, y)$ getroffen werden. Wird $P(i, j)$ durch Gl. (3.38) ersetzt und leicht umgeformt, nimmt $\eta(x,y)$ die folgende Form an:

$$\eta(x, y) = k \sum_{i=1}^{m} \sum_{j=1}^{m} \left[q(i, j) + \frac{q^2(i, j)\,(1 - \Theta)}{P_i\, P_j + \Theta\, q(i, j)} \right].$$

Der erste Teil der Summe verschwindet wegen Gl. (3.39) und das Endergebnis lautet

$$\eta(x, y) = k \sum_{i=1}^{m} \sum_{j=1}^{m} \frac{q^2(i, j)\,(1 - \Theta)}{P_i\, P_j + \Theta\, q(i, j)}\,.$$

Es ist leicht einzusehen, daß $\eta(x, y)$ eine nichtnegative Größe ist. Der Zähler ist positiv, im äußersten Falle gleich Null. Der Nenner bleibt auch für negative $q(i, j)$ positiv. Wegen Gl. (3.38) und $0 \leqq \Theta \leqq 1$ gilt nämlich

$$P_i\, P_j + \Theta\, q(i, j) \geqq P_i\, P_j + q(i, j) \geqq 0\,.$$

Auf diese Weise folgt schließlich aus Gl. (3.42) die gesuchte Eigenschaft der Verbundentropie

$$H(x, y) \leqq H(x) + H(y)\,. \tag{3.43}$$

Sind die Quellen der x und y voneinander unabhängig, so gilt $P(i, j) = P_i \cdot P_j$. Dann verschwindet $q(i, j)$ in Gl. (3.38) für alle i, j. Daraus folgt $\eta(x, y) = 0$ und $H(x, y) = H(x) + H(y)$. Die Gl. (3.37) und die Ungl. (3.43) ergeben zusammen

$$H(y) \geqq H_x(y)\,. \tag{3.44}$$

Dies drückt ebenso wie die analoge aus Gl. (3.37a) folgende Relation

$$H(x) \geqq H_y(x) \tag{3.44a}$$

eine wesentliche Eigenschaft der bedingten Entropie aus. Sobald Abhängigkeiten von anderen Ereignissen in Betracht gezogen werden, erniedrigt sich die Entropie einer Quelle. Im folgenden soll nun ein Informationsmaß für korrelierte Objekte abgeleitet werden. Es sei eine entsprechende Quelle vorgegeben. Zu irgendeinem Zeitpunkt t_i werde eines der m möglichen Zeichen h_i empfangen. Die Informationsmenge, die der Empfänger dabei im Mittel erhält, ist gleich der Entropie der Quelle zum Sendezeitpunkt. Das Zeichen h_i bestimmt aber in einem bestimmten Maß vorher, welches Zeichen im nächsten Sendezeitpunkt t_j erscheint.

In diesem Punkt ist der Quelle demzufolge eine andere Entropie zuzuordnen. Sie hängt von dem vorausgegangenen Zeichen h_i ab. Dieser Tatsache trägt Gl. (3.25) Rechnung. Die Entropie zur Zeit t_j berechnet sich als Mittelwert über alle h_i mit den Gewichten P_i. Mithin gilt Gl. (3.26). Der Empfang des Zeichens h_j erniedrigt die Unbestimmtheit zur Zeit t_j und bringt eine Informationsmenge ein, die gleich der Entropie $H(j|i)$ ist [Gl. (3.26)]. Ebenso beeinflußt das zur Zeit t_j gesendete Zeichen h_j die Entropie des nächsten Schrittes usw. Obwohl die Entropien H_i jeweils verschiedene Werte haben, führt die Mittelung stets auf den gleichen Wert $H(j|i)$. Daher ist auch die empfangene mittlere Information für alle Zeitpunkte gleich. n Abtastungen bringen die Information $I_{\text{korr}} = n\, H(j|i)$ ein. Nach Gl. (3.26) ist dies gleich

$$I_{\text{korr}} = -\, n \sum_{i=1}^{m} P_i \sum_{j=1}^{m} P(j|i) \log_2 P(j|i)\,. \tag{3.45}$$

Der Index „korr" zeigt an, daß es sich hier um den Informationsgehalt einer Quelle mit korrelierten Zeichen handelt. Beim Parallelbetrieb zweier voneinander abhängigen Quellen ist die Verbundentropie zu einem vorgegebenen Abtastzeitpunkt gleich $H(x, y)$. Dieser Wert ist zeitlich konstant. n Abtastungen liefern somit insgesamt die Entropie $n\, H(x, y)$. Eine Realisierung der Länge $T = n \cdot \Delta t$ hat den Informationsgehalt

$$I_{\text{verb}} = n\, H(x, y)$$

oder, unter Verwendung von Gl. (3.30),

$$I_{\text{verb}} = -\, n \sum_{i=1}^{m} \sum_{j=1}^{m} P(i, j) \log_2 P(i, j)\,. \tag{3.46}$$

Schließlich sei als drittes Beispiel die Signalübertragung in einem verrauschten Kanal betrachtet.

Mit dem Empfang des Zeichens h_j wird die Unbestimmtheit der Quelle zu dem gegebenen Zeitpunkt nicht vollständig beseitigt. Das Zeichen könnte während der Übertragung verändert worden sein, so daß das empfangene Zeichen y_j dem gesendeten Zeichen x_i nicht mehr entspricht. Die verbleibende Unsicherheit wird durch die bedingte Entropie $H_y(x)$ gemessen. Sie ist ein Maß für die Unsicherheit hinsichtlich des tatsächlich gesendeten Zeichens x, wenn die Größe y empfangen worden ist.

Durch den Empfang des Signals verringert sich die Entropie um den Wert

$$H(x) - H_y(x)\,.$$

Dies ist genau gleich dem übermittelten Informationsgehalt. Nach n Abtastungen ergibt dies

$$I = n\,[H(x) - H_y(x)]\,. \tag{3.47}$$

Werden hierin $H(x)$ und $H_y(x)$ aus den entsprechenden Gln. (3.32) und (3.36)[1])

[1]) Beim Übergang von $H_x(y)$ zu $H_y(x)$ müssen in Gl. (3.36) die Indizes i und j vertauscht werden.

eingesetzt, so folgt

$$I = -n\left[\sum_{i=1}^{m}\sum_{j=1}^{m} P(i,j)\log_2 P_i + \sum_{i=1}^{m}\sum_{j=1}^{m} P_j\, P(i|j)\log_2 P(i|j)\right] =$$

$$= n \sum_{i=1}^{m}\sum_{j=1}^{m} P(i,j)\,\log_2\left[\frac{P(i|j)}{P_i}\right]. \qquad (3.47\,\mathrm{a})$$

Dabei wurde $P(i, j) = P(i|j) \cdot P(j)$ verwendet und der Fall $P_i = 0$ für $i = 1, \ldots, m$ ausgeschlossen.

Die Gln. (3.47) und (3.47a) haben fundamentale Bedeutung in der Informationstheorie, da sie ein allgemeines Informationsmaß begründen. Der Informationsgehalt ist ein Maß für die Abnahme der Unbestimmtheit der Zufallsgröße x aufgrund von Kenntnissen über konkrete Werte (Ausgänge, Realisierungen) der Zufallsgröße y.

Wie schon bei unabhängigen Zufallsquellen läßt sich der Begriff „Informationsgehalt des Einzelereignisses" einführen, auch wenn dieses eine gewisse Unsicherheit enthält. Gemäß Gl. (3.47a) besteht die Größe I aus m^2 additiven Termen

$$I_i = n\,P(i,j)\log_2\left[\frac{P(i|j)}{P_i}\right].$$

$n\,P(i,j)$ gibt die mittlere Zahl von Kombinationen x_i, y_j für n Abtastzeitpunkte an. Mithin ist die Größe

$$\bar{I} = \log_2\left[\frac{P(i|j)}{P_i}\right] \qquad (3.48)$$

gleich der Information, die das Zeichen y_j durch sein Erscheinen über den Zustand x_i beiträgt .Sie ist gleich dem Verhältnis von a-priori- zu a-posteriori-Wahrscheinlichkeit. $P(i|j)$ kennzeichnet die Unbestimmtheit hinsichtlich des Zeichens x_i beim Empfang von y_j. Ist das Ereignis vollständig bestimmt, d. h. $y_j = x_i$, wird $P(i|j)$ gleich Eins. Dann gilt

$$\bar{I} = -\log_2 P_i\,.$$

Dies stimmt mit Gl. (3.23) aus dem vorhergehenden Paragraphen überein.

Beispiel 3.2. Ein Stabilisierungssystem, das zufällig entstehende Neigungen einer Ebene ausgleichen soll, hat zwei diskret anzeigende Meßglieder A und B. Diese messen die Neigungswinkel α und β in zwei zueinander orthogonalen Ebenen (Abb. 3.11). Von den Meßgliedern A und B gelangen die Signale X und Y an einen Pulsgeber (PG). Dieser gibt pro Intervall Δt einen Impuls an die Recheneinheit (RE) ab. Die Meßwerte haben m_x bzw. m_y Quantisierungsstufen. Das System sei während der Dauer T in Betrieb.

Zu bestimmen sind

a) die Verbundentropie der Signale X und Y,
b) die Quellenentropie der beiden Meßglieder im Falle wechselseitiger Unabhängigkeit,
c) die bedingten Entropien der Signale X und Y bei Verbundbetrieb und
d) Gesamtinformationsgehalt und Informationsfluß (Informationsgehalt pro Zeiteinheit) in bezug auf die Recheneinheit.

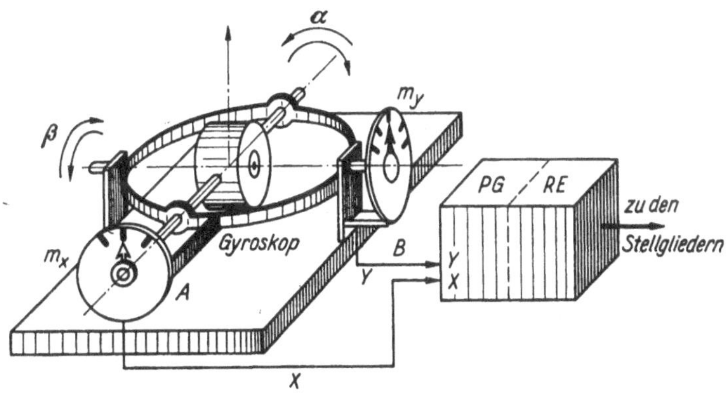

Abb. 3.11

Das System ist durch folgende Daten gekennzeichnet:

$$m_x = 3\,, \quad m_y = 5\,, \quad \Delta t = 0{,}3\ \mathrm{s}\,, \quad T = 30\ \mathrm{s}\,.$$

Die Verbundwahrscheinlichkeiten sind in Tabelle 10 gegeben.

Tabelle 10

X	Y				
	y_1	y_2	y_3	y_4	y_5
x_1	0,12	0,10	0,08	0,05	0,03
x_2	0,02	0,04	0,12	0,04	0,02
x_3	0,03	0,05	0,08	0,10	0,12

Lösung:

a) Zur Bestimmung der Verbundentropie eignet sich Gl. (3.30)

$$H(x, y) = -\sum_{i=1}^{m}\sum_{j=1}^{m} P(i, j)\log_2 P(i, j)\,.$$

Aus der Tab. 10 ergibt sich

$$H(x, y) = -2\,(0{,}12\log_2 0{,}12 + 0{,}10\log_2 0{,}10 + 0{,}08\log_2 0{,}08 + 0{,}05\log_2 0{,}05 + \\ + 0{,}03\log_2 0{,}03) - (0{,}04\log_2 0{,}02 + 0{,}08\log_2 0{,}04 + 0{,}12\log_2 0{,}12)\,.$$

Nach Ausrechnung folgt $H(x, y) = 3{,}68$ bit je Messung.

b) Die Einzelentropien bestimmen sich aus

$$H = -\sum_{i=1}^{m} P_i \log_2 P_i\,.$$

Die P_i lassen sich gemäß Gl. (3.28) aus den $P(i, j)$ berechnen.

Die Wahrscheinlichkeiten der $x_i \in X$ ergeben sich durch Addition der Zeilen in Tab. 10, die entsprechenden Werte der $y_j \in Y$ durch Spaltensummation. Daraus folgen die Ergebnisse der Tabellen 11 und 12.

Tabelle 11

X	x_1	x_2	x_3
P_i	0,38	0,24	0,38

Tabelle 12

Y	y_1	y_2	y_3	y_4	y_5
P_j	0,17	0,19	0,28	0,19	0,17

Für die Entropie ergibt sich

$$H(x) = -(0{,}76 \log_2 0{,}38 + 0{,}24 \log_2 0{,}24) = 1{,}559 \text{ bit/Messung},$$

$$H(y) = -(0{,}34 \log_2 0{,}17 + 0{,}38 \log_2 0{,}19 + 0{,}28 \log_2 0{,}28)$$
$$= 2{,}295 \text{ bit/Messung}.$$

c) Die bedingten Entropien lassen sich mit Hilfe der Gln. (3.37) und (3.37a) zu

$$H_y(x) = H(x, y) - H(y) = 3{,}680 - 2{,}295 = 1{,}385 \text{ bit/Messung und}$$

$$H_x(y) = H(x, y) - H(x) = 3{,}680 - 1{,}559 = 2{,}121 \text{ bit/Messung}$$

bestimmen. Es ist leicht einzusehen, daß die Entropie $H_y(x)$ der Quelle A (Signal X) bei Beachtung der Korrelation zu B kleiner als die Entropie $H(x)$ bei unabhängigem Betrieb ist:

$$H_x = H(x) - H_y(x) = 0{,}134 \text{ bit/Messung}.$$

Analog verringert sich die Entropie der Quelle B (Signal Y) um den Wert

$$H_y = H(y) - H_x(y) = 0{,}174 \text{ bit/Messung}.$$

d) Der Informationsgehalt, den die Recheneinrichtung während der Zeit T aufnimmt, läßt sich wie folgt berechnen. Gl. (3.46) wird dargestellt in der Form

$$I_{\text{verb}} = n\, H(x, y) = \frac{T}{\Delta t} \cdot H(x, y).$$

Daraus folgt als Informationsfluß

$$I'_{\text{verb}} = \frac{I_{\text{verb}}}{T} = \frac{H(x, y)}{\Delta t}.$$

Werden hierin der oben ermittelte Wert für die Verbundentropie und die gegebenen Zahlen für T und Δt eingesetzt, ergibt sich

$$I_{\text{verb}} = \frac{30}{0{,}3} \cdot 3{,}68 = 368 \text{ bit}; \quad I'_{\text{verb}} = \frac{3{,}68}{0{,}3} = 12{,}25 \text{ bit/s}.$$

Existierte keine Korrelation zwischen den Messungen von A und B, würde die Recheneinrichtung insgesamt den Informationsgehalt

$$I = \frac{T}{\Delta t} [(H(x) + H(y)] = 385{,}4 \text{ bit}$$

aufzunehmen haben.

§ 17. Die Entropie stetiger Zufallsquellen

Bisher sind nur Quellen betrachtet worden, die an einem bestimmten Zeitpunkt jeweils eines aus m diskreten Signalen aussenden. Oft ist es jedoch nicht möglich, die potentiellen Zustände eines Zufallsobjekts auf eine endliche Zahl zu begrenzen. Wird etwa ein stetiges Signal lediglich zeitlich quantisiert, so nimmt es seinen Wert zum jeweiligen Abtastzeitpunkt aus einer unendlichen

Mannigfaltigkeit. In ihrer Gesamtheit bilden die Abtastwerte die Realisierungen einer stetigen Zufallsgröße. Der Übergang vom diskreten zum stetigen Zufallssignal läßt sich dadurch vollziehen, daß der Quantisierungsschritt δ fortschreitend verkleinert wird, bis er praktisch gleich Null ist. Das Signal kann, den Wert Null eingeschlossen,

$$m = \frac{2\,X_m}{\delta} + 1$$

verschiedene Werte annehmen. Für $\delta \to 0$ strebt m gegen Unendlich.

Im § 15 war als Näherungsformel für die Entropie eines quantisierten Signals der Ausdruck

$$H(x) = -\int_{-\infty}^{\infty} p(x) \log_2 [p(x)\,\delta_x]\,dx \tag{3.49}$$

abgeleitet worden, mit $p(x)$ als Wahrscheinlichkeitsdichte der Größe x und δ_x als Quantisierungsschritt.

Die Formel gilt um so genauer, je schmaler der Quantisierungsschritt ist. Die Entropie $H(x)$ geht jedoch für $\delta_x \to 0$ gegen Unendlich. Dies muß auch so sein. Da sich dann alle Werte der Zufallsgröße mit beliebiger Genauigkeit angeben lassen, sind unendlich viele möglich. Demzufolge wird auch die Unbestimmtheit eines einzelnen Wertes unendlich groß. Trotzdem gelingt es, für stetige Zufallsgrößen eine Reihe von Beziehungen zu finden, mit Hilfe derer ihre Informationseigenschaften ebenso gut untersucht werden können wie bei diskreten Signalen.

Durch Aufspaltung des Logarithmus in Gl. (3.49) ergibt sich

$$H(x) = -\int_{-\infty}^{\infty} p(x) \log_2 p(x)\,dx - \log_2 \delta_x \int_{-\infty}^{\infty} p(x)\,dx$$

bzw.

$$H(x) = -\left[\int_{-\infty}^{\infty} p(x) \log_2 p(x)\,dx + \log_2 \delta_x\right]. \tag{3.50}$$

Für hinreichend kleine δ_x setzt sich die Entropie eines diskreten Signals aus dem Integral und dem Term $\log_2 \delta_x$ zusammen. Sie wird damit im Prinzip durch dieselbe Beziehung beschrieben wie auch die Entropie eines quantisierten (ursprünglich stetigen) Signals. Nur das Integral hängt von der Wahrscheinlichkeitsdichte $p(x)$ als dem einzigen Signalparameter ab. Aufgrund des Terms $\log_2 \delta_x$ können Signale mit gleicher Wahrscheinlichkeitsdichte jedoch verschiedene Entropien haben, je nachdem wie der Quantisierungsschritt gewählt ist. Das Integral in Gl. (3.50) enthält also Elemente, die es für die Charakterisierung des Signals geeignet erscheinen lassen. Es wird als differentielle Entropie bezeichnet (weil es durch den Differentialquotienten der Verteilungsfunktion bestimmt ist) und in der Form

$$h(x) = -\int_{-\infty}^{\infty} p(x) \log_2 p(x)\,dx \tag{3.51}$$

geschrieben. Die Gln. (3.50) und (3.51) ergeben zusammen

$$H(x) = h(x) - \log_2 \delta_x \,. \tag{3.52}$$

Die differentielle Entropie ist nicht invariant gegen Maßstabsänderungen und kann deshalb nicht als absolutes Maß für die Unbestimmtheit einer stetig veränderlichen Zufallsgröße dienen. Sie bildet jedoch die Grundlage, um die Entropie von stetigen Quellen zu ermitteln. Es ist auch bequem, sie bei Rechnungen mit Signalen gleicher Dichteverteilung zu benutzen.

Bevor darauf eingegangen wird, sei die bedingte Entropie zweier korrelierter Signale x und y betrachtet. Ausgehend von Gl. (3.36)

$$H_x(y) = -\sum_{i=1}^{m}\sum_{j=1}^{m} P_i\, P(j|i) \log_2 P(j|i)$$

ergibt sich bei Beachtung von

$$P(j|i) = \frac{P(i,j)}{P_i}$$

$$H_x(y) = -\sum_{i=1}^{m}\sum_{j=1}^{m} P(i,j) \log_2 \left[\frac{P(i,j)}{P_i}\right]. \tag{3.53}$$

Die Verbundwahrscheinlichkeitsdichte $p(x, y)$ sei gegeben. Aus den x und y werden durch Quantisierung mit den Stufen δ_x und δ_y entsprechende diskrete Signale gewonnen und bei hinreichend kleinen δ_x und δ_y läßt sich setzen (Abb. 3.12):

$$P(i,j) = p(x_i, y_j)\, \delta_x\, \delta_y\,, \qquad P_i \approx \sum_{j=1}^{m} p(x_i, y_j)\, \delta_x\, \delta_y \approx p(x_i)\, \delta_x\,.$$

Die zweite Beziehung gilt wegen

$$\sum_{j=1}^{m} p(x_i, y_j)\, \delta_x\, \delta_y \approx p(x_i) \cdot \delta_x\,.$$

Durch Einsetzen in Gl. (3.53) folgt

$$H_x(y) = -\sum_i \sum_j p(x_i, y_j) \log_2 \left[\frac{p(x_i, y_j)}{p(x_i)}\, \delta_y\right] \delta_x\, \delta_y\,.$$

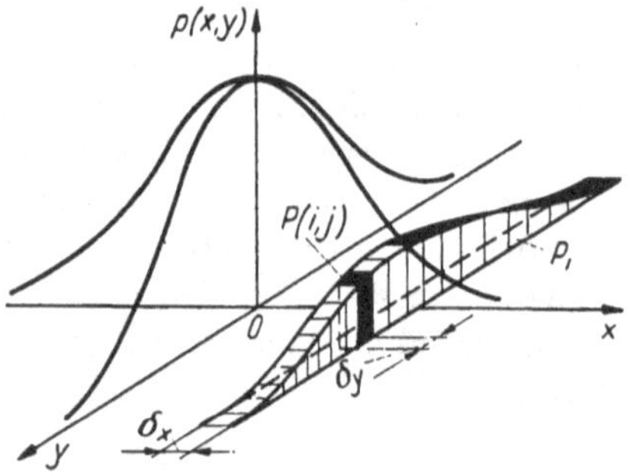

Abb. 3.12

Die Summe ist näherungsweise als Integral darstellbar. An die Stelle von δ_x und δ_y in der Summe treten die Differentiale dx und dy unter dem Integralzeichen:

$$H_x(y) = -\int_{-\infty}^{\infty}\int_{-\infty}^{\infty} p(x, y) \log_2\left[\frac{p(x, y)}{p(x)}\,\delta_y\right] dx\,dy\,.$$

Eine leichte Umformung führt auf

$$H_x(y) = -\int_{-\infty}^{\infty}\int_{-\infty}^{\infty} p(x, y) \log_2\left[\frac{p(x, y)}{p(x)}\right] dx\,dy - \log_2 \delta_y\,.$$

Dabei wurde die Identität

$$\int_{-\infty}^{\infty}\int_{-\infty}^{\infty} p(x, y)\,dx\,dy = 1$$

benutzt. In der Struktur gleichen sich das Doppelintegral und Gl. (3.53). Ebenso wie Gl. (3.51) sind hierin nur Wahrscheinlichkeitsdichten (differentielle Verteilungsfunktionen) benutzt. Das Integral

$$h_x(y) = -\int_{-\infty}^{\infty}\int_{-\infty}^{\infty} p(x, y) \log_2\left[\frac{p(x, y)}{p(x)}\right] dx\,dy \tag{3.54}$$

stellt deshalb eine differentielle bedingte Entropie dar. Die gewöhnliche bedingte Entropie lautet

$$H_x(y) = h_x(y) - \log_2 \delta_y\,. \tag{3.55}$$

Völlig analog dazu gilt die Formel

$$H_y(x) = h_y(x) - \log_2 \delta_x\,, \tag{3.55a}$$

wobei

$$h_y(x) = -\int_{-\infty}^{\infty}\int_{-\infty}^{\infty} p(x, y) \log_2\left[\frac{p(x, y)}{p(y)}\right] dx\,dy \tag{3.56}$$

verwendet worden ist.

Nun ist der Übergang zu Objekten mit unendlich vielen Zuständen (dies sind z. B. kontinuierliche Signale) möglich. Wiederum ist die Entropie ein Maß für die Unbestimmtheit. Nach dem obigen wächst die Entropie über alle Schranken, sobald eine unendlich hohe Meßgenauigkeit angenommen wird. Dieses Problem hat jedoch kein praktisches Interesse. Es ist nämlich prinzipiell unmöglich, mit beliebig großer Genauigkeit zu messen, weil sowohl während der Messung als auch bei der Übertragung von Meßdaten Störungen auftreten. Sie begrenzen die Meßgenauigkeit mehr oder weniger stark. Sachgemäß ist also folgende Fragestellung: Wie groß ist die Entropie einer Quelle, wenn die von ihr erzeugten Signale mit einer gewissen endlichen Genauigkeit übertragen werden?

Es sei eine Quelle betrachtet, deren Nachrichten quantisiert sind. Sie ist an eine Einrichtung angeschlossen, die die Zeichen x der Quelle so in Gruppen ordnet, daß diese in den Grenzen der vorgegebenen Meßgenauigkeit unterscheidbar bleiben (Abb. 3.13). Jede Gruppe entspricht einer Realisierung des neuen Signals $y(t)$.

Nach Messung der Größen y läßt sich nicht genau sagen, welches der x gesendet worden ist. Damit bleibt trotz Kenntnis der Realisierungen von y eine Unsicherheit über die Werte des Signals x bestehen. Sie ist gleich der bedingten

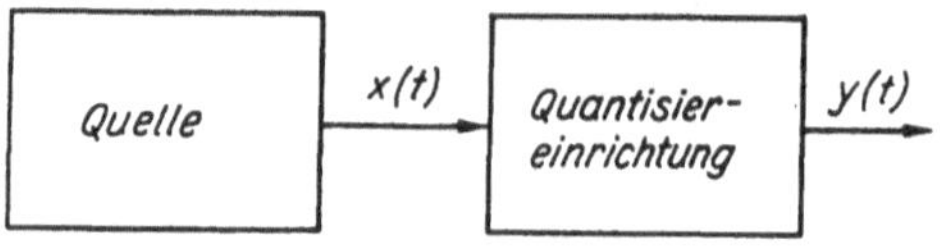

Abb. 3.13

Entropie $H_y(x)$. $H_y(x)$ gibt an, wieviel Information über die Quelle aufgrunddessen, daß sich die Zahl der unterscheidbaren Quantisierungsstufen verringert, verlorengeht (Abb. 3.14). Somit berechnet sich der Informationsgehalt des Signals $y(t)$ aus der Differenz zwischen dem Informationsgehalt der Quelle [Signal $x(t)$] und dem Informationsverlust $H_y(x)$:

$$H(y) = H(x) - H_y(x) .$$

Ist eine Quantisierung mit den Schritten δ_x vorgenommen, so folgt unter Zuhilfenahme der Gln. (3.52) und (3.55a)

$$H_\varepsilon(y) = h(x) - h_y(x) . \tag{3.57}$$

Die Bezeichnung H_ε soll andeuten, daß mit einer eingeschränkten Meßgenauigkeit gerechnet worden ist. Aus der Beziehung (3.57) ist ersichtlich, daß in H_ε nur die Meßgenauigkeit eingeht. Eine Abhängigkeit von der Größe des Quantisierungsschrittes δ_x besteht nicht. Deshalb kann δ_x gleich Null gesetzt werden, was dem Falle einer stetigen Quelle entspricht. Wird in Gl. (3.57) die differentielle Entropie aus den Gln. (3.51) und (3.56) verwendet, so ergibt sich

$$H_\varepsilon(y) = -\int\limits_{-\infty}^{\infty} p(x) \log_2 p(x)\, dx + \int\limits_{-\infty}^{\infty}\int\limits_{-\infty}^{\infty} p(x, y) \log_2 \left[\frac{p(x, y)}{p(y)}\right] dx\, dy =$$

$$= -\int\limits_{-\infty}^{\infty}\int\limits_{-\infty}^{\infty} p(x, y) \log_2 p(x)\, dx\, dy + \int\limits_{-\infty}^{\infty}\int\limits_{-\infty}^{\infty} p(x, y) \log_2 \left[\frac{p(x, y)}{p(y)}\right] dx\, dy .$$

Dabei wurde die Identität

$$\int\limits_{-\infty}^{\infty} p(x, y)\, dy = p(x)$$

benutzt. In seiner endgültigen Form lautet der Ausdruck für $H_\varepsilon(y)$ somit

$$H_\varepsilon(y) = \int_{-\infty}^{\infty} \int_{-\infty}^{\infty} p(x, y) \log_2 \left[\frac{p(x, y)}{p(x)\, p(y)}\right] dx\, dy\,. \tag{3.58}$$

Unter Benutzung von $p(x, y) = p_y(x)\, p(y)$ kann unter dem Logarithmus auch die bedingte Wahrscheinlichkeit eingesetzt werden. Meist sind irgendwelche Gütekriterien vorgegeben, um eine Bewertung der Meßgenauigkeit vornehmen zu

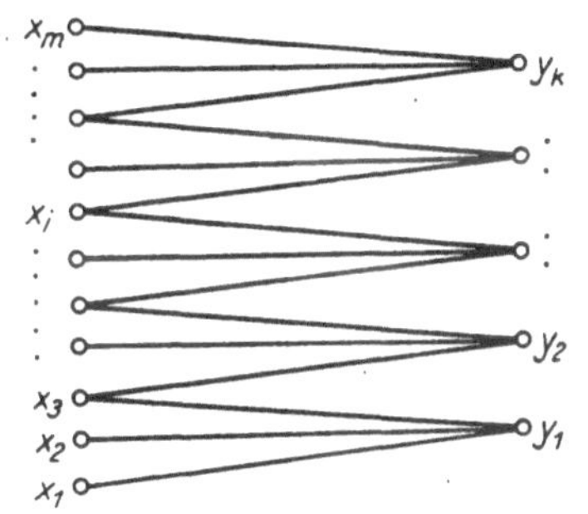

Abb. 3.14

können. Damit allein läßt sich jedoch $p_y(x)$ nicht eindeutig festlegen. Durch Variation von $p_y(x)$ kann ein Minimum von $H_\varepsilon(y)$ gefunden werden, das gleich der sogenannten Informationskapazität der Quelle ist. Die so ermittelte Größe heißt ε-Entropie [21] und bestimmt sich zu

$$H_\varepsilon^*(y) = \min_{p_y(x)} \int \int p(x, y) \log_2 \left[\frac{p(x, y)}{p(x)\, p(y)}\right] dx\, dy\,. \tag{3.59}$$

Dabei ist es notwendig, ein Gütekriterium anzugeben. Z. B. kann das ein Ausdruck der Form

$$v = \int \int p_y(x)\, p(y)\, \varrho(x, y)\, dx\, dy \tag{3.59a}$$

sein. Darin möge $\varrho(x, y)$ ein Maß für die Abweichung der Signale x und y voneinander festlegen. Der Mittelwert der Abweichung ϱ über alle Kombinationen von x und y gibt dann das gesuchte Kriterium (3.59a).

Die Aufgabe zur Berechnung der ε-Entropie besteht folglich darin, durch Variation diejenige Wahrscheinlichkeitsdichte $p(x, y)$ zu finden, die bei gegebenem $p(x)$ und der Nebenbedingung (3.59a) die Entropie $H_\varepsilon(y)$ minimalisiert.

In der Praxis weitverbreitet sind Kriterien, die für $\varrho(x, y)$ den Abstand von x und y im Signalraum benutzen, d. h., die mittlere quadratische Abweichung zwischen x und y dient als Maß der Meßgenauigkeit. Die unendliche Menge der Realisierungen des Quellensignals x läßt sich in Form eines dichten Bündels von Vektoren im n-dimensionalen Raum darstellen (n-Zahl der zur Darstellung

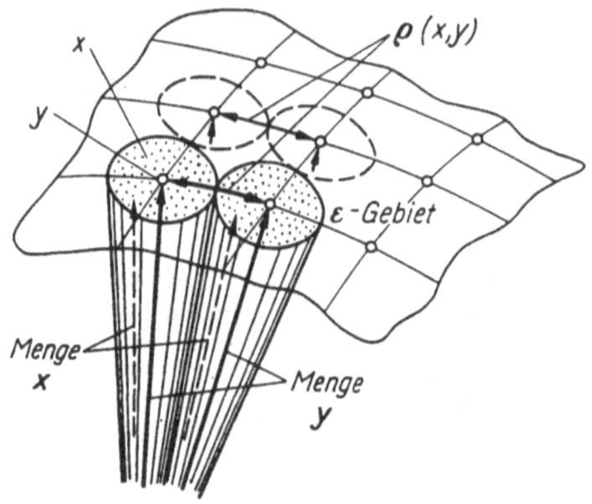

Abb. 3.15

eines Signals notwendigen Messungen). Die Endpunkte aller möglichen Vektoren können auf der n-dimensionalen Kugel[1]) beliebig dicht liegen (Abb. 3.15). ϱ ist das Abstandsmaß. Jeder Vektor y_j ist von einem ε-Bereich umgeben. Alle Vektoren x_i, die in diesen Bereich fallen, werden als zu y_j gehörig bezeichnet. Um die Eindeutigkeit der Einteilung zu gewährleisten, dürfen sich die ε-Gebiete nicht überschneiden. Die Endpunkte der Signalvektoren y auf der n-dimensionalen Kugel sind daher Elemente einer endlichen Menge.

Im folgenden Paragraphen werden konkrete Verteilungen benutzt, um die ε-Entropie unter Beachtung des Gütekriteriums Gl. (3.59a) zu bestimmen.

Der Informationsgehalt einer stetigen Quelle bei vorgegebener Meßgenauigkeit ist mittels Gl. (3.47) leicht zu bestimmen. Anstelle der Entropien diskreter Größen sind die entsprechenden differentiellen Entropien zu setzen:

$$I = n\,[h(x) - h_y(x)]\,. \tag{3.60}$$

Zum Abschluß sei noch die differentielle Verbundentropie aufgeschrieben:

$$h(x, y) = -\int_{-\infty}^{\infty}\int_{-\infty}^{\infty} p(x, y)\log_2 p(x, y)\,dx\,dy\,. \tag{3.61}$$

Für die Zusammenhänge mit den differentiellen bedingten Entropien gelten die folgenden Ausdrücke:

$$h(x, y) - h(x) = h_x(y)\,, \tag{3.62}$$

$$h(x, y) - h(y) = h_y(x)\,. \tag{3.62a}$$

Dies läßt sich aus Gl. (3.30), (3.37) und (3.37a) bei sinngemäßer Anwendung auf differentielle Entropien ableiten.

---

[1]) Hier wurde vorausgesetzt, daß alle Realisierungen die gleiche Leistung haben. Zudem sollen die Meßfehler nicht von dem speziellen Signal abhängen (Nutz- und Stör-Vektoren sind orthogonal).

§ 18. Entropie und Verteilungsfunktion, Optimalverteilungen und Redundanz

In der Praxis treten gewöhnlich Zufallsgrößen mit charakteristischen Wahrscheinlichkeitsverteilungen auf. Dazu gehört in erster Linie die Normalverteilung (auch GAUSS-Verteilung genannt). Auch die Gleich- und die Exponentialverteilung werden häufig benutzt. Es ist deshalb zweckmäßig, Formeln zur Berechnung der Entropie bzw. der differentiellen Entropie für stetige und

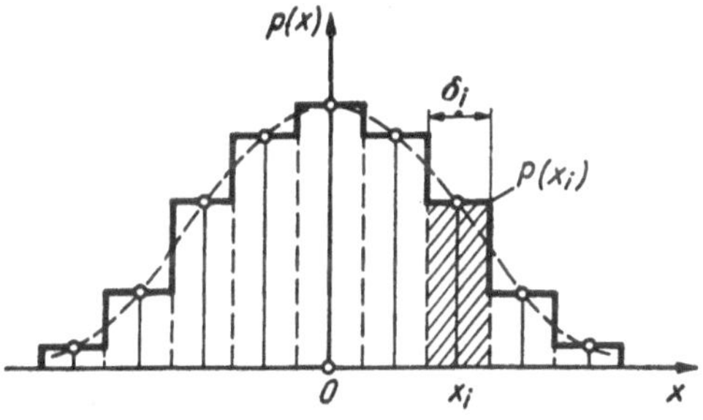

Abb. 3.16

für quantisierte Signale, die solchen Verteilungen genügen, aufzustellen. Da die quantisierten Signale aus den stetigen hervorgehen, gelten die entsprechenden Beziehungen natürlich nur näherungsweise (Abb. 3.16).

Es soll nun die Entropie eines normalverteilten Zufallssignals, dessen einzelne Abtastwerte unabhängig voneinander sind, bestimmt werden. Die Verteilung lautet

$$p(x) = \frac{1}{\sqrt{2\pi}\,\sigma_x} e^{-\frac{x^2}{2\sigma_x^2}} . \tag{3.63}$$

Hierbei ist σ_x^2 die Dispersion des Signals $x(t)$.

Zur Berechnung der differentiellen Entropie wird Gl. (3.51) verwendet und darin Gl. (3.63) benutzt. Es ergibt sich

$$h(x) = -\int_{-\infty}^{\infty} \frac{1}{\sqrt{2\pi}\,\sigma_x} e^{-\frac{x^2}{2\sigma_x^2}} \left(-\log_2 \sqrt{2\pi}\,\sigma_x - \frac{x^2}{2\sigma_x^2}\log_2 e\right) dx =$$

$$= \log_2 \sqrt{2\pi}\,\sigma_x \int_{-\infty}^{\infty} p(x)\,dx + \frac{\log_2 e}{2\sigma_x^2}\int_{-\infty}^{\infty} x^2\,p(x)\,dx .$$

Wegen

$$\int_{-\infty}^{\infty} p(x)\,dx = 1\,, \int_{-\infty}^{\infty} x^2\,p(x)\,dx = \sigma_x^2$$

folgt hieraus

$$h(x) = \log_2 \sqrt{2\pi}\,\sigma_x + \frac{1}{2}\log_2 e\,,$$

oder, was dasselbe ist,

$$h(x) = \log_2 \left(\sqrt{2\pi e}\,\sigma_x\right). \tag{3.64}$$

Die Entropie eines in den Schritten δ_x quantisierten stetigen normalverteilten Signals läßt sich hinreichend genau durch

$$H(x) = h(x) - \log_2 \delta_x$$

angeben. Dabei wurde von Gl. (3.52) Gebrauch gemacht.

Wird hierin $h(x)$ gemäß Gl. (3.64) ersetzt, so folgt

$$H(x) = \log_2 \left(\sqrt{2\pi e}\,\frac{\sigma_x}{\delta_x}\right). \tag{3.65}$$

Eine analoge Beziehung für die Entropie läßt sich im Falle korrelierter Signale, x und y, finden.

Die zweidimensionale Gausssche Verteilungsdichte hat die Gestalt

$$p(x, y) = \frac{1}{2\pi\,\sigma_x\,\sigma_y\sqrt{1-r^2}} \exp\left[-\frac{1}{2(1-r^2)}\left(\frac{x^2}{\sigma_x^2} - \frac{2\,r\,x\,y}{\sigma_x\sigma_y} + \frac{y^2}{\sigma_y^2}\right)\right]. \tag{3.66}$$

r ist der Korrelationskoeffizient. Die zugehörige differentielle Entropie lautet

$$h(x, y) = -\int_{-\infty}^{\infty}\int_{-\infty}^{\infty} p(x, y)\log_2 p(x, y)\,dx\,dy\,.$$

Wird von Gl. (3.66) der Logarithmus gebildet,

$$\log_2 p(x, y) = -\log_2 (2\pi\,\sigma_x\,\sigma_y\sqrt{1-r^2}) - \\ - \left[\frac{1}{2(1-r^2)}\left(\frac{x^2}{\sigma_x^2} - \frac{2\,r\,x\,y}{\sigma_x\,\sigma_y} + \frac{y^2}{\sigma_y^2}\right)\right]\log_2 e\,,$$

und das Ergebnis in $h(x, y)$ eingesetzt, so ergibt sich

$$h(x, y) = \log_2 (2\pi\,\sigma_x\,\sigma_y\sqrt{1-r^2})\int_{-\infty}^{\infty}\int_{-\infty}^{\infty} p(x, y)\,dx\,dy + \\ + \frac{\log_2 e}{2\sigma_x^2(1-r^2)}\int_{-\infty}^{\infty}\int_{-\infty}^{\infty} x^2\,p(x, y)\,dx\,dy + \frac{\log_2 e}{2\sigma_y^2(1-r^2)}\int_{-\infty}^{\infty}\int_{-\infty}^{\infty} y^2\,p(x, y)\,dx\,dy - \\ - \frac{r\log_2 e}{\sigma_x\,\sigma_y(1-r^2)}\int_{-\infty}^{\infty}\int_{-\infty}^{\infty} x\,y\,p(x, y)\,dx\,dy\,.$$

Unter Berücksichtigung der Beziehungen

$$\int_{-\infty}^{\infty}\int_{-\infty}^{\infty} p(x, y)\, dx\, dy = 1\,, \quad \int_{-\infty}^{\infty}\int_{-\infty}^{\infty} x\, y\, p(x, y)\, dx\, dy = r\, \sigma_x \sigma_y\,,$$

$$\int_{-\infty}^{\infty}\int_{-\infty}^{\infty} x^2\, p(x, y)\, dx\, dy = \sigma_x^2\,, \quad \int_{-\infty}^{\infty}\int_{-\infty}^{\infty} y^2\, p(x, y)\, dx\, dy = \sigma_y^2$$

folgt zunächst

$$h(x, y) = \log_2 (2\,\pi\, \sigma_x\, \sigma_y \sqrt{1 - r^2}) + \frac{1}{1 - r^2} \log_2 e - \frac{r^2}{1 - r^2} \log_2 e$$

und schließlich

$$h(x, y) = \log_2 \left(2\,\pi\, e\, \sigma_x\, \sigma_y \sqrt{1 - r^2}\right)\,. \tag{3.67}$$

Analog läßt sich die bedingte differentielle Entropie $h_y(x)$ berechnen. Hierzu werden Gl. (3.62a) und die Entsprechung von Gl. (3.64) für das Signal y benötigt. Das Ergebnis lautet

$$h_y(x) = \log_2 \left[\sigma_x \sqrt{2\,\pi\, e\, (1 - r^2)}\right]\,. \tag{3.68}$$

Daraus folgt als Entropie des quantisierten Signals

$$H_y(x) = \log_2 \left[\frac{\sigma_x}{\delta_x} \sqrt{2\,\pi\, e\, (1 - r^2)}\right]. \tag{3.69}$$

Hierbei wurde Gl. (3.55a) zugrundegelegt. In ähnlicher Weise leitet sich für $H_x(y)$ die Beziehung

$$H_x(y) = \log_2 \left[\frac{\sigma_y}{\delta_y} \sqrt{2\,\pi\, e\, (1 - r^2)}\right] \tag{3.69a}$$

ab. Die Verbundentropie

$$H(x, y) = H(x) + H_x(y)$$

folgt durch Einsetzen der expliziten Ausdrücke Gl. (3.65) und Gl. (3.69a)

$$H(x, y) = \log_2 \left(2\,\pi\, e\, \frac{\sigma_x\, \sigma_y}{\delta_x\, \delta_y} \sqrt{1 - r^2}\right)\,. \tag{3.70}$$

Nun kann die ε-Entropie des stetigen Gauss-Prozesses bei gegebener mittlerer quadratischer Abweichung, die durch Meßfehler am Ausgang der Quelle zustandekommen soll, berechnet werden. Ausgehend von Gl. (3.57) folgt als ε-Entropie gemäß Gl. (3.59)

$$H_\varepsilon^*(y) = \min\,[h(x) - h_y(x)] = h(x) - \max h_y(x)\,. \tag{3.71}$$

Es genügt also, im folgenden nur $h_y(x)$ zu betrachten. $h_y(x)$ erreicht dann das Maximum, wenn die Unbestimmtheit der Größe x in bezug auf einen Wert y ausschließlich durch Meßfehler bewirkt wird. Aufgrund von Gl. (3.68) läßt sich schreiben

$$\max h_y(x) = \frac{1}{2} \log_2 2\,\pi\, e + \max \left[\frac{1}{2} \log_2 \sigma_x^2\, (1 - r^2)\right]\,. \tag{3.72}$$

Das Minimum des normierten Korrelationskoeffizienten wird ausgehend von der Gl. (1.110) des ersten Kapitels bestimmt. Diese Gleichung lautet nun

$$\sigma_\varrho^2 = \sigma_x^2 + \sigma_y^2 - 2\,\sigma_x\,\sigma_y\,r\,. \tag{3.73}$$

σ_ϱ ist die mittlere quadratische Abweichung der Signale x und y voneinander. Da r gleich dem Kosinus des Winkels γ zwischen den Vektoren x und y ist, hat r

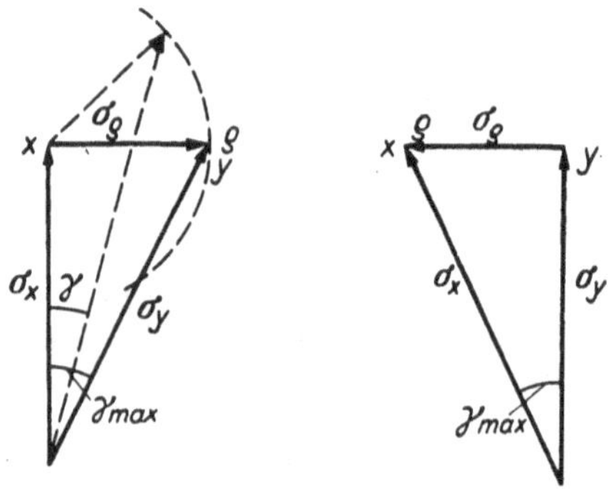

a) b)

Abb. 3.17

dann ein Maximum, wenn γ minimal ist. Dies tritt ein, sowohl wenn ϱ senkrecht auf x als auch, wenn ϱ senkrecht auf y steht (Abb. 3.17). In dem einen Fall gilt

$$\cos\gamma_{\max} = r_{\min_1} = \frac{\sigma_x}{\sigma_y}$$

und im anderen

$$\cos\gamma_{\max} = r_{\min_2} = \frac{\sigma_y}{\sigma_x}\,.$$

Nach Einsetzen in Gl. (3.72) folgt

$$\max{}_1\,h_y(x) = \log_2\sqrt{2\,\pi\,e} + \frac{1}{2}\log_2\frac{\sigma_x^2\,(\sigma_y^2 - \sigma_x^2)}{\sigma_y^2}\,,$$

$$\max{}_2\,h_y(x) = \log_2\sqrt{2\,\pi\,e} + \frac{1}{2}\log_2(\sigma_x^2 - \sigma_y^2)\,.$$

Mittels Gl. (3.73) lassen sich diese Ausdrücke umformen. Für die beiden Werte von r ergibt sich

$$\sigma_\varrho^2 = \sigma_y^2 - \sigma_x^2 \quad \text{und} \quad \sigma_\varrho^2 = \sigma_x^2 - \sigma_y^2\,.$$

Somit nehmen die Beziehungen für die Maxima von $h_y(x)$ folgende Gestalt an:

$$\max{}_1\,h_y(x) = \log_2\sqrt{2\,\pi\,e} + \frac{1}{2}\log_2\frac{\sigma_x^2}{\sigma_x^2 + \sigma_\varrho^2}\cdot\sigma_\varrho^2\,,$$

$$\max{}_2\,h_y(x) = \log_2\sqrt{2\,\pi\,e} + \frac{1}{2}\log_2\sigma_\varrho^2\,.$$

Offensichtlich ist der Term der zweiten Zeile größer und gibt das absolute Maximum an. Wird nun Gl. (3.64) für $h(x)$ und Gl. (3.71) in Betracht gezogen, so ergibt sich

$$H_\varepsilon^*(y) = \log_2 \frac{\sigma_x}{\sigma_\varrho} \,. \tag{3.74}$$

Als nächstes werde die Entropie der Exponentialverteilung über dem Intervall $[0, \infty)$ mit der Dichte

$$p(x) = \frac{1}{a} e^{-\frac{x}{a}} \,, \qquad x \geqq 0 \tag{3.75}$$

bestimmt. Es wird der Logarithmus der Verteilung gebildet,

$$\log_2 p(x) = -\log_2 a - \frac{x}{a} \log_2 e \,,$$

und in Gl. (3.51) eingesetzt. Es folgt

$$h(x) = \int_0^\infty p(x) \log_2 a \, dx + \int_0^\infty \frac{x}{a} p(x) \log_2 e \, dx$$

oder

$$h(x) = \log_2 (a\, e) \,. \tag{3.76}$$

Dabei wurde von den Identitäten

$$\int_0^\infty p(x)\, dx = 1 \quad \text{und} \quad \int_0^\infty x\, p(x)\, dx = \frac{1}{a} \int_0^\infty x\, e^{-\frac{x}{a}} dx = a$$

Gebrauch gemacht. Gemäß Gl. (3.52) lautet die entsprechende Beziehung für die Entropie des quantisierten Signals

$$H(x) = \log_2 \frac{ae}{\delta_x} \,. \tag{3.77}$$

Sehr oft ist es von Interesse, zu wissen, welche Verteilung bei gewissen vorgegebenen Nebenbedingungen die maximale Entropie aufweist.

Die bisherigen Betrachtungen legen den Schluß nahe, daß die Zeichen hierfür gleichwahrscheinlich sein sollten. Da keine andere Verteilung als eben die Gleichverteilung gleichwahrscheinliche Symbole besitzt, sollte sie auch die maximale Entropie aufweisen. Das gilt jedoch nur in einem vorläufigen Sinne. Es wird sich zeigen, daß die Signalparameter stets irgendwelchen Nebenbedingungen unterworfen sind, was die Sachlage unter Umständen entscheidend ändern kann.

Es sei ein Signal, bestehend aus unabhängigen Zeichen mit der Wahrscheinlichkeitsdichte $p(x)$, gegeben. Der Quantisierungsschritt sei genügend klein, um eine Darstellung der Art

$$H(x) = -\int_{-\infty}^{\infty} p(x) \log_2 [p(x)\, \delta_x]\, dx$$

zu erlauben. Die Nebenbedingung besteht darin, daß die mittlere Leistung des Signals beschränkt ist, d. h., es muß

$$\int_{-\infty}^{\infty} x^2\, p(x)\, dx = \sigma_x^2 \tag{3.78}$$

erfüllt sein.

Außerdem muß natürlich stets

$$\int_{-\infty}^{\infty} p(x)\, dx = 1 \tag{3.79}$$

gelten.

Es ist die Funktion $p(x)$ gesucht, die die Nebenbedingungen (3.78) und (3.79) erfüllt und $H(x)$ maximalisiert. Das ist eine Variationsaufgabe mit Nebenbedingungen, deren Lösung im folgenden dargestellt ist. Es sei ein Funktional der Art

$$v = \int_a^b V\, dx$$

gegeben. Dabei ist V eine Funktion von x, $f(x)$ und $f'(x)$, d. h. $V = V(x, f, f')$. Außerdem sind die Nebenbedingungen

$$\int_a^b V_i\, dx = l_i\,, \qquad i = 1, 2, \ldots, q\,, \tag{*}$$

zu erfüllen, wobei $V_i = V_i(x, f, f')$ gilt und die l_i irgendwelche Konstanten sind.

Es ist die Funktion f zu finden, die v zu einem Extremum macht.

Zunächst wird das Hilfsfunktional

$$v_1 = \int_a^b \left(V + \sum_{i=1}^{q} \lambda_i V_i\right) dx = \int_a^b V^*\, dx$$

gebildet. Die λ_i sind vorerst nicht genau spezifizierte Konstanten. Da auch V^* eine Funktion von x, f und f' ist, lautet die zugehörige Eulersche Gleichung

$$\frac{d}{dx}\left[\frac{\partial V^*}{\partial f'}\right] - \frac{dV^*}{df} = 0\,. \tag{**}$$

In der Lösung $f(x)$ sind die Konstanten λ_i enthalten. Sie lassen sich mit Hilfe der Nebenbedingungen (*) bestimmen und werden dann in die Lösung von (**) eingesetzt. Ob ein Maximum vorliegt, ist gesondert zu prüfen. Im vorliegenden Fall ist zu schreiben

$$H(x) = -\frac{1}{\ln 2} \int_{-\infty}^{\infty} p(x) \ln\,[p(x)\,\delta]\, dx\,.$$

Dann gilt

$$V = -\,p(x) \ln\,[p(x)\,\delta]\,, \quad V_1 = p(x)\,, \quad l_1 = 1\,, \quad V_2 = x^2\, p(x)\,, \quad l_2 = \sigma_x^2\,.$$

Die Funktion V^* lautet

$$V^* = V + \lambda_1 V_1 + \lambda_2 V_2 = - p(x) \ln \delta - p(x) \ln p(x) + \lambda_1 p(x) + \lambda_2 x^2 p(x) .$$

Da V^* nur von x und $p(x)$, aber nicht von $p'(x)$ direkt abhängt, nimmt die EULERsche Gleichung die Gestalt

$$\frac{dV^*}{dp(x)} = 0$$

an.

Daraus folgt

$$- \ln \delta - \ln p(x) - 1 + \lambda_1 + \lambda_2 x^2 = 0$$

bzw.

$$\ln p(x) = - 1 - \ln \delta + \lambda_1 + \lambda_2 x^2 .$$

Die Wahrscheinlichkeitsdichte lautet

$$p(x) = e^{-1 - \ln \delta + \lambda_1 + \lambda_2 x^2} . \tag{3.80}$$

Die Konstanten sind durch Einsetzen der Lösung Gl. (3.80) in die Gl. (3.78) und (3.79) zu bestimmen.

$$\int_{-\infty}^{\infty} x^2 e^{-1 - \ln \delta + \lambda_1 + \lambda_2 x^2} dx = \sigma_x^2 , \quad \int_{-\infty}^{\infty} e^{-1 - \ln \delta + \lambda_1 + \lambda_2 x^2} dx = 1 . \tag{3.81}$$

In den allgemeinen Formeln

$$\int_{-\infty}^{\infty} e^{\lambda_2 x^2} dx = \sqrt{2 \pi}\, u \frac{1}{\sqrt{2 \pi}\, u} \int_{-\infty}^{\infty} e^{\lambda_2 x^2} dx ,$$

$$\int_{-\infty}^{\infty} x^2 e^{\lambda_2 x^2} dx = \sqrt{2 \pi}\, u \frac{1}{\sqrt{2 \pi}\, u} \int_{-\infty}^{\infty} x^2 e^{\lambda_2 x^2} dx$$

wird λ_2 ersetzt durch $\lambda_2 = - \frac{1}{2 u^2}$. Dann nehmen die Integrale folgende Form an

$$\left.\begin{aligned} \int_{-\infty}^{\infty} e^{\lambda_2 x^2} dx &= \sqrt{2 \pi}\, u = \sqrt{- \frac{\pi}{\lambda_2}} , \\ \int_{-\infty}^{\infty} x^2 e^{\lambda_2 x^2} dx &= \sqrt{2 \pi}\, u^3 = \sqrt{2 \pi} \left(\sqrt{- \frac{1}{2 \lambda_2}} \right)^3 . \end{aligned}\right\} \tag{3.82}$$

In den Ausdrücken der Gl. (3.81) lassen sich die konstanten Faktoren vor das Integralzeichen ziehen, und es folgt

$$e^{-1 - \ln \delta + \lambda_1} \int_{-\infty}^{\infty} x^2 e^{\lambda_2 x^2} dx = \sigma_x^2 , \qquad e^{-1 - \ln \delta + \lambda_1} \int_{-\infty}^{\infty} e^{\lambda_2 x^2} dx = 1 .$$

Mit Hilfe der Gl. (3.82) ergibt sich

$$\sqrt{- \frac{\pi}{\lambda_2}} e^{-1 - \ln \delta + \lambda_1} = 1 , \qquad \sqrt{2 \pi} \left(\sqrt{- \frac{1}{2 \lambda_2}} \right)^3 e^{-1 - \ln \delta + \lambda_1} = \sigma_x^2 .$$

Daraus folgt

$$\sqrt{-\frac{\lambda_2}{\pi}}\left[\sqrt{2\,\pi}\left(\sqrt{-\frac{1}{2\,\lambda_2}}\right)^3\right] = \sigma_x^2\,,$$

was für λ_2 auf

$$\lambda_2 = -\frac{1}{2\,\sigma_x^2} \tag{3.83}$$

führt. λ_1 genügt der Beziehung

$$e^{-1-\ln\delta+\lambda_1} = \frac{1}{\sqrt{2\,\pi}\,\sigma_x}\,. \tag{3.84}$$

Nach Einsetzen der Gl. (3.83) und (3.84) in Gl. (3.80) folgt endlich

$$p(x) = \frac{1}{\sqrt{2\,\pi}\,\sigma_x}\,e^{-\frac{x^2}{2\,\sigma_x^2}}\,.$$

Die Normalverteilung weist unter den gegebenen Nebenbedingungen die maximale Entropie auf. Wichtig war hier die Beschränkung auf Signale gleicher mittlerer Leistung. Ist die mittlere Leistung nicht beschränkt, kann die Nebenbedingung (3.78) fallengelassen werden. Damit wird $\lambda_2 = 0$ [vgl. Gl. (3.80)!]. Mithin ergibt sich

$$p(x) = e^{-1-\ln\delta+\lambda_1} = \text{const}\,, \tag{3.85}$$

d. h. eine Gleichverteilung.

Jetzt sei die Signalamplitude (absoluter Spitzenwert) vorgegeben. Wird etwa das Intervall $-l/2 \leqq x \leqq l/2$ zugelassen, so lautet die Wahrscheinlichkeitsdichte $p(x) = 1/l$ und die Dispersion ist gleich

$$\sigma_x^2 = \frac{l^2}{12}\,.$$

Bei beschränkter Signalamplitude ist somit die Gleichverteilung optimal.

Ein Vergleich der Entropien bei gleicher Leistung zeigt folgendes Bild. Es ist zu setzen

$$\sigma_{x\,\mathrm{N}}^2 = \sigma_{x\,\mathrm{G}}^2 = \frac{l^2}{12}\,,$$

wobei die Indizes „N“ bzw. „G“ auf Normal- bzw. Gleichverteilung hinweisen. Die Entropie der Gleichverteilung ergibt sich mit Hilfe der Gl. (3.21) und (3.22) zu

$$H_\mathrm{G} = \log_2 m = \log\frac{1}{2\delta}\,.$$

Als Entropie der Normalverteilung folgt, ausgehend von Gl. (3.65)

$$H_\mathrm{N} = \log_2\left(\sqrt{2\pi e}\,\frac{l}{\sqrt{12}\,\delta}\right)$$

bzw.

$$H_{\mathrm{N}} = \log_2 \frac{l}{\delta} + \log_2 \sqrt{\frac{\pi e}{6}} = H_{\mathrm{G}} + 0{,}26\,.$$

Die Entropie der Normalverteilung ist unter den gegebenen Nebenbedingungen um das additive Glied $\log_2 \sqrt{\frac{\pi e}{6}} = 0{,}26$ bit größer als die Entropie der Gleichverteilung.

Sollen andererseits die Entropien der beiden Verteilungen gleich sein, so unterliegen die mittleren Leistungen den Beziehungen

$$\log_2 \frac{l}{\delta} = \log_2 \sqrt{2\pi e}\,\frac{\sigma_{x\mathrm{N}}}{\delta}\,.$$

Zahlenmäßig heißt das

$$\sigma^2_{x\,\mathrm{G}} = \frac{l^2}{12} = 1{,}43\,\sigma^2_{x\,\mathrm{N}}\,.$$

Es muß also die mittlere Leistung von gleichverteilten die von normalverteilten Signalen um 43% übersteigen. Ansonsten gilt nach wie vor, daß die Gleichverteilung unter allen möglichen Fällen die größte Entropie hat, sofern die Zahl der Zeichen gleich ist, und keine sonstigen Beschränkungen bestehen. Es sei noch vermerkt, daß dabei das Verhältnis der entsprechenden mittleren Leistungen allein vom Verhältnis der Quantisierungsschritte abhängt.

Es gilt nämlich:

a) für die Gleichverteilung $l = m\ \delta_{\mathfrak{G}}$; $m = \dfrac{\sqrt{12}\,\sigma_{x\,\mathrm{G}}}{\delta_{\mathrm{G}}}$;

b) für die Normalverteilung (mit $l = 6\,\sigma_{x\,\mathrm{N}}$)

$$m = \frac{l}{\delta_{\mathrm{N}}} = \frac{6\,\sigma_{x\,\mathrm{N}}}{\delta_{\mathrm{N}}}\,.$$

Werden die beiden Ausdrücke für m gleichgesetzt und wird quadriert, so ergibt sich

$$\frac{12\,\sigma^2_{x\,\mathrm{G}}}{\delta^2_{\mathrm{G}}} = \frac{36\,\sigma^2_{x\,\mathrm{N}}}{\delta^2_{\mathrm{N}}}\,.$$

Daraus folgt

$$\frac{\sigma^2_{x\,\mathrm{G}}}{\sigma^2_{x\,\mathrm{N}}} = 3\,\frac{\delta^2_{\mathrm{G}}}{\delta^2_{\mathrm{N}}}\,.$$

Es wurden die Bezeichnungen δ_{G} und δ_{N} als Quantisierungsschritte bei Gleich- bzw. Normalverteilung eingeführt.

Mit vorgegebenen Betriebsbedingungen läßt sich jedem Signal eine optimale Wahrscheinlichkeitsverteilung zuordnen, die gewährleistet, daß die Zeichen ein Maximum an Information tragen. Jede andere Verteilung hat eine geringere Entropie. Der Informationsgehalt, den die Quelle bei einer Abtastung ausgibt, ist bekanntermaßen gleich ihrer Entropie. Die Optimalverteilung gestattet somit, den höchstmöglichen Informationsgehalt zu übertragen.

Eine bestimmte Menge an Information werde mit Hilfe von n_1 Elementen übertragen:

$$I = n_1 H_1 . \tag{3.86}$$

Wenn die Entropie dabei nicht den höchstmöglichen Wert hat, ließe sich die gleiche Information auch mit einer geringeren Zahl von Elementen übertragen. Bei maximaler Entropie gilt

$$I = n_0 H_{max} . \tag{3.87}$$

Nach Gleichsetzen der Gln. (3.86) und (3.87) ergibt sich

$$\gamma = \frac{n_0}{n_1} = \frac{H_1}{H_{max}} . \tag{3.88}$$

Die Größe γ heißt *relative Entropie* [16]. Sie gibt an, um welchen Faktor die tatsächliche Entropie kleiner ist als die Entropie, die mit einer optimalen Verteilung der Zeichen erreicht wird. Die Größe

$$R = 1 - \gamma \tag{3.89}$$

heißt *Redundanz* der Quelle. Die Redundanz bestimmt den Anteil der tatsächlich verwendeten Zeichenkombinationen im Vergleich zu allen denkbaren. Anders ausgedrückt, sie gibt an, in welchem Maße sich die Signaldauer, bezogen auf die minimal erforderliche, dadurch erhöht, daß nicht alle denkbaren Kombinationen ausgenutzt werden. Die Redundanz ist somit das geeignete Maß, um die Güte der Codierung, die vor der Einspeisung des Signals in die Übertragungsstrecke vorgenommen wird, zu bestimmen. Die von der Quelle erzeugte Zeichenfolge wird dabei in eine Folge neuer zur Übertragung geeigneter Zeichen umgewandelt.

Jedes Zeichen der Quelle wird auf eine Kombination von Codezeichen, sogenannte Codeblöcke, abgebildet. Die Optimierung besteht darin, daß die relativ häufigen Zeichen der Quelle auf relativ kurze Codeblöcke abgebildet werden. Das Gesamtsignal, das zu übertragen ist, ist dann von minimaler Länge. Damit ist das Problem der Anpassung des Übertragungskanals an die Quelle umrissen. Es wird im nächsten Paragraphen ausführlich diskutiert.

Beispiel 3.3. Eine Meßeinrichtung gibt ein eindimensionales Zufallssignal aus, das normalverteilt ist und die Korrelationsfunktion

$$K_x(\tau) = \sigma_x^2 \exp(-a|\tau|) , \qquad a = 50 \text{ s}^{-1}$$

besitzt.

Das Signal hat folgende Parameter:

$$\sigma_x = 10 \text{ V} , \quad T = 50 \text{ s} , \quad f = 25 \text{ Hz} , \quad m = 100 .$$

Zu bestimmen sind die Entropie des Signals und die von der Korrelation hervorgerufene Redundanz.

1. Bestimmung des Korrelationskoeffizienten.

Wegen $\Delta t = (2f)^{-1} = 0{,}02$ s gilt

$$r = \frac{K_x}{\sigma_x^2} = e^{-a|\Delta t|} = 0{,}368 .$$

2. Bestimmung der bedingten Entropie gemäß Gl. (3.69).
Zunächst wird die Quantisierungsstufe bestimmt

$$\delta_x = \frac{6\,\sigma_x}{m} = 0{,}6\ \text{V}\,.$$

Als bedingte Entropie ergibt sich

$$H_y(x) = \log_2\left[\frac{\sigma_x}{\delta_x}\sqrt{2\,\pi\,e\,(1-r^2)}\right] = \log_2\left[\frac{10}{0{,}6}\sqrt{2\,\pi\,e\,(1-0{,}368^2)}\right]$$
$$= 6\ \text{bit/Abtastung}\,.$$

3. Die Entropie des Signals ohne Korrelation ist gleich

$$H(x) = \log_2\left[\sqrt{2\,\pi\,e}\cdot\frac{\sigma_x}{\delta_x}\right] = 6{,}11\ \text{bit/Abtastung}\,.$$

4. Die Redundanz lautet gemäß Gl. (3.89)

$$R = 1 - \frac{H}{H_{\max}} = 1 - \frac{H_y(x)}{H(x)} = 1 - \frac{6}{6{,}11} = 0{,}02\,.$$

§ 19. Kapazität des ungestörten Kanals, Optimalcodierung

Bis jetzt war nur von Interesse, wie die Informationskapazität von Quellen möglichst vollständig ausgeschöpft werden kann. Nunmehr besteht die Aufgabe darin, die Information so rationell wie möglich zu übertragen. Wie bereits erwähnt, muß die Nachricht vor der Einspeisung in den Kanal so codiert werden, daß die Übertragung rasch und sicher vonstatten geht. Sie unterliegt dabei gewissen Beschränkungen, die durch die Arbeitsweise der Codierungseinrichtung bedingt sind. Für den Binärcode sind beispielsweise bestimmte Pulsbreiten und -perioden einzuhalten. Erzeugt etwa die Quelle n Zeichen pro Sekunde und gibt die Codiereinrichtung im Mittel m bit pro Zeichen aus, so lassen sich über den Kanal höchstens $n\,m$ bit/sec übertragen. Eine höhere Übertragungsrate ist nicht erreichbar. Zur besseren Beschreibung des Sachverhaltes werde nun der Begriff des Informationsflusses einer Quelle eingeführt. Der Informationsgehalt, den die Quelle während des Abtastintervalls Δt erzeugt, ist genau gleich der Entropie. Diese gibt an, wie schnell die Unbestimmtheit der Quelle, bezogen auf die Zahl der Abtastungen, anwächst. Ebenso wie früher gilt für die Entropie [vgl. Gl. (3.22a)]

$$H = \frac{I}{n}\,. \tag{3.90}$$

Sie ist gleich dem Informationszuwachs pro Abtastung. Dieser Ausdruck läßt sich leicht auf die Einheit bit/sec umrechnen. Wegen $n = T/\Delta t$ gilt

$$\frac{I}{T} = \frac{H}{\Delta t} = I'\,. \tag{3.91}$$

Diese Beziehung definiert den Informationsfluß der Quelle.

Damit ist der Begriff der Geschwindigkeit der Informationserzeugung quantitiv erfaßt. Wenn das informationstragende Signal auf eine Bandbreite[1]) von F Hz beschränkt ist, folgt aus dem Abtasttheorem $\Delta t = (2\,F)^{-1}$ und der Informationsfluß ist gleich

$$I' = 2\,F\,H\,. \tag{3.92}$$

Es sei nun eine Gesamtheit von Nachrichten der Länge T vorgegeben. Sie werde vor der Übertragung codiert. Die Codierungseinrichtung erzeugt eine Menge von n Codeblöcken (oder Codezeichen) $l_1, \ldots, l_i, \ldots, l_m$ mit den entsprechenden Längen $t_1, \ldots, t_i, \ldots, t_m$. Als Länge eines Codeblocks wird die Zeit, die zu seiner Übertragung benötigt wird, verstanden. Nachrichten sind dann alle Kombinationen von Codeblöcken mit der Gesamtlänge T.

Ihre Gesamtzahl betrage $N(T)$. Sie sollen sämtlich der hochwahrscheinlichen Gruppe angehören, sind mithin alle gleichwahrscheinlich. Dann beträgt der Informationsgehalt einer Nachricht

$$I_k = \log_2 N(T)$$

und der Informationsfluß ist gleich

$$I_k' = \frac{I_k}{T} = \frac{\log_2 N(T)}{T}\,.$$

I_k' hängt im allgemeinen von T ab. Mit unbeschränkt wachsendem T strebt I_k' allerdings gegen eine Konstante. Diese ist gleich dem maximalen Informationsfluß, der sich mit dem gegebenen Kanal erreichen läßt und heißt Kanalkapazität C:

$$C = \lim_{T\to\infty} \frac{\log_2 N(T)}{T}\,. \tag{3.93}$$

Die Übertragungskapazität des Kanals I_k' muß mindestens ebenso groß wie der Informationsfluß der Quelle sein. Aufgrund von

$$I' = \frac{n\,H}{T}\,,$$

wobei H die Quellenentropie und n gleich der Zahl der in der Zeit T übertragenen Zeichen ist, gilt

$$\frac{n}{H} = \frac{I_k'}{T}\,.$$

Nun läßt sich die Beziehung

$$\frac{n}{T} = \frac{C}{H}$$

ableiten. Danach bestimmt das Verhältnis von Kanalkapazität zur Quellenentropie die Höchstzahl von Zeichen $\frac{n}{T}$, die in der Zeiteinheit übertragen werden kann. Dieses Maximum läßt sich nur mit Hilfe einer Optimalcodierung erreichen. In diesem Idealfall, der natürlich selten vollständig verwirklicht werden

[1]) Hier ist von einem begrenzten Spektrum in demselben Sinne wie im Kap. 1 die Rede. Vgl. die Diskussion im Zusammenhang mit Abb. 1.9.

kann, überträgt der Kanal einen Informationsfluß, der gleich seiner Kanalkapazität ist. Es gelingt jedoch, die optimalen Verhältnisse soweit anzunähern, daß

$$\frac{n}{T} = \left(\frac{C}{H} - \varepsilon\right) \tag{3.94}$$

gilt, wobei ε beliebig klein gemacht werden kann.

Als Beispiel sei eine Quelle betrachtet, die vier Zeichen h_1, h_2, h_3 und h_4 mit den Wahrscheinlichkeiten

$$P_1 = 0{,}4\ ; \quad P_2 = 0{,}3\ ; \quad P_3 = 0{,}2\ ; \quad P_4 = 0{,}1$$

erzeugt. Ihre Entropie beträgt

$$\begin{aligned} H &= -0{,}4 \log_2 0{,}4 - 0{,}3 \log_2 0{,}3 - 0{,}2 \log_2 0{,}2 - 0{,}1 \log_2 0{,}1 \\ &= 1{,}848 \text{ bit/Zeichen.} \end{aligned}$$

Die Quelle ist an einen Kanal der Kapazität $C = 1000$ bit/sec angeschlossen. Dann kann der Kanal aufgrund von Gl. (3.94) maximal

$$\frac{C}{H} = \frac{1000}{1{,}848} = 540 \text{ Zeichen/sec}$$

übertragen. Die Zeichen h_1 bis h_4 werden wie folgt codiert:

$$h_1 = 00\,, \quad h_2 = 10\,, \quad h_3 = 01\,, \quad h_4 = 11\ .$$

Jeder Codeblock enthält zwei Binärzeichen, vermag also zwei bit zu übertragen. Der Code läßt eine Übertragungsrate von 500 Zeichen/sec zu. Er ist nicht optimal, da er die Kanalkapazität nur unvollständig ausnutzt.

Es ist aber einzusehen, daß es eine optimale Codierung geben muß, die der Bedingung (3.94) genügt. Sie muß so beschaffen sein, daß für eine vorgegebene Übertragungsdauer die Zahl $N(T)$ der denkbaren Kombinationen von Codeblöcken den höchstmöglichen Wert annimmt.

Zur Lösung dieser Aufgabe ist die Abhängigkeit der Längen t_j der Codeblöcke von den entsprechenden Wahrscheinlichkeiten so zu wählen, daß sich eine maximale Übertragungsrate ergibt.

Das zu übertragende Signal möge im Mittel je n_j Zeichen l_j $(j = 1, \ldots, m)$ enthalten. Die Gesamtzahl der Zeichen ist

$$n = \sum_{j=1}^{m} n_j$$

und die jeweiligen Häufigkeiten betragen

$$P_j = \frac{n_j}{n}\,.$$

Sie genügen der Normierungsbedingung

$$\sum_{j=1}^{m} P_j = 1\ . \tag{3.95}$$

Die Gesamtlänge des Signals ist gleich

$$T = \sum_{j=1}^{m} n_j t_j .$$

Sie setzt sich additiv aus den Produkten von Länge mal Anzahl des entsprechenden Codeblocks zusammen. Dafür läßt sich auch schreiben

$$T = n \sum_{j=1}^{m} P_j t_j . \tag{3.96}$$

Da der Logarithmus eine monotone Funktion seines Argumentes ist, bleibt es gleich, ob die Zahl $N(T)$ der Kombinationen selbst oder deren Logarithmus maximalisiert wird.

$\log_2 N(T)$ ist gleich dem Informationsgehalt des Nachrichtenensembles. Da die Zeichen unabhängig voneinander sind, gilt

$$\log_2 N(T) = I = -n \sum_{j=1}^{m} P_j \log_2 P_j . \tag{3.97}$$

Es ist nun das Maximum dieser Größe zu finden, wobei die Nebenbedingungen (3.95) und (3.96) zu beachten sind. Dies geschieht mit Hilfe der LAGRANGEschen Multiplikatorenmethode (siehe § 5).

Im vorliegenden Fall heißt das:

$$R(n, P_j) = -n k \sum_{j=1}^{m} P_j \ln P_j , \qquad \left(k = \frac{1}{\ln 2}\right), \tag{3.98}$$

$$\varphi_1 = 1 - \sum_{j=1}^{m} P_j , \tag{3.99}$$

$$\varphi_2 = T - n \sum_{j=1}^{m} P_j t_j . \tag{3.100}$$

Somit läuft die Aufgabe darauf hinaus, die Größe

$$R_1 = R + \lambda_1 \varphi_1 + \lambda_2 \varphi_2$$

zu maximalisieren, indem das Gleichungssystem

$$\left.\begin{aligned} \frac{\partial R_1}{\partial n} &= \frac{\partial R}{\partial n} + \lambda_1 \frac{\partial \varphi_1}{\partial n} + \lambda_2 \frac{\partial \varphi_2}{\partial n}, & \frac{\partial R_1}{\partial P_j} &= \frac{\partial R}{\partial P_j} + \lambda_1 \frac{\partial \varphi_1}{\partial P_j} + \lambda_2 \frac{\partial \varphi_2}{\partial P_j} \\ \varphi_1 &= 1 - \sum_{j=1}^{m} P_j = 0 , & \varphi_2 &= T - n \sum_{j=1}^{m} P_j t_j = 0 , \end{aligned}\right\} \tag{3.101}$$

gelöst wird.

Die Ableitungen von R [Gl. (3.98)] sind

$$\frac{\partial R}{\partial n} = -k \sum_{j=1}^{m} P_j \ln P_j , \qquad \frac{\partial R}{\partial P_j} = -n k (\ln P_j + 1) .$$

Für φ_1 und φ_2 [Gln. (3.99) und (3.100)] ergibt sich entsprechend

$$\frac{\partial \varphi_1}{\partial n} = 0 ; \qquad \frac{\partial \varphi_1}{\partial P_j} = -1 ; \qquad \frac{\partial \varphi_2}{\partial n} = -\sum_{j=1}^{m} P_j t_j ; \qquad \frac{\partial \varphi_2}{\partial P_j} = -n t_j .$$

Einsetzen dieser Größe in Gl. (3.101) liefert

$$-k \sum_{j=1}^{m} P_j \ln P_j - \lambda_2 \sum_{j=1}^{m} P_j t_j = -\sum_{j=1}^{m} (k P_j \ln P_j + \lambda_2 P_j t_j) = 0 ;$$

$$-n k (\ln P_j + 1) - \lambda_1 - \lambda_2 n t_j = 0 .$$

Die zweite Zeile läßt sich umformen in

$$k \ln P_j = -\frac{\lambda_1}{n} - \lambda_2 t_j - k . \tag{3.102}$$

Dies in die erste Zeile eingesetzt, ergibt

$$\sum_{j=1}^{m} P_j \left(-\frac{\lambda_1}{n} - \lambda_2 t_j - k + \lambda_2 t_j \right) = \sum_{j=1}^{m} P_j \left(-\frac{\lambda_1}{n} - k \right) = 0 .$$

Mithin gilt

$$-\frac{\lambda_1}{n} = k \quad \text{bzw.} \quad \lambda_1 = -n k .$$

Damit vereinfacht sich Gl. (3.102) zu

$$k \ln P_j = -\lambda_2 t_j = \log_2 P_j ,$$

woraus schließlich

$$P_j = 2^{-\lambda_2 t_j} \tag{3.103}$$

folgt. Diese Gleichung stellt den gewünschten Zusammenhang zwischen der optimalen Länge der Codeblöcke und den betreffenden Wahrscheinlichkeiten her.

Die Kanalkapazität ist dann gleich

$$C = \frac{-n \sum P_j \log_2 P_j}{T} = \frac{-n \sum (-\lambda_2 P_j t_j)}{T} = \lambda_2 . \tag{3.104}$$

Wenn es zu erreichen ist, daß die Längen aller Codeblöcke der Gl. (3.103) genügen, wird die Kanalkapazität der Übertragungsstrecke vollständig ausgeschöpft. Hierfür ist es erforderlich, die Codierung auf die statistischen Eigenschaften der Quelle abzustimmen. Werden etwa die Probenwerte des Quellensignals auf stetige Zeitintervalle abgebildet (beispielsweise mit Pulszeitmodulation), so läßt sich Gl. (3.103) unmittelbar anwenden. Die t_j sind dann gerade die Zeitintervalle, mit Hilfe derer sich das Signal optimal codieren läßt. Da λ_2 gemäß Gl. (3.104) gleich der Kanalkapazität ist, besteht die Beziehung

$$t_j = -\frac{\log_2 P_j}{C} . \tag{3.105}$$

Bei diskreter Codierung ist es grundsätzlich unmöglich, in jedem Falle ideale Verhältnisse zu erreichen.

So läßt sich mit dem Binärcode nur eine endliche Anzahl von Codeblöcken darstellen. Die Längen sind auf Vielfache der Länge eines einzelnen Binärzeichens beschränkt. Es gibt jedoch Regeln, um fast optimale Codes zu konstruieren. Eine besonders einfache Methode existiert für den Fall, daß die Zeichen ‚0' und ‚L' gleichlang sind.

Die zu codierenden Zeichen der Quelle werden nach abnehmender Wahrscheinlichkeiten geordnet und in zwei Mengen eingeteilt, von denen die eine die ersten k_1 Zeichen und die andere die restlichen $(m - k_1)$ Zeichen enthält. Jede der beiden Mengen kann durch ein Binärzeichen repräsentiert werden, beispielsweise die Menge der k_1 Zeichen durch eine ‚0' und die andere durch eine ‚L'. Da ‚0' und ‚L' die gleiche Länge haben, müssen auch die Gesamtwahrscheinlichkeiten für das Auftreten von Zeichen aus den jeweiligen Mengen gleich sein.

Dies ist durch eine geeignete Wahl von k_1 zumindest näherungsweise erreichbar. Die Aufteilung ist als allgemeines Schema in Tabelle 13 dargestellt. Nun wird dasselbe Verfahren auf jede der beiden Mengen einzeln angewandt. Es entstehen jeweils zwei Untermengen. Sie werden mit Hilfe eines zweiten Binärzeichens voneinander unterschieden. Aus der einen Menge ergeben sich dann die Bezeichnungen ‚00' und ‚0L' für ihre Untermengen. Da die Länge der beiden Codeblöcke wiederum gleich ist, müssen auch die beiden Untermengen gleichwahrscheinlich sein. D. h., daß die Gesamtwahrscheinlichkeiten für Zeichen aus je einer Untermenge möglichst gleich einem Viertel sein sollte.

Dasselbe Verfahren wird sinngemäß auf die vom Codezeichen ‚L' repräsentierte Menge angewandt. Somit entstehen vier Untermengen mit je einem zweistelligen Codeblock als Repräsentanten. Tabelle 14 vermittelt einen Überblick über die Art und Weise der Aufteilung. Sie wird solange fortgesetzt, bis jede der Untermengen nur noch einem Zeichen der Quelle zugeordnet ist. Codeblock und Zeichen der Quelle entsprechen dann einander eindeutig. Ein auf diese Weise konstruierter Code heißt SHANNON-FANO-Code [11], [33], [34].

Beispiel 3.4. Ein Kanal soll Nachrichten übertragen, die aus zehn Zeichen mit den in Tabelle 15 gegebenen Wahrscheinlichkeiten bestehen. Die Bandbreite des Kanals gestatte es, im Mittel eines der zehn Zeichen pro ms zu übertragen.

Es ist die Kanalkapazität zu bestimmen, ein Optimalcode mit Zeitmodulation und ein optimaler Binärcode zu konstruieren. Der optimale Binärcode ist mit einem sogenannten gleichmäßigen Binärcode, bestehend aus gleichlangen Codeblöcken, hinsichtlich des Informationsflusses zu vergleichen.

Die Kanalkapazität ergibt sich aus Gl. (3.94) zu

$$C = H \frac{n}{T}.$$

ε wurde vernachlässigt.

Die Entropie

$$H = -\sum_{i=1}^{10} P_i \log_2 P_i$$

errechnet sich mit Hilfe der Werte aus Tabelle 16 zu $H = 2{,}838$ bit/Zeichen.

Im Mittel können $\frac{n}{T} = 1000$ Zeichen/s den Kanal durchlaufen.

Tabelle 13

Ursprüngliche Zeichen und Wahrscheinlichkeiten	$h_1, h_2, h_3, h_4, h_5, \ldots, h_{m-3}, h_{m-2}, h_{m-1}, h_m$ $P_1, P_2, P_3, P_4, P_5, \ldots, P_{m-3}, P_{m-2}, P_{m-1}, P_m$ $\quad (P_j \geqq P_{j+1})$	
Mengen	I	II
Zeichen und Wahrscheinlichkeiten	$h_1, h_2, \ldots, h_{m-3}, h_{m-1}$ $P_1 + P_2 + \cdots + P_{m-3} + P_{m-1} \approx \frac{1}{2}$	$h_3, h_4, h_5, \ldots, h_{m-2}, h_m$ $P_3 + P_4 + P_5 + \cdots + P_{m-2} + P_m \approx \frac{1}{2}$
Code	0	1

Tabelle 14

Ursprüngliche Zeichen und Wahrscheinlichkeiten	$h_1, h_2, h_3, h_4, h_5, \ldots, h_{m-3}, h_{m-2}, h_{m-1}, h_m$ $P_1, P_2, P_3, P_4, P_5, \ldots, P_{m-3}, P_{m-2}, P_{m-1}, P_m$			
Mengen	I		II	
Zeichen und Wahrscheinlichkeiten	$h_1, h_2, \ldots, h_{m-3}, h_{m-1}$ $P_1 + P_2 + \cdots + P_{m-3} + P_{m-1} \approx \frac{1}{2}$		$h_3, h_4, h_5, \ldots, h_{m-2}, h_m$ $P_3 + P_4 + P_5 + \cdots + P_{m-2} + P_m \approx \frac{1}{2}$	
Code	0		1	
Untermengen	1	2	3	4
Zeichen und Wahrscheinlichkeiten	$h_1, \ldots, h_{m-3}$ $P_1 + \cdots + P_{m-3} \approx \frac{1}{4}$	$h_2, \ldots, h_{m-1}$ $P_2 + \cdots + P_{m-1} \approx \frac{1}{4}$	$h_3, h_4, \ldots, h_{m-2}$ $P_3 + P_4 + \cdots + P_{m-2} \approx \frac{1}{4}$	$h_5, \ldots, h_m$ $P_5 + \cdots + P_m \approx \frac{1}{4}$
Code	00	01	10	11

Somit ist die Kanalkapazität gleich

$$C = 2{,}838 \text{ bit/s} .$$

Auf der Basis von Zeitmodulation läßt sich der optimale Code mittels Gl. (3.105) konstruieren. Die optimale Länge der Zeitintervalle ist aus Tabelle 17 abzulesen.

Tabelle 15

Zeichen	h_1	h_2	h_3	h_4	h_5	h_6	h_7	h_8	h_9	h_{10}
Wahrscheinlichkeit	0,25	0,20	0,15	0,15	0,10	0,05	0,05	0,03	0,01	0,01

Tabelle 16

i	1	2	3	4	5
$-P_i \log_2 P_i$	0,500	0,465	0,412	0,412	0,332
i	6	7	8	9	10
$-P_i \log_2 P_i$	0,216	0,216	0,152	0,0664	0,0664

Tabelle 17

j	1	2	3	4	5	6	7	8	9	10
P_j	0,25	0,20	0,15	0,15	0,10	0,05	0,05	0,03	0,01	0,01
$-\log_2 P_j$	2,00	2,32	2,74	2,74	3,32	4,32	4,32	5,06	6,64	6,64
t_j, [ms]	0,705	0,818	0,965	0,965	1,17	1,52	1,52	1,78	2,33	2,33

Tabelle 18

j	1	2	3	4	5
$P_j t_j$, [ms]	0,176	0,165	0,145	0,145	0,117
j	6	7	8	9	10
$P_j t_j$, [ms]	0,076	0,076	0,0534	0,0233	0,0233

Tabelle 19

Aufteilung	Ursprüngliche Zeichen und Wahrscheinlichkeiten	h_1 0,25	h_2 0,20	h_3 0,15	h_4 0,15	h_5 0,10	h_6 0,05	h_7 0,05	h_8 0,03	h_9 0,01	h_{10} 0,01
Erste Aufteilung	Zeichen Wahrscheinlichkeit	h_1 0,25 +	h_2 0,20 = 0,45	h_3 0,15 +	h_4 0,15 +	h_5 0,10 +	h_6 0,05 +	h_7 0,05 +	h_8 0,03 +	h_9 0,01 +	h_{10} 0,01 = 0,55
	Code	0		1							
Zweite Aufteilung	Zeichen Wahrscheinlichkeit	h_1 0,25	h_2 0,20	h_3 0,15 +	h_4 0,15 = 0,30	h_5 0,10 +	h_6 0,05 +	h_7 0,05 +	h_8 0,03 +	h_9 0,01 +	h_{10} 0,01 = 0,25
	Code	00	01	10		11					
Dritte Aufteilung	Zeichen Wahrscheinlichkeit			h_3 0,15	h_4 0,15	h_5 0,10 +	h_6 0,05 = 0,15	h_7 0,05 +	h_8 0,03 +	h_9 0,01 +	h_{10} 0,01 = 0,10
	Code			100	101	110		111			
Vierte Aufteilung	Zeichen Wahrscheinlichkeit					h_5 0,10	h_6 0,05	h_7 0,05	h_8 0,03 +	h_9 0,01 +	h_{10} 0,01 = 0,05
	Code					1100	1101	1110	1111		
Fünfte Aufteilung	Zeichen Wahrscheinlichkeit								h_8 0,03	h_9 0,01 +	h_{10} 0,01 = 0,02
	Code								11110	11111	
Sechste Aufteilung	Zeichen Wahrscheinlichkeit									h_9 0,01	h_{10} 0,01
	Code									111110	111111

Die mittlere Länge t_m der Zeitintervalle, die den jeweiligen Zeichen der Quelle entsprechen, ergibt sich aus

$$\frac{T}{n} = t_m = \sum_{j=1}^{m} P_j t_j$$

zu $t_m = 1$ ms, wie es sein muß. Die einzelnen Summen sind in Tabelle 18 aufgeführt. Der Code schöpft die Kanalkapazität vollständig aus.

Die wichtigsten Zwischenergebnisse bei der Konstruktion des SHANNON-FANO-Codes bringt Tabelle 19.

Der gleichmäßige Code wird wie folgt konstruiert. Sind m Zeichen zu codieren, so ist die Länge eines Codeblocks gleich der kleinsten ganzen Zahl n_k, die der Bedingung

$$n_k \geqq \log_2 m$$

genügt. Im vorliegenden Fall mit $m = 10$ heißt das

$$n_k = 4 > 3{,}32 = \log_2 10 .$$

Tabelle 20 stellt die Kenngrößen des optimalen und des gleichmäßigen Binärcodes zusammen.

Hierin ist t_j die Länge eines Codeblocks. Es gilt

$$t_j = \frac{m_j}{C} .$$

m_j ist gleich der Zahl der im jeweiligen Codeblock enthaltenen Binärzeichen und gibt damit die ‚Länge' eines Codeblocks in Binäreinheiten an.

Die mittlere Länge eines Codeblocks ist für den optimalen Binärcode gleich $t_m = \sum_{j=1}^{m} P_j t_j = 1{,}012$ ms und für den gleichmäßigen Binärcode gilt $t_m = \frac{n\,k}{C} = 1{,}41$ ms.

Der optimale Binärcode schöpft die Kanalkapazität nahezu vollständig aus. Der Unterschied beträgt nur ein Prozent. Der gleichmäßige Code dagegen verlängert die Übertragungsdauer um 41%. Diese Methode würde also die Übertragungseigenschaften des Kanals wesentlich verschlechtern.

§ 20. Kapazität des gestörten Kanals

Bisher wurden nur Kanäle ohne Übertragungsfehler betrachtet. In Wirklichkeit ist jede Übertragung mit Störungen verbunden. Sie verformen das Signal und beeinträchtigen damit die Übertragungsgüte. Es geht Information verloren. Dies steht nicht im Einklang mit der Aufgabe des Kanals, die Information verlustfrei zu übertragen. Zur Untersuchung dieses Problems wird der Begriff der Kapazität des gestörten Kanals eingeführt. Sie ist gleich der maximalen Übertragungsrate, bei der die Fehlerwahrscheinlichkeit unter einer beliebig vorgegebenen Schwelle liegt. Ein gestörter Kanal ist in Abb. 3.18 schematisch dargestellt.

Fehlt jegliche Störung, so stimmen gesendetes und empfangenes Signal überein, d. h. $y = x$. Treten jedoch Störungen auf, so bleibt bei Empfang des Zeichens y eine gewisse Unbestimmtheit darüber bestehen, welches Zeichen tatsächlich gesendet worden ist.

Tabelle 20

	Zeichen	h_1	h_2	h_3	h_4	h_5	h_6	h_7	h_8	h_9	h_{10}
Optimaler Code	Code	00	01	100	101	1100	1101	1110	11110	111110	111111
	Zahl der Binärschritte m_j	2	2	3	3	4	4	4	5	6	6
	t_j, [ms]	0,705	0,705	1,06	1,06	1,41	1,41	1,41	1,76	2,11	2,11
	$P_j t_j$	0,176	0,141	0,159	0,159	0,141	0,0705	0,0705	0,053	0,021	0,021
Gleichmäßiger Code	Code	0000	0001	0010	0011	0100	0101	0110	0111	1000	1001
	t_j, [ms]	1,41	1,41	1,41	1,41	1,41	1,41	1,41	1,41	1,41	1,41

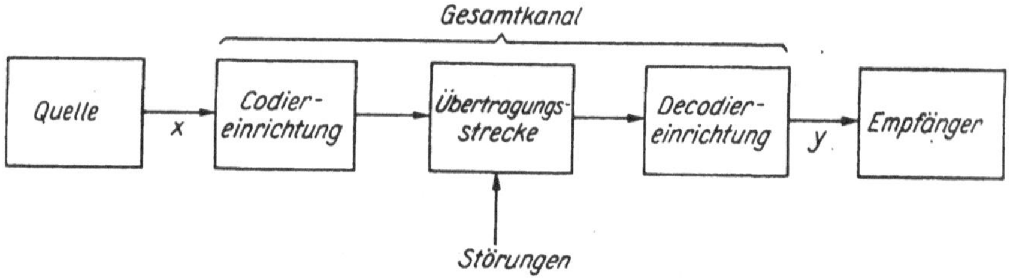

Abb. 3.18

Im Idealfall ohne Störung möge der Kanal einen Informationsfluß von I_k/T bit/s übertragen. Wirkt eine Störung ein, so geht ein bestimmter Teil davon verloren. Der Verlust ist gleich der bedingten Entropie $H_y(x)$, die genau der Unbestimmtheit hinsichtlich des Sendesignals entspricht.

Der Informationsverlust in der Zeiteinheit ist gleich $n\, H_y(x)/T$. Der Transinformationsfluß, so heißt die pro Zeiteinheit übertragene nützliche Information, ist dann gleich

$$\frac{I_y}{T} = \frac{I_k}{T} - \frac{n\, H_y(x)}{T}.$$

I_k/T ist gleich dem Informationsfluß der Quelle, somit gilt

$$\frac{I_y}{T} = I_y' = \frac{n}{T}\,[H(x) - H_y(x)].$$

$H(x)$ ist wie gewohnt die Quellenentropie.

Die Kanalkapazität ist als Maximum des Transformationsflusses definiert:

$$C = \frac{n}{T}\,[H(x) - H_y(x)]_{\max}. \tag{3.106}$$

Die Gleichung zeigt, daß die Kanalkapazität mit wachsender bedingter Entropie $H_y(x)$ abnimmt. Um die Verluste auszugleichen und eine fehlerfreie Übertragung sicherzustellen, muß geeignet codiert werden. Die Codierung ist komplizierter als im ungestörten Kanal und erfordert zusätzliche Zeichen in den Codeblöcken. Rein formal kann der Informationsfluß über die Übertragungsstrecke so aufgeteilt werden, wie es Abb. 3.19 zeigt.

Die Codiereinrichtung möge einen Informationsfluß von $n\, H(x)/T$ ausgeben. Am Ende der Übertragungsstrecke ist parallel zur Decodiereinrichtung noch ein Zusatzkanal in Betrieb, der dazu dient, alle Übertragungsfehler festzustellen und zu verbessern. Als Maß für die Informationsverluste durch Übertragungsfehler ist bereits die Größe $n\, H_y(x)/T$ eingeführt worden.

Der Zusatzkanal muß folglich die Fehler schnell genug feststellen und korrigieren können, um die Informationsverluste $n\, H_y(x)/T$ auszugleichen.

Die richtig übertragenen Zeichen bringen den Informationsfluß $n\, H(y)/T$ ein.

Insgesamt nimmt der Empfänger damit einen Informationsfluß entgegen, der sich additiv aus den Anteilen von richtiger Übertragung und Korrektur

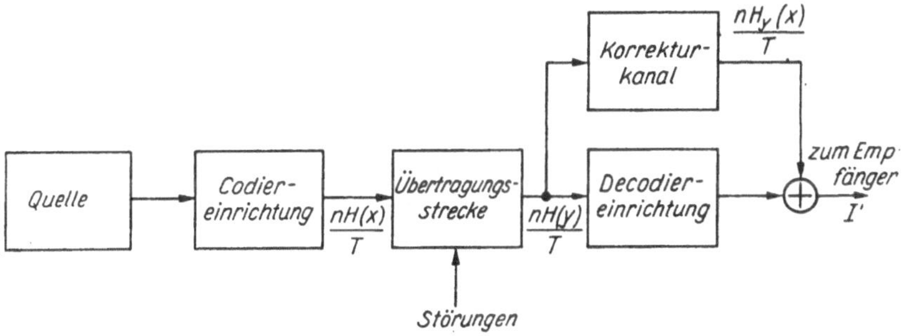

Abb. 3.19

zusammensetzt:

$$I'_r = \frac{n\,H(y)}{T} + \frac{n\,H_y(x)}{T}.$$

Da der Korrekturkanal voraussetzungsgemäß alle Fehler verbessert, muß der empfangsseitige Informationsfluß gleich dem von der Quelle erzeugten sein, d. h.

$$I'_r = \frac{n\,H(x)}{T}.$$

Durch Gleichsetzen der beiden Ausdrücke für I'_r folgt

$$\frac{n\,H(x)}{T} = \frac{n\,H(y)}{T} + \frac{n\,H_y(x)}{T}$$

bzw.

$$\frac{n\,H(y)}{T} = I'_y = \frac{n}{T}\,[H(x) - H_y(x)]\,.$$

Wird hiervon das Maximum $I'_{y\max}$ gebildet, ergibt sich Übereinstimmung mit Gl. (3.106).

Die Kapazität des Korrekturkanals muß mindestens gleich $n\,H_y(x)/T$ sein, um zu gewährleisten, daß alle Fehler beseitigt werden. Andernfalls besteht am Kanalausgang noch eine gewisse Unbestimmtheit. Die Größe $H_y(x)$ heißt Äquivokation (Vieldeutigkeit) [14]. Sie ist ein Maß für die Unzuverlässigkeit des gestörten Kanals und gibt an, wieviele der in einem Quellenzeichen enthaltenen Binäreinheiten (Bit) nicht zur Informationsübertragung genutzt werden können.

Mittels Gl. (3.106) ist es möglich, die Kapazität des diskreten Kanals zu berechnen.

Dazu müssen die jeweiligen bedingten Wahrscheinlichkeiten, die ein Maß des Störeinflusses sind, bekannt sein. Im Falle des stetigen Kanals gilt eine analoge Aussage. Nur sind dann die differentiellen Größen zu verwenden.

Es soll nun die Kanalkapazität berechnet werden, wenn die mittlere Leistung P_n des Nutzsignals vorgegeben ist und die Störung aus Gaussschem Rauschen mit der Spektraldichte S_0 besteht. Dieser Fall hat große praktische und theoretische Bedeutung. Mit der Kanalbandbreite F [Hz][1]) und der Übertragungsdauer T [s] ergibt sich für die Zahl der Abtastwerte

$$n = 2\,F\,T\,.$$

Da auch das weiße Rauschen auf die Bandbreite F beschränkt bleibt, ist die mittlere Störleistung P_s (vgl. § 6) gleich

$$P_s = D_{xs} = 2\,S_0\,F\,.$$

Dabei ist D_{xs} die Dispersion der Störung.

Es erscheint vorteilhaft, für die weitere Untersuchung die geometrische Anschauung zur Hilfe zu nehmen. Wie in § 7 dargestellt, sind die Vektoren des Nutz- und des Störsignals bestimmte Realisierungen aus der Menge aller möglichen Werte. Die Länge eines Vektors ist proportional zur Quadratwurzel aus der Dispersion des Signals (oder der mittleren Leistung)

$$\|\boldsymbol{x}\| = \sqrt{2\,F\,T\,P}\,.$$

Der Nutzsignalvektor hat in dieser Darstellung die Länge

$$R_n = \sqrt{2\,F\,T\,P_n}\,, \tag{3.107a}$$

während der Betrag des Störsignalvektors gleich

$$R_s = \sqrt{2\,F\,T\,P_s}\,. \tag{3.107b}$$

ist.

Ein und dieselbe Realisierung des Nutzsignals X_n werde zunächst mehrfach übertragen. Die Gesamtheit der Empfangssignale Y bildet dann aufgrund der Störungen eine Menge von Realisierungen, die im allgemeinen verschieden voneinander sind.

Geometrisch gesehen, bilden die Empfangssigale eine Vektorschar auf einem Kegelmantel (Abb. 3.20a). Hierbei ist statistische Unabhängigkeit zwischen Nutzsignal und Störung vorausgesetzt. Die Länge dieser Vektoren beträgt

$$\|\boldsymbol{y}\| = \sqrt{R_n^2 + R_s^2} = \sqrt{2\,F\,T\,(P_n + P_s)}\,. \tag{3.108}$$

a)

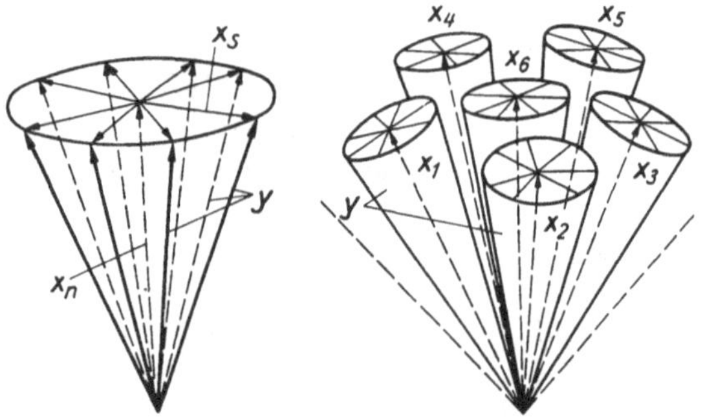

b)

Abb. 3.20

[1]) Für die Kanalbandbreite wird abweichend vom Deutschen das auch im russischen Original vorhandene F verwendet.

Da die Störung voraussetzungsgemäß aus weißem Rauschen besteht, sind alle Richtungen gleichwahrscheinlich, so daß die Zahl der Vektoren $\boldsymbol{x}_s$ auf der Längeneinheit des Umfanges der Kegelgrundfläche konstant ist.

Nichtquantisierte Empfangssignale haben bei gegebenem $\boldsymbol{x}_n$ unendlich viele Realisierungen. Die Quantisierung schränkt die Zahl der Realisierungen auf eine endliche Gesamtheit ein. Besteht das zu übertragende Signal aus N verschiedenen Realisierungen, bildet sich im Raum der Empfangssignale um jeden der zugehörigen Vektoren $\boldsymbol{x}_n$ ein Störkegel (Abb. 3.20b).

Im allgemeinen ist die Nutzleistung konstant. Dann befinden sich die Spitzen der Störkegel in einem gemeinsamen Mittelpunkt und ihre Grundflächen stoßen an die Oberfläche einer n-dimensionalen Kugel.

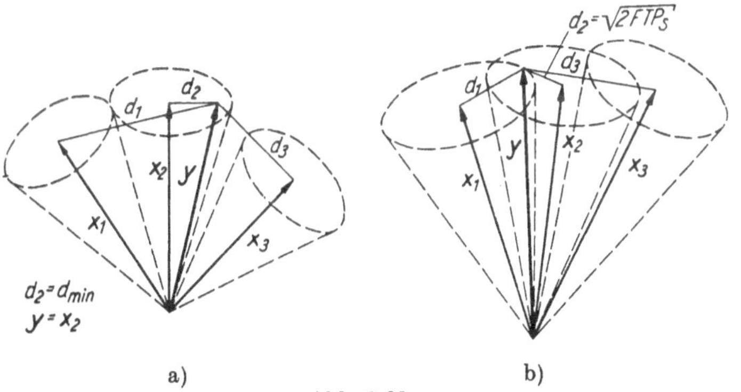

Abb. 3.21

Nun soll die Aufgabe, jeder der Realisierungen des Empfangssignals eines der gesendeten $\boldsymbol{x}_n$ zuzuordnen, betrachtet werden. Es ist ohne weiteres einzusehen, daß sich die kreisförmigen Grundflächen[1]) der Kegel auf der Kugeloberfläche nicht überlappen dürfen, um eine eindeutige Zuordnung zum gesendeten Nutzsignal zu gewährleisten. Dazu genügt es, für jede Realisierung des Empfangssignals zu prüfen, mit welchem der $\boldsymbol{x}_n$ sie den kleinsten Winkel bildet. Da alle Vektoren gleich lang sind, ist der Abstand ihrer Durchstoßpunkte auf den jeweiligen Kegelgrundflächen ein geeignetes Maß (Bild 3.21a). Beim Empfang wird das $\boldsymbol{x}_n$ erkannt, das mit dem Empfangsvektor $\boldsymbol{y}$ minimales d ergibt. Eine solche Empfangsregel heißt ideal im Sinne von Kotelnikow [22].

Zum richtigen Empfang ist es jedoch nicht unbedingt erforderlich, daß die Kegelgrundflächen (die den Radius R_s haben) auf der Nutzsignalkugel frei von Überschneidungen sind.

Es wird der Abstand $d = \sqrt{2\,F\,T\,P_s}$ zwischen gesendetem und empfangenem Signal bestimmt (Abb. 3.21b) und das $\boldsymbol{x}_n$ erkannt, das von $\boldsymbol{y}$ gerade um d entfernt ist.

[1]) Genaugenommen gilt das nur für $P_n \ll P_s$.

Nun ist es möglich, genau zu formulieren, worin das Problem der Ermittlung der Kanalkapazität bei Anwesenheit von Störungen besteht. Es ist die maximale Anzahl der Realisierungen des Nutzsignals x_n zu ermitteln, die der Kanal übertragen kann, wobei die Fehlerwahrscheinlichkeit eine vorgegebene niedrige Schranke nicht überschreiten darf.

Im geometrischen Bild heißt das einfach: Es ist die Maximalzahl von Kreissegmenten des Radius R_s zu bestimmen, die sich auf einer n-dimensionalen Kugel mit dem Radius R_n unterbringen lassen. Es ist also die dichteste Anordnung zu finden, die die Übertragung mit einer vorgegebenen Fehlerhäufigkeit gewährleistet. Dabei können sich die Kegelgrundflächen unter Umständen überschneiden, ohne daß überhaupt Fehler entstehen. Formal läßt sich dies so ausdrücken, daß anstatt des Störradius R_s ein kleinerer Radius R_0 angenommen wird (Abb. 3.22).

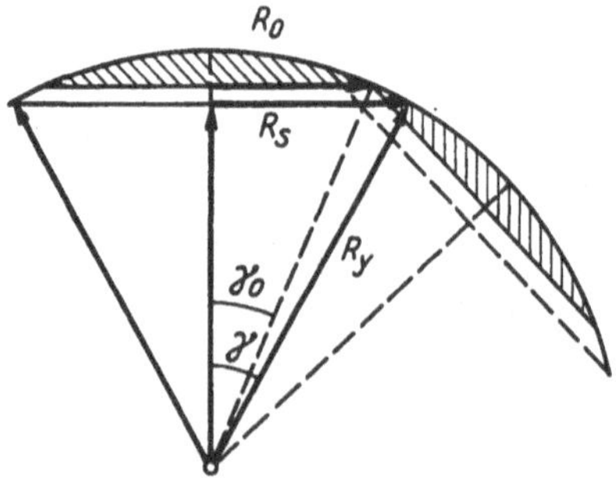

Abb. 3.22

Die Lösung dieser Aufgabenstellung wird in Anlehnung an Bloch und Charkewitsch [3] dargestellt. Neben den alten zu R_s gehörigen Segmenten werden die zu R_0 gehörigen betrachtet. Gemäß Abb. 3.22 gilt

$$\frac{R_0}{R_y} = \sin \gamma_0 , \qquad \frac{R_s}{R_y} = \sin \gamma .$$

Von Gl. (3.108) her läßt sich setzen

$$R_y = \sqrt{2 F T (P_n + P_s)} .$$

Daraus folgt

$$\sin \gamma = \sqrt{\frac{P_s}{P_n + P_s}} = \left(1 + \frac{P_n}{P_s}\right)^{-\frac{1}{2}} .$$

Mit der Abkürzung

$$\frac{\sin \gamma_0}{\sin \gamma} = \frac{R_0}{R_s} = \alpha \tag{3.109}$$

ergibt sich die Beziehung

$$\sin \gamma_0 = \alpha \sin \gamma = \left[\frac{1}{\alpha^2}\left(1 + \frac{P_n}{P_s}\right)\right]^{-\frac{1}{2}} . \tag{3.110}$$

Die Zahl der Segmente, die sich in dichtester Packung auf der n-dimensionalen Kugel unterbringen lassen, erfüllt nach [3] die Beziehung

$$N \leqq n\, B\, (\sqrt{2}\, \sin \gamma_0)^{-n}\,, \tag{3.111}$$

B ist eine Konstante.

Offenbar bestimmt die Ungleichung (3.111) eine obere Grenze für die Zahl der möglichen Realisierungen des Signals $\boldsymbol{x}_n$, da je einer der N Nutzsignalvektoren den Mittelpunkt eines Kreissegmentes darstellt.

Nach § 13 sind alle Realisierungen der hochwahrscheinlichen Gruppe gleichwahrscheinlich. Mithin ist der maximale Informationsgehalt, der sich über den Kanal übertragen läßt, gleich

$$I = \log_2 N\,.$$

Und als Kanalkapazität ergibt sich

$$C = \frac{\log_2 N}{T}$$

bzw.

$$C = \frac{2\, F \log_2 N}{n}\,. \tag{3.112}$$

Einsetzen von Gl. (3.111) in Gl. (3.112) führt auf

$$C \leqq \frac{2\, F \log_2 n}{n} + \frac{2\, F \log_2 B}{n} - 2\, F \log_2 (\sqrt{2}\, \sin \gamma_0')\,.$$

Ist die Zahl der Abtastwerte hinreichend hoch, lassen sich auf der rechten Seite das erste und das zweite Glied vernachlässigen. Die Abschätzung lautet dann

$$C \leqq -\, 2\, F \log_2 (\sqrt{2}\, \sin \gamma_0)\,.$$

Wird hierin $\sin \gamma_0$ aus Gl. (3.110) verwendet, so lautet das Endergebnis

$$C \leqq -\, F \log_2 \left[\frac{1}{2\, \alpha^2} \left(1 + \frac{P_n}{P_s}\right)\right]. \tag{3.113}$$

Nun ist die Wahrscheinlichkeit für die Fehler, die bei der Übertragung des Nutzsignals auftreten, zu ermitteln; daraus lassen sich dann die Bedingungen, unter denen die Fehlerwahrscheinlichkeit möglichst klein ist, quantitativ angeben. Der Einfachheit halber sei im folgenden stets angenommen, daß jeder Störkegel einen Kreis anstelle eines Abschnittes der n-dimensionalen Kugel als Grundfläche hat, d. h. $P_n \gg P_s$ [1]).

Eine eindeutige Zuordnung des empfangenen Signals $\boldsymbol{y}$ zu einer bestimmten Realisierung des Sendesignals ist, wie oben bereits dargelegt, immer möglich, wenn sich die Kreise nicht überschneiden. Wenn die Endpunkte der Vektoren $\boldsymbol{y}$ auf dem Kreis gleichverteilt sind, läßt sich der Fehler, der infolge der

---

[1]) Die nachstehenden Überlegungen bleiben auch ohne diese Voraussetzung schlüssig [3], der Beweis wäre allerdings komplizierter.

Überdeckung der Kreise entsteht, leicht berechnen. Die Wahrscheinlichkeit, daß fälschlicherweise eine andere Realisierung als die gesendete empfangen wird, ist gleich dem Verhältnis der Länge ΔL des ausgeschnittenen Bogens zum Gesamtumfang L (Abb. 3.23) $P_0 = m_k \frac{\Delta L}{L}$. Hierbei steht

m_k für die Zahl der Überschneidungen mit anderen Kreisen,
ΔL für die Bogenlänge, die ein Nachbarkreis ausschneidet und
L für den Umfang.

Im n-dimensionalen Raum ist der Umfang eine $(n-1)$-dimensionale Hyperkugel. Somit kann die Überschneidung von Kreisen im n-dimensionalen Signalraum auch als Überschneidung von Kugeln im $(n-1)$-dimensionalen Raum aufgefaßt werden.

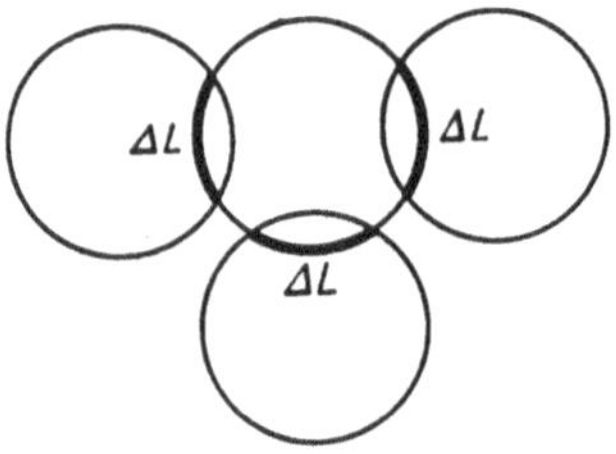

Abb. 3.23

Da die Wahrscheinlichkeit, daß ein Punkt auf ein Teilgebiet der Kugelfläche (hier auf die gewölbte Fläche des Kugelsegments) fällt, gleich dem Verhältnis der Flächen ist, ergibt sich als Fehlerwahrscheinlichkeit

$$P_0 = m_k \frac{\Delta S}{S} . \tag{3.114}$$

Hierbei ist: ΔS — gewölbte Fläche des von der Nachbarkugel herausgeschnittenen Segments,
S — $(n-1)$-dimensionale Kugeloberfläche.

Es soll nun die Anzahl der Kugeln k_L bestimmt werden, die sich bei Einhaltung gewisser Vorgaben überlappen und gemeinsame Punkte haben, und zwar zunächst für den zweidimensionalen Fall.

In Abb. 3.24 sind zwei Kreise, die sich in einem gestrichelt gezeichneten Gebiet überschneiden, dargestellt. Der Winkel zwischen der Verbindungslinie $(2\,r_0)$ der Mittelpunkte und dem zu einem Schnittpunkt führenden Radius r beträgt 45°. Außerdem gilt

$$r_0 = \frac{1}{\sqrt{2}} r . \tag{3.115}$$

Offensichtlich ist die Ungleichung

$$r_0 \geqq \frac{1}{\sqrt{2}} r \tag{3.115a}$$

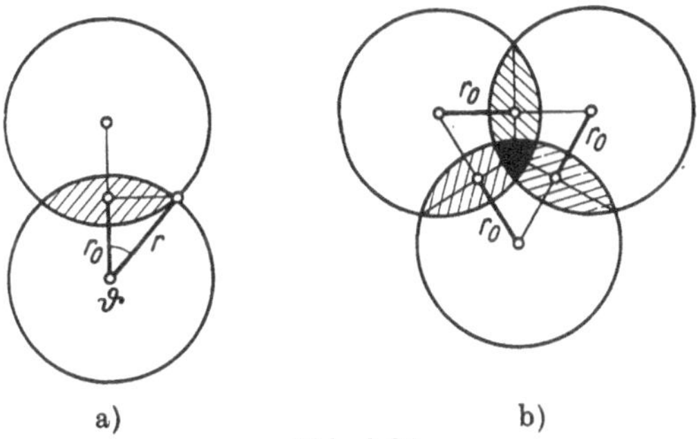

Abb. 3.24

gleichbedeutend mit

$$\vartheta \leqq 45^\circ \,. \tag{3.115b}$$

Es ist nun die Maximalzahl gleichartiger Kreise gesucht, die einen gemeinsamen Punkt haben und die Bedingung (3.115a) erfüllen. Es sei angemerkt, daß diese Voraussetzungen die Ausmaße der „Linse", die sich bei der Überschneidung zweier Kreise bildet, auf eine Öffnung von 45° beschränkt.

Ein weiterer Kreis, der das bisher betrachtete Paar von Kreisen schneidet, muß mindestens ebenso große „Linsen" ausschneiden und gleichzeitig mit beiden Kreisen gemeinsame Punkte haben. Unter diesen Umständen ist nur die in Bild 3.24b gezeichnete Anordnung möglich.

Somit ist für $n = 2$ Realisierungen die Zahl der Kreise, die der Bedingung (3.115a) genügen und gemeinsame Punkte haben, gleich $k_2 = 2 + 1 = 3$.

Im dreidimensionalen Fall ist die Zahl der Kugeln, die die angegebenen Eigenschaften besitzen, gleich Vier. Abb. 3.24b läßt sich etwa als ein Schnitt durch drei sich überschneidende Kugeln auffassen. Vier Kugeln schneiden nur dann Linsen gleichen Ausmaßes auseinander heraus, wenn sie keinen gemeinsamen Punkt (der zu allen vier Kugeln gleichzeitig gehört) haben. Demnach läßt sich keine fünfte Kugel mehr ansetzen, die gemeinsame Punkte mit den übrigen hat. Es gilt also $k_3 = 3 + 1 = 4$ und die obige Behauptung ist bewiesen (Abb. 3.25).

Damit läßt sich schließen, daß im q-dimensionalen Raum die Zahl der Kugeln, die sich unter Einhaltung der Ungleichung (3.115a) überschneiden und

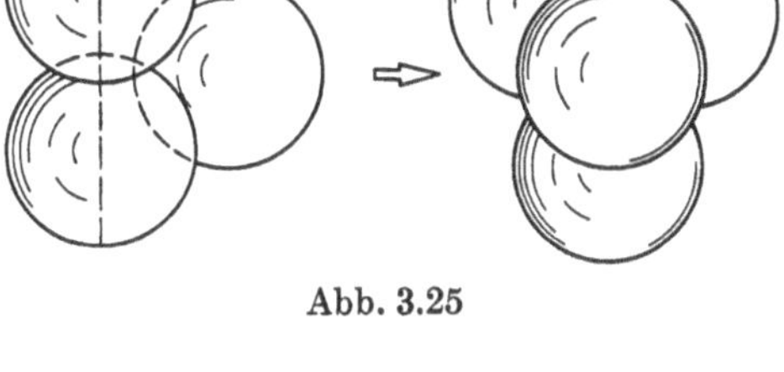

Abb. 3.25

gemeinsame Punkte haben, der Bedingung

$$k_q \leqq q + 1 \tag{3.116}$$

genügen. Mit Hilfe von Gl. (3.116) ist nun folgende Aussage möglich.

Die Gesamtfläche der Segmente, die bei der Überschneidung von m_k Kugeln im $(n-1)$-dimensionalen Signalraum entstehen ($n - 1$ = Zahl der Realisierungen), darf nicht größer sein, als die Summe der Kugeloberflächen. Die Art und Weise der Überschneidung wird durch Gl. (3.115) festgelegt. Mithin gilt

$$m_k \cdot \Delta S_0 \leqq k_{(n-1)} S = n S;$$

ΔS_0 — gewölbte Segmentoberfläche bei der zugelassenen maximalen Überschneidung,
S — Kugeloberfläche.

Daraus ergibt sich für die Anzahl der sich überschneidenden Kugeln im $(n-1)$-dimensionalen Raum

$$m_k \leqq n \frac{S}{\Delta S_0}.$$

Diese Schranke für m_k wird nun in Gl. (3.114) eingesetzt. Damit folgt für die Wahrscheinlichkeit

$$P_0 \leqq n \frac{\Delta S}{\Delta S_0}. \tag{3.117}$$

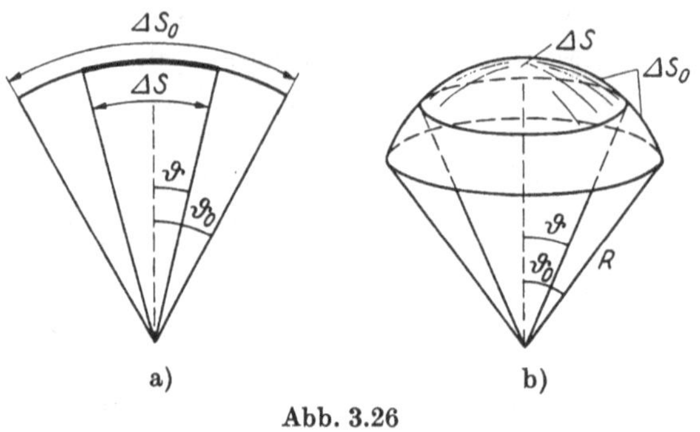

Abb. 3.26

Das Verhältnis $\Delta S / \Delta S_0$ wird in Abhängigkeit von der Dimensionalität des betrachteten Raumes durch je verschiedene Ausdrücke dargestellt. Im zweidimensionalen Fall ist das Verhältnis der Längen der Bögen gleich dem Verhältnis der entsprechenden Winkel (Abb. 3.26a)

$$\frac{\Delta S}{\Delta S_0} = \frac{\vartheta}{\vartheta_0}. \tag{3.118a}$$

Für $n = 3$ (Abb. 3.26b) ist die gewölbte Fläche des Segments gleich

$$\Delta S = 4 \pi R^2 \sin^2 \frac{\vartheta}{2}.$$

Somit folgt

$$\frac{\Delta S}{\Delta S_0} = \frac{\sin^2 \frac{\vartheta}{2}}{\sin^2 \frac{\vartheta_0}{2}} = \frac{1 - \cos\vartheta}{1 - \cos\vartheta_0},$$

oder, unter Verwendung der TAYLOR-Entwicklung,

$$1 - \cos\vartheta = \frac{\vartheta^2}{2} - \frac{\vartheta^4}{4!} + \cdots, \qquad \frac{\Delta S}{\Delta S_0} \approx \left(\frac{\vartheta}{\vartheta_0}\right)^2. \tag{3.118b}$$

Aus dem Vergleich der Gln. (3.118a) und (3.118b) ist es verständlich, daß im $(n - 1)$-dimensionalen Raum die Näherungsformel

$$\frac{\Delta S}{\Delta S_0} \approx C_0 \left(\frac{\vartheta}{\vartheta_0}\right)^{n-1}$$

gilt.[1]) C_0 ist eine Konstante.

Wird dies in Gl. (3.117) eingesetzt, ergibt sich für die Fehlerwahrscheinlichkeit

$$P_0 \leqq n\, C_0 \left(\frac{\vartheta}{\vartheta_0}\right)^{n-1}. \tag{3.119}$$

Wegen $\vartheta \leqq \vartheta_0$ [vgl. die Bedingung (3.115b)!], ist ϑ/ϑ_0 kleiner als Eins. Daher nimmt die Fehlerwahrscheinlichkeit mit wachsendem n ab. Wird die Länge des Signals $n = 2\,F\,T$ genügend groß gewählt, so läßt sich die Fehlerwahrscheinlichkeit unter jeden vorgegebenen Wert drücken. Es muß dabei stets die Ungleichung $r_0/r \geqq \frac{1}{2}\sqrt{2}$ ($\vartheta \leqq 45°$) eingehalten werden.

Es sei nun noch einmal zu den Beziehungen (3.109) und (3.115) zurückgekehrt. Durch eine sinngemäße Anwendung der in den Abb. 3.22 und 3.24a verwendeten Beziehungen auf diese Gleichungen folgt als gleichwertige Bedingung $\alpha \geqq \frac{1}{2}\sqrt{2}$.

Dies in Gl. (3.113) eingesetzt, führt schließlich auf

$$C \leqq F \cdot \log_2\left(1 + \frac{P_n}{P_s}\right). \tag{3.120}$$

In den SHANNONschen Arbeiten [33], [35], in denen der Begriff der Kapazität des gestörten Kanals eingeführt wird, ist die Beziehung (3.120) als Gleichung angegeben:

$$C = F \log_2\left(1 + \frac{P_n}{P_s}\right). \tag{3.121}$$

Und es wird gezeigt, daß die Fehlerwahrscheinlichkeit dann, wenn der zu übertragende Informationsfluß größer als die Kanalkapazität ist, nicht beliebig klein gemacht werden kann, welche Art der Codierung auch gewählt werden möge.

Gl. (3.121) stellt also die obere Grenze dar, was definitionsgemäß gerade die Kanalkapazität ist. Der Informationsfluß läßt sich beliebig an die Kanalkapazität annähern, wenn nur geeignet codiert wird.

[1]) Eine solche Beziehung existiert tatsächlich (vgl. [3]!).

Mittels Gl. (3.121) kann auch die Kapazität des ungestörten Kanals für gleichmäßig quantisierte Signale bestimmt werden. Dabei sei angenommen, daß alle Quantisierungsstufen mit derselben Wahrscheinlichkeit auftreten. Die Dispersion eines gleichverteilten Signals mit dem Spitzenwert $X = X_m$ ist gleich $P_n = X_m^2/3$. Die Dispersion des Quantisierungsrauschens ist gleich $P_s = \delta^2/12$ (siehe § 4), wobei δ der Quantisierungsschritt ist.

Diese Größen werden in Gl. (3.121) eingesetzt. Außerdem gilt

$$\frac{4\,X_m^2}{\delta^2} = m^2\,.$$

Somit folgt

$$C = F \log_2 (1 + m^2) \approx 2\,F \log_2 m\,. \tag{3.122}$$

Dieser Ausdruck ist inhaltlich gleichwertig mit Gl. (3.93), wenn $N = m^n$ und $n = 2\,F\,T$ beachtet wird.

Beispiel 3.5. Das zu übertragende Signal $x(t)$ habe die Länge T [s] und sei auf ein Frequenzband der Breite F_n [Hz] begrenzt. Die Signalwerte seien im Intervall $(-X_m, +X_m)$ gleichverteilt. Als Störung werde weißes, normalverteiltes Rauschen mit der spektralen Leistungsdichte S_0 angenommen. Zu bestimmen sind die Kanalkapazität sowie die Informationsflüsse, die mit PAM und PCM erreichbar sind. Die Ergebnisse sind in bezug auf die Redundanz zu vergleichen. Folgende Daten sind vorgegeben: $P_n = 4000\ \mathrm{V}^2$, $S_0 = 0{,}002\ \mathrm{V}^2\,\mathrm{s}$, $F_n = 1\ \mathrm{kHz}$, $T = 1200\ \mathrm{s}$.

1. Zur Bestimmung der Kanalkapazität wird Gl. (3.121) verwendet und es ergibt sich

$$C = F_n \log_2 \left(1 + \frac{P_n}{P_s}\right).$$

Die Störleistung im Nutzfrequenzband ist gleich

$$P_n = S_0\,F_n = 0{,}002 \cdot 1000\ \mathrm{V}^2 = 2\ \mathrm{V}^2\,.$$

Mithin folgt die Kanalkapazität

$$C = 1000 \log_2 \left(1 + \frac{4000}{2}\right) = 10\,970\ \mathrm{bit/s}\,.$$

2. Der Informationsfluß für PAM wird wie folgt bestimmt. Aus der Nutzbandbreite bestimmt sich das Abtastintervall zu

$$\Delta t = \frac{1}{2\,F_n} = 0{,}5 \cdot 10^{-4}\ \mathrm{s}\,.$$

Es werde angenommen, daß den Abtastimpulsen ein Frequenzband der Breite $F_{i1} = 4\,F_n$ zur Verfügung steht. Damit ist die Halbwertsbreite festgelegt. Sie wird mit τ_{i1} bezeichnet.

Da die Signalwerte im vorgegebenen Intervall gleichwahrscheinlich sind, ist die Dispersion (oder die mittlere Leistung) des Nutzsignals gleich

$$P_n = \frac{(2\,X_m)^2}{12}$$

bzw.

$$P_n = \frac{(m\,\delta)^2}{12}, \tag{3.123}$$

wobei m die Zahl der Quantisierungsstufen ist und δ den Quantisierungsschritt kennzeichnet.

Da die Übertragung praktisch fehlerfrei vonstatten gehen soll, müssen die Quantisierungsschritte so groß gewählt werden, daß der Einfluß des Rauschens vernachlässigbar klein bleibt. Die Wahrscheinlichkeit für Übertragungsfehler ist proportional zur Zahl der Fälle, in denen der Rauschpegel höher als ein halber Quantisierungsschritt ist. Dann wird

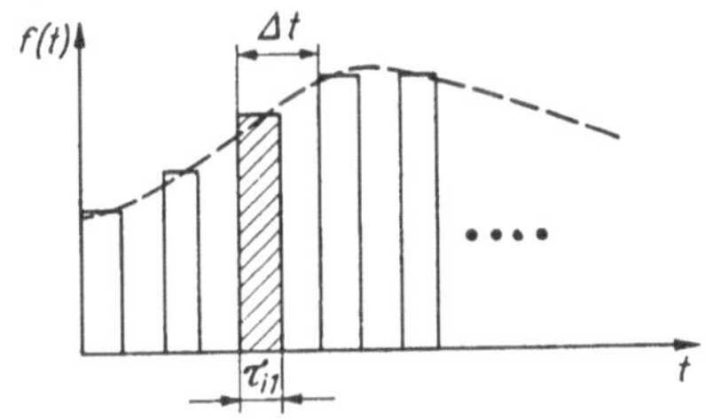

Abb. 3.27

der gerade übertragene Wert einem falschen Quantisierungsniveau zugeordnet (Abb. 3.28a). Bei normalverteiltem Rauschen ergibt sich als Fehlerwahrscheinlichkeit (vgl. Abb. 3.28b).

$$P_0 = \int_{\delta/2}^{\infty} p_s(x)\, dx ,$$

wobei

$$p_s(x) = \frac{1}{\sqrt{2\,\pi\, P_s}} \exp\left(-\frac{x^2}{2\,P_s}\right)$$

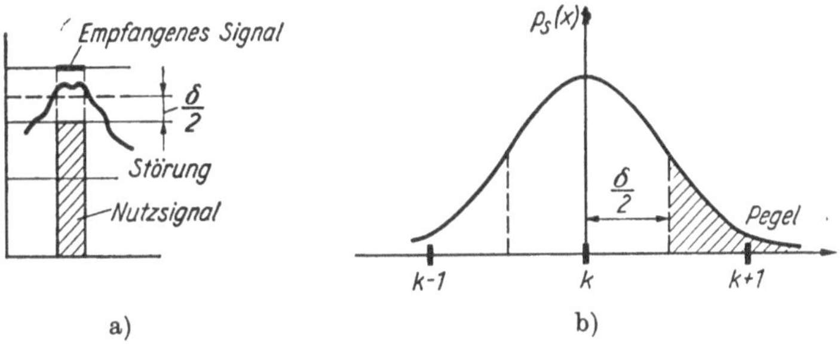

Abb. 3.28

die entsprechende Verteilungsdichte ist. In der Wertetabelle 21 ist P_0 als Funktion der Größe

$$k = \delta/\sqrt{P_s} \tag{3.124}$$

angegeben.

Ist die Gesamtlänge des Signals gleich T und werden n Abtastwerte pro Sekunde übertragen, so darf für eine fehlerfreie Übertragung die Fehlerwahrscheinlichkeit nicht größer als $\frac{1}{n \cdot T}$ sein. In der vorliegenden Aufgabe heißt das

$$P_0 \leqq \frac{1}{2{,}4 \cdot 10^6} \approx 4 \cdot 10^{-7} .$$

Aus Tabelle 21 ist in diesem Fall für das Verhältnis von Quantisierungsschritt zu mittlerer Störamplitude abzulesen

$$k \approx 10 .$$

Tabelle 21

k	7	8	9	10	11
P_0	$5 \cdot 10^{-4}$	$6{,}6 \cdot 10^{-5}$	$7 \cdot 10^{-6}$	$6 \cdot 10^{-7}$	$4 \cdot 10^{-8}$
k_1	14	16	18	20	22

Im Frequenzband $4\,F_n$ der PAM-Impulse ist die Störleistung gleich

$$P_s = 4\,S_0\,F_n = 0{,}002 \cdot 4000\ \mathrm{V}^2 = 8\ \mathrm{V}^2\,. \tag{3.125}$$

Unter Verwendung der Beziehungen (3.123), (3.124) und (3.125) ergibt sich weiterhin

$$m^2 = \frac{3\,P_n}{F_n\,k^2\,S_0} = \frac{3 \cdot 4000}{1000 \cdot 100 \cdot 0{,}002} = 60.$$

Mithin ist der Informationsfluß gleich

$$I'_{\mathrm{PAM}} = \frac{n \log_2 m}{T} = F_n \log_2 m^2\,.$$

In Zahlen heißt das

$$I'_{\mathrm{PAM}} = 1000 \log_2 60 = 5910\ \mathrm{bit/s}\,.$$

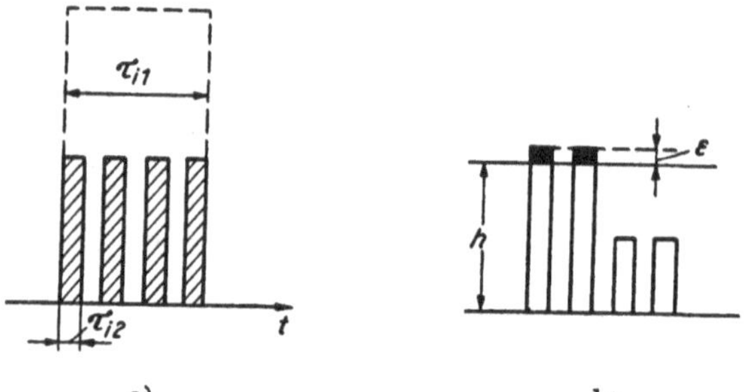

Abb. 3.29

3. Nun soll der Informationsfluß, der sich mit Hilfe von PCM erreichen läßt, bestimmt werden. Jeder Abtastwert muß vor der Übertragung in einen Codeblock aus n_r Binärimpulsen (mit den Werten 0 und L) umgesetzt werden. Die Länge der Codeblöcke soll gleich der für PAM gewählten Pulsbreite τ_{i1} sein (Abb. 3.29a). Folglich hat die Bandbreite für PCM der Bedingung

$$F_{i2} = (n_r - 1)\,F_{i1} = 4\,(n_r - 1)\,F_n$$

zu genügen.

Der Empfänger enthält ein Schwellenwertelement, das dann das Vorhandensein eines PCM-Impulses anzeigt, wenn die Spannung U einen vorgegebenen Wert h mindestens um die kleine Größe überschreitet (Abb. 3.29b).

Dann berechnet sich die Fehlerwahrscheinlichkeit aus dem Integral

$$P_0 = \int_h^\infty p_s(x)\,dx\,.$$

In Tabelle 21 sind einige Werte des Parameters

$$k_1 = \frac{h}{\sqrt{P_s}} \tag{3.126}$$

in Abhängigkeit von der Fehlerwahrscheinlichkeit P_0 angegeben. Ebenso wie bei PAM wählen wir $P_0 = 4 \cdot 10^{-7}$ und $k_1 = 20$. Dann ist die Rauschleistung gleich

$$P_s = S_0 F_{t2} = 4 S_0 (n_r - 1) F_n \tag{3.127}$$

und die mittlere Nutzleistung ergibt sich zu $P_n = \frac{P_i}{2}$ [1]). P_i ist die Leistung eines Impulses des Codeblocks.

Wegen

$$P_i = U^2 = h^2$$

gilt

$$P_n = \frac{h^2}{2}. \tag{3.128}$$

Ausgehend von den Gln. (3.126), (3.127) und (3.128) ergibt sich

$$n_r = \frac{P_n}{2 S_0 F_n k_1^2} + 1 = \frac{4000}{2 \cdot 0{,}002 \cdot 1000 \cdot 400} + 1 = 3{,}5 \approx 4 \tag{3.129}$$

(n_r ist auf die nächstgrößere ganze Zahl aufzurunden).

Damit läßt sich schließlich der Informationsfluß bei PCM-Übertragung bestimmen:

$$I'_{\text{PCM}} = \frac{n_r}{t} = 2 F_n n_r = 8000 \text{ bit/s}.$$

Zur Ermittlung der Redundanz, die entsteht, weil die Modulationsverfahren nicht optimal sind, dient die Gl. (3.89). Anstelle der Verhältnisse von Entropien lassen sich unter Zuhilfenahme der Beziehungen

$$H_1 = \frac{T}{n} I' \text{ und } H_{\max} = \frac{T}{n} \cdot C$$

auch die Entropieflüsse, denn das sind Kanalkapazität und Informationsfluß, einsetzen, und es folgt

$$R = 1 - \frac{I'}{C}.$$

Die zahlenmäßigen Ergebnisse sind in Tabelle 22 wiedergegeben.

Tabelle 22

Code	Ideal	PAM	PCM
Transinformationsfluß in bit	10970 (Kanalkapazität)	5910	8000
Redundanz	0	0,46	0,27

[1]) Im Binärcode ist die mittlere Zahl von Nullen und Einsen gleich. Einer Null entspricht ein sehr niedriger Signalpegel und einer Eins die volle Pulshöhe. Somit wird in der einen Hälfte der Übertragungszeit die volle Leistung und in der anderen keine Leistung übertragen. Daraus folgt die angeführte Beziehung.

KAPITEL IV

Die Störfestigkeit der Wandlungseinrichtungen bei kleinem Rauschpegel

§ 21. Einleitende Bemerkungen

Die Art der Signalumwandlung in den Übertragungskanälen automatischer Systeme wird in erster Linie von den Übertragungsverfahren bestimmt. So ist es bei der Verwendung analoger Rechenanlagen fast immer erforderlich, als Eingangsgrößen stetige Signale zu verwenden. Folglich ist die Umwandlung etwa vorkommender codierter Signale in stetige Ausgangssignale zu verwirklichen. Werden Ziffernrechenanlagen eingesetzt, so sind Signale nötig, die in Form von Ziffern codiert sind. Es ist auch hinlänglich bekannt, daß die Verstärkung elektrischer Signale bei Verwendung von Modulationen einfacher zu verwirklichen ist, da die entsprechenden Einrichtungen stabiler arbeiten als solche mit unmittelbarer Signalverstärkung. Der Empfang von Radiosignalen ist im wesentlichen weiter nichts als eine Umwandlung von auf diese oder jene Art modulierten Schwingungen in ein stetiges Ausgangssignal.

Wie schon in Abschnitt 2 festgestellt wurde, beeinflussen sowohl die Art der Umwandlung der Nachricht in ein Signal (Codierung, Modulation) als auch die Art der Wiedergewinnung der Nachricht aus dem Signal (Decodierung, Demodulation) die Übertragungsqualität. Da Störungen gewöhnlich in der Übertragungsstrecke entstehen, treffen sie gemeinsam mit dem codierten (modulierten) Nutzsignal auf den Eingang des Umwandlers, der die Decodierung (Demodulation) des Signals verwirklicht. Mithin soll uns im weiteren vor allem interessieren, wie stabil die Einrichtung, die das codierte (modulierte) Signal in die Ausgangsnachricht umwandelt, gegen Störungen ist. Dabei muß hervorgehoben werden, daß sich mit Ausnahme einfacher linearer Umwandlungseinrichtungen (linearer Filter) die Wirkungen von Störungen verschiedener Intensität (Pegel) wesentlich voneinander unterscheiden. Während es für kleine Störungen (Rauschen)[1]) gelingen wird, einige allgemeine Gesetzmäßigkeiten zu finden, sind die im Zusammenhang mit großen Störungen auftretenden Probleme meist nur für konkrete Einzelfälle zu lösen.

In diesem Paragraphen wird die Störfestigkeit der Umwandlungseinrichtungen bei kleinen Störungen behandelt.

Unter *Störfestigkeit* irgendeiner Einrichtung oder eines Systems wird die Fähigkeit des Systems verstanden, auch dann normal zu funktionieren, wenn auf den Eingang neben dem Nutzsignal eine Störung einwirkt. Bei der quanti-

---

[1]) Ein Kriterium für die „Kleinheit" des Rauschpegels wird unten eingeführt werden.

tativen Abschätzung der Störfestigkeit werden sich gewisse Kriterien, die sich auch zahlenmäßig fassen lassen, ergeben.

In Regelungssystemen sind die Primärsignale, die die Information über den Zustand der Regelstrecke tragen, und die Ausgangsparameter, die das Ergebnis der Regelung charakterisieren, in der Mehrzahl der Fälle kontinuierlich. Als ein geeignetes Kriterium für die Störfestigkeit des Systems ist das Minimum des mittleren quadratischen Fehlers der Wiedergabe des Nutzsignals geeignet:

$$M[\varepsilon^2] = M\,[X(t) - Y(t)]^2 = \min\,. \tag{4.1}$$

Hier ist mit $X(t)$ das Nutzsignal, mit $Y(t)$ das resultierende Signal, das die Einwirkung der Störung berücksichtigt, bezeichnet; M ist der Mittelungsoperator (mathematische Erwartung). Bei vielen praktischen Aufgaben ist die Annahme gerechtfertigt, daß die Störung unabhängig vom Nutzsignal einwirkt. Es sei

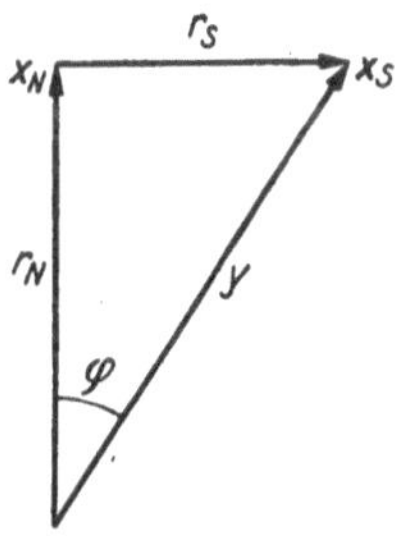

Abb. 4.1.

nun vorausgesetzt, daß zur Signalbeschreibung die Korrelationstheorie genügt und die Störung als weißes Rauschen betrachtet werden kann. Das Minimum des mittleren quadratischen Fehlers entspricht dann dem Maximum des Verhältnisses von mittlerer Signalleistung zu mittlerer Störleistung bei gleicher Frequenzbandbreite:

$$\gamma = \frac{P_n}{P_s} = \max\,. \tag{4.2}$$

Tatsächlich stehen die Vektoren $\boldsymbol{x}_n$ des Nutzsignals und $\boldsymbol{x}_s$ der Störung im Signalraum in diesem Falle orthogonal aufeinander. Das empfangene Signal $\boldsymbol{y}$ kommt $\boldsymbol{x}_n$ um so näher, je kleiner der Betrag r_s des Störvektors ist (Abb. 4.1).

Der Winkel φ zwischen den Vektoren $\boldsymbol{y}$ und $\boldsymbol{x}_n$ ist gleich dem Korrelationskoeffizienten zwischen den entsprechenden Signalen (siehe § 7). Je kleiner dieser Winkel ist, desto ähnlicher ist das empfangene Signal $\boldsymbol{y}$ dem Nutzsignal $\boldsymbol{x}_n$, was der Bedingung

$$\operatorname{ctg}^2 \varphi = \frac{P_n}{P_s} = \max$$

entspricht.

Wenn auf den Eingang der Umwandlungseinrichtung das Nutzsignal X_e und weißes Rauschen N_e einwirkt, charakterisiert durch den gegebenen Wert γ_e, so wird jene Umwandlung optimal, bei der γ_a maximal wird. Dieses Maximum hängt von zwei Faktoren ab: der Art der Umwandlung (Decodierung, Demodulation) des Signals und der Art der Aussonderung des Nutzsignals aus dem Grundrauschen.

Im vorangegangenen Abschnitt wurde gezeigt, daß bei idealem Empfang, d. h. wenn die Fehlerwahrscheinlichkeit genügend klein ist, eine solche Art der Umwandlung (Codierung) des Nutzsignals auffindbar ist, daß sich die Übertragungsrate der Kanalkapazität

$$C = F \cdot \log_2 \left(1 + \frac{P_n}{P_s}\right) \tag{4.3}$$

nähert, wobei F die Bandbreite des Signalspektrums ist. Ausgehend von Gl. (4.3) kann das günstigste Signal-Rausch-Verhältnis gefunden werden, das bei optimaler Umwandlung erreicht werden kann [26].

Am Eingang des Wandlers, der die Decodierung des Signals bewirkt, möge das Nutzsignal X_e mit der mittleren Leistung P_{ne} und der Spektralbreite F_e sowie das weiße Rauschen N_e mit der mittleren Leistung P_{se} bei gleicher Frequenzbandbreite liegen. Am Ausgang des Wandlers entstehe das Nutzsignal X_a und die Störung der mittleren Leistung P_{sa} beide mit gleicher Bandbreite F_a.

Das Nutzsignal soll so decodiert werden, daß ein maximaler Wert des Verhältnisses

$$\gamma_a = \frac{P_{na}}{P_{sa}}$$

erreicht wird. Da ein optimaler Wandler ohne Informationsverlust arbeiten soll, muß die Übertragungsrate am Eingang und Ausgang gleich sein. Wegen Gl. (4.3) folgt daher:

$$F_e \cdot \log_2 (1 + \gamma_e) = F_a \cdot \log_2 (1 + \gamma_a)\,,$$

wobei

$$\gamma_e = \frac{P_{ne}}{P_{se}} \qquad \text{und} \qquad \gamma_a = \frac{P_{na}}{P_{sa}}$$

ist. Mit einfacher Umformung folgt

$$\gamma_a = (1 + \gamma_e)^{\frac{F_e}{F_a}} - 1 \tag{4.4}$$

oder für große Werte von γ_e

$$\gamma_a = \gamma_e^{\frac{F_e}{F_a}}\,. \tag{4.5}$$

Die gefundenen Gleichungen bestimmen den maximalen möglichen Gewinn im Signal-Rausch-Verhältnis, der bei optimaler Signalcodierung und optimaler Decodierung aus dem Grundrauschen erreicht werden kann. Keine Art der Modulation und Codierung kann einen größeren Gewinn ergeben. Die tatsächlich gebräuchlichen Modulations- und Codierungsverfahren geben natürlich Werte des Gewinns, die mehr oder weniger unter dem optimalen Wert liegen. Sie aufzufinden und anzugeben, ist Aufgabe der weiteren Betrachtung.

§ 22. Der Einfluß des weißen Rauschens bei idealer Wandlung der codierten Signale

Es sei ein Wandler gegeben, der die Signale so decodiert bzw. demoduliert, daß am Ausgang ein maximales Signal-Rausch-Verhältnis bei gegebenem Verhältnis am Eingang entsteht. Solche Wandlungen seien *ideal*, und ihre Störfestigkeit werde *potentiell* genannt [22].

An den Eingang des Wandlers gelange ein Signal

$$Y(t) = X(t) + N(t) .$$

Gemäß dem Blockschaltbild des Nachrichtensystems (Abb. 4.2) wird das Primärsignal $U(t)$ (die Nachricht) durch die Codierungseinrichtung in das Signal $X(t)$ umgewandelt. Es passiert die Übertragungsstrecke und wird danach in

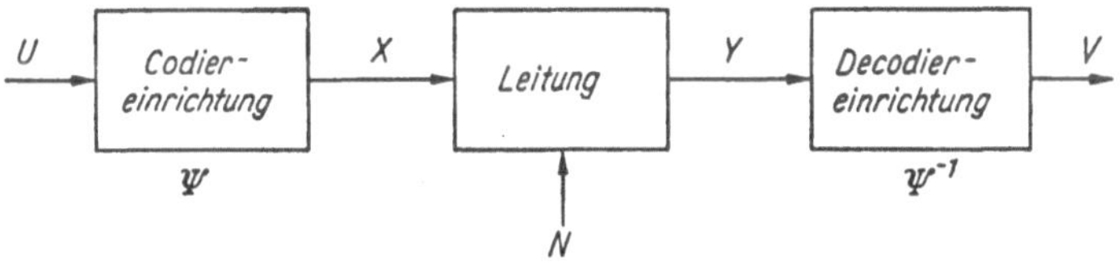

Abb. 4.2

ein Signal $V(t)$ decodiert. Codierung und Decodierung werden durch die Operatoren Ψ und Ψ^{-1} charakterisiert. Also gilt

$$X(t) = \Psi\, U\,, \qquad V(t) = \Psi^{-1}\, Y\,. \tag{4.6}$$

Künftig seien nur solche Signalumwandlungen betrachtet, bei denen die Beziehungen (4.6) analytisch angegeben werden können. Weiter seien die Signale $U(t)$ und $V(t)$ von endlicher Dauer und besitzen ein beschränktes Frequenzspektrum (siehe Abschnitt 1). Die Störung $N(t)$ sei weißes Rauschen mit der Spektraldichte S_0.

Das Primärsignal $U(t)$ möge als determinierte Zeitfunktion gegeben sein. Dann wird das Signal $X(t)$ in der Übertragungsstrecke auch eine determinierte Funktion der Form

$$X(t) = \Psi[U(t)]$$

sein. Wenn jetzt die Fuktion $U(t)$ einen hinreichend kleinen Zuwachs $\Delta U(t)$ erhält, so ist der entsprechende Zuwachs von $X(t)$ in linearer Näherung bestimmt durch

$$\Delta X(t) = \frac{\partial \Psi(t)}{\partial U(t)} \cdot \Delta U(t)\,. \tag{4.7}$$

Der Ausdruck (4.7) stellt einen Zusammenhang zwischen dem Eingangssignal $\Delta U(t)$ und dem Ausgangssignal $\Delta X(t)$ dar. Er kann als veränderlicher Verstärkungsfaktor interpretiert werden, der vom „Arbeitspunkt" auf der Kennlinie $X = \Psi(U)$ (Abb. 4.3) abhängt. Bei gleichem Zuwachs ΔU, aber veränder-

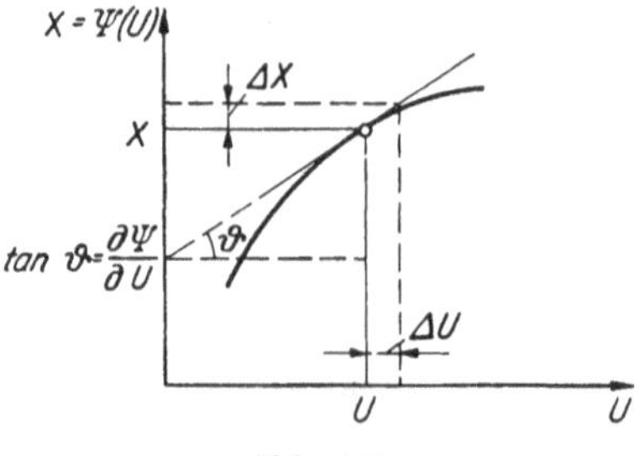

Abb. 4.3

lichem Signal U, wird also der Zuwachs ΔX verschieden groß sein, je nachdem wie sich der Koeffizient $\partial \Psi / \partial U$ ändert.

Die Funktion $U(t)$ kann nur durch eine Reihe von Abtastwerten in diskreten Zeitintervallen

$$\Delta t_c = \frac{1}{2 F_c}$$

dargestellt werden, wobei F_c der Frequenzbereich des Signals $U(t)$ ist. Dann wird ein kleiner Zuwachs des Signals durch die entsprechenden Werte der Funktion $\Delta U(t)$ im Abtastmoment charakterisiert (Abb. 4.4a).

Der Zuwachs wirke jetzt nur auf einen einzigen Funktionswert im Abtastmoment $t = t_k$. Dabei erfährt das Signal $X(t)$ einen Zuwachs $\Delta X(t)$, der nur im Intervall $2 \cdot \Delta t_s$ auftritt. In allen übrigen Zeitmomenten sei der Wert $\Delta U(t)$

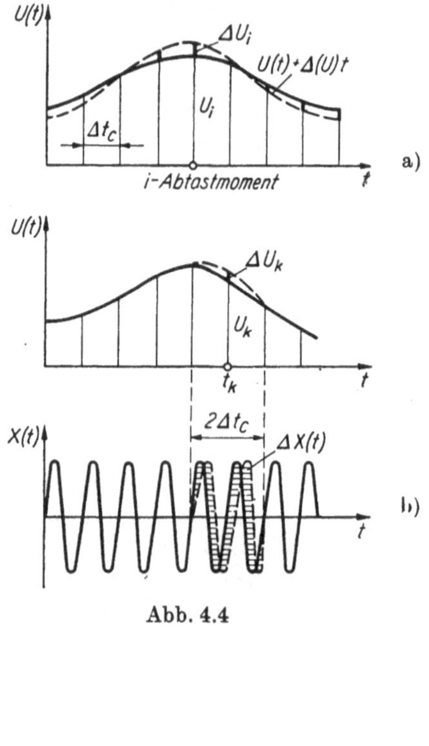

Abb. 4.4

gleich Null (Abb. 4.4b). Mit Hilfe von Gl. (4.7) gilt dann

$$\Delta X_k(t) = \left[\frac{\partial \Psi(t)}{\partial U(t)}\right] \cdot \Delta U_k \quad \text{bei } t = t_k \,. \tag{4.8}$$

Wenn in der Übertragungsstrecke keine Störung vorhanden ist, wird das Signal $Y(t)$ am Ausgang der Leitung gleich $X(t)$, und nach der Demodulation wird das Ausgangssignal $V(t)$ des Wandlers Ψ^{-1} vollkommen dem Primärsignal $U(t)$ entsprechen. Für den Demodulator gilt

$$V(t) = \Psi^{-1}[X(t)] \,,$$

folglich ergibt sich bei kleinen Zunahmen des Signals X analog zu Gl. (4.7)

$$\Delta V(t) = \frac{\partial \Psi^{-1}(t)}{\partial X(t)} \Delta X(t) \tag{4.9}$$

oder, falls X einen Zuwachs $\Delta X_k(t)$ erhält,

$$\Delta V_k(t) = \frac{\partial \Psi^{-1}(t)}{\partial X(t)} \Delta X_k(t) \,.$$

Wird in diese Beziehung der Wert $\Delta X_k(t)$ aus Gl. (4.8) eingesetzt, so folgt

$$\Delta V_k(t) = \frac{\partial \Psi^{-1}(t)}{\partial X(t)} \left[\frac{\partial \Psi(t)}{\partial U(t)}\right] \Delta U_k \quad \text{bei} \quad t = t_k \,.$$

Gemäß dem oben Gesagten, muß der Zuwachs des Ausgangssignals $\Delta V_k(t)$ gleich dem Zuwachs des Primärsignals $\Delta U_k(t)$ sein, folglich gilt

$$\frac{\partial \Psi^{-1}(t)}{\partial X(t)} \left[\frac{\partial \Psi(t)}{\partial U(t)}\right] = 1 \quad \text{bei} \quad t = t_k \,, \tag{4.10}$$

$$\frac{\partial \Psi^{-1}(t)}{\partial X(t)} \left[\frac{\partial \Psi(t)}{\partial U(t)}\right] = 0 \quad \text{bei} \quad t \neq t_k \,. \tag{4.10a}$$

Jetzt werde die Störeinwirkung in der Übertragungsstrecke untersucht. Der Störpegel sei wieder so klein, daß die oben angegebenen Beziehungen benutzt werden können. Dies bedeutet, daß Störungen der Übertragungsstrecke das Signal nach der Demodulation genauso verändern, wie der oben betrachtete Zuwachs $\Delta U(t)$. Die Störung sei weißes Rauschen mit der konstanten spektralen Leistungsdichte S_0.

Gemäß dem in Abb. 4.2 dargestellten Blockschaltbild ist das Signal $V(t)$ jetzt das Ergebnis der Demodulation des Signals $Y(t)$. Folglich muß der Zuwachs $\Delta V(t)$ als Folge der Störungseinwirkung betrachtet werden. Dabei ist vorausgesetzt, daß Änderungen des Nutzsignals $X(t)$ nicht auftreten. Es gilt eine zu Gl. (4.9) analoge Beziehung

$$\Delta V_s(t) = \frac{\partial \Psi^{-1}(t)}{\partial X(t)} N(t) \,, .$$

wobei $\Delta V_s(t)$ die Störung am Ausgang des Demodulators ist. Es sind nun solche Betriebsbedingungen auszusuchen, daß die Umwandlung ideal wird. Als erstes ist natürlich der Durchlaßbereich des Umwandlers auf die Bandbreite F_c

des Nutzsignals $X(t)$ zu begrenzen. Damit wird auch das weiße Rauschen begrenzt und folglich korreliert (siehe Abschnitt 1). Zweitens ist es für minimale schädliche Störeinwirkungen zweckmäßig, den Eingang des Wandlers nur in den Abtastzeitpunkten zu öffnen, d. h., es ist die Bedingung

$$\frac{\partial \Psi^{-1}(t)}{\partial X(t)} = 0 \qquad \text{für} \qquad t \neq t_j\,,$$

$$\frac{\partial \Psi^{-1}(t_j)}{\partial X(t_j)} = \text{const} \qquad (j = 1, 2, \ldots, 2\,F_c\,T)$$

zu gewährleisten.

Mit den angeführten Bedingungen lassen sich die Eigenschaften einer idealen Wandlung angeben. Für die Ausgangsstörung eines solchen Wandlers gilt die Beziehung

$$\Delta v_s(t) = \sum_{j=1}^{n} \frac{\partial \Psi^{-1}(t_j)}{\partial X(t_j)}\, n_j(t)\,. \tag{4.11}$$

Die Komponenten der Ausgangsstörung

$$\Delta v_{sj}(t) = \frac{\partial \Psi^{-1}(t_j)}{\partial X(t_j)}\, n_j(t) \tag{4.12}$$

entstehen durch das frequenzbeschränkte weiße Rauschen, das auf den Eingang des Umwandlers im Abtastmoment $t_j = j/2\,F_s$ des Nutzsignals einwirkt (Abb. 4.5).

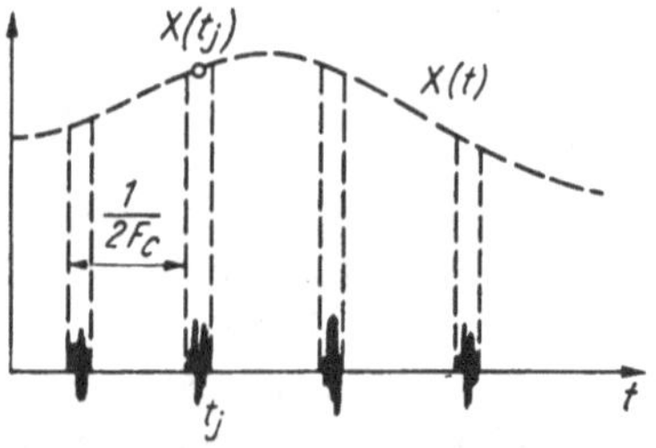

Abb. 4.5

Für das Blockschaltbild (Abb. 4.6) kann der ideale Wandler aus folgenden Teilgruppen zusammengesetzt werden: Einem idealen Tiefpaß der Grenzfrequenz F_c, einem Kommutator mit der Abtastperiode $1/2\,F_c$, n einstellbaren Verstärkern sowie einem Summator mit idealem Filter am Ausgang. Ein solcher Wandler wird das Nutzsignal $X(t)$ mit im Mittel minimalen Verzerrungen demodulieren. Er wird also ein maximales Signal-Rausch-Verhältnis am Ausgang bei festem Eingangsverhältnis gewährleisten.

Im folgenden sollen die zugehörigen analytischen Zusammenhänge bestimmt werden. Aus dem Blockschaltbild folgt, daß Gl. (4.12) den Zusammenhang zwischen den Zufallsfunktionen $n_j(t)$ bzw. $\Delta v_{sj}(t)$ am Eingang bzw. am Ausgang

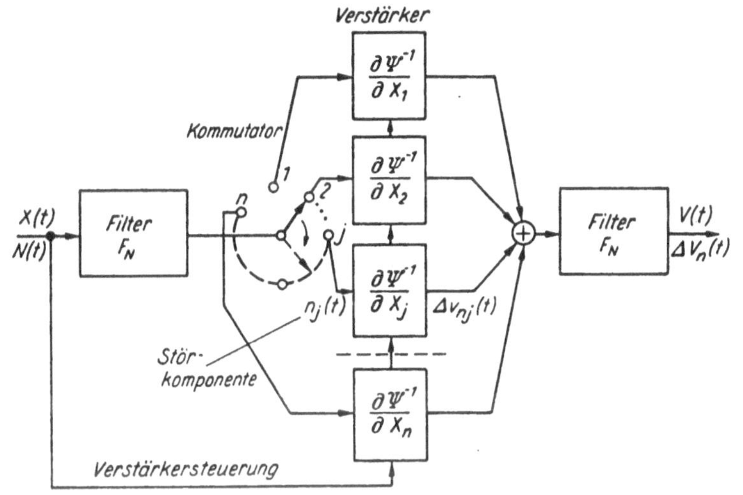

Abb. 4.6

des Verstärkers bestimmt. Der Verstärkungsfaktor ist

$$k_{sj} = \frac{\partial \Psi^{-1}(t_j)}{\partial \Psi(t_j)} . \tag{4.13}$$

Die Zufallsfunktion $n_j(t)$ sei eine Realisierung frequenzbeschränkten weißen Rauschens. Der Verstärkungsfaktor wird durch den Nutzsignalwert im Abtastmoment t_j bestimmt und ist im allgemeinen eine zufällige Größe.

Nun sind Nutzsignal und Störung unabhängig. Um die statistischen Eigenschaften des betrachteten Systems zu erhalten, ist daher zuerst das Rauschen bei gegebenem Nutzsignal zu betrachten. Danach sind alle möglichen Nutzsignale zu erfassen.

Der Verstärkungsfaktor k_{sj} sei durch ein bestimmtes Signal $X(t)$ im Moment t_j festgelegt. Dann wird er für die Gesamtheit der Rauschsignale konstant sein. Folglich werden die Korrelationsfunktionen der Eingangs- und Ausgangskomponenten des Rauschens über die Beziehung

$$K_{saj}(\tau) = k_{sj}^2 \, K_n(\tau) \tag{4.14}$$

verbunden sein. Dabei ist $K_{saj}(\tau)$ die Korrelationsfunktion der Störkomponente am Ausgang des Wandlers, $k_n(\tau)$ bedeutet die Korrelationsfunktion des frequenzbeschränkten weißen Rauschens, die für alle Abtastmomente gleich ist.

Wird nun die Gesamtheit der Nutzsignale $X(t)$ beachtet, so ergibt sich, daß der Verstärkungskoeffizient eine zufällige Größe wird. Der Ausdruck (4.14) muß also über alle möglichen Werte k_{sj} gemittelt werden. Da das Signal $X(t)$ als stationär vorausgesetzt war, kann die Mittelung zeitlich ausgeführt werden. Also gilt

$$K_{sa}(\tau) = \overline{k_{sj}^2} \cdot K_n(\tau) , \tag{4.15}$$

wo $K_{sa}(\tau)$ die Korrelationsfunktion der Ausgangsstörung ΔV_s ist.

Wird auf die Beziehung (4.15) die FOURIER-Transformation angewendet, so entsteht

$$S_{sa}(\omega) = \overline{k_{sj}^2} \cdot S_0 . \tag{4.16}$$

Hier ist $S_{sa}(\omega)$ die Spektraldichte der Ausgangsstörung und S_0 die Spektraldichte des frequenzbeschränkten Rauschens.

Diese Beziehung ist für alle Umwandlungen richtig, in denen $X(t)$ eine Funktion von $U(t)$ ist. Im Falle der Frequenzmodulation wird anstelle von $U(t)$ das Integral über diese Funktion benutzt (siehe Gl. (1.21)). Folglich ist es für die Wiederherstellung des primären Signals $U(t)$ notwendig, im idealen Wandler nach dem Filter ein Differenzierglied einzufügen. Somit gilt

$$S_{sa}(\omega) = \xi^2 \cdot \omega^2 \cdot \overline{k_{sj}^2} \cdot S_0 , \tag{4.16a}$$

wobei $\xi^2 \cdot \omega^2$ das Betragsquadrat der Übertragungsfunktion des Differenziergliedes ist.

Jetzt sei der Koeffizient $\overline{k_{sj}^2}$ betrachtet. Wird Gl. (4.10) für $t = t_j$ benutzt und die Beziehung (4.13) berücksichtigt, so folgt nach Quadrieren und zeitlicher Mittelung

$$\overline{k_{sj}^2} = \left\{\overline{\left[\frac{\partial \Psi(t_j)}{\partial U(t_j)}\right]^2}\right\}^{-1} . \tag{4.17}$$

Aufgrund des Abtasttheorems ist der Mittelwert einer Funktion über alle Zeitpunkte gleich dem Mittelwert dieser Funktion über die Abtastzeitpunkte, also gilt

$$\overline{\left[\frac{\partial \Psi(t_j)}{\partial U(t_j)}\right]^2} = \overline{\left[\frac{\partial \Psi(t)}{\partial U(t)}\right]^2} .$$

Mit der Bezeichnung

$$B = \overline{\left[\frac{\partial \Psi(t)}{\partial U(t)}\right]^2} \tag{4.18}$$

nimmt Gl. (4.16) unter Berücksichtigung der Gln. (4.17) und (4.18) die Form

$$S_{sa}(\omega) = \frac{S_0}{B} \tag{4.19}$$

an, und Gl. (4.16a) geht über in

$$S_{sa}(\omega) = \xi^2 \cdot \omega^2 \cdot \frac{S_0}{B} . \tag{4.19a}$$

Nun sei das Signal-Rausch-Verhältnis am Eingang und am Ausgang des idealen Wandlers untersucht. Die mittlere Störleistung am Ausgang wird bestimmt durch den Ausdruck

$$P_{sa} = \int_0^{\Omega_c} S_{sa}(\omega)\, d\omega , \tag{4.20}$$

wobei $\Omega_c = 2\pi F_c$ die obere Grenzfrequenz des Ausgangssignals $V(t)$ ist. Diese Bedingung gilt deshalb, weil beim idealen Wandler die Störung nur im Abtastzeitpunkt wirkt. Folglich wirkt das Störspektrum nur im Zeitpunkt des Nutzsignals. Die mittlere Störleistung am Eingang ist gleich

$$P_{se} = S_0 \cdot \Omega_e \,, \tag{4.20a}$$

wo Ω_e die Bandbreite des Nutzsignals $X(t)$ am Wandlereingang ist.

Die mittleren Nutzsignalleistungen des idealen Wandlers lassen sich durch zeitliche Mittelung der Quadrate der Augenblickswerte bestimmen:

$$P_{Ne} = \overline{X^2(t)}\,, \qquad P_{Na} = \overline{U^2(t)}\,. \tag{4.21}$$

P_{Ne} ist die mittlere Leistung des Eingangssignals $X(t)$ und P_{Na} die mittlere Leistung des Ausgangssignals $V(t) = U(t)$. Auf Grund der Ausdrücke (4.20), (4.20a) und (4.21) wird das Signal-Rausch-Verhältnis am Ausgang in der Form

$$\gamma_a = \frac{P_{Na}}{P_{sa}} = \frac{\overline{U^2(t)}}{\int\limits_0^{\Omega_c} S_{sa}(\omega)\, d\omega}$$

und das Signal-Rausch-Verhältnis am Eingang

$$\gamma_e = \frac{P_{Ne}}{P_{se}} = \frac{\overline{X^2(t)}}{S_0 \cdot \Omega_e}$$

geschrieben.

Der Gewinn im Signal-Rausch-Verhältnis am Ausgang des Wandlers gegenüber seinen Eingang beträgt daher

$$W = \frac{\gamma_a}{\gamma_e} = \frac{\overline{U^2(t)} \cdot \Omega_e \cdot S_0}{\overline{X^2(t)} \cdot \int\limits_0^{\Omega_c} S_{sa}(\omega)\, d\omega}\,. \tag{4.22}$$

Bei Berücksichtigung von Gl. (4.19) folgt

$$W = \frac{B\,\Omega_e \cdot \overline{U^2(t)}}{\overline{X^2(t)}\,\Omega c}\,. \tag{4.23}$$

Veränderungen der Größe W bei verschiedenen Modulationsarten werden vollständig durch die Größe B bestimmt. Unabhängig von ihr bleibt nämlich γ_e gleich groß. Die Abb. 4.7 erläutert die Bedeutung von γ_e und γ_a.

Das Spektrum der Signalfunktion $U(t)$ hängt bei gegebenem Spektrum der Nachricht nur von der Modulationsart, die auch die Bandbreite Ω_e bestimmt, ab. Würde die Bandbreite Ω_e beliebig festgelegt werden, so könnte der Fall eintreten, daß das Verhältnis γ_e nicht der gestellten Aufgabe entspricht. Bei Vergrößerung von Ω_e würde nämlich die mittlere Signalleistung unverändert bleiben, aber die mittlere Störleistung anwachsen. Dies führt zu einer Verschlechterung des Signal-Rausch-Verhältnisses am Wandlereingang. Da im idealen Wandler die Störung am Eingang nur im Abtastzeitpunkt anliegt, bleibt das Signal-Rausch-Verhältnis am Ausgang unverändert. So wäre der Gewinn W vergrößert. Für den fehlerfreien Vergleich verschiedener Modulationsarten ist

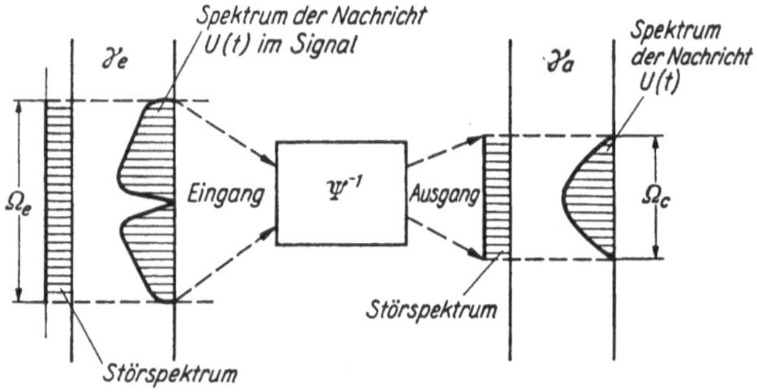

Abb. 4.7

es daher notwendig, die Größe γ_e konstant zu erhalten, was nur bei einer Bandbreite Ω_e gewährleistet ist, die gleich der Bandbreite der Nachricht $U(t)$ im Signal $X(t)$ ist.

§ 23. Die potentielle Störfestigkeit der Wandler für kontinuierliche und für Puls-Modulationen

Die Gleichungen des vorigen Paragraphen für den Gewinn im Signal-Rausch-Verhältnis beim idealen Wandler erlauben es, vergleichende Urteile verschiedener Modulationsarten untereinander und im Verhältnis zum optimalen Wandler durchzuführen. Zuerst wenden wir uns dem Gewinn des idealen Wandlers bei kontinuierlichen Modulationsarten zu.

1. Amplitudenmodulation (AM)

Das Signal, das in die Übertragungsstrecke eintritt, ist mit der Nachricht $U(t)$ durch die Beziehung

$$x(t) = U_0\,[1 + m\,U(t)] \cdot \cos\omega_0 t = \Psi(U)$$

verbunden, wobei U_0 die Amplitude der Trägerschwingung, m der Modulationsgrad und ω_0 die Trägerfrequenz sind. Zunächst werde nach Gl. (4.18) die Größe B bestimmt. Es gilt

$$\frac{\partial\Psi}{\partial U} = U_0 \cdot m \cdot \cos\omega_0 t\,,$$

woraus folgt

$$B = U_0^2 \cdot m^2 \cdot \overline{\cos^2\omega_0 t}\,.$$

B entspricht also der mittleren Leistung einer cos-Schwingung,

$$B = \frac{U_0^2 m^2}{2}\,. \tag{4.24}$$

Die mittlere Leistung des Eingangssignals $x(t)$ ist

$$\overline{x^2(t)} = U_0^2 \overline{[1 + 2\,m\,U + m^2\,U^2] \cos^2 \omega_0 t}$$

oder

$$\overline{x^2(t)} = \frac{U_0^2}{2}\left[1 + 2\,m\,\overline{U(t)} + m^2 \cdot \overline{U^2(t)}\right]. \tag{4.25}$$

Durch Substitution der Ausdrücke (4.24) und (4.25) in Gl. (4.23) ergibt sich

$$W_{\mathrm{AM}} = \frac{m^2\,\overline{U^2(t)}}{1 + 2\,m\,\overline{U(t)} + m^2\,\overline{U^2(t)}} \cdot \frac{\Omega_e}{\Omega_c}. \tag{4.26}$$

Es seien zwei spezielle Fälle determinierter Signale $U(t)$ — sinusförmige und exponentielle — betrachtet. Im ersten Fall gilt

$$U(t) = U \cdot \sin \omega\,t\,,$$

wo ω eine beliebige Frequenz im Bereich Ω_c ist. Dabei ist

$$\overline{U(t)} = 0\,, \qquad \overline{U^2(t)} = \frac{U^2}{2}.$$

Diese Werte der Zeitmittelung in Gl. (4.26) eingesetzt ergeben

$$W_{\mathrm{AM}} = \frac{U^2 \cdot m^2}{2 + m^2\,U^2} \cdot \frac{\Omega_e}{\Omega_c}. \tag{4.27}$$

Wird $m \cdot U = 1$ angenommen, was einer 100%igen Modulation entspricht, gibt es einen Maximalwert des Gewinns bei Amplitudenmodulation mit sinusförmigen Signalen

$$W_{\mathrm{AM}} = \frac{\Omega_e}{3 \cdot \Omega_c}. \tag{4.27a}$$

Im Falle des exponentiellen Signals ist

$$U(t) = U\,e^{-\alpha t}$$

und folglich

$$\overline{U(t)} = \frac{1}{T}\int_0^T U(t)\,dt = \frac{U}{\alpha\,T}(1 - e^{-\alpha T})\,,$$

$$\overline{U^2(t)} = \frac{1}{T}\int_0^T U^2(t)\,dt = \frac{U^2}{2\,\alpha\,T}(1 - e^{-2\alpha T})\,.$$

Für hinreichend große T gilt

$$\overline{U(t)} = \frac{U}{\alpha\,T}, \qquad \overline{U^2(t)} = \frac{U^2}{2\,\alpha\,T}.$$

Durch Einsetzen dieser Werte in Gl. (4.26) folgt

$$W_{\mathrm{AM}} = \frac{U^2\,m^2}{2\,\alpha\,T + 4\,U\,m + U^2\,m^2} \cdot \frac{\Omega_e}{\Omega_c}.$$

oder, wenn angenommen wird, daß $\alpha\, T = 3$ ist,

$$W_{\mathrm{AM}} = \frac{U^2\, m^2}{6 + 4\, U\, m + U^2\, m^2} \cdot \frac{\Omega_e}{\Omega_c}. \tag{4.28}$$

Wieder sei $m\, U = 1$, dann ergibt sich

$$W_{\mathrm{AM}} = \frac{\Omega_e}{11\, \Omega_c}. \tag{4.28a}$$

2. Phasenmodulation (PM)

Im Falle der Phasenmodulation verändert sich das Signal in der Übertragungsstrecke in Abhängigkeit von der Nachricht auf folgende Weise

$$x(t) = U_0 \cos\left[\omega_0\, t + \Delta\varphi\, U(t)\right] = \Psi(U).$$

Bei Benutzung von Gl. (4.18) entsteht

$$B = U_0^2\, \Delta\varphi^2\, \overline{\sin^2\left[\omega_0\, t + \Delta\varphi\, U(t)\right]} = \frac{1}{2}\left(U_0\, \Delta\varphi\right)^2.$$

Die mittlere Signalleistung am Eingang des Wandlers beträgt

$$\overline{X^2(t)} = U_0^2\, \overline{\cos^2\left[\omega_0\, t + \Delta\varphi\, U(t)\right]} = \frac{U_0^2}{2}.$$

Die gefundenen Größen werden in Gl. (4.23) eingesetzt:

$$W_{PM} = \frac{\Omega_e \cdot (\Delta\varphi)^2}{\Omega_c}\, \overline{U^2(t)}. \tag{4.29}$$

Im Sonderfall eines sinusförmigen determinierten Signals mit beliebiger Frequenz im Bereich Ω_c wird

$$U(t) = U \sin \omega\, t\,, \quad \overline{U^2(t)} = \frac{U^2}{2}$$

und folglich

$$W_{PM} = \frac{\Omega_e (U \cdot \Delta\varphi)^2}{2\, \Omega_c}.$$

Die Phasenmodulation läßt für verzerrungsfreie Demodulation nur Phasenhübe in den Grenzen von $2\,\pi$ zu. Wird $U \cdot \Delta\varphi = 2\,\pi$ angenommen, so folgt der maximale Gewinn zu

$$W_{PM} = \frac{2 \cdot \pi^2 \cdot \Omega_e}{\Omega_c}. \tag{4.30}$$

Für exponentielle Signale der Form

$$U(t) = U\, e^{-\alpha t}$$

gilt, wenn T die Dauer des Signals ist, näherungsweise

$$\overline{U^2(t)} = \frac{U^2}{2 \alpha T}.$$

Mit Gl. (4.29) und der Grenzbedingung $U \cdot \Delta\varphi = 2\pi$ folgt

$$W_{PM} = \frac{2 \cdot \pi^2 \cdot \Omega_e}{\alpha \cdot T \cdot \Omega_c}. \tag{4.31}$$

Ein häufig gültiger Wert ist $\alpha \cdot T = 3$, so daß folgt

$$W_{PM} = \frac{2 \cdot \pi^2 \cdot \Omega_e}{3 \cdot \Omega_c}. \tag{4.31a}$$

3. Frequenzmodulation (FM)

Bei der Frequenzmodulation sind das Übertragungssignal und die Nachricht $U(t)$ über die Abhängigkeit (§ 2)

$$x(t) = U_0 \cos\left[\omega_0 t + \Delta\omega \int_0^t U(t)\, dt\right] = \Psi(U)$$

verbunden. Wenn die Beziehung

$$S(t) = \Delta\omega \int_0^t U(t)\, dt$$

eingeführt wird, so ist

$$\frac{1}{\Delta\omega} \frac{dS}{dt} = U(t), \tag{4.32}$$

und der Ausdruck für das Signal $x(t)$ nimmt die Form

$$x(t) = U_0 \cos\left[\omega_0 t + S(t)\right] = \Psi(S) \tag{4.33}$$

an.

Wie oben gezeigt wurde, ist es für Frequenzmodulationssysteme notwendig, Gl. (4.16a) anzuwenden. ξ entspricht $\Delta\omega$. Zur Berechnung von B nach Gl. (4.18) muß $U(t)$ durch $S(t)$ ersetzt werden. Das Signal $x(t)$ ist nämlich eine Funktion von $S(t)$. Der Ausdruck (4.33) wird nach S differenziert, die Ableitung ins Quadrat erhoben und das Ergebnis über die Zeit gemittelt.

$$B = U_0^2 \overline{\sin^2\left[\omega_0 t + S(t)\right]} = U_0^2/2\,. \tag{4.34}$$

Für den Sonderfall des sinusförmigen Primärsignals

$$U(t) = U \sin \omega t \tag{4.35}$$

folgt mit den Ausdrücken (4.33) und (4.35)

$$\overline{x^2(t)} = \frac{U_0^2}{2}, \qquad \overline{U^2(t)} = \frac{U^2}{2}.$$

Aus den Gln. (4.22) und (4.19a) mit Gl. (4.34) folgt der Gewinn im Signal-Rausch-Verhältnis am Wandlerausgang zu

$$W_{FM} = \frac{\Omega_e \cdot U^2 \cdot (\Delta\omega)^2}{2 \int\limits_{\Omega_u}^{\Omega_o} \omega^2\, d\omega} = \frac{3\,\Omega_e\, U^2 \cdot (\Delta\omega)^2}{2\,(\Omega_o^3 - \Omega_u^3)}.$$

Es bedeuten Ω_o — obere Grenzfrequenz des Signals $U(t)$, Ω_u — untere Grenzfrequenz des Signals $U(t)$, $\Omega_o - \Omega_u = \Omega_c$.

Wenn näherungsweise

$$\Omega_o^3 - \Omega_u^3 \approx \Omega_c^3$$

angenommen wird, gilt $W_{FM} = \frac{3\,\Omega_e\,U^2 \cdot (\Delta\omega)^2}{2\,\Omega_c^3}$.

Falls

$$\Delta\omega \cdot U = \omega_\Delta^*$$

den Frequenzhub der Trägerschwingung angibt, kann die Formel in der endgültigen Form

$$W_{FM} = \frac{3\,\Omega_e \cdot \omega_\Delta^{*2}}{2\,\Omega_c^3} \tag{4.36}$$

geschrieben werden.

Bei kleinem Modulationsindex, also $\frac{\Omega_e}{\Omega_c} \approx 2$, gilt

$$W_{FM} = 3\,\frac{\omega_\Delta^2}{\Omega_c^2}.$$

Bei großem Modulationsindex dagegen, also $\Omega_e \approx 2 \cdot \omega_\Delta^*$, folgt

$$W_{FM} = \frac{3}{8}\,\frac{\Omega_e^3}{\Omega_c^3}.$$

In Tabelle 23 sind die oben erhaltenen Formeln für die Bestimmung des Gewinns im idealen Wandler bei verschiedenen Arten der kontinuierlichen Modulation und für zwei charakteristische Arten des modulierenden (Eingangs-)-Signals zusammengestellt.

Tabelle 24 illustriert die Störfestigkeit der betrachteten Wandler im Vergleich zur optimalen Wandlung. Sie wurde nach Gl. (4.5) bestimmt. In die Formeln der Tab. 23 wurde ein Eingangs-Signal-Rausch-Verhältnis $\gamma_e = 100$ und ein Verhältnis der Durchlaßbereiche vom Eingang zum Ausgang des Umwandlers $\Omega_e/\Omega_c = 2$ eingesetzt.

Tabelle 23

Form des modulierten Signals	Modulationsart			
	AM	PM	Frequenzmodulation mit kleinem Modulationsindex	Frequenzmodulation mit großem Modulationsindex
sinusförmig	$\frac{\Omega_e}{3\,\Omega_c}$	$\frac{2\,\pi^2\,\Omega_e}{\Omega_c}$	$3\,\frac{\omega_\Delta^3}{\Omega_c^2}$	$\frac{3}{8}\,\frac{\Omega_e^3}{\Omega_c^3}$
exponentiell	$\frac{\Omega_e}{11\,\Omega_c}$	$\frac{2\,\pi^2\,\Omega_e}{3\,\Omega_c}$	—	—

Tabelle 24

AM	PM	FM	Optimale Codierung
0,67	39,4	3,0	100

Aus den Angaben folgt, daß alle betrachteten Arten stetiger Modulation hinsichtlich der Störfestigkeit weit von der optimalen Wandlung entfernt sind. Die beste Ausnutzung des Frequenzbereichs zur Erhöhung der Störfestigkeit zeigt die Phasenmodulation.

4. Puls-Amplituden-Modulation (PAM)

Die Modulation der Trägerschwingung kann durch Impulse unterschiedlicher Form ausgeführt werden. Deshalb sei die Pulsform durch die Funktion $f(t)$ beschrieben. Dann kann die Impulsfolge durch die Reihe

$$x(t) = 1 + \sum_{k=1}^{\infty} f_k(t) \cos \Omega_0 k t$$

dargestellt werden, wobei $\Omega_0 = \frac{2 \cdot \pi}{T_p}$ die Impulsfolgefrequenz und f_k die Amplitude der k-ten Harmonischen sind.

Die Grundvoraussetzung für den idealen Wandler war das Fehlen irgendwelcher zusätzlicher Verzerrungen neben der Störeinwirkung. Die Impulsfolgefrequenz Ω_0 kann daher nicht kleiner als die Frequenz der zeitlichen Quantisierung des Signals sein, die nach dem Abtasttheorem bestimmbar ist. Der Prozeß der Puls-Amplituden-Modulation kann dargestellt werden durch die Abhängigkeit

$$x(t) = \left[1 + \sum_{k=1}^{\infty} f_k(t) \cos (k\, \Omega_0\, t)\right] \cdot [1 + m\, U(t)] \cdot \cos \omega_0 t\,. \tag{4.37}$$

Um B zu bestimmen, berechnen wir zunächst

$$\frac{\partial \Psi}{\partial U} = m \left[1 + \sum_{k=1}^{\infty} f_k(t) \cos (k\, \Omega_0\, t)\right] \cos \omega_0 t\,.$$

Durch Quadrierung und Zeitmittelung folgt

$$B = \frac{m^2}{2} \cdot \overline{\left[1 + \sum_{k=1}^{\infty} f_k(t) \cos (k\, \Omega_0\, t)\right]^2}\,. \tag{4.38}$$

Die mittlere Leistung des Eingangssignals wird

$$\overline{x^2(t)} = \frac{1}{2} \cdot \overline{\left[1 + \sum_{k=1}^{\infty} f_k(t) \cos (k\, \Omega_0\, t)\right]^2} \cdot [1 + 2\, m\, \overline{U} + m^2\, \overline{U^2}]\,. \tag{4.39}$$

Nach Substitution der Ausdrücke (4.38) und (4.39) in Gl. (4.23) gilt

$$W_{\text{PAM}} = \frac{\Omega_e \cdot \overline{U^2(t)}}{(1 + 2\,m\,\overline{U} + m^2\,\overline{U^2}) \cdot \left[1 + \sum\limits_{k=1}^{\infty} f_k(t) \cos(k\,\Omega_0\,t)\right]^2 \cdot I(\Omega_c)},$$

wobei

$$I(\Omega_c) = \int\limits_0^{\Omega_c} \frac{d\omega}{m^2 \left[1 + \sum\limits_{k=1}^{\infty} f_k(t) \cos(k\,\Omega_0\,t)\right]^2}$$

ist. Daher folgt endgültig

$$W_{\text{PAM}} = \frac{m^2\,\overline{U^2(t)}}{1 + 2\,m\,\overline{U(t)} + m^2\,\overline{U^2(t)}} \cdot \frac{\Omega_e}{\Omega_c}. \tag{4.40}$$

Der erhaltene Ausdruck stimmt mit der entsprechenden Abhängigkeit für die Amplitudenmodulation [Gl. (4.26)] überein. Folglich wird die potentielle Störfestigkeit für Amplitudenmodulation und Puls-Amplituden-Modulation durch die gleichen Formeln bestimmt. Physikalisch ist diese Übereinstimmung leicht erklärt: Bei der gewöhnlichen Amplitudenmodulation quantisiert der ideale Wandler das Signal mit der Abtastfrequenz bezüglich der Zeit. Im Falle der Puls-Amplituden-Modulation ist diese Quantisierung bereits im Signal enthalten. Im Ergebnis werden also die Ausgangssignale der Amplituden- und Puls-Amplituden-Modulation gleich sein.

5. (Synchronisierte) Pulsphasenmodulation (PPM)

Die Pulsphasenmodulation wird durch aufeinanderfolgende Takt- und Nutzpulse verwirklicht. Die Zeitintervalle zwischen den Takt- und Informationspulsen enthalten die Information (siehe Abb. 4.8a).

Die maximale Verschiebung des Informationsimpulses gegenüber dem Taktimpuls darf, um Mehrdeutigkeiten bei der Umwandlung auszuschließen, nicht die Hälfte der Periodenfolge T_p überschreiten, wobei für den Nullwert des Signals die Verschiebung $\tau = \frac{T_p}{2}$ angenommen wird. Meist erfolgt die Demodulation der Pulsphasenmodulation mittels Umwandlung in eine Puls-Dauer-Modulation (PDM) mit anschließender Abtrennung des „Gleich"-Anteils[1]) (Abb. 4.8b).

Der Maximalwert des „Gleich"-Anteils werde durch $U_{\max}$ gekennzeichnet. Die relative Größe

$$K = \frac{U(t)}{U_{\max}}$$

---

[1]) In Wirklichkeit ist der „Gleich"-Anteil eine Zeitfunktion, doch sind die Änderungen innerhalb der Periode T_p hinreichend klein, so daß dieser Ausdruck als das konstante Glied der Fourier-Reihe angesehen werden kann.

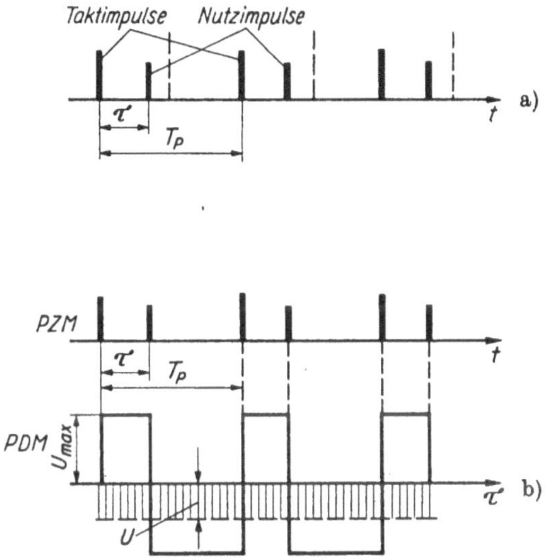

Abb. 4.8

soll normiertes Nutzsignal heißen. Das normierte Nutzsignal kann sich zwischen den Grenzen -1 und $+1$ ändern.

Die Größe des normierten Nutzsignals wird durch das Zeitintervall der Länge τ beschrieben. Der konstante Anteil (das Signal U) pro Periode ist gleich der Differenz zwischen der positiven und negativen Halbwelle der Puls-Dauer-Modulation (Abb. 4.8b):

$$U\,T_p = U_{\max} \cdot \tau - U_{\max}\,(T_p - \tau)\,,$$

$$U = U_{\max} \cdot \frac{2\tau - T_p}{T_p}\,,$$

und wenn $U_{\max} = 1$ angenommen wird, ist

$$\tau = \frac{T_p\,(K + 1)}{2} = \frac{T_p\,(U + 1)}{2}\,. \tag{4.41}$$

Die Reihenfolge der Informationsimpulse kann in folgender Weise geschrieben werden:

$f(t - \tau)$ — 1-ter Impuls, der um τ verschoben ist;
$f(t - \tau - T_p)$ — 2-ter Impuls, der um $\tau + T_p$ verschoben ist;
. . . .
$f(t - \tau - i\,T_p)$ — $(i + 1)$-te Impuls, der um $\tau + i\,T_p$ verschoben ist usw.

Hier ist $f(t)$ die Funktion, die die Impulsform charakterisiert. Dabei nimmt das Signal $x(t)$ die Form

$$x(t) = \sum_{i=0}^{n} [f(t - \tau - i\,T_p)] \cos \omega_0 t$$

an. Wird in diesen Ausdruck der Wert von τ aus Gl. (4.41) eingesetzt, so folgt

$$x(t) = \sum_{i=0}^{n} \left[f\left(t - i\,T_p - \frac{T_p\,(U+1)}{2}\right)\right] \cdot \cos\omega_0 t = \Psi(U)\,.$$

Mit der Bezeichnung

$$t - i\,T_p - \frac{T_p\,(U+1)}{2} = \Theta_i \tag{4.42}$$

entsteht

$$x(t) = \sum_{i=0}^{n} f(\Theta_i) \cos\omega_0 t = \Psi(\Theta_i)\,. \tag{4.43}$$

Zur Bestimmung der Größe B kann

$$\frac{\partial\Psi}{\partial U} = \frac{\partial\Psi}{\partial\Theta_i} \cdot \frac{\partial\Theta_i}{\partial U}\,,$$

geschrieben werden, oder, wenn die Beziehungen (4.42) und (4.43) berücksichtigt werden,

$$\frac{\partial\Psi}{\partial U} = -\frac{T_p}{2} \sum_{i=0}^{n} \frac{\partial f(\Theta_i)}{\partial\Theta_i} \cdot \cos\omega_0 t\,.$$

Quadrieren und Mitteln über die Zeit gemäß Gl. (4.16) liefert

$$B = \frac{T_p^2}{4} \overline{\cos^2\omega_0 t \left[\sum_{i=0}^{n} \frac{\partial f(\Theta_i)}{\partial\Theta_i}\right]^2} = \frac{T_p^2}{8} \overline{\left[\sum_{i=0}^{n} \frac{\partial f(\Theta_i)}{\partial\Theta_i}\right]^2}\,. \tag{4.44}$$

Die in den Ausdruck (4.44) eingehende Summe der n identischen Impulse kann in Form der Ableitung des Wertes eines Impulses nach der Anzahl der Impulse dargestellt werden. Dann kann unter Beachtung von

$$\frac{\partial f(\Theta_i)}{\partial\Theta_i} = \frac{\partial f}{\partial t}$$

geschrieben werden

$$\overline{\left(\sum_{i=0}^{n} \frac{\partial f}{\partial t}\right)^2} = \overline{\left(n\,\frac{\partial f}{\partial t}\right)^2} = \frac{n}{T} \int_0^T \left(\frac{\partial f}{\partial t}\right)^2 dt\,,$$

wobei T die Signaldauer ist. Es ist leicht zu erkennen, daß $n = \frac{T}{T_p}$ gilt. Die Integration der Funktion $\left(\frac{\partial f}{\partial t}\right)^2$ kann im Intervall τ_i ausgeführt werden, da sie außerhalb dieser Grenzen gleich Null ist. Also gilt

$$\overline{\left(\sum_{i=0}^{n} \frac{\partial f}{\partial t}\right)^2} = \frac{1}{T_p} \int_0^{\tau_i} \left(\frac{\partial f}{\partial t}\right)^2 dt\,.$$

In Gl. (4.44) eingesetzt folgt

$$B = \frac{T_p}{8} \cdot \int_0^{\tau_i} \left(\frac{\partial f}{\partial t}\right)^2 dt\,. \tag{4.45}$$

Die mittlere Leistung des Eingangssignals wird

$$\overline{x^2(t)} = \overline{\left[\sum_{i=0}^{n} f(\Theta_i)\right]^2 \cos^2 \omega_0 t} = \frac{1}{2}\left[\sum_{i=0}^{n} f(\Theta_i)\right]^2 .$$

Analog zum vorhergehend Ausgeführten kann geschrieben werden

$$\overline{x^2(t)} = \frac{1}{2\,T_p} \cdot \int_0^{\tau_i} f^2(t)\,dt . \tag{4.46}$$

Die Ausdrücke (4.45) und (4.46), in die Gl. (4.23) eingesetzt, ergeben

$$W_{PPM} = \frac{T_p^2 \cdot \Omega_e \cdot \overline{U^2(t)} \cdot \int\limits_0^{\tau_i} \left(\frac{\partial f}{\partial t}\right)^2 dt}{4 \cdot \Omega_c \cdot \int\limits_0^{\tau_i} f^2(t)\,dt} .$$

Mit dem Impulsformkoeffizienten

$$k_f = \frac{\int\limits_0^{\tau_i} f^2(t) dt}{\tau_i^2 \int\limits_0^{\tau_i} \left(\frac{\partial f}{\partial t}\right)^2 \partial t} \tag{4.47}$$

folgt

$$W_{PPM} = \left(\frac{T_p}{2 \cdot \tau_i}\right)^2 \cdot \frac{\Omega_e}{k_f \cdot \Omega_c} \cdot \overline{U^2(t)} . \tag{4.48}$$

Der Impulsformkoeffizient k_f ist für einige Fälle in Tabelle 25 angegeben [38].

Es ist interessant, daß der (physikalisch nicht realisierbare) ideale Rechteckimpuls den Formkoeffizienten $k_f = 0$ hat. Dabei wird der Gewinn des idealen Wandlers unendlich groß sein. Störungen kleinen Pegels können die mit der Puls-Phasen-Modulation übertragbare Nachricht durch Verschiebung der Flanke nicht verzerren, was bei realen Rechteckimpulsen möglich wäre.

Der Signal-Rausch-Gewinn bei der synchronisierten Pulsphasen-Modulation mit sinusförmigem Eingangssignal wird für Sinusquadratimpulse berechnet. In diesem Falle ist $\overline{U^2(t)} = \frac{1}{2}$ und $k_f = \frac{3}{4 \cdot \pi^2}$. Wegen Gl. (4.48) gilt

$$W_{PPM} = \frac{2 \cdot \pi^2 \cdot \Omega_e}{3 \cdot \Omega_c} \cdot \left(\frac{T_p}{2 \cdot \tau_i}\right)^2 . \tag{4.49}$$

Es sei die Niederfrequenzbandbreite gleich der Bandbreite des Nachrichtenspektrums. Da die Taktperiode nicht größer als das zeitliche Quantisierungsintervall des Signals werden kann, ergibt sich

$$T_p = \frac{\pi}{\Omega_c} .$$

Tabelle 25

	Impulsform			
	trapezförmig	sinusquadratförmig	glockenförmig	dreieckig
Parameter	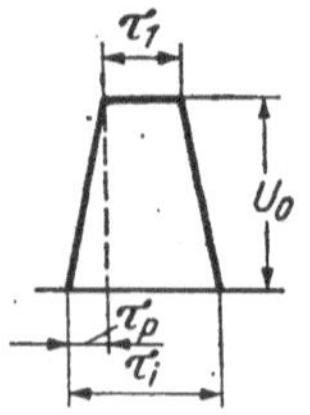 $\frac{\tau_\varphi^2}{\tau_i^2}\left(\frac{\tau_i}{2\,\tau_p}-\frac{2}{3}\right)$	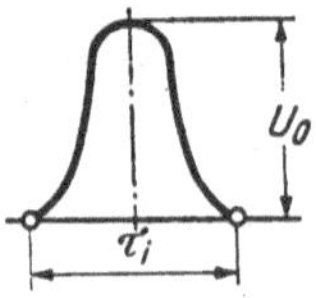 $\sin^2\frac{\pi t}{\tau_i}$	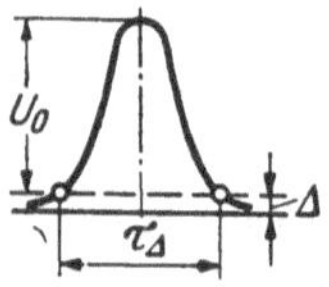 $e^{-\alpha t^2}$	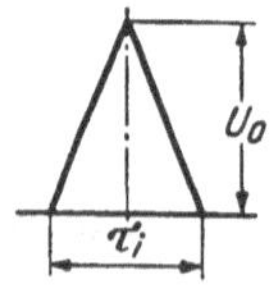
k_f	$\frac{1}{12}\left(1-\frac{\tau_1}{\tau_i}\right)\times\left(1+\frac{2\,\tau_1}{\tau_i}\right)$	$\frac{3}{4\,\pi^2}$	$\frac{1}{a\,\tau_\Delta^2}$	$\frac{1}{12}$

Außerdem ist

$$\frac{1}{\tau_i} = F_e = \frac{\Omega_e}{2\cdot\pi}.$$

Die Substitution dieser Beziehungen in Gl. (4.49) liefert

$$W_{PPM} = \frac{\pi^2}{24}\cdot\left(\frac{\Omega_e}{\Omega_c}\right)^3.$$

Den Signal-Rausch-Gewinn W_{PPM} für die Puls-Phasen-Modulation und für die Frequenz- und Phasenmodulation mit Sinusquadratimpulsen und für die Werte $\Omega_e/\Omega_c = 5$ bzw. $\Omega_e/\Omega_c = 10$ zeigt Tabelle 26. Bei gleichem Bandbreitenverhältnis kommen sich bezüglich der Störfestigkeit Zeitimpuls-Modulation und Frequenzmodulation recht nahe. Bei nicht zu großen Bandbreitenverhältnissen erbringt die Puls-Phasen-Modulation die beste Störfestigkeit. Kleine Störungen bewirken im Wandler der Puls-Code-Modulation (PCM) im allgemeinen keine Verzerrung der Nachricht. Die Impulsparameter tragen hier nämlich keinerlei Informationen. Bei PCM liegt die Information im Vorhandensein oder Fehlen von Impulsen auf gegebenen Zeitpositionen, wobei die Form keine Rolle spielt.

Tabelle 26

$\frac{\Omega_e}{\Omega_c}$	Modulationsart		
	FM	PM	*PPM*
5	47	98,5	51
10	375	197	410

§ 24. Optimale Ausfilterung determinierter Signale aus dem Grundrauschen nach dem Kriterium der maximalen Sicherheit

Eine der wichtigsten Kenngrößen von Informationsübertragungskanälen ist die Wiedergabegenauigkeit des Nutzsignals. Sie wird durch die Betriebsbedingungen des Kanals, die Art der Übermittlung und den Empfang der Nachricht bestimmt. Um das Problem zu konkretisieren sei angenommen, daß die Betriebsbedingungen wesentlich durch die Art der Störeinwirkung bestimmt werden. Die Art der Übertragung wird die Signalform festlegen, und die Empfangsmethode folgt aus der Forderung maximaler Zuverlässigkeit.

Später wird die optimale Filtermethode für das determinierte Signal betrachtet, und zwar für kleine Kanalstörungen mit unkorreliertem normalen weißen Rauschen. Als Optimal-Kriterium dient der Maximalwert der Wahrscheinlichkeit für eine richtige Reproduktion des Nutzsignals. Die Nachricht werde mittels Kombination von m determinierten Signalen $\chi_i(t)$ (z. B. mittels elektrischen Spannungspulsen, die einen Binär-Code darstellen) übermittelt. Alle Signale übertragen im Zeitintervall T die gleiche Energie

$$E = \int_0^T \chi_i^2(t)\,dt\,, \qquad i = 1, 2, \ldots, m\,. \tag{4.50}$$

Auf Grund der auf den Kanal einwirkenden Störungen erscheint anstelle der Signale $\chi_i(t)$ die Realisierung $y(t)$ der Zufallsfunktion

$$Y(t) = \chi_i(t) + N(t)\,. \tag{4.51}$$

Sie ist die Summe des Nutzsignals und des weißen Rauschens $N(t)$ mit der Spektraldichte S_0. Es wird jene Art der Nutzsignalrückgewinnung gesucht, welche die größte Wahrscheinlichkeit dafür ergibt, daß die angegebene Größe $y(t)$

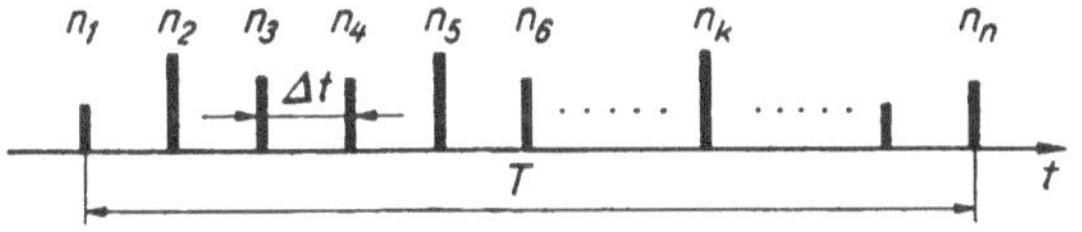

a)

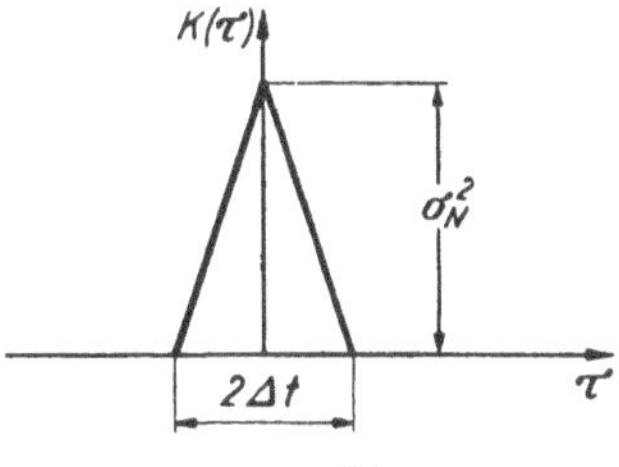

b)

Abb. 4.9

wieder zum Nutzsignal $\chi_i(t)$ führt. Um diese Aufgabe zu lösen, ist es zweckmäßig, auch den Einfluß einiger Signalkenngrößen auf den Empfangsfehler festzustellen.

Zuerst werden die Wahrscheinlichkeitsverteilungen des weißen Rauschens betrachtet. Frequenzbeschränktes weißes Rauschen (s. § 6) kann durch eine n-dimensionale Wahrscheinlichkeitsdichte der Form

$$f(n_1, n_2, \ldots, n_n) = \frac{1}{(2\pi\sigma_N^2)^{n/2}} \exp\left(-\frac{1}{2\sigma_N^2}\sum_{k=1}^{n} n_k^2\right) \tag{4.52}$$

charakterisiert werden. Dabei sind die einzelnen Werte n_k des Rauschens in den aufeinanderfolgenden Intervallen der Länge $\Delta t = \frac{T}{n}$ (Abb. 4.9a) nicht korreliert. Wird das Frequenzband des weißen Rauschens erweitert, so werden sich die Intervalle Δt verkleinern und die Dispersion σ_N^2 wird anwachsen. Strebt Δt gegen Null, so geht σ_N^2 gegen Unendlich. Es wird versucht, einen ähnlichen Grenzübergang in Gl. (4.42) auszuführen, um damit eine Wahrscheinlichkeitsdichte zu haben, die das weiße Rauschen vollständig beschreibt.

Für das frequenzbeschränkte weiße Rauschen kann eine Korrelationsfunktion beliebiger Form (z. B. Dreieckform) ausgewählt werden, wenn nur das Korrelationsintervall τ_k kleiner als Δt ist (Abb. 4.9b). Die Korrelationsfunktion nimmt bei $\tau = 0$ einen Wert an, der gleich der Dispersion σ_N^2 ist. Die Fläche, die von der Kurve $K(\tau)$ und der τ-Achse umgrenzt wird, ist gleich

$$S_0 = \sigma_N^2 \, \Delta t \,. \tag{4.53}$$

Für den Exponenten in Gl. (4.52) gilt auch

$$B_\delta = -\frac{1}{2\sigma_N^2 \Delta t}\sum_{k=1}^{n} n_k^2 \, \Delta t \,.$$

Strebt Δt gegen Null, ergibt dieser Ausdruck das Integral

$$B_\delta = -\frac{1}{2S_0}\int_0^T n^2(t)\, dt \,. \tag{4.54}$$

Darin ist S_0 die Spektraldichte des weißen Rauschens. Für $\Delta t \to 0$ wird die Korrelationsfunktion zur δ-Funktion mit der Fläche S_0

$$K_n(\tau) \to S_0 \cdot \delta(\tau) \,.$$

Definitionsgemäß ist sie die Spektraldichte des weißen Rauschens. Somit bleibt der Wert B_δ für $\Delta t \to 0$ endlich. Bei dem Grenzübergang ergibt sich, daß der Koeffizient

$$k_\delta = \left(\frac{\Delta t}{2\pi S_0}\right)^{n/2} = \frac{1}{(2\pi\sigma_N^2)^{n/2}} \tag{4.55}$$

in Gl. (4.52) gegen Null strebt, da $\sigma_N^2 \to \infty$ und $n \to \infty$. Bleibt dies zunächst unberücksichtigt, kann formal die Substitution der Beziehungen (4.54) und (4.55) in Gl. (4.52) vorgenommen werden:

$$\Phi[n(t)] = k_\delta \exp\left[-\frac{1}{2 S_0} \int_0^T n^2(t)\, dt\right]. \tag{4.56}$$

Der Ausdruck (4.56) ist das sogenannte *Funktional der Wahrscheinlichkeitsdichte des weißen Rauschens* [1]. Streng genommen ist dies ein unbestimmter Ausdruck. Da der Koeffizient k_δ nicht von speziellen Realisierungen des weißen Rauschens abhängt, ist es möglich, das Verhältnis zweier Funktionale einzuführen:

$$\Lambda = \frac{\Phi[n_1(t)]}{\Phi[n_2(t)]}. \tag{4.57}$$

Es hat einen endlichen Wert. Dieses Verhältnis zeigt, um wieviel wahrscheinlicher (oder unwahrscheinlicher) die Realisierung $n_1(t)$ als die Realisierung $n_2(t)$ ist. Haben alle betrachteten Realisierungen des weißen Rauschens die gleiche Energie, so sind sie auch gleichwahrscheinlich, da in diesem Falle die Integrale aller Realisierungen in Gl. (4.56) gleich groß werden.

Nun soll untersucht werden, wie das Nutzsignal aus dem weißen Rauschen ausgefiltert werden sollte. Beim Empfang von $y(t)$ wird die Entscheidung für eines der Signale $\chi_i(t)$ aufgrund der maximalen bedingten Wahrscheinlichkeit $P(\chi_i|y)$ gefällt. Zur Ermittlung der „wahrscheinlichsten" Realisierung $y(t)$ bei gegebenem Wert χ_i kann die Beziehung (4.57) benutzt werden. Die Lösung für den allgemeinen Fall mit m Signalwerten $\chi(t)$ [19] wird nicht ausgeführt. Es wird der Aufbau eines optimalen Empfängers für die Feststellung zweier Signalwerte, $\chi_1(t)$ und $\chi_2(t)$, aus dem weißen Rauschen untersucht. Der Wert des bedingten Funktionals des Empfangssignals sei für den Fall angegeben, daß ein Nutzsignal $\chi_1(t)$ gesendet wurde. Dabei wird $y(t)$ die Form

$$y(t) = \chi_1(t) + n(t)$$

besitzen, und es folgt

$$n(t) = y(t) - \chi_1(t).$$

Diesen Ausdruck in Gl. (4.56) eingesetzt ergibt

$$\Phi\,[n \mid \chi_1] = k_\delta \exp\left\{-\frac{1}{2 S_0} \int_0^T [y(t) - \chi_1(t)]^2\, dt\right\}.$$

Analog gilt für ein Nutzsignal $\chi_2(t)$

$$\Phi\,[n \mid \chi_2] = k_\delta \exp\left\{-\frac{1}{2 S_0} \int_0^T [y(t) - \chi_2(t)]^2\, dt\right\}.$$

Werden die erhaltenen Werte in Gl. (4.57) eingesetzt, so entsteht

$$\Lambda = \exp\left\{\frac{1}{S_0} \int_0^T y(t)\,[\chi_1(t) - \chi_2(t)]\, dt\right\}, \tag{4.58}$$

da gemäß Gl. (4.50) gilt

$$\int_0^T \chi_1^2(t)\,dt = \int_0^T \chi_2^2(t)\,dt = E\,. \tag{4.59}$$

Die Bestimmung des Verhältnisses Λ ist damit auf die Bestimmung des Wertes des Exponenten in Gl. (4.58) zurückgeführt:

$$G = \int_0^T y(t)\,[\chi_1(t) - \chi_2(t)]\,dt\,. \tag{4.60}$$

Nun sollen die Bedingungen bestimmt werden, unter welchen der Empfänger aus der Größe G diesen oder jenen Signalwert $\chi(t)$ erkennt.[1])

Wenn das Signal $\chi(t)$ überhaupt nicht vorhanden ist, d. h. keinen der beiden Werte χ_1 und χ_2 annimmt, wird die Größe gleich Null. Denn dann gilt $y(t) = n(t)$

Tabelle 27

Signalwert $\chi(t)$	G	Λ	Lösung
$\chi_1(t)$	$G > 0$	$\Lambda > 1$	Signal χ_1 wird gegeben
$\chi_2(t)$	$G < 0$	$\Lambda < 1$	Signal χ_2 wird gegeben

und der zeitliche Mittelwert des weißen Rauschens ist gleich Null. Bei Vorhandensein eines Nutzsignals wird G entweder größer Null (wenn χ_1 gesendet wurde) oder kleiner Null (wenn χ_2 gesendet wurde). So können die Entscheidungsregeln in Form der Tabelle 27 niedergeschrieben werden. Das Blockschaltbild der Einrichtung (Empfänger) ist in Abb. 4.10 gezeigt.

Die am Eingang anliegende Überlagerung von Nutzsignal und Rauschen verzweigt sich auf zwei Kanäle. In jedem der Kanäle wird $y(t)$ mit $\chi_1(t)$ bzw. $\chi_2(t)$, die in einer internen Quelle erzeugt werden, multipliziert. Die erhaltenen Produkte werden integriert und anschließend wird ihre Differenz bestimmt,

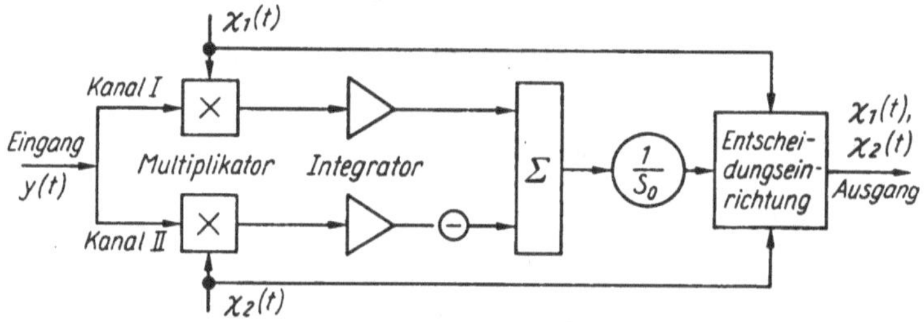

Abb. 4.10

[1]) Die Größe G hat die gleiche Dimension wie $\chi^2 \cdot t$, was bei ihrer Verwendung als Argument der Dichtefunktion der Normalverteilung sehr bequem ist.

die das Entscheidungsglied passiert. Dieses entscheidet sich, je nach dem Wert von G (oder Λ) entweder für das Signal $\chi_1(t)$ oder $\chi_2(t)$ und gibt es an den Ausgang weiter.

Oben wurde darauf hingewiesen, daß die Größe Λ angibt, um wieviel wahrscheinlicher das Auftreten der einen oder anderen Realisierung im zufälligen Signal ist. Deshalb sind bei der Entscheidung auf der Grundlage des Wertes Λ Fehler möglich. Sie sind um so wahrscheinlicher, je näher der Wert Λ bei Eins liegt. Der Charakter der Fehler wird davon bestimmt, von welcher Seite aus die Entscheidung betrachtet wird. Sie kann entweder auf $\chi_1(t)$ oder auf $\chi_2(t)$ bezogen werden. Die Fehler sind in Tabelle 28 spezifiziert.

Tabelle 28

Signalwert $\chi(t)$	G	Λ	Lösung (fehlerhafte)	Nummer des Fehlers
$\chi_2(t)$	$G > 0$	$\Lambda > 1$	Signal χ_1 wird gegeben	1
$\chi_1(t)$	$G < 0$	$\Lambda < 1$	Signal χ_2 wird gegeben	2

Voraussetzungsgemäß ist das weiße Rauschen normal verteilt. Deshalb kann die Fehlerwahrscheinlichkeit für Nr. 1 auf folgende Weise bestimmt werden:

$$P_{F1} = \frac{1}{\sqrt{2\pi}\,\sigma_y} \cdot \int_0^\infty \exp\left[-\frac{(G-\overline{G})^2}{2\sigma_y^2}\right] dG. \tag{4.61}$$

Dieser Ausdruck gibt die Wahrscheinlichkeit dafür an, daß bei Vorhandensein des Signals χ_2 der Wert größer als Null wird.

Analog wird die Wahrscheinlichkeit des Fehlers Nr. 2 dafür bestimmt, daß trotz Vorhandenseins des Signals χ_1 der Wert G kleiner als Null wird:

$$P_{F2} = \frac{1}{\sqrt{2\pi}\,\sigma_y} \cdot \int_0^\infty \exp\left[-\frac{(G-\overline{G})^2}{2\sigma_y^2}\right] dG. \tag{4.61a}$$

Hier und in Gl. (4.61) ist die Zahl $\overline{G}$ die mathematische Erwartung der zufälligen Größe G. In den Ausdrücken (4.61) und (4.61a) muß der Wert $\overline{G}$ je nach dem wirklichen Signal in $y(t)$ gewählt werden. Es werde $\overline{G}$ für den Fehler Nr. 1 berechnet. Dabei ist die Realisierung $y(t)$

$$y(t) = \chi_2(t) + n(t)\,. \tag{4.62}$$

Mit Gl. (4.60) und nach Mittelung folgt

$$\overline{G} = M \int_0^T [\chi_2(t) + n(t)]\,[\chi_1(t) - \chi_2(t)]\,dt = \int_0^T \chi_1(t)\,\chi_2(t)\,dt - \int_0^T \chi_2^2(t)\,dt\,,$$

da gilt

$$M \int_0^T [\chi_1(t) - \chi_2(t)]\, n(t)\, dt = 0 .$$

Mittels der Bezeichnung

$$\lambda = \int_0^T \chi_1(t)\, \chi_2(t)\, dt \tag{4.63}$$

und infolge von Gl. (4.59) entsteht

$$\overline{G} = \lambda - E . \tag{4.64}$$

Für die Dispersion ergibt sich

$$\sigma_y^2 = M\,[(G - \overline{G})^2] .$$

Wegen Gln. (4.60) und (4.62) gilt

$$G = \int_0^T \chi_1(t)\, \chi_2(t)\, dt - \int_0^T \chi_2^2(t)\, dt + \int_0^T [\chi_1(t) - \chi_2(t)]\, n(t)\, dt ,$$

oder, mit Berücksichtigung der Gln. (4.59) und (4.63),

$$G = \lambda - E + \int_0^T [\chi_1(t) - \chi_2(t)]\, n(t)\, dt .$$

Jetzt ist leicht die Differenz $G - \overline{G}$ zu erhalten. Sie wird gleich

$$G - \overline{G} = \int_0^T [\chi_1(t) - \chi_2(t)]\, n(t)\, dt .$$

Quadrieren dieses Ausdruckes und Mitteln über die Zeit liefert

$$M\,[(G - \overline{G})^2] = \int_0^T \int_0^T [\chi_1(t) - \chi_2(t)]\,[\chi_1(u) - \chi_2(u)] \cdot M[n(t)\, n(u)]\, dt\, du .$$

Die Korrelationsfunktion des weißen Rauschens hat die Form

$$K_n\,(t - u) = M[n(t)\, n(u)] = S_0\, \delta\,(t - u)$$

und folglich ist

$$\sigma_y^2 = S_0 \int_0^T \int_0^T [\chi_1(t) - \chi_2(t)]\,[\chi_1(u) - \chi_2(u)]\, \delta\,(t - u)\, dt\, du = S_0 \int_0^T [\chi_1(t) - \chi_2(t)]^2\, dt.$$

Auf Grund der Eigenschaften der δ-Funktion gilt nämlich

$$\int_0^T [\chi_1(u) - \chi_2(u)]\, \delta\,(t - u)\, du = \chi_1(t) - \chi_2(t) .$$

Mittels Gl. (4.59) und Gl. (4.63) kann der letzte Ausdruck leicht in folgender Form geschrieben werden:

$$\sigma_y^2 = 2\, S_0\,(E - \lambda) . \tag{4.65}$$

In Gl. (4.61) erfolgt nun eine Variablensubstitution folgender Art:

$$\frac{G - \overline{G}}{\sigma_y} = t\,.$$

Dann ist

$$t = -\frac{\overline{G}}{\sigma_y} \quad \text{bei} \quad G = 0,$$

$$t = \infty \quad \text{bei} \quad G = \infty$$

und

$$dG = \sigma_y \cdot dt\,.$$

Mit der neuen Variablen hat Gl. (4.61) die Form

$$P_{F1} = \frac{1}{\sqrt{2\pi}} \int\limits_{-\frac{\overline{G}}{\delta_y}}^{\infty} e^{-\frac{t^2}{2}}\, dt\,.$$

Dieser Ausdruck läßt sich in der Form schreiben (Abb. 4.11):

$$P_{F1} = 1 - \frac{1}{\sqrt{2\pi}} \int\limits_{-\infty}^{-\frac{\overline{G}}{\delta_y}} e^{-\frac{t^2}{2}}\, dt\,.$$

Daraus folgt

$$P_{F1} = 1 - \Phi^*\left(-\frac{\overline{G}}{\sigma_y}\right),$$

wobei

$$\Phi^*(x) = \frac{1}{\sqrt{2\pi}} \int\limits_{-\infty}^{x} e^{-\frac{t^2}{2}}\, dt$$

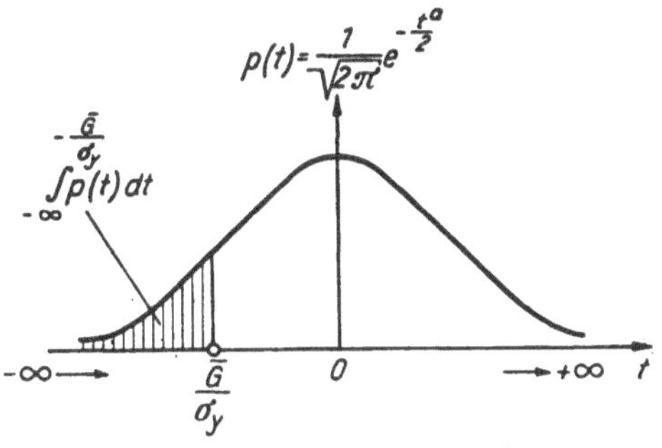

Abb. 4.11

das Fehlerintegral ist. Für das Argument der Funktion Φ^* werden die Gln. (4.64) und (4.65) ausgenutzt:

$$-\frac{\overline{G}}{\sigma_y} = \sqrt{\frac{E}{2 S_0}\left(1 - \frac{\lambda}{E}\right)}\,.$$

So wird der Ausdruck für die Berechnung des Fehlers durch folgende Formel bestimmt:

$$P_{F1} = 1 - \Phi^*\left[\sqrt{\frac{E}{2 S_0}\left(1 - \frac{\lambda}{E}\right)}\right]. \tag{4.66}$$

Es ist leicht zu zeigen, daß aus dieser Gleichung auch der Fehler Nr. 2 bestimmt werden kann.

Bei kleinem Störpegel wird sich das Argument der Funktion Φ^* beträchtlich vergrößern, so daß eine Reihenentwicklung verwendbar ist. Es wird [2]

$$1 - \Phi^*(x) \approx \frac{e^{-\frac{x^2}{2}}}{x\sqrt{2\pi}}\left(1 - \frac{1}{x^2} + \frac{1\cdot 3}{x^4} - \frac{1\cdot 3\cdot 5}{x^6} + \cdots\right).$$

Durch Abbruch nach dem ersten Glied und nach Einsetzen des Arguments ergibt sich

$$P_F \approx \frac{1}{\sqrt{\frac{\pi E}{S_0}\left(1 - \frac{\lambda}{E}\right)}} \exp\left[-\frac{E}{4 S_0}\left(1 - \frac{\lambda}{E}\right)\right]. \tag{4.66a}$$

Es ist leicht zu sehen, daß sich durch Vergrößern der Nutzsignalenergie E gegenüber der Störungsenergie S_0 die Fehler verringern. Allgemeine Bedeutung hat die Größe λ, da sie die Korrelation der Nutzsignale charakterisiert. Um die Fehler zu verringern, ist es nämlich nötig, einen negativen Wert von λ zu haben; je negativer er ist, desto besser. Es besteht aber keine Möglichkeit, den Betrag von λ über alle Grenzen wachsen zu lassen. Vielmehr existieren bestimmte Beschränkungen. Der Grenzwert von λ wird für den allgemeinen Fall von m Signalen, die alle die gleiche Energie E besitzen, bestimmt [40]. Im Signalraum werden letztere durch Vektoren der Länge (s. § 7)

$$l = \sqrt{2\,F\,E} \tag{4.67}$$

dargestellt, wobei F der Spektralbereich des Signals ist. Der Abstand zwischen zwei beliebigen Vektoren $\boldsymbol{x}_i$ und $\boldsymbol{x}_j$ wird als ihre mittlere quadratische Abweichung definiert

$$d_{ij} = \sqrt{\sum_{k=1}^{2FT} (x_{jk} - x_{ik})^2}\;;$$

dabei bedeuten x_{jk}, x_{ik} die Projektionen der Vektoren $\boldsymbol{x}_i$, $\boldsymbol{x}_j$ auf die k-Achse (für zeitdiskrete Signale). Für kontinuierliche Signale ist der Abstand in folgender Weise bestimmbar:

$$d_{ij}^2 = \int_0^T [\chi_j(t) - \chi_i(t)]^2\, dt\,.$$

Nach Aufspaltung des letzten Ausdrucks ergibt sich

$$d_{ij} = \int_0^T \chi_j^2(t)\,dt + \int_0^T \chi_j^2(t)\,dt - 2\int_0^T \chi_i(t)\,\chi_j(t)\,dt = 2\,E - 2\,\lambda_{ij}\,, \tag{4.68}$$

wobei $\lambda_{ij} = \int_0^T \chi_i(t)\,\chi_j(t)\,dt$ der „Korrelationskoeffizient" ist.

Der Abstand zwischen den Signalen im Signalraum ist also umso größer, je kleiner λ_{ij} ist, wobei sich bei negativem λ_{ij} der Abstand noch weiter vergrößert. Folglich wird der Grenzwert durch den maximal möglichen Wert

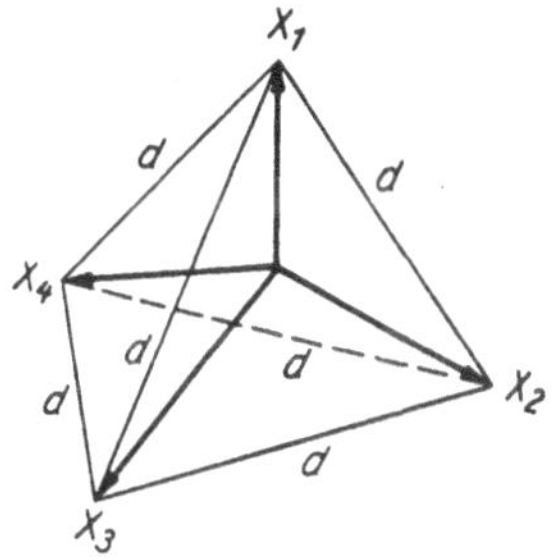

Abb. 4.12

des Abstandes zwischen zwei beliebigen Signalen bestimmt. Wenn m Signale vorhanden sind, wird der Abstand zwischen ihnen maximal und gleich groß, wenn die Enden der Vektoren in die Spitzen eines regelmäßigen Vielecks stoßen. Zur Illustration ist in Abb. 4.12 der dreidimensionale Fall für vier Signale mit den Vektoren $\boldsymbol{\chi}_1$, $\boldsymbol{\chi}_2$, $\boldsymbol{\chi}_3$ und $\boldsymbol{\chi}_4$ angegeben.

Da die Länge aller Vektoren gleich ist (die Signalenergie ist gleich) und der Abstand zwischen ihren Enden auch gleich ist, wird die Summe aller Vektoren gleich Null:

$$\sum_{i=1}^{m} \boldsymbol{\chi}_i = 0\,. \tag{4.69}$$

Es sei jetzt das Quadrat der Summe von m Vektoren betrachtet. Es ist leicht zu überprüfen, daß die folgende Beziehung richtig ist:

$$(\boldsymbol{\chi}_1 + \boldsymbol{\chi}_2 + \cdots + \boldsymbol{\chi}_m)^2 = \sum_{i=1}^{m} \boldsymbol{\chi}_i^2 + \sum_{\substack{j=1 \\ (i \neq j)}}^{m} \sum_{i=1}^{m-1} \boldsymbol{\chi}_i \boldsymbol{\chi}_j\,. \tag{4.70}$$

Die Skalarprodukte der Vektoren auf der rechten Seite sind

$$\sum_{i=1}^{m} \boldsymbol{\chi}_i^2 = \sum_{i=1}^{m} l_i^2\,, \qquad \sum_{j=1}^{m} \sum_{i=1}^{m-1} \boldsymbol{\chi}_j \boldsymbol{\chi}_i = \sum_{j=1}^{m} \sum_{i=1}^{m-1} l_i\, l_j \cos\varphi\,,$$

wobei l_i, l_j Vektorenlängen und φ den Winkel zwischen den Vektoren bedeutet. Da alle l_i und φ gleich groß sein sollen, folgt mit Gl. (4.67)

$$\sum_{i=1}^{m} \boldsymbol{\chi}_i^2 = 2\,F\,E\,m\,, \qquad \sum_{j=1}^{m} \sum_{i=1}^{m-1} \boldsymbol{\chi}_j \boldsymbol{\chi}_i = 2\,F\,E\,m\,(m-1)\cos\varphi\,.$$

Werden diese Beziehungen in Gl. (4.70) eingesetzt und wird die Bedingung (4.69) berücksichtigt, so gilt

$$2\,F\,E\,m + 2\,F\,E\,m\,(m-1)\cos\varphi = 0\,,$$

woraus sich

$$\cos\varphi = -\frac{1}{m-1} \tag{4.71}$$

ergibt. In dem Ausdruck

$$\lambda_{ij} = \int_0^T \chi_i(t)\,\chi_j(t)\,dt$$

werden nun die Funktion $\chi_i(t)$ und $\chi_j(t)$ durch Reihen von Abtastfunktionen ersetzt:

$$\lambda_{ij} = \int_0^T \sum_{k=1}^{n}\sum_{l=1}^{n} \chi_{ik}\,\chi_{jl}\,\frac{\sin 2\pi F(t-k\,\Delta t)}{2\pi F(t-k\,\Delta t)}\,\frac{\sin 2\pi F(t-l\,\Delta t)}{2\pi F(t-l\,\Delta t)}\,dt.$$

Vertauschen von Summation und Integration und Berücksichtigung der Identitäten

$$\int_{-\infty}^{\infty} \frac{\sin^2\lambda}{\lambda^2}\,d\lambda = \pi\,, \qquad \lambda = 2\pi F(t-k\,\Delta t)\,,$$

$$\int_{-\infty}^{\infty} \frac{\sin 2\pi F(t-k\,\Delta t)\sin 2\pi F(t-l\,\Delta t)}{(2\pi F)^2(t-k\,\Delta t)(t-l\,\Delta t)}\,dt = 0 \qquad \text{bei} \qquad l \neq k$$

führt zu

$$\lambda_{ij} = \frac{1}{2F}\sum_{k=1}^{n} \chi_{jk}\,\chi_{ik}\,, \tag{4.72}$$

wo χ_{jk}, χ_{ik} die Funktionswerte $\chi_j(t)$ und $\chi_i(t)$ im Abtastmoment sind.

Gemäß Gl. (1.103) gilt

$$\sum_{k=1}^{n} \chi_{jk}\,\chi_{ik} = l_j\,l_i\cos\varphi$$

oder, da $l_j = l_i = l$ und $l^2 = 2\,F\,E$ ist, folgt

$$\sum_{k=1}^{n} \chi_{jk}\,\chi_{ik} = 2\,F\,E\cos\varphi\,.$$

Diese Beziehung in Gl. (4.72) eingesetzt, liefert

$$\lambda_{ij} = \lambda = E\cos\varphi\,.$$

Mit Gl. (4.71) folgt schließlich

$$\frac{\lambda}{E} = -\frac{1}{m-1}. \tag{4.73}$$

Der Grenzwert von λ hängt also von der Anzahl m der Signale ab und wird sich, wie zu erwarten war, mit wachsender Anzahl verringern. Bei Anwesenheit zweier Signale χ_1 und χ_2 wird der Grenzwert von λ gleich $-E$. Werden die Übertragungsfehler als klein angenommen, können sie näherungsweise als unabhängig aufgefaßt werden. Dann kann für den Fall m determinierter Signale gleicher Energie unter Verwendung der Gln. (4.66) und (4.73) der Ausdruck für die Wahrscheinlichkeit der Wiedergabefehler (ein beliebiges aus m Signalen) bei optimaler Struktur in der Form

$$P_F = (m-1)\left[1 - \Phi^*\left(\sqrt{\frac{E\,m}{2\,S_0\,(m-1)}}\right)\right] \tag{4.74}$$

geschrieben werden.

Beispiel 4.1. Die Nachricht wird im Binär-Code übermittelt. Die Codezeichen seien sinusförmige Schwingungen. Im Kanal wirke weißes Rauschen mit der Spektraldichte S_0. Die Aussonderung der Signale wird mit einer Einrichtung nach dem in Abb. 4.10 gezeigten Blockschaltbild getätigt.

Es soll die Wahrscheinlichkeit der fehlerhaften Wiedergabe der Codezeichen in Abhängigkeit von der Integrationszeit und von der Energie des weißen Rauschens für zwei Fälle bestimmt werden:

a) bei der Codierung in Schwingungen der Frequenz f_0 mit Phasenunterschieden von π (Phasensprungmodulation, PM),

b) bei der Codierung durch Schwingungen der Frequenz f_1 und f_2 (digitale Frequenzmodulation, FM).

Die Ausgangsdaten für die Berechnung sind in Tabelle 29 angegeben.

Tabelle 29

Amplitude der Nutzsignale	U_0, [V]	10
Spektrale Rauschdichte	S_0, [V · s]	0,08; 0,12; 0,15
Frequenz	f_0, [Hz]	5000
Frequenzen	f_1 und f_2, [Hz]	8000; 7900

1. Wegen

$$u = U_0 \cdot \sin \omega_0 t$$

gilt für die Energie des Nutzsignals

$$E = \int_0^T U_0^2 \sin^2 \omega_0 t = \frac{U_0^2}{2} T - \frac{U_0^2}{4\,\omega_0} \sin 2\,\omega_0 T\,.$$

Wenn die Bedingung

$$T \gg \frac{1}{2\,\omega_0} = \frac{1}{4\,\pi f_0} \tag{4.75}$$

erfüllt ist, ist

$$E = \frac{U_0^2\,T}{2}\,. \tag{4.76}$$

2. Für den Korrelationskoeffizienten λ folgt wegen Gl. (4.63):
a) für den Fall der Phasensprungmodulation

$$\lambda_{PM} = \int_0^T U_0^2 \sin \omega_0 t \cdot \sin(\omega_0 t + \pi)\, dt = -\int_0^T U_0^2 \sin^2 \omega_0 t = -E\,; \tag{4.77}$$

b) für den Fall der Frequenzmodulation

$$\lambda_{FM} = \int_0^T U_0^2 \sin \omega_1 t \cdot \sin \omega_2 t\, dt =$$

$$= \frac{U_0^2}{2}\left[\frac{\sin(\omega_1 - \omega_2)\,T}{\omega_1 - \omega_2} - \frac{\sin(\omega_1 + \omega_2)\,T}{\omega_1 + \omega_2}\right]. \tag{4.78}$$

Bei der Phasenmodulation erreicht λ den Grenzwert $-E$. Bei der Frequenzmodulation hängt er von der Integrationszeit T ab. Wenn die Frequenzen ω_1 und ω_2 eng benachbart sind, kann der zweite Summand in Gl. (4.78) vernachlässigt werden. Dann wird der Maximalwert von λ der Bedingung

$$\sin(\omega_1 - \omega_2)\,T = -1$$

genügen, woraus folgt:

$$T_{\min} = \frac{3\pi}{2(\omega_1 - \omega_2)}, \qquad \lambda_{FM} = -\frac{U_0^2}{2(\omega_1 - \omega_2)}. \tag{4.79}$$

Aus den beiden letzten Beziehungen folgt

$$\lambda_{FM} = -\frac{U_0^2\, T_{\min}}{3}. \tag{4.80}$$

Tabelle 30

Berechnete Formeln		T, [s]					
		0,005	0,010	0,015	0,020	0,025	0,030
$S_0 = 0{,}08$	$E/2\,S_0$	1,56	3,12	4,7	6,25	7,8	9,4
	$\sqrt{\frac{2\pi E}{S_0}}$	4,43	6,25	7,68	8,85	9,90	10,8
	P_F	0,0475	0,007	0,00012	0,000024	0,00001	0,000001
$S_0 = 0{,}12$	$E/2\,S_0$	1,04	2,08	3,12	4,16	5,20	6,25
	$\sqrt{\frac{2\pi E}{S_0}}$	3,62	5,10	6,25	7,23	8,10	8,85
	P_F	0,098	0,0235	0,007	0,0022	0,00068	0,000215
$S_0 = 0{,}15$	$E/2\,S_0$	0,83	1,67	2,50	3,34	4,16	5,00
	$\sqrt{\frac{2\pi E}{S_0}}$	3,22	4,58	5,60	6,48	7,23	7,90
	P_F	0,135	0,0413	0,0147	0,0054	0,00216	0,00085

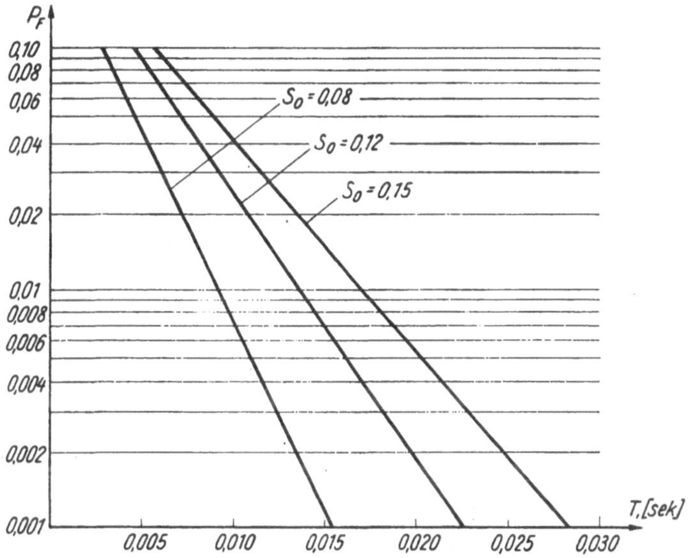

Abb. 4.13

3. Nach Gl. (4.66a) ergibt sich der Wert P_F bei digitaler Frequenzmodulation zu:

$$P_F = \frac{1}{\sqrt{\frac{2\pi E}{S_0}}} \exp\left(-\frac{E}{2 S_0}\right).$$

Die Berechnungen sind in Tabelle 30 angegeben. In Abb. 4.13 ist graphisch die Abhängigkeit zwischen P_F und der Integrationszeit T für unterschiedliche Werte der Spektraldichte S_0 dargestellt. Das Minimum von T wird so bestimmt, daß die Ungl. (4.75) gut erfüllt ist, nämlich mit $T = 250 \cdot \frac{1}{2\,\omega_0}$.

4. Bei digitaler FM existiert eine optimale Integrationszeit, deren minimaler Wert durch Gl. (4.79) bestimmt wird. Für die Ausgangsdaten der Rechnung ergibt sich

$$T_{\min} = \frac{3 \cdot \pi}{4\pi \cdot 100} = 0{,}0075 \text{ s}.$$

Aus Gl. (4.80) mit Berücksichtigung von Gl. (4.76) folgt

$$\frac{\lambda_{FM}}{E} = -\frac{2}{3\pi} = -0{,}212\,.$$

Nun läßt sich die Wahrscheinlichkeit der Übertragungsfehler P_F in Abhängigkeit von der Spektraldichte S_0 des weißen Rauschens für die digitale FM bestimmen. Dazu wird wieder Gl. (4.66a) herangezogen und in Übereinstimmung mit (4.76) und (4.79) umgeformt:

$$P_F \approx \frac{1}{\sqrt{\frac{\pi E}{S_0}\left(1-\frac{\lambda_{FM}}{E}\right)}} \cdot \exp\left[-\frac{E}{4 S_0}\left(1-\frac{\lambda_{FM}}{E}\right)\right] = \frac{1}{\sqrt{\frac{\pi E}{S_0}\left(1-\frac{\lambda_{FM}}{E}\right)}} \times$$

$$\times \exp\left[-\frac{U_0^2\, T_{\min}}{8 S_0}\left(1-\frac{\lambda_{FM}}{E}\right)\right].$$

Die Ergebnisse sind in Tab. 31 angeführt.

Tabelle 31

Berechnete Formeln	S_0, [V² · s]		
	0,08	0,12	0,15
$\frac{U_0^2 T_{\min}}{8 S_0}\left(1 - \frac{\lambda_{\mathrm{FM}}}{E}\right)$	1,42	0,95	0,76
$\sqrt{\frac{\pi E}{S_0}\left(1 - \frac{\lambda_{\mathrm{FM}}}{E}\right)}$	4,23	3,46	3,10
P_{F}	0,057	0,112	0,15

In Abb. 4.14 ist graphisch die Wahrscheinlichkeit von Übertragungsfehler in Abhängigkeit von der Spektraldichte für Frequenz- und Phasenmodulation gezeigt. Beide Kurven wurden nach den Tabellen 30 und 31 konstruiert. Aus der Zeichnung ist leicht zu ersehen, daß Verfahren, die keinen Maximalwert des Korrelationskoeffizienten λ_{FM} gewährleisten, keine guten Übertragungseigenschaften haben.

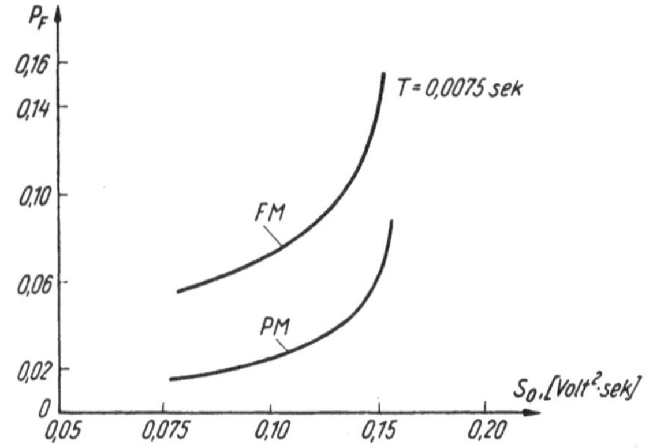

Abb. 4.14

§ 25. Optimale Ausfilterung von Zufallssignalen aus dem Grundrauschen nach dem Kriterium des minimalen mittleren quadratischen Fehlers

Bei den Betrachtungen zur Informationsübermittlung über Kanäle lag gewöhnlich Signalcodierung vor. Dabei waren die Elemente des Codes determinierte Signale (Impulse bestimmter Form, sinusförmige Schwingungen verschiedener Frequenz usw.). Daraus wurden die Zeichen der Nachricht gebildet. Eine der Aufgaben der Aussonderung determinierter Signale aus dem Grundrauschen ist im vorangegangenen Paragraphen betrachtet worden. In vielen Fällen sind dagegen die Signale von Meßstellen in Regelungssystemen zufällige

Zeitfunktionen. Die Gewinnung dieser zufälligen Nutzsignale aus dem Grundrauschen führt zur Konstruktion entsprechender Filter.

Gegenwärtig wird die Frage des Ausfilterns zufälliger Signale sehr breit bearbeitet. Dabei entstand eine allgemeine Lösung für die optimale Näherung der zufälligen Funktionen nach dem Kriterium des minimalen mittleren quadratischen Fehlers [29]. Weiter unten wird die Filtersynthese für die Aussonderung des zufälligen Signals aus dem Grundrauschen nach diesem Kriterium betrachtet. Dabei sind verzögernde und verzögerungsfreie Filter zu unterscheiden. Zuerst sei die allgemeine Aufgabe in Angriff genommen.

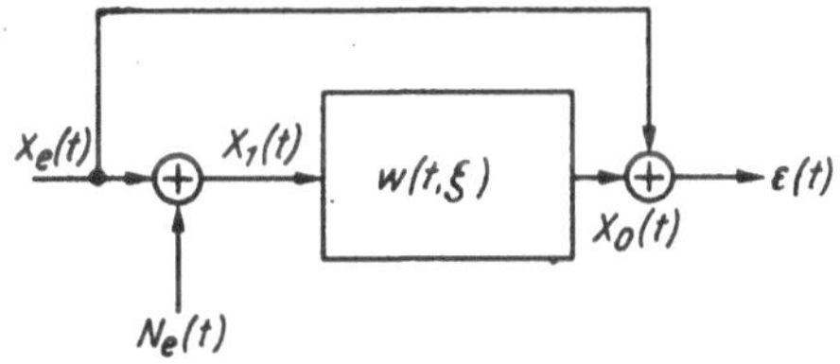

Abb. 4.15

Irgendein Nutzsignal $X_e(t)$, das eine Zufallsfunktion ist, möge gemeinsam mit der Störung $N_e(t)$, die auch eine zufällige Funktion ist, auf den Eingang des Filters wirken. Am Ausgang wird dann ein Signal $X_0(t)$ erscheinen, das vom erwarteten Signal $X_e(t)$ verschieden ist.

Es ist notwendig, eine solche Stoßantwort $w_{\text{opt}}(t, \xi)$ des Filters ausfindig zu machen, daß der mittlere quadratische Fehler

$$\varepsilon(t) = X_e(t) - X_0(t) \tag{4.81}$$

minimal wird (Abb. 4.15).

Die allgemeine Beziehung zwischen den Eingangs- und Ausgangssignalen ist durch Ausdruck (2.6) gegeben, da wir ein System mit veränderlichen Parametern voraussetzten und das Eingangssignal nur im Moment $t = 0$ anlag:

$$X_a(t) = \int_0^t w(t, \xi)\, X_e(\xi)\, d\xi\,.$$

Mit Gl. (4.81) und der Bezeichnung von Abb. 4.15 gilt

$$\varepsilon(t) = X_e(t) - \int_0^t w(t, \xi)\, X_1(\xi)\, d\xi\,.$$

Durch Quadrieren folgt

$$\varepsilon^2(t) = X_e^2(t) - 2 \cdot \int_0^t w(t, \xi)\, X_1(\xi)\, X_e(t)\, d\xi\, +$$

$$+ \int_0^t \int_0^t w(t, \xi)\, w(t, \lambda)\, X_1(\xi)\, X_1(\lambda)\, d\xi \cdot d\lambda\,.$$

In diesem Ausdruck erfolgt nun die Mittelung der Zufallsfunktionen $X_e^2(t)$, $\varepsilon^2(t)$, $X_1(\xi)\, X_e(t)$, $X_1(\xi)\, X_1(\lambda)$.

Ferner gilt

$$\left.\begin{aligned} M[X_e^2(t)] &= D_e(t)\,, \\ M[X_1(\xi)\,X_e(t)] &= K_{1\,e}(\xi, t)\,, \\ M[X_1(\xi)\,X_1(\lambda)] &= K_{11}(\xi,\lambda)\,. \end{aligned}\right\} \tag{4.82}$$

Der Buchstabe K bezeichnet die entsprechenden Korrelationsfunktionen.[1] Für die Dispersion des Fehlers folgt

$$M[\varepsilon^2(t)] = \sigma^2(t) = D_e(t) - 2\cdot\int_0^t w(t,\xi)\,K_{1e}(\xi,t)\,d\xi + \\ + \int_0^t\int_0^t w(t,\xi)\,w(t,\lambda)\,K_{11}(\xi,\lambda)\,d\xi\cdot d\lambda\,. \tag{4.83}$$

Wird die Sprungantwort des Filters geeignet ausgesucht, so ist offensichtlich ein Minimum der Dispersion zu erhalten. Das ist eine typische Aufgabe der Variationsrechnung, die folgendermaßen gelöst werden kann:

Die Stoßantwort des Filters $w(t,\xi)$ weiche von der optimalen Antwort um irgendeine Funktion $\gamma\,h(t,\xi)$ ab:

$$w(t,\xi) = w_{\text{opt}}(t,\xi) + \gamma\,h(t,\xi)\,.$$

Diese Abhängigkeit wird in Gl. (4.83) eingesetzt. Nach einfachen Umwandlungen folgt dann

$$\sigma^2(t) = D_e(t) - 2\cdot\int_0^t w_{\text{opt}}(t,\xi)\,K_{1e}(\xi,t)\,d\xi + \int_0^t\int_0^t w_{\text{opt}}(t,\xi)\,w_{\text{opt}}(t,\lambda)\,\times \\ \times\,K_{11}(\xi,\lambda)\,d\xi\cdot d\lambda - 2\gamma\int_0^t h(t,\xi)\,K_{1e}(\xi,t)\,d\xi + 2\gamma\int_0^t\int_0^t w_{\text{opt}}(t,\lambda)\,h(t,\xi)\,\times \\ \times\,K_{11}(\xi,\lambda)\,d\xi\,d\lambda + \gamma^2\cdot\int_0^t\int_0^t h(t,\xi)\,h(t,\lambda)\,K_{11}(\xi,\lambda)\,d\xi\cdot d\lambda\,. \tag{4.84}$$

Der Vergleich zwischen Gl. (4.83) und den ersten drei Summanden von Gl. (4.84) läßt erkennen, daß sie den minimalen mittleren quadratischen Fehler darstellen. In sie geht also die optimale Stoßantwort $w_{\text{opt}}(t,\xi)$ ein. Auch der letzte Summand ist eine nicht negative Größe, denn er ist der Mittelwert des Quadrats des Integrals

$$\int_0^t h(t,\xi)\,X_1(\xi)\,d\xi\,,$$

und weiter gilt

$$M\left[\int_0^t h(t,\xi)\,X_1(\xi)\,d\xi\right]^2 = \int_0^t\int_0^t h(t,\xi)\,h(t,\lambda)\,M[X_1(\xi)\,X_1(\lambda)]\,d\xi\,d\lambda = C^2\,.$$

---

[1]) Hier wurde angenommen, daß alle Zufallsfunktionen normiert sind.

Auf diese Weise nimmt der Ausdruck (4.84) die Form

$$\sigma^2(t) = \sigma^2_{\min}(t) - 2\,\gamma \cdot \left[\int_0^t h(t,\xi)\,K_{1e}(\xi,t)\,d\xi\right] -$$

$$-\int_0^t\int_0^t w_{\text{opt}}(t,\lambda)\,h(t,\xi)\,K_{11}(\xi,\lambda)\,d\xi\cdot d\lambda + \gamma^2\cdot C^2 \qquad (4.85)$$

an.

Damit die Größe $\sigma^2(t)$ ein Minimum annimmt, ist die Bedingung

$$\int_0^t h(t,\xi)\,K_{1e}(\xi,t)\,d\xi - \int_0^t\int_0^t w_{\text{opt}}(t,\lambda)\,h(t,\xi)\,K_{11}(\xi,\lambda)\,d\xi\,d\lambda = 0 \qquad (4.86)$$

zu erfüllen. Nach den Gesetzen der Variationsrechnung muß nämlich für ein Extremum der Funktion $\sigma^2(t)$ gelten:

$$\left[\frac{\partial\sigma^2(t)}{\partial\gamma}\right]_{\gamma=0} = 0\,.$$

Die Bedingung (4.86) ist auch hinreichend. Wird dieser Ausdruck in Gl. (4.85) eingesetzt, so folgt

$$\sigma^2(t) = \sigma^2_{\min}(t) + \gamma^2\,C^2\,.$$

Da aber $\gamma^2\,G^2 > 0$ ist, gilt auch $\sigma^2(t) > \sigma^2_{\min}(t)$ und folglich bestimmt $w_{\text{opt}}(t,\xi)$ tatsächlich ein System mit minimalem mittleren quadratischen Fehler.

Die Gleichung (4.86) kann auch in der Form

$$\int_0^t h(t,\xi)\left[K_{1e}(\xi,t) - \int_0^t w_{\text{opt}}(t,\lambda)\,K_{11}(\xi,\lambda)\,d\lambda\right]d\xi = 0 \qquad (4.86\,\text{a})$$

mit $0 \leqq \xi \leqq t$ geschrieben werden.

Physikalisch kann diese Gleichung als integraler Zusammenhang zwischen dem Eingang und dem Ausgang irgendeines Systems interpretiert werden. Die Reaktion des Systems ist die Stoßantwort $h(t,\xi)$. Das Eingangssignal hat den Verlauf der in den eckigen Klammern stehenden Funktion.

Da die Systemantwort für alle $\xi > 0$ gleich Null ist, muß das Eingangssignal verschwinden. Daher gilt

$$K_{1e}(\xi,t) = \int_0^t w_{\text{opt}}(t,\lambda)\,K_{11}(\xi,\lambda)\,d\lambda\,, \qquad \xi > 0\,. \qquad (4.87)$$

Die Integralgleichung (4.87) bestimmt auch die optimale Stoßantwort $w_{\text{opt}}(t,\xi)$ bei gegebenen Korrelationsfunktionen K_{11} und K_{1e}. $K_{11}(\xi,\lambda)$ ist dabei die Korrelationsfunktion des vollständigen Eingangssignals, d. h. der Summe aus Nutzsignal und Störung; $K_{1e}(\xi,t)$ ist die Kreuzkorrelationsfunktion des Eingangsnutzsignals und des gesamten Eingangssignals. Gewöhnlich sind das Eingangsnutzsignal und die Störung nicht korreliert. Dann ist die Kreuzkorrelationsfunktion $K_{1e}(\xi, t)$ gleich der Korrelationsfunktion des Eingangsnutzsignals

$$K_{1e}(\xi, t) = K_e(\xi, t) .$$

Nun folgt der Spezialfall linearer Filter mit konstanten Parametern bei stationärem Eingangssignal. Die Korrelationsfunktionen hängen dann nur von der Differenz zweier Argumente ab:

$$K_{11}(\xi, \lambda) = K_{11}(\lambda - \xi) , \qquad K_{1e}(\xi, t) = K_e(\xi, t) = K_e(t - \xi) .$$

Die Stoßantwort wird also nur von einer Veränderlichen $u = t - \lambda$ abhängen.

Dann nimmt Gl. (4.87) die Form an

$$K_e(\tau) = \int_0^\infty w_{\text{opt}}(u) \, K_{11}(\tau - u) \, du , \tag{4.88}$$

wobei $\tau = t - \xi$ ist.

Die obere Integrationsgrenze in dieser Gleichung ergibt sich aus der Stationaritätsbedingung des Eingangssignals. Gl. (4.88) bestimmt mit Berücksichtigung der Bedingung $u > 0$ die Stoßantwort eines physikalisch realisierbaren Filters. Die aus dieser Gleichung berechnete Funktion $w_{\text{opt}}(u)$ genügt mithin der Bedingung

$$w_{\text{opt}}(u) \equiv 0 \quad \text{für} \quad u < 0 . \tag{4.89}$$

Die Lösung von Gl. (4.88) mit den vorgeschriebenen Einschränkungen ist mit den bekannten Schwierigkeiten verknüpft, obgleich sie exakt bestimmt werden kann [29].

Zunächst folge die Lösung der Gl. (4.88) ohne Berücksichtigung der Bedingung (4.89). Dabei wird gezeigt, welche praktische Bedeutung eine solche Lösung besitzt.

Die Funktion $w_{\text{opt}}(u)$ sei für alle Werte u bestimmbar. (4.88) wird umgeformt zu

$$K_e(\tau) = \int_{-\infty}^\infty w_{\text{opt}}(u) \, K_{11}(\tau - u) \, du .$$

Mit der Eigenschaft (2.9) der Fourier-Transformation (s. Abschnitt 2) ist

$$\mathcal{F}[K_e(\tau)] = \{ \mathcal{F}[w_{\text{opt}}(u)] \} \cdot \{ \mathcal{F}[K_{11}(u)] \} .$$

Also gilt hier für die entsprechenden Spektraldichten des Eingangsnutzsignals $X_e(t)$ und des gesamten Eingangssignals $X_1(t)$

$$\mathcal{F}[K_e(\tau)] = \int_{-\infty}^\infty K_e(\tau) \, e^{-j\omega\tau} \, d\tau = S_e(\omega) ,$$

$$\mathcal{F}[K_{11}(u)] = \int_{-\infty}^\infty K_{11}(u) \, e^{-j\omega u} \, du = S_{11}(\omega) .$$

Die FOURIER-Darstellung der Stoßantwort ergibt die komplexe Übertragungsfunktion des Filters, folglich wird das gesuchte Ergebnis

$$W_{\text{opt}}^*(j\,\omega) = \frac{S_e(\omega)}{S_{11}(\omega)}, \tag{4.90}$$

$$w_{\text{opt}}(t) = \frac{1}{2\,\pi} \cdot \int_{-\infty}^{\infty} W_{\text{opt}}^*(j\,\omega)\, e^{j\,\omega t}\, d\omega\,. \tag{4.91}$$

Die Stoßantwort, die aus Gl. (4.91) bestimmbar ist, wird für negative Werte der Zeit t von Null verschieden sein. Da der Beginn der Zeitzählung mit der Einwirkung des Impulses auf den Filtereingang zusammen fällt, würde das Erscheinen irgendeines Eingangssignalwertes „geahnt". Das Filter gäbe am Ausgang eine Reaktion auf ein Signal ab, obwohl dieses noch gar nicht anliegt.

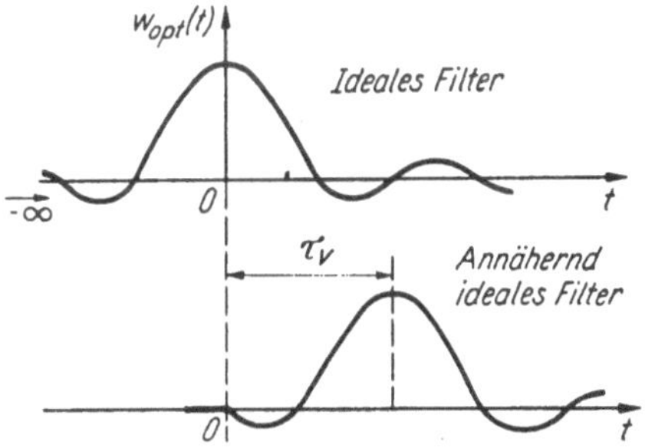

Abb. 4.16

Solche Systeme sind physikalisch nicht realisierbar. Jedoch ist eine angenäherte Konstruktion ähnlicher Filter möglich. Eine ähnliche Aufgabe wurde im Abschnitt 1 bei der näherungsweisen Konstruktion idealer Tiefpässe gelöst. Dementsprechend ist es notwendig, eine Stoßantwort des Filters zu realisieren, die im Moment $t = 0$ jene Form hat, die ihren Werten für die Zeitmomente $t - \tau_v$ entspricht (Abb. 4.16).

Offensichtlich wird die geforderte Funktion $w_{\text{opt}}(t)$ um so genauer realisiert, je größer der Wert τ_v ist. Das Eingangssignal, das im Moment $t = 0$ eintrifft, wird das Filter also mit der zeitlichen Verzögerung τ_v verlassen. Die Verarbeitungsgüte wird durch Zeitverlust erkauft. Immer dann, wenn eine solche Signalverzögerung bei der Übertragung zulässig ist, kann die angenäherte Optimalfilterkonstruktion nach Gln. (4.90) u. (4.91) völlig gerechtfertigt werden.

Jetzt sei für die Konstruktion von Optimalfiltern ihre physikalische Realisierbarkeit berücksichtigt. Zunächst wird die Systemantwort eines solchen Filters bestimmt, das eine optimale Signalverarbeitung ohne Verzögerung verwirklichen läßt. Dafür wird die Methode von H. BODE und C. SHANNON [4] benutzt. Ihr besonderer Wert besteht darin, daß sie eine exakte physikalische Interpretation der Aufgabe zuläßt.

Das stationäre zufällige Signal $X_1(t)$ (s. Abb. 4.15) entstehe durch Transformation von weißem Rauschen in irgendeinem linearen Filter. Es besitze die Übertragungsfunktion $K(j\,\omega)$. Für die Verknüpfung zwischen den Spektraldichten am Eingang und Ausgang gilt dann

$$S_a(\omega) = |K(j\,\omega)|^2\, S_e(\omega)\,.$$

Da die Spektraldichte des weißen Rauschens aber konstant und gleich Eins ist, folgt

$$S_{11}(\omega) = |\Psi_{11}(\omega)|^2\,,$$

wobei $S_{11}(\omega)$ die Spektraldichte des Signals $X_1(t)$ und $\Psi_{11}(\omega)$ die Übertragungsfunktion des formierenden Filters ist. Offensichtlich ist

$$S_{11}(\omega) = \Psi_{11}(\omega)\,\Psi_{11}^*(\omega) \tag{4.92}$$

mit

$$\Psi_{11}^*(\omega) = \Psi_{11}(-\,\omega)\,.$$

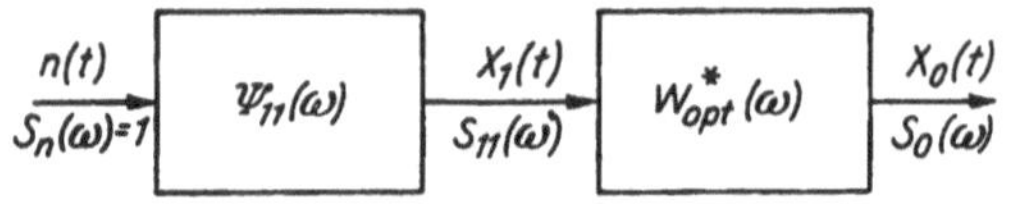

Abb. 4.17

Dann kann das Blockschaltbild der optimalen Filterung des Signals $X_1(t)$ so gebildet werden, wie bei der optimalen Filterung des weißen Rauschens (Abb. 4.17). Die Anordnung besteht aus der Reihenschaltung von Formierungs- und Optimalfilter. Die allgemeine Übertragungsfunktion des Systems wird gleich

$$K_0^*(j\,\omega) = \Psi_{11}(\omega)\; W_{\text{opt}}^*(\omega)$$

oder, mit Berücksichtigung der Beziehungen (4.90) und (4.92),

$$K_0^*(j\,\omega) = \frac{S_e(\omega)}{\Psi_{11}^*(\omega)}\,. \tag{4.93}$$

Das erhaltene System ist physikalisch wiederum nicht realisierbar, da es ein ideales Filter enthält, das durch Gl. (4.90) bestimmt ist. Jedoch gelten die folgenden Überlegungen. Am Eingang des Systems wirkt weißes Rauschen. Zwischen seinen Werten zu verschiedenen Zeitmomenten besteht keine Korrelation. Die Impulse des weißen Rauschens werden also unabhängig voneinander verarbeitet. Deshalb ist der Gesamteffekt der optimalen Signalverarbeitung dadurch festgelegt, daß eine optimale Verarbeitung beliebiger Kombination der Zustände des Signals $n(t)$ erfolgt. Tatsächlich werden alle Signalwerte *für* $t \geqq 0$ *optimal verarbeitet*, und zwar unabhängig davon, welche Werte für $t < 0$ existieren. Für die Zustände bei $t > 0$ verlangt das Filter nicht, ihr Erscheinen für Werte von $t < 0$ „zu ahnen". Folglich ist es für die Konstruktion des Filters unter Berücksichtigung der Bedingung seiner physikalischen Realisierbarkeit ausreichend, aus der Übertragungsfunktion $K_0^*(j\,\omega)$

den Teil abzutrennen, der für die Werte $t > 0$ gültig ist. Es ist bekannt, daß hierfür der Summand verantwortlich ist, der Pole in der oberen Halbebene besitzt. Daher folgt aus Gl. (4.93)

$$K_0(j\,\omega) = \left[\frac{S_e(\omega)}{\Psi_{11}^*(\omega)}\right]_+ . \tag{4.94}$$

Das Pluszeichen bedeutet dabei, daß die in den eckigen Klammern stehenden Summanden nur positive Frequenzen enthalten. Analytisch ist das zu erreichen, indem jene Zeitfunktion $k(t)$ gefunden wird, die dem Wert $K_0^*(j\,\omega)$ entspricht. Sie ist nachfolgend nach FOURIER zu entwickeln:

$$\left.\begin{aligned} k(t) &= \frac{1}{2\,\pi}\int\limits_{-\infty}^{\infty} K_0^*(j\,\omega)\, e^{j\,\omega t}\, d\omega\,, \\ K_0(j\,\omega) &= \int\limits_0^{\infty} k(t)\, e^{-j\,\omega t}\, dt\,. \end{aligned}\right\} \tag{4.95}$$

Jetzt ist leicht die gesuchte Übertragungsfunktion des Optimalfilters für den allgemeinen Fall des Eingangssignals $X_1(t)$ zu finden. Dafür ist es ausreichend, optimal verarbeitetes weißes Rauschen durch ein Filter mit einer Übertragungsfunktion zu schicken, die zur Übertragungsfunktion des Formierungsfilters reziprok ist:

$$W_{\text{opt}}(j\,\omega) = K_0(j\,\omega)\cdot\frac{1}{\Psi_{11}(\omega)}\,.$$

Diese Formel in den Ausdruck (4.94) eingesetzt, liefert schließlich

$$W_{\text{opt}}(j\,\omega) = \frac{1}{\Psi_{11}(\omega)}\left[\frac{S_e(\omega)}{\Psi_{11}^*(\omega)}\right]_+ . \tag{4.96}$$

Somit ist es für die Berechnung der Übertragungsfunktion des Optimalfilters notwendig, die Spektraldichte des gesamten Eingangssignals $S_{11}(\omega)$ in konjugiert-komplexe Faktoren zu zerlegen. Aus der Spektraldichte des Eingangsnutzsignals $S_e(\omega)$ wird mittels Gl. (4.96) das gesuchte Ergebnis erhalten. Diese Gleichung ist nur für den Fall fehlender Korrelation zwischen Nutzsignal und Störung richtig.

Beispiel 4.2. Ein stationäres zufälliges Nutzsignal wird über den Kanal bei Anwesenheit von Störungen in Form von weißen Rauschen übertragen.

Es ist ein physikalisch realisierbares Optimalfilter für die Aussonderung des Signals aus dem Rauschen zu konstruieren. Folgende Ausgangsdaten sind gegeben (Abb. 4.18):

a) Spektraldichte des Nutzsignals

$$S_e(\omega) = \frac{\beta^2}{\beta^2 + \omega^2}\,;$$

b) Spektraldichte des weißen Rauschens

$$S_n(\omega) = n^2\,.$$

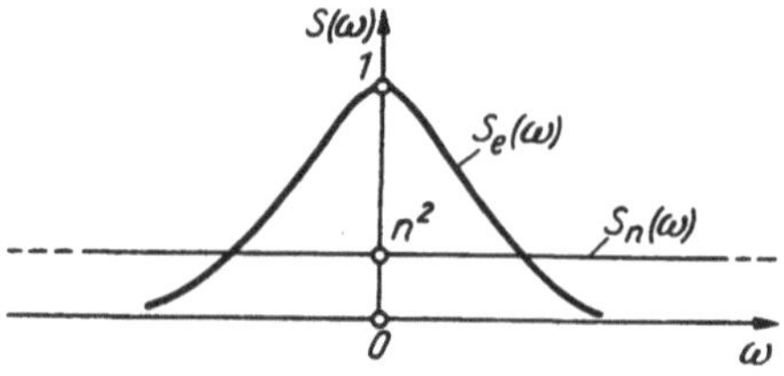

Abb. 4.18

1. Es wird die spektrale Dichte des gesamten Eingangssignals ermittelt. Da Signal und Rauschen unabhängig sind, ist die gesuchte spektrale Dichte gleich der Summe der Spektraldichten der Anteile:

$$S_{11}(\omega) = S_e(\omega) + S_n(\omega) = \frac{\beta^2 (n^2 + 1) + n^2 \cdot \omega^2}{\beta^2 + \omega^2}.$$

Mit der Bezeichnung

$$a^2 = \beta^2 (n^2 + 1)$$

gilt

$$S_{11}(\omega) = \frac{a^2 + n^2 \omega^2}{\beta^2 + \omega^2}.$$

Die erhaltene Funktion läßt sich leicht in folgender Form darstellen:

$$S_{11}(\omega) = \frac{(a + j n \omega)(a - j n \omega)}{(\beta + j \omega)(\beta - j \omega)},$$

woraus

$$\Psi_{11}(\omega) = \frac{a + j n \omega}{\beta + j \omega}, \qquad \Psi_{11}^*(\omega) = \frac{a - j n \omega}{\beta - j \omega}$$

folgt.

2. Nach Gl. (4.93) gilt

$$K_0^*(j \omega) = \frac{S_e(\omega)}{\Psi_{11}^*(\omega)} = \frac{\beta^2}{\beta^2 + \omega^2} \cdot \frac{\beta - j \omega}{a - j n \omega} =$$

$$= \frac{\beta^2}{(\beta + j \omega)(\beta - j \omega)} \cdot \frac{\beta - j \omega}{a - j n \omega} = \frac{\beta^2}{(\beta + j \omega)(a - j n \omega)}.$$

3. Die Funktion $K_0^*(j \omega)$ wird nun in zwei Summanden geteilt. Einer enthält die positiven Frequenzen, der andere die negativen. Dafür gilt die Identität

$$K_0^*(j \omega) = \frac{(\beta + j \omega)(a - j n \omega)}{\beta^2} = \frac{A}{\beta + j \omega} + \frac{B}{a - j n \omega},$$

woraus folgt

$$\beta^2 = A (a - j n \omega) + B (\beta + j \omega).$$

Werden die reellen und imaginären Summanden auf beiden Seiten gleichgesetzt, so folgt

$$\beta^2 = A a + B \beta, \qquad B - A n = 0,$$

woraus sich

$$A = \frac{\beta^2}{a + n \beta}, \qquad B = \frac{n \beta^2}{a + n \beta}$$

ergibt. Die gefundenen Werte für A und B werden in den Ausdruck für $K_0^*(j\,\omega)$ eingesetzt:

$$K_0^*(j\,\omega) = \frac{\beta^2}{(a + n\,\beta)\,(\beta + j\,\omega)} + \frac{n\,\beta^2}{(a + n\,\beta)\,(a - j\,n\,\omega)}\,.$$

Es ist leicht zu erkennen, daß der erste Summand die positiven Frequenzen enthält, also

$$\left[\frac{S_e(\omega)}{\Psi_{11}^*(\omega)}\right]_+ = \frac{\beta^2}{(\alpha + n\,\beta)\,(\beta + j\,\omega)}\,.$$

4. Für die Übertragungsfunktion des Optimalfilters gilt

$$W_{\text{opt}}(j\,\omega) = \frac{1}{\Psi_{11}(\omega)}\left[\frac{S_e(\omega)}{\Psi_{11}^*(\omega)}\right]_+ = \frac{\beta^2}{(a + j\,n\,\omega)\,(a + n\,\beta)} = \frac{\beta^2/a + n\,\beta}{a + j\,n\,\omega}\,.$$

Mit der Bezeichnung

$$k = \frac{\beta^2}{a + n\,\beta}\,, \qquad T = \frac{n}{a}\,,$$

oder, mit dem Ausdruck für α,

$$k = \frac{1}{1 + n^2 + n\sqrt{n^2 + 1}}\,, \qquad T = \frac{n}{\beta\sqrt{n^2 + 1}}\,,$$

nimmt die Übertragungsfunktion die Form

$$W_{\text{opt}}(j\,\omega) = \frac{k}{j\,\omega\,T + 1}$$

an.

Das Optimalfilter wird somit durch einfache passive Kettenglieder gebildet, bei denen der Verstärkungsfaktor immer kleiner Eins ist und von der Intensität der spektralen

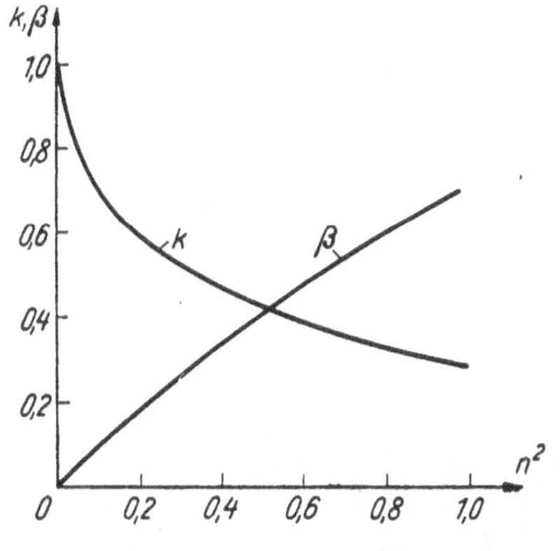

Abb. 4.19

Stördichte abhängt. Die Zeitkonstante wird zusätzlich durch das Nutzsignalspektrum bestimmt. Die in Abb. 4.19 angegebene Graphik gibt die Werte der Filterparameter in Abhängigkeit vom Störpegel an.

KAPITEL V

Die Störfestigkeit der Umwandlungseinrichtungen bei hohem Rauschpegel

§ 26. Charakteristische Merkmale starker Rauschstörungen

Die Signale, die die Nachrichtenkanäle automatischer Regelungssysteme durchlaufen, sind immer Störungseinwirkungen ausgesetzt. Dieser Umstand wurde wiederholt betont. In Regelungssystemen sind meist kleine Störungen vorhanden, was durch kurze Nachrichtenkanäle und relativ große Nutzsignalenergien bedingt ist. In einer Reihe von Fällen (Übermittlung schwacher Signale von empfindlichen Gebern, Übermittlung unter Bedingungen künstlicher Störungen usw.) wird jedoch der relative Rauschpegel so hoch, daß spezielle Maßnahmen zur Gewährleistung einer gebührenden Qualität der Informationsübermittlung nötig sind. Grundsätzlich ist dies durch störungsgeschützte Codierung möglich. Da die meisten Rauschstörungen vor allem den Signalpegel beeinflussen (Amplitude), sind alle Modulationsarten, in denen nicht der Pegel als Träger der Information verwendet wird, in gewissem Sinne störungsgeschützt. Einige von ihnen sind im vorangegangenen Kapitel betrachtet worden. Die störungsgeschützte Codierung zeichnet sich dadurch aus, daß eine *Schwelle des Störungsschutzes* vorhanden ist.

Es sei nun die Einwirkung einer Rauschstörung auf ein Signal, das mittels Puls–Amplituden-Modulation und mittels Pulsphasen-Modulation übermittelt werde (Abb. 5.1), betrachtet.

Im Falle der Puls–Amplituden-Modulation wird in dem Maße, wie sich die Störung erhöht, eine große Anzahl der Nutzsignalimpulse im Grundrauschen verlorengehen und folglich wird die Störfestigkeit der Verbindung sinken. Das

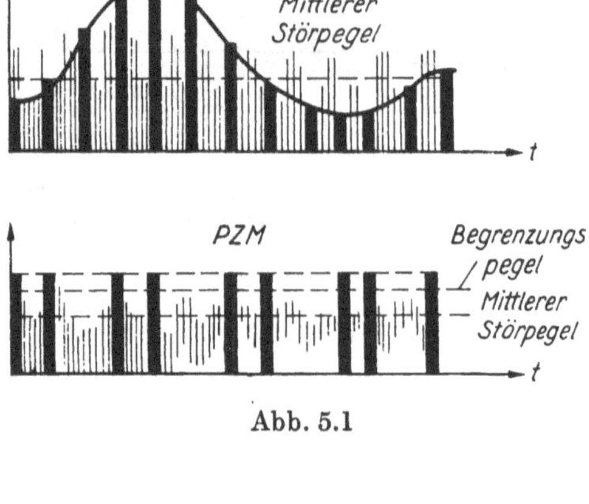

Abb. 5.1

Abfallen der Störfestigkeit wird recht gleichmäßig geschehen, da es keinen objektiven Grund dafür gibt, daß ein plötzlicher Verlust der Nutzimpulse bei nicht zu großer Erhöhung des Störungspegels auftritt.

Bei der Pulsphasen-Modulation ändert sich die Lage der Nutzsignalimpulse aufgrund der Störeinwirkungen, und es bilden sich Fehlimpulse. Letzteres ist nur dann möglich, wenn der Störpegel gleich dem Nutzsignalpegel ist oder diesen überschreitet. Es ist nur natürlich, daß fluktuierende Impulsfronten die zu übertragende Nachricht in bedeutend geringerem Maße entstellen, als wenn Fehlimpulse auftreten. Darum sinkt bei Erhöhung des Störpegels die

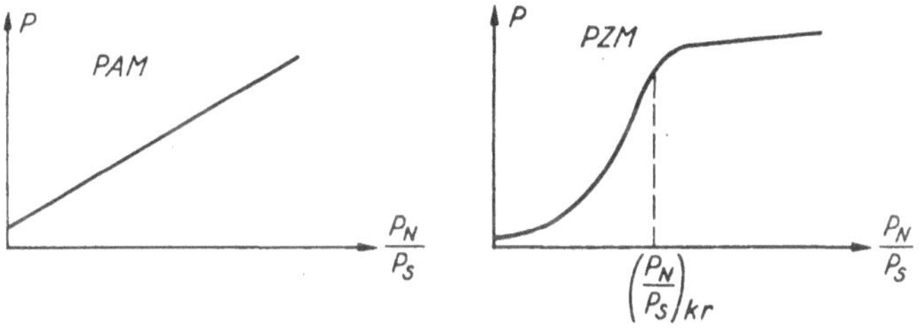

Abb. 5.2

Störfestigkeit des Systems zuerst unbedeutend, aber nachdem der Störpegel die Schwelle des Signals überschreitet, tritt eine plötzliche Verschlechterung der Übertragungsqualität ein.

Für die betrachteten Fälle werde die Störfestigkeit durch die Wahrscheinlichkeit P des richtigen Empfangs charakterisiert. Die Abhängigkeit zwischen Störpegel und dem Merkmal P ergibt dann graphisch dargestellt annähernd jene Form wie sie Abb. 5.2 zeigt.

So wird für Systeme mit Pulsphasen-Modulation ein gewisser kritischer Wert $(P_n/P_s)_{kr}$ beobachtet, nach dem die Störfestigkeit plötzlich abfällt. Die gezeigte Erscheinung wird auch *Störfestigkeitsschwelle* genannt.

Nun folgen einige Besonderheiten, die mit der Untersuchung der Störfestigkeit hinter der Schwelle verbunden sind. Oben ist gezeigt worden (§ 22), daß Störeinwirkungen mit kleinem Pegel als Addition zum Signal und dementsprechend als eine Vergrößerung der Nachricht aufgefaßt werden können. Es ist wichtig, den Charakter der Nachrichtenverfälschung bei Signaländerung und umgekehrt aufzudecken.

Wenn die Nachricht sich kontinuierlich ändert (in der geometrischen Interpretation — der Vektor der Nachricht), wird das Signal auch kontinuierlich verändert werden, aber im allgemeinen Fall nicht proportional zur Nachricht.

In der geometrischen Darstellung werden die Enden des Signalvektors $\boldsymbol{x}$ im Signalraum irgendeine Kurve beschreiben, die Signalkurve genannt wird [6].

Die Form der Kurve wird von der Modulationsart abhängen. So führt bei der Amplitudenmodulation eine Veränderung des Pegels der Nachricht zur proportionalen Veränderung der mittleren Signalleistung (Abb. 5.3) und die Signalkurve wird eine Gerade, die vom Koordinatenursprung ausgeht. Bei der

Frequenzmodulation wird eine Änderung des Nachrichtenpegels nicht die mittlere Signalleistung verändern, wohl aber zu einer Drehung des Signalvektors $\boldsymbol{x}$ (Abb. 5.4a) führen, infolge dessen besitzt die Signalkurve einen räumlichen Verlauf auf der Oberfläche einer Kugel mit dem Radius X.

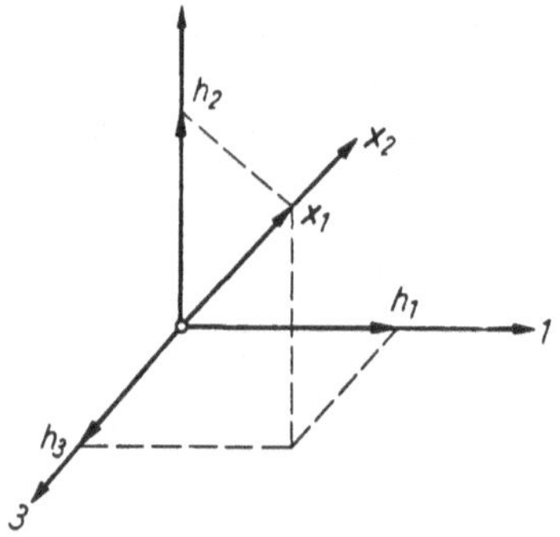

Abb. 5.3

Es ist leicht zu erkennen, daß kleine Störungen zu einer Verlagerung des Punktes a des Nutzsignals in die Umgebung der gegebenen Signalkurve führen. Diese Verlagerung kann als Ergebnis eines kleinen Zuwachses der Nachricht angesehen werden. Bei großen Störungen wird das Signal mit dem Punkt a

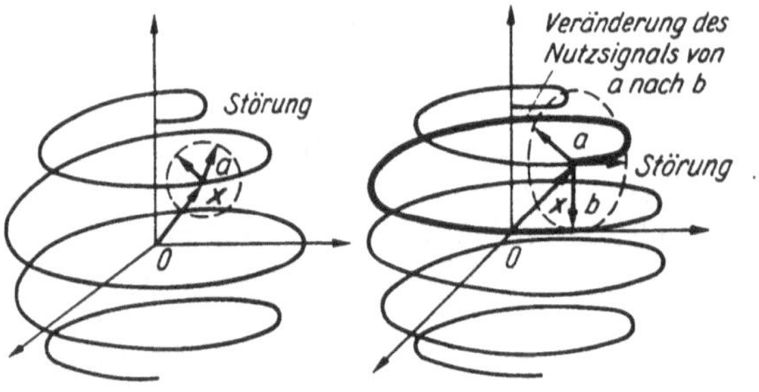

a) b)

Abb. 5.4

in ein Signal mit dem Punkt b (Abb. 5.4b) übergehen, was einer wesentlichen Änderung der Nachricht entspricht und sich nicht in den Grenzen der Theorie mit kleinem Zuwachs einordnen läßt. So wird die theoretische Untersuchung der Störfestigkeit von Systemen bei großen Störungen wesentlich erschwert, da im Prinzip für jede Codierungsart eine spezielle Lösung gefordert wird.

Unten werden wir die Störfestigkeit der Umwandlungseinrichtungen für zwei sehr häufig verwendete Codierungsarten — die Pulscode-Modulation und die Pulsphasen-Modulation — betrachten.

§ 27. Die Störfestigkeit der Wandler bei Pulscode-Modulationen

Die Informationsübermittlung im Kanal mit Pulscode-Modulation wird durch die bestimmte Anordnung der Impulse auf den Zeitpositionen des Codes verwirklicht. Im idealen Fall tragen die Amplitudenparameter dieser Impulse keine Information und ihre Verzerrung führt folglich nicht zu Übermittlungsfehlern, wenn nur äußerst unterschiedliche Impulse (und ihre Zeichen) auf den Positionen des Codes zugelassen werden. Fehler entstehen nur dann, wenn der Störpegel dermaßen groß ist, daß die Bildung von falschen Impulsen auf freien Codepositionen und die Unterdrückung von Nutzimpulsen möglich ist.

So ist die Betrachtung der Störfestigkeit des Kanals mit der Pulscode-Modulation ein typisches Beispiel der Analyse eines Kanals bei großen Störungen.

Es werde ein Eingangssignal betrachtet, das n Elemente hat. Jedes Signalelement wird durch einen bestimmten Block von N Codezeichen übermittelt, wobei die Zahl N als Code-Basis (Länge des Codewortes) auch die Anzahl der Pegel-Quantisierungsstufen des Signals bestimmen wird. So ist die Gesamtzahl der Zeichen (im einfachsten Fall — der Impulse) gleich

$$l = n \cdot N .$$

Es mögen auf das Signal derart Störungen wirken, daß auf „Leer"-Stellen des Codeblocks (Abb. 5.5) im Mittel l_f falsche Impulse gebildet werden und l_u Nutzimpulse unterdrückt werden.

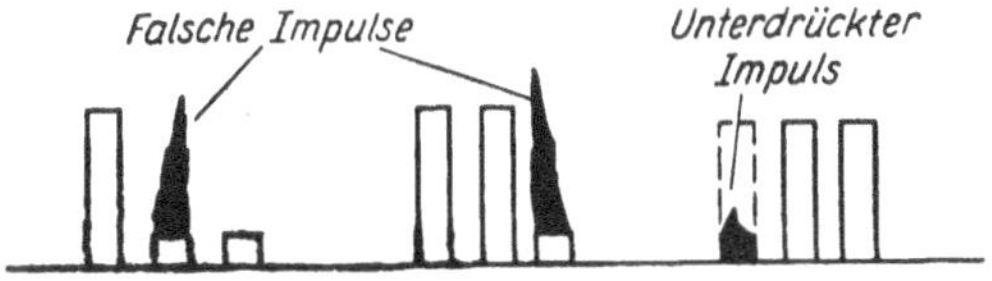

Abb. 5.5

Dann kann näherungsweise

$$P_f = \lambda_f \cdot \frac{l_f}{l}, \qquad P_u = \lambda_u \frac{l_u}{l} \tag{5.1}$$

geschrieben werden, wobei P_f die Wahrscheinlichkeit des Auftretens falscher Impulse und P_u die Wahrscheinlichkeit der Unterdrückung von Nutzimpulsen ist; λ_f und λ_u sind Normierungsfaktoren, die von der Wahrscheinlichkeit des Erscheinens der Zeichen 0 und 1 im Signal abhängen.

Im allgemeinen Fall hängt die Häufigkeit der Unterdrückung der Nutzsignale l_u/l und auch die Häufigkeit der Bildung falscher Impulse l_f/l von der Häufigkeit des Auftretens der Codezeichen 0 und 1 in der gegebenen Nachricht ab. Wenn z. B. die Störung so ist, daß die Hälfte aller Nachrichtensymbole unterdrückt wird, und die andere Hälfte durch falsche Impulse ersetzt wird, aber in der Nachricht die Wahrscheinlichkeit des Auftretens des Symbols 1 größer ist als die des Symbols 0, wird diese Nachricht durch die Störung nicht vollständig unterdrückt, ungeachtet dessen, daß die Störung das Signal auf jeder Codeposition verzerrt.

Aus § 20 folgt, daß der Kanal dann vollständig zusammenbricht, wenn die Kanalkapazität gleich Null wird. Dabei wird die bedingte Entropie $H_y(x)$, die ein Maß für die Unzuverlässigkeit des Kanals ist, gleich der Entropie $H(x)$ der Quelle:

$$H_y(x) = H(x)\,.$$

Für den Kanal, der mit einem Binärcode arbeitet, wird $H_y(x)$ durch die Gleichung

$$H_y(x) = -P_0[P(0 \mid 0)\log_2 P(0 \mid 0) + P(1 \mid 0)\log_2 P(1 \mid 0)] - \\ - P_1[P(0 \mid 1)\log_2 P(0 \mid 1) + P(1 \mid 1)\log_2 P(1 \mid 1)]$$

bestimmt, wobei bedeuten

P_0, P_1 — Wahrscheinlichkeit des Auftretens der Zeichen 0, 1;
$P(0 \mid 1)$ — Wahrscheinlichkeit dafür, daß bei gesendeter Eins eine Null empfangen wird;
$P(1 \mid 0)$ — Wahrscheinlichkeit dafür, daß bei gesendeter Null eine Eins empfangen wird;
$P(1 \mid 1)$ — Wahrscheinlichkeit des richtigen Empfangs der Eins;
$P(0 \mid 0)$ — Wahrscheinlichkeit des richtigen Empfangs der Null.

Die Wahrscheinlichkeit $P(1 \mid 0)$ gibt an, mit welcher Häufigkeit sich falsche Impulse bilden, während $P(0 \mid 1)$ ein Maß für die Häufigkeit ist, mit der Nutzimpulse unterdrückt werden. Die Wahrscheinlichkeiten $P(0 \mid 0)$ und $P(1 \mid 1)$ werden durch die Wahrscheinlichkeiten der entgegengesetzten Ereignisse festgelegt:

$$P(0 \mid 0) = 1 - P(1 \mid 0) = 1 - \frac{l_f}{l}\,,$$

$$P(1 \mid 1) = 1 - P(0 \mid 1) = 1 - \frac{l_u}{l}\,.$$

Wird das Gesagte berücksichtigt, so läßt sich $H_y(x)$ als

$$H_y(x) = -P_0\left[\left(1 - \frac{l_f}{l}\right)\log_2\left(1 - \frac{l_f}{l}\right) + \frac{l_f}{l}\log_2\frac{l_f}{l}\right] - \\ - P_1\left[\frac{l_u}{l}\log_2\frac{l_u}{l} + \left(1 - \frac{l_u}{l}\right)\log_2\left(1 - \frac{l_u}{l}\right)\right]$$

schreiben. Die Entropie der Quelle wird durch die Gleichung

$$H(x) = -P_0\log_2 P_0 - P_1\log_2 P_1$$

bestimmt.

Der Kanal bricht vollständig zusammen, wenn die Bedingung

$$P_0\log_2 P_0 + P_1\log_2 P_1 = P_0\cdot\left[\left(1 - \frac{l_f}{l}\right)\log_2\left(1 - \frac{l_f}{l}\right) + \frac{l_f}{l}\log_2\frac{l_f}{l}\right] + \\ + P_1\cdot\left[\frac{l_u}{l}\log_2\frac{l_u}{l} + \left(1 - \frac{l_u}{l}\right)\log_2\left(1 - \frac{l_u}{l}\right)\right]$$

erfüllt ist.

Dieser Ausdruck wird für alle möglichen Werte P_0 und P_1 identisch sein, wenn die Gleichungen

$$P_0 = \frac{l_f}{l}, \qquad P_1 = \frac{l_u}{l}$$

gelten.

Ein völliger Zusammenbruch eines Kanals mit Pulscode-Modulation ist nur in dem Falle möglich, wenn die Störungseigenschaften bezüglich der Erzeugung falscher binärer Zeichen statistisch vollständig mit der zu übertragenden Nachricht übereinstimmt. Unten wird die Störungseinwirkung auf einen Kanal mit Pulscode-Modulation betrachtet, bei welchem das Auftreten der Zeichen 0 und 1 gleichwahrscheinlich ist. Dabei werden die Koeffizienten λ_f und λ_u in der Beziehung (5.1) gleich sein und aus der Bedingung des völligen Zusammenbruchs bestimmt werden. Dann ist

$$P_f = \lambda \cdot \frac{l_f}{l} = 1\,, \qquad P_u = \lambda \cdot \frac{l_u}{l} = 1\,.$$

Durch Addition dieser Beziehungen gilt

$$\lambda \cdot \frac{l_f}{l} + \lambda \cdot \frac{l_u}{l} = \lambda \frac{l_f + l_u}{l} = 2\,,$$

woraus $\lambda = 2$ folgt. Es sei weiter angenommen, daß die Übermittlung durch Codeblöcke aus Impulsfolgen gleicher Dauer und mit gleichem Intervallpausen erfolgt. Die Decodierung geschehe so, daß die Pulscode-Modulation in eine Puls–Amplituden-Modulation überführt wird, wobei die Impulsdauer der letzteren gleich der Periode der gesendeten Codeblöcke ist. Anschließend wird das Signal mit einem Tiefpaß geglättet (Abb. 5.6). Dabei entsprechen die Codeimpulse auf bestimmten Positionen, bestimmten Signalwerten. In Abb. 5.7 ist der Fall eines Dreier-Pulscodes dargestellt. Die Störfestigkeit des Wandlers wird durch die mathematische Erwartung und die Dispersion der Wiedergabefehler des Signals am Ausgang charakterisiert.

Zuerst werde die Unterdrückung von Nutzsignalen betrachtet. Offensichtlich wird durch die Unterdrückung des ersten Codepulses das Nutzsignal um eine Einheit bezüglich seines Maximalwertes verringert (wenn die Zunahme des Stellenwertes von links nach rechts erfolgt, wie es in Abb. 5.7 gezeigt ist);

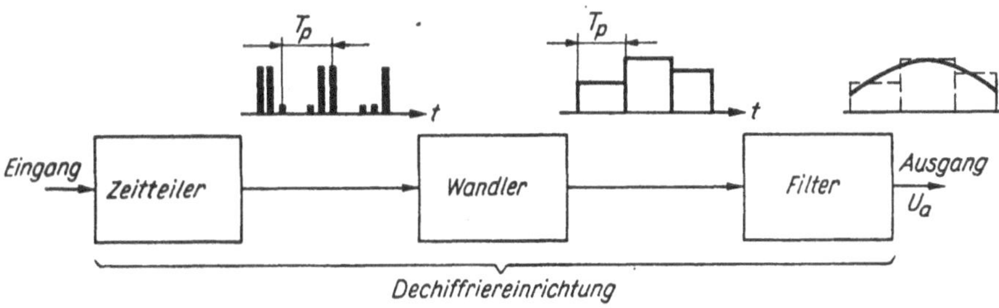

Abb. 5.6

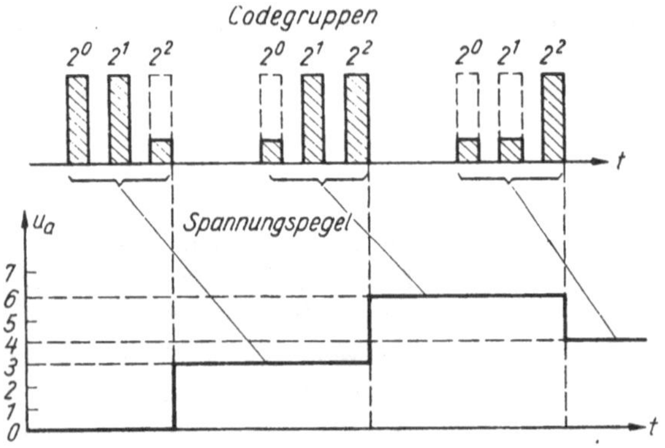

Abb. 5.7

wird der zweite Impuls unterdrückt, verringert sich das Nutzsignal um zwei Einheiten, beim dritten um vier Einheiten usw. Es werde das relative Ausgangssignal y eingeführt:

$$y = \frac{U_a}{(U_a)_{\max}}.$$

Dann wird die Signaländerung Δy infolge Störeinwirkung je nach der Position des unterdrückten Impuls durch die Werte (für Dreier-Pulscode) charakterisiert:

$$\Delta y_1 = -\frac{1}{7}, \qquad \Delta y_2 = -\frac{2}{7}, \qquad \Delta y_3 = -\frac{4}{7} \qquad \text{usw.}$$

Offensichtlich wird ein analoges Bild für den Fall falscher Pulse, die auf freien Positionen auftreten, erhalten. Nur wird dabei das Vorzeichen der Signaländerungen positiv. In allgemeiner Form gilt

$$\Delta y_{if} = \frac{2^{i-1}}{2^N - 1}, \tag{5.2}$$

$$\Delta y_{iu} = -\frac{2^{i-1}}{2^N - 1}. \tag{5.3}$$

Dabei bedeutet Δy_{iu} ein falsches Signal infolge Nutzpulsunterdrückung auf der i-ten Position, Δy_{if} ein falsches Signal durch Entstehen eines Impulses auf der freien i-ten Position. N ist die Zahl der Codepositionen.

Der Mittelwert des Fehlers durch Unterdrückung auf der i-ten Position wird bestimmt durch den Ausdruck

$$\overline{\Delta y_{iu}} = \Delta y_{iu} \frac{l_u}{l} = \Delta y_{iu} \frac{P_u}{2} = -\frac{2^{i-1}}{2(2^N - 1)} \cdot P_u, \tag{5.4}$$

und analog ist

$$\overline{\Delta y_{if}} = \frac{2^{i-1}}{2(2^N - 1)} \cdot P_f. \tag{5.5}$$

Der gesamte mittlere Signalfehler auf der i-ten Position wird gleich

$$\overline{\Delta y_i} = \frac{2^{i-1}}{2(2^N - 1)} \cdot (P_f - P_u) . \tag{5.6}$$

Die mathematische Erwartung des Fehlers am Ausgang der Decodiereinrichtung wird als Summe der Mittelwerte über alle Codepositionen bestimmt

$$\overline{\Delta y} = \sum_{i=1}^{N} \overline{\Delta y_i} = \frac{P_f - P_u}{2(2^N - 1)} \cdot \sum_{i=1}^{N} 2^{i-1}$$

oder, indem berücksichtigt wird, daß

$$\sum_{i=1}^{N} 2^{i-1} = 2^N - 1$$

ist, folgt endgültig

$$\overline{\Delta y} = \frac{P_f - P_u}{2} . \tag{5.7}$$

Für die Fehlerdispersion des Signals gilt

$$D_y = M\,[\Delta y - \overline{\Delta y}]^2$$

oder

$$D_y = M\,[\Delta y^2 - 2\,\Delta y\,\overline{\Delta y} + (\overline{\Delta y})^2] = \overline{\Delta y^2} - (\overline{\Delta y})^2 . \tag{5.8}$$

Die Dispersion auf der i-ten Position lautet analog

$$D_{yi} = \overline{\Delta y_i^2} - (\overline{\Delta y_i})^2 . \tag{5.9}$$

Mit den Ausdrücken (5.2) und (5.3) folgt

$$(\Delta y_{iu})^2 = \left(\frac{2^{i-1}}{2^N - 1}\right)^2, \qquad (\Delta y_{if})^2 = \left(\frac{2^{i-1}}{2^N - 1}\right)^2$$

und nach Mittelung ergibt sich

$$\overline{(\Delta y_{iu})^2} = \left(\frac{2^{i-1}}{2^N - 1}\right)^2 \cdot \frac{P_u}{2}, \qquad \overline{(\Delta y_{if})^2} = \left(\frac{2^{i-1}}{2^N - 1}\right)^2 \cdot \frac{P_f}{2} .$$

Werden die erhaltenen Beziehungen addiert, so entsteht auf der i-ten Position der Mittelwert des Fehlerquadrats

$$\overline{(\Delta y_i)^2} = \frac{1}{2}\left(\frac{2^{i-1}}{2^N - 1}\right)^2 (P_u + P_f) . \tag{5.10}$$

Das Quadrat des Mittelwertes des Fehlers auf der i-ten Position wird leicht aus dem Ausdruck (5.6) bestimmt:

$$(\overline{\Delta y})_i^2 = \frac{1}{4}\left(\frac{2^{i-1}}{2^N - 1}\right)^2 (P_f - P_u)^2 . \tag{5.11}$$

Werden die Ausdrücke (5.10) und (5.11) in Gleichung (5.9) eingesetzt, so folgt

$$D_{yi} = \frac{1}{2}\left(\frac{2^{i-1}}{2^N - 1}\right)^2 \cdot \left[P_u + P_f - \frac{1}{2}(P_f - P_u)^2\right] .$$

Die Fehlerdispersion am Ausgang der Decodiereinrichtung wird durch die Summe der Dispersionen auf allen Codepositionen bestimmt:

$$D_y = \sum_{i=1}^{N} D_{yi}$$

oder

$$D_y = \frac{1}{8\,(2^N - 1)^2} \cdot \left[P_u + P_f - \frac{1}{2}(P_f - P_u)^2\right] \cdot \sum_{i=1}^{N} 2^{2i}\,.$$

Da nach [31]

$$\sum_{i=1}^{N} 2^{2i} = \frac{4}{3}(4^N - 1)$$

gilt, folgt endgültig

$$D_y = \frac{4^N - 1}{6\,(2^N - 1)^2}\left[P_u + P_f - \frac{1}{2}(P_f - P_u)^2\right]. \tag{5.12}$$

Nach den Gleichungen (5.7) und (5.12) werden die mathematische Erwartung und die Dispersion der Signalverzerrung für den betrachteten Fall berechnet.

Für die Signalcodierung mit einer großen Anzahl von Quantisierungsstufen wird eine hinreichend große Zahl der Positionen N gefordert. Dabei gilt näherungsweise

$$\frac{4^N - 1}{6\,(2^N - 1)^2} \approx \frac{1}{6}\,,$$

woraus folgt

$$D_y = \frac{1}{6}\left[P_u + P_f - \frac{1}{2}(P_f - P_u)^2\right]. \tag{5.13}$$

So hängt die Fehlerdispersion bei großem N praktisch nicht von der Länge des Codeblocks ab und wird nur durch die entsprechenden Wahrscheinlichkeiten bestimmt. Gewöhnlich ist in Funkkanälen die Wahrscheinlichkeit der Unterdrückung der Codeimpulse viel geringer als die Wahrscheinlichkeit der Bildung falscher Impulse:

$$P_u \ll P_f\,.$$

Somit folgt aus Gl. (5.13)

$$D_y \approx \frac{1}{6}\left(P_f - \frac{1}{2}P_u^2\right).$$

Umgeformt lautet dieser Ausdruck

$$\frac{1}{12}P_f^2 - \frac{1}{6}P_f + D_y = 0$$

und für $D_y \leqq \frac{1}{12}$

folgt

$$P_f = 1 - \sqrt{1 - 12\,D_y}\,, \qquad D_y \leqq \frac{1}{12}\,. \tag{5.14}$$

Mit dieser Gleichung kann die Bildungswahrscheinlichkeit falscher Impulse bestimmt werden, die einer bestimmten Dispersion des fehlerhaften Signals am Ausgang der Decodiereinrichtung entsprechen. Der Maximalwert der Dispersion ist gleich 1/12 und entspricht der Größe $P_f = 1$. Das bedeutet, daß die zu übertragende Nachricht praktisch durch eine andere, die aus einer Zufallsfolge von Störimpulsen besteht, ersetzt wird. Da Δy den relativen Fehler angibt, wird der absolute Wert der Fehlerdispersion gleich

$$D_a = \frac{(u_a)^2_{\max}}{12},$$

was der Signaldispersion bei gleichwahrscheinlichen Zeichen entspricht.

In Abb. 5.8 ist die Änderung der Dispersion D_y in Abhängigkeit von der Wahrscheinlichkeit P_f grafisch dargestellt.

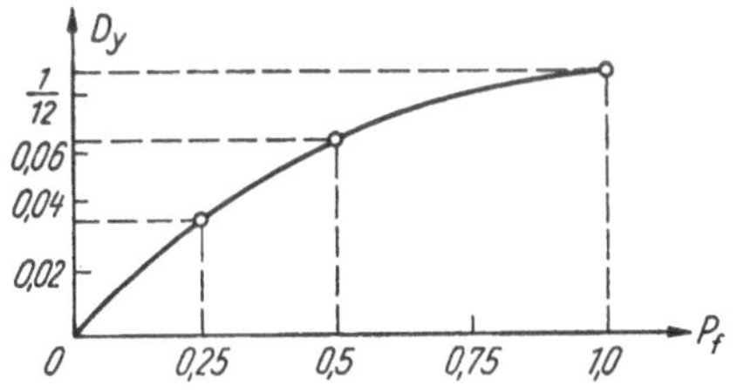

Abb. 5.8

Nun sei ein Kanal mit Puls–Zahl-Modulation betrachtet. Er wird durch eine Codebasis von Eins charakterisiert. Dabei bestimmt die Anzahl der Codeimpulse unmittelbar den Signalpegel. In diesem Falle ist der Fehler in der Signalübermittlung der Unterdrückung eines Codeimpulses auf einer beliebigen Position gleichwertig und gleich $\Delta y_{iu} = -1/N$. Analog gilt für falsche Impulse $\Delta y_{if} = 1/N$. Die Mittelwerte werden, wie zuvor, durch die Ausdrücke

$$\overline{\Delta y_{iu}} = -\frac{1}{2N} P_u\,; \qquad \overline{\Delta y_{if}} = \frac{1}{2N} P_f$$

bestimmt. Der Gesamtfehler auf der i-ten Position beträgt

$$\overline{\Delta y_i} = \frac{1}{2N}(P_f - P_u)\,,$$

und die mathematische Erwartung des Fehlers lautet

$$\overline{\Delta y} = \sum_{i=1}^{N} \frac{1}{2N}(P_f - P_u) = \frac{1}{2}(P_f - P_u)\,.$$

Die mathematische Erwartung des Fehlers, die hier erhalten wurde, ist die gleiche wie bei der Pulscode-Modulation. Das erklärt sich daraus, daß die mittlere Stellenzahl in beiden Fällen gleich groß und gleich Eins[1]) ist. Die Dispersion wird durch Gl. (5.9) bestimmt, wobei jetzt die Ausdrücke

$$(\overline{\Delta y_i^2}) = \frac{1}{4\,N^2}(P_f - P_u)^2$$

und

$$(\Delta y_{iu})^2 = (\Delta y_{if})^2 = \frac{1}{N^2}$$

gelten. Daraus ergibt sich

$$\overline{(\Delta y_i)^2} = \overline{(\Delta y_{iu})^2} + \overline{(\Delta y_{if})^2} = \frac{1}{2\,N^2}(P_F + P_u)\,.$$

In Gl. (5.9) eingesetzt, folgt

$$D_{yi} = \frac{1}{2\,N^2}\left[P_f + P_u - \frac{1}{2}(P_f - P_u)^2\right].$$

Die Fehlerdispersion wird durch die Summe der Dispersion über alle Positionen bestimmt

$$D_y = \frac{1}{2\,N}\left[P_f + P_u - \frac{1}{2}(P_f - P_u)^2\right]. \tag{5.15}$$

Aus der erhaltenen Formel ist ersichtlich, daß sich die Dispersion für einen Kanal mit Puls–Zahl-Modulation umgekehrt proportional zur Stellenzahl verringern wird.

Von diesem Gesichtspunkt aus wäre es für die Steigerung der Störfestigkeit des Systems zweckmäßig, die Anzahl der Positionen des Codes zu vergrößern. Diese Verbesserung bedingt jedoch eine größere Kanalkapazität.

Tatsächlich ist es bei vorgegebener Dauer der Nachricht T für die Erhöhung der Stellenzahl notwendig, die Dauer der Codeimpulse so zu verringern, daß eine größere Anzahl von Impulsen auf dem früheren Intervall unterzubringen ist. Dabei wird die Bandbreite F des Signalspektrums vergrößert und folglich auch die erforderliche Übertragungsrate. Wenn nicht nur die Zeit T, sondern auch die Impulsdauer (d. h. die Bandbreite) fixiert wird, so kann die zu übertragende Informationsmenge nicht erhöht werden.

§ 28. Störfestigkeit der Wandler bei Pulszeit-Modulation

Bei der Informationsübertragung mit Pulszeit-Modulationen (PZM) sind Zeitintervalle die Träger der Information. Gewöhnlich ist der Kanal folgendermaßen aufgebaut. Am Anfang des Taktes werden die Codeblöcke, die aufeinander in bestimmten festen Zeitintervallen folgen, formiert (Abb. 5.9). Dies

---

[1]) Unter der mittleren Stellenzahl des Codes wird die mittlere Anzahl von Einsen im Codezeichen verstanden. Für den einfachen Code ist die mittlere Stellenzahl $\frac{1}{N}\sum_{i=1}^{N} 2^\circ = 1$, für den Binärcode $\frac{1}{2^N - 1}\sum_{i=1}^{N} 2^{i-1} = 1$.

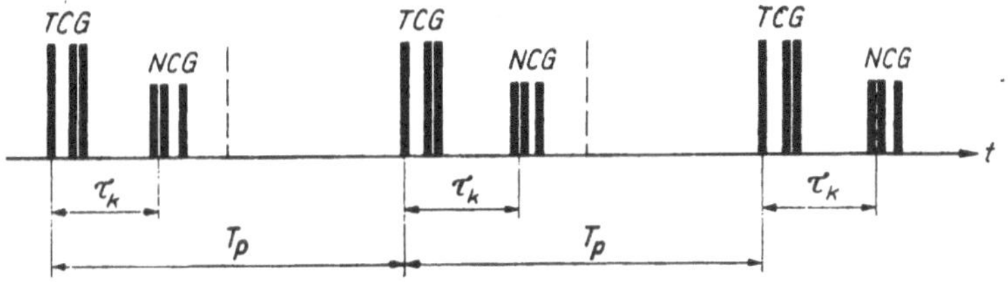

Abb. 5.9

sind die sogenannten Takt-Codeblöcke (TCG). Dazwischen liegen die Nutz-Codeblöcke (NCG), deren relativer Abstand von den Takt-Code-Blöcken durch das Zeitintervall τ_k, indem die Information enthalten ist, bestimmt wird.

Die Einrichtung zur Umwandlung der Zeitintervalle in das Nutzsignal besitzt folgendes Blockschaltbild (Abb. 5.10). Die Decodiereinrichtung reproduziert aus den Codeblöcken die Takt- und Nutzimpulse, die auf einen Trigger gegeben werden.

Er erzeugt unter Verarbeitung eines jeden ankommenden Impulses eine Pulsdauer-Modulation (PDM). Danach werden in einem Tiefpaß die hochfrequenten Anteile beseitigt und zurück bleibt das zu übertragende Signal.

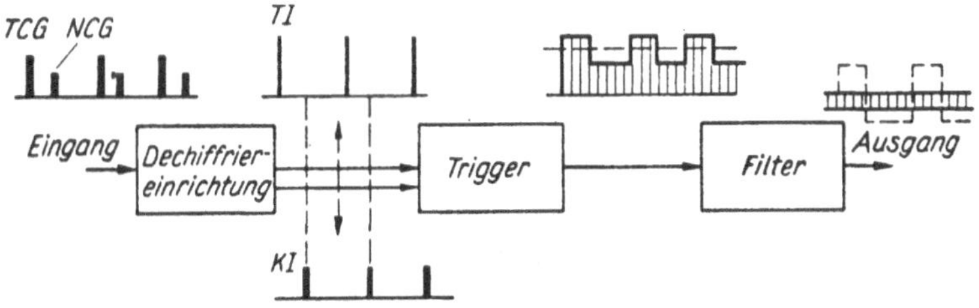

Abb. 5.10

Es ist allerdings möglich, daß bei Einwirkung von Störungen auf den Eingang des Wandlers Codeblöcke unterdrückt oder fehlerhafte Codeblöcke (FCG) gebildet werden. Im Ergebnis dessen werden die Zeitintervalle, die die Information tragen, verzerrt, was zu Fehlern in der Signalwiedergabe führt.

Nun werde die Störfestigkeit des Wandlers für den Fall betrachtet, daß nur falsche Codeblöcke entstehen. Ihre Verteilung im Intervall T_P werde als gleichwahrscheinlich angenommen. Der Einfachheit halber wird das Nutzsignal als Gleichgröße (Gleichsignal) vorausgesetzt. Die Störung wirkt daher bei konstantem τ_k.

Die Ausgangsspannung des Wandlers (Gleichanteil am Filterausgang) wird durch die Beziehung (Abb. 5.11)

$$U_0 \cdot \tau_k - U_0 (T_p - \tau_k) = T_p \cdot U_a$$

bestimmt. Daraus folgt

$$U_a = U_0 \left(\frac{2 \cdot \tau_k}{T_p} - 1 \right).$$

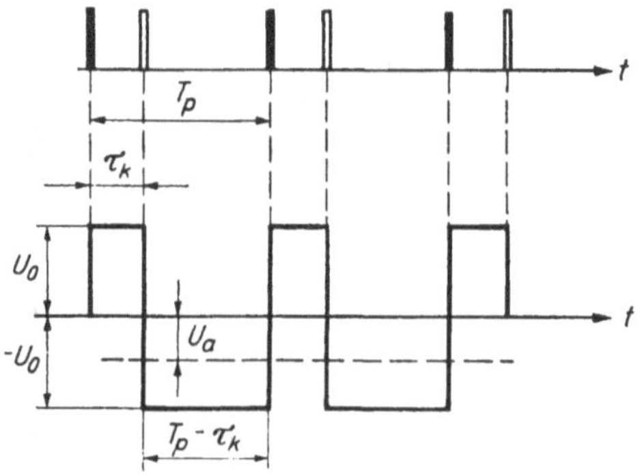

Abb. 5.11

Anstelle des Ausgangssignals sei die relative Größe $k_a = U_a/U_0$ eingeführt. Dann gilt

$$k_a = \frac{2 \cdot \tau_k}{T_p} - 1 \,. \tag{5.16}$$

Es ist leicht einzusehen, daß sich bei Zunahme des Zeitintervalls τ_k von Null auf T_p der Wert k_a von -1 bis $+1$ ändern wird. Bei $\tau_k = T_p/2$ läuft k_a durch Null.

Je nach Intensität der Störung werden sich fehlerhafte Codeblöcke mit unterschiedlicher Häufigkeit bilden. So können fehlerhafte Codeblöcke durchschnittlich entweder in jedem Intervall τ_k oder nur in einzelnen Intervallen auftreten. Bei sehr hohem Störpegel sind u. U. mehrere fehlerhafte Codeblöcke in einem Intervall τ_k möglich. In Abb. 5.12 sind die genannten drei Fälle schematisch gezeigt und mit A, B und C bezeichnet.

Eine wesentliche, durch die Art der Triggerung bedingte Besonderheit der Umwandlung für die Puls-Zeit-Modulation besteht darin, daß nur der erste

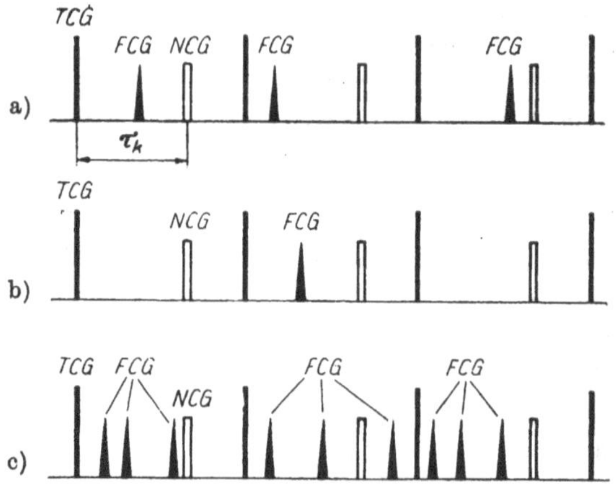

Abb. 5.12

fehlerhafte Codeblock die Verarbeitung beeinflußt. Die darauffolgenden fehlerhaften Codeblöcke (Abb. 5.12c) oder die Nutz-Code-Blöcke verändern den Zustand des Triggers solange nicht mehr, bis der folgende Taktblock eintrifft. Gerade dieses erklärt die Tatsache, daß sich durch Erhöhung der Anzahl fehlerhafter Codeblöcke pro Zeiteinheit das relative Ausgangssignal k_a immer mehr dem Wert -1 nähern wird. Dieses wird unten noch analytisch gezeigt.

Zuerst sei die Entstehung von fehlerhaften Nutz-Code-Blöcken und ihr Einfluß auf die Verzerrungen des zu übertragenden Signals betrachtet.

Es möge W_{fC} die mittlere Anzahl der falschen Code-Blöcke sein, welche die Decodiereinrichtung in der Zeiteinheit durchlaufen. Dann werden auf das Intervall τ_k genau $(W_{fC} \cdot \tau_k)$ falsche Codeblöcke entfallen. Wenn der Wert $W_{fC} \cdot \tau_k$ kleiner als Eins ist, so bedeutet das, daß nicht in jedem Intervall τ_k fehlerhafte Codeblöcke auftreten werden (Fall B). Mit anderen Worten ist die Wahrscheinlichkeit des Auftretens falscher Codeblöcke im gegebenen Intervall τ_k kleiner Eins. Wenn $W_{fC} \cdot \tau_k$ gleich Eins ist, wird auf jedes der vorhandenen Intervalle τ_k ein falscher Codeblock entfallen (Fall A). Diese beiden Fälle seien hauptsächlich betrachtet.

Da die fehlerhaften Codeblöcke innerhalb des Intervalls T_p gleichwahrscheinlich auftreten, ist die Wahrscheinlichkeit fehlerhafter Codegruppen im Intervall τ_k eine lineare Funktion dieses Intervalls:

$$P_f = W_{fC} \cdot \tau_k \,. \tag{5.17}$$

Wenn im betrachteten Intervall ein fehlerhafter Codeblock vorhanden ist, der von dem Taktblock um das Intervall τ_i entfernt ist (Abb. 5.13a), entsteht in der Signalübermittlung ein Fehler, der gleich

$$\Delta k_i = k_{ai} - k_a$$

ist, wobei

$$k_{ai} = \frac{2\,\tau_i}{T_p} - 1$$

gilt, oder, wenn Gl. (5.16) berücksichtigt wird,

$$\Delta k_i = \frac{2}{T_p}(\tau_i - \tau_k) \,. \tag{5.18}$$

Die zufällige Größe Δk_i, wie auch τ_i, ist im Intervall τ_k gleichverteilt (Abb. 5.13b) und verändert sich in den Grenzen $-\,2\,\tau_k/T_p$ (bei $\tau_i = 0$) bis 0 (bei $\tau_i = \tau_k$). Da der mittlere Wert von τ_i gleich $\tau_k/2$ ist, wird der Mittelwert des Fehlers im Intervall τ_k

$$\overline{\Delta k_i} = -\frac{\tau_k}{T_p} \,. \tag{5.19}$$

Aus Gl. (5.16) ergibt sich

$$\tau_k = \frac{k_a + 1}{2} \cdot T_p \,. \tag{5.20}$$

Folglich ist

$$\overline{\Delta k_i} = -\frac{k_a + 1}{2}. \tag{5.21}$$

Die mathematische Erwartung des Fehlers am Ausgang des Umwandlers wird als Mittel der Größe $\overline{\Delta k_i}$ über alle Intervalle τ_k bestimmt. Da die Wahrscheinlichkeit P_f die Häufigkeit des Auftretens von Intervallen mit fehlerhaften Codeblöcken charakterisiert, wird die gesuchte mathematische Erwartung des Fehlers gleich

$$\overline{\Delta k_a} = \overline{\Delta k_i} \cdot P_f ,$$

oder, wenn die Gln. (5.17), (5.20) und (5.21) berücksichtigt werden, gleich

$$\overline{\Delta k_a} = -W_{fC} \cdot T_p \cdot \frac{(k_a + 1)^2}{4}. \tag{5.22}$$

In dem Falle, wo im Mittel pro Intervall T_p nicht weniger als ein fehlerhafter Codeblock auftreten wird, ist $W_{fC} \cdot T_p$ gleich Eins, und die mathematische Erwartung des Fehlers am Ausgang des Wandlers beträgt

$$\overline{\Delta k_a} = -\frac{(k_a + 1)^2}{4}. \tag{5.23}$$

In Abb. 5.14 ist die Änderung des Mittelwertes des Fehlers in Abhängigkeit von der Größe des zu übertragenden Nutzsignals grafisch angegeben. Sehr charakteristisch für dieses Übertragungssystem ist, daß sich der Fehler bei positiven Signalwerten stark vergrößert. Praktisch wird in diesem Bereich das Signal stets falsch übertragen, da für alle $k_a > 0$

$$|\overline{\Delta k_a}| > k_a$$

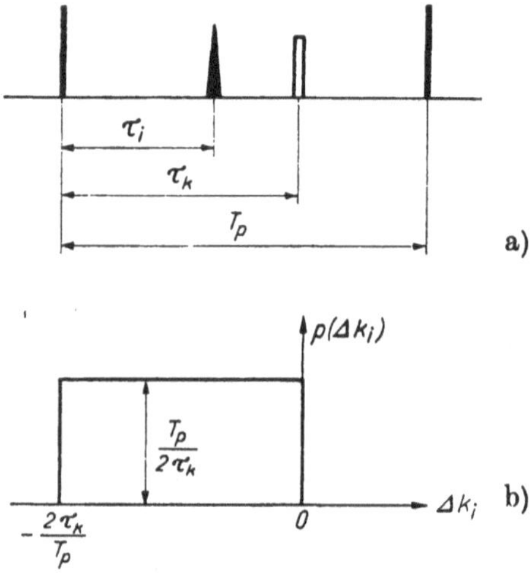

Abb. 5.13

gilt. Tatsächlich folgt hieraus, daß es in einem stark gestörten System mit Puls-Zeit-Modulation, in dem der Takt-Codeblock gut geschützt ist, vorteilhaft ist, die Signale mit stark negativem Pegel zu übertragen.

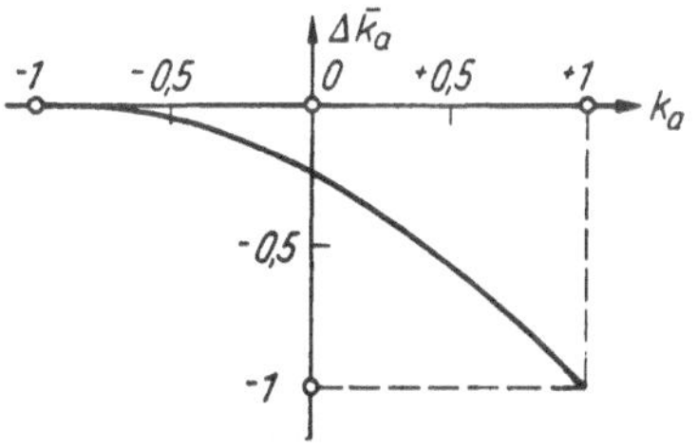

Abb. 5.14

Für die Fehlerdispersion am Ausgang des Wandlers gilt mit M als dem Operator der mathematischen Erwartung

$$D(\Delta k_i) = M\,[\Delta k_i - \overline{\Delta k_i}]^2\,.$$

Mit der Bezeichnung

$$\Delta y = \Delta k_i - \overline{\Delta k_i}$$

und den Beziehungen (5.18) und (5.19) entsteht

$$\Delta y = \frac{1}{T_p}(2\cdot\tau_i - \tau_k)\,.$$

Die zufällige Größe Δy ist gleichverteilt, ändert sich in den Grenzen von $-\tau_k/T_p$ (bei $\tau_i = 0$) bis τ_k/T_p (bei $\tau_i = \tau_k$) und besitzt eine Dichtefunktion, die gleich $T_p/2\,\tau_k$ ist (Abb. 5.15.)

Auf diese Weise ergibt sich

$$D(\Delta k_i) = \int\limits_{-\frac{\tau_k}{T_p}}^{\frac{\tau_k}{T_p}} \frac{T_p}{2\cdot\tau_k}\cdot(\Delta y)^2\,d(\Delta y) = \frac{\tau_k^2}{3\,T_p^2}\,.$$

Wird der Wert von τ_k aus Gl. (5.20) eingesetzt, so folgt

$$D(\Delta k_i) = \frac{(k_a+1)^2}{12}\,.$$

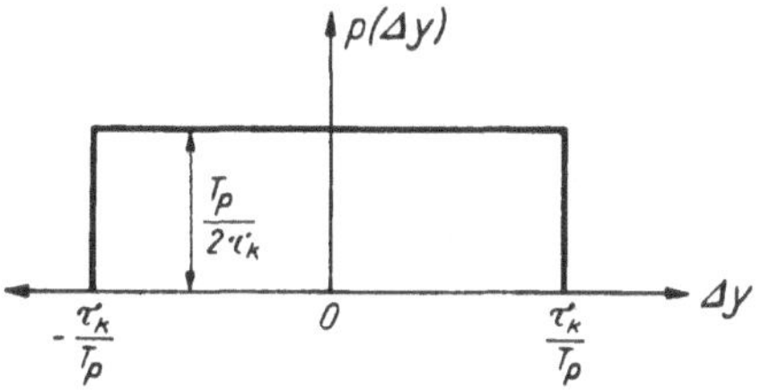

Abb. 5.15

Zur Mittelung der erhaltenen Fehlerdispersion über alle möglichen Intervalle wird wie früher dieser Wert mit der Wahrscheinlichkeit P_f multipliziert. Mit den Gln. (5.17) und (5.20) ergibt sich endgültig

$$D(\Delta k_a) = \frac{(k_a + 1)^3}{24} W_{fC} \cdot T_p \,. \tag{5.24}$$

Wenn im Mittel ein fehlerhafter Codeblock in jedem Intervall T_p auftritt, wenn also $W_{fC}\, T_p = 1$ ist, gilt

$$D(\Delta k_a) = \frac{(k_a + 1)^3}{24} \,. \tag{5.25}$$

In Abb. 5.16 ist grafisch die Änderung der Fehlerdispersion in Abhängigkeit von der Größe des zu übertragenden Nutzsignals dargestellt. Mit dem Mittelwert des Fehlers wächst die Dispersion für positive Werte des Nutzsignals rasch an.

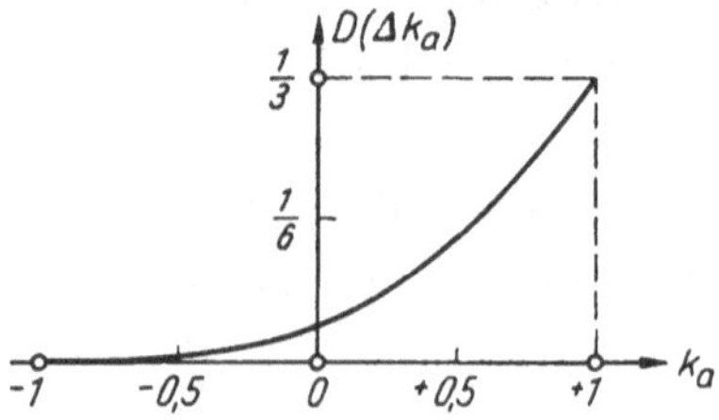

Abb. 5.16

Nun sei der Fall betrachtet, daß im Mittel im Intervall τ_k mehrere fehlerhafte Codeblöcke auftreten, d. h., daß die Bedingung

$$W_{fC} \cdot \tau_k > 1$$

gilt. Da die mittlere Periode, in der fehlerhafte Codeblöcke aufeinanderfolgen, gleich

$$\overline{\tau_1} = \frac{1}{W_{fC}} \tag{5.26}$$

ist, wird auch die Bedingung

$$\overline{\tau_1} < \tau_k \tag{5.27}$$

gelten.

Da die Störung als stationär vorausgesetzt wird, kann für jede Realisierung des Signals der Beginn der Abtastung der Periode $\overline{\tau_1}$ mit dem Takt-Codeblock zusammengelegt werden. Dabei wird das Intervall τ_i zwischen dem Takt-Codeblock und dem ersten darauf folgenden fehlerhaften Codeblock gleichverteilt in den Grenzen von Null bis $\overline{\tau_1}$ sein und wird den Mittelwert

$$\overline{\tau_i} = \frac{\overline{\tau_1}}{2}$$

haben.

Mit Gl. (5.18) und durch Mitteln über den darin enthaltenen zufälligen Größen folgt

$$\overline{\Delta k_i} = \frac{2}{T_p}(\overline{\tau_i} - \tau_k)$$

oder

$$\overline{\Delta k_i} = \frac{2}{T_p}\left(\frac{\overline{\tau_1}}{2} - \tau_k\right).$$

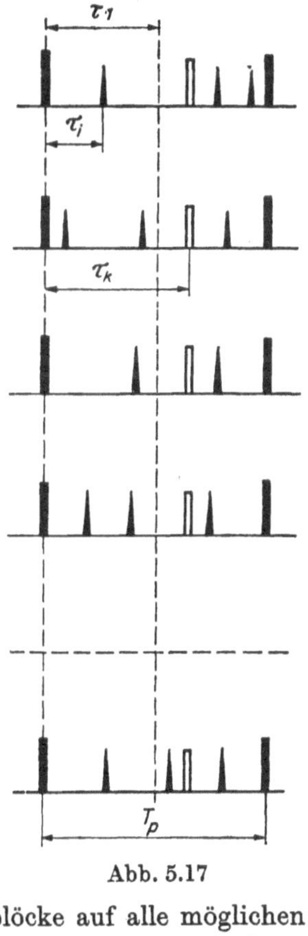

Abb. 5.17

Da die fehlerhaften Codeblöcke auf alle möglichen Intervalle τ_k wirken, d. h., selbst wenn die Wahrscheinlichkeit ihres Auftretens im gegebenen Intervall gleich Eins ist, so ist die Größe $\overline{\Delta k_i}$ auch der gesuchte Mittelwert des Fehlers am Ausgang des Wandlers

$$\overline{\Delta k_a} = \frac{2}{T_p}\left(\frac{\overline{\tau_1}}{2} - \tau_k\right). \tag{5.28}$$

Werden hier in diesen Ausdruck die Werte $\overline{\tau_1}$ und τ_k aus den Gln. (5.26) und (5.20) eingesetzt, so gilt endgültig

$$\overline{\Delta k_a} = \frac{1}{T_p \cdot W_{fC}} - k_a - 1\,. \tag{5.28a}$$

Im Unterschied zum vorhergehenden Fall ändert jetzt der mittlere Fehler am Ausgang des Wandlers das Vorzeichen und wird bei einem gewissen konkreten Wert des zu übertragenden Signals gleich Null.

In Abb. 5.18 ist die Abhängigkeit des Fehlers $\overline{\Delta k_a}$ von der Größe des Signals k_a für verschiedene Werte der Anzahl fehlerhafter Codeblöcke pro Sekunde (W_{fC}) graphisch dargestellt.

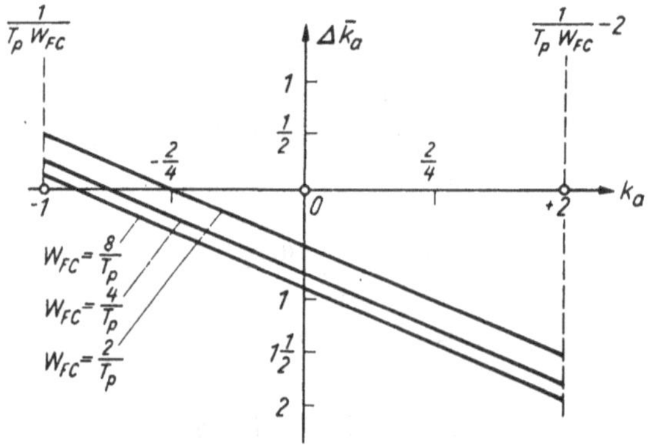

Abb. 5.18

Die Fehlerdispersion für den betrachteten Fall wird wiederum durch Integration ermittelt.

Mit der Bezeichnung

$$\Delta y = \Delta k_i - \overline{\Delta k_a}$$

und den Gln. (5.18) und (5.28) gilt

$$\Delta y = \frac{1}{T_p} (2 \cdot \tau_i - \overline{\tau_1}) .$$

Die zufällige Größe Δy ist normiert und verändert sich gleichwahrscheinlich in den Grenzen von $-\overline{\tau_1}/T_p$ (bei $\tau_i = 0$) bis $\overline{\tau_1}/T_p$ (bei $\tau_i = \overline{\tau_1}$); ihre Wahrscheinlichkeitsdichtefunktion ist gleich $T_p/2 \cdot \overline{\tau_1}$. Folglich gilt

$$D(\Delta k_a) = \int_{-\overline{\tau_1}/T_p}^{\overline{\tau_1}/T_p} \frac{T_p}{2 \cdot \overline{\tau_1}} (\Delta y)^2 \, d(\Delta y) = \frac{\overline{\tau}_1^2}{3 T_p^2} ,$$

oder, unter Verwendung von Gl. (5.26),

$$D(\Delta k_a) = \frac{1}{3 W_{fC}^2 \cdot T_p^2} . \tag{5.29}$$

Es ist leicht zu erkennen, daß die Dispersion nicht vom Wert des zu übertragenden Signals abhängt und nur von der Störintensität (der Größe $W_{fC} T_p$) bestimmt wird.

Der Mittelwert und die Dispersion der Fehler für den Fall, daß nur fehlerhafte Takt-Codeblöcke entstehen, läßt sich analytisch bestimmen. Für Einzelheiten sei auf die Monografie [25] verwiesen, wo diese Fragen ausführlich dargelegt sind.

Für die Anwendung der erhaltenen Formeln ist es notwendig, die Größe W_{fC} — die Anzahl fehlerhafter Codeblöcke, die den Wandler in der Zeiteinheit durchlaufen, zu kennen. Bei ein und derselben Störintensität kann sich diese Größe in Abhängigkeit vom Typ der Decodiereinrichtung u. U. bedeutend verändern. Sie hängt auch von der Art der Übertragung der Nutz-Codeblöcke ab. In der Praxis wird das optimale Verfahren meist experimentell ermittelt.

§ 29. Verbesserung der Störfestigkeit der digitalen Pulsphasenmodulation. Die Intervall-Codierung

Bei der Ausnutzung von Impulskanälen zur Nachrichtenübermittlung erhielten die Puls-Lagen-Codes (digitale Pulsphasenmodulation) eine weite Verbreitung. Insbesondere ist bei Verwendung der Puls-Zeit-Modulation in Vielkanalsystemen die Puls-Lagen-Codierung ein bequemes Mittel der Aufteilung der Kanäle. In anderen Fällen der Lagen-Codierung wird ein für die Übermittlung der Nachricht erforderlicher Satz von Zeichen geschaffen.

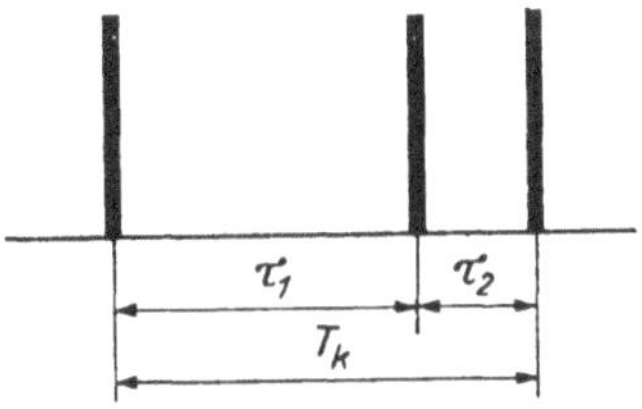

Abb. 5.19

Der Puls-Lagen-Code stellt eine Aufeinanderfolge von N Impulsen dar, die voneinander durch bestimmte zeitliche Intervalle getrennt sind. So wird der Drei-Impuls-Code charakterisiert durch zwei Zeitintervalle — zwischen dem ersten und dem zweiten Puls τ_1 und zwischen dem zweiten und dem dritten Puls τ_2 (Abb. 5.19).

Offensichtlich wird die Gesamtdauer (Länge) T_C des Codeblocks (des Codewortes) gleich der Summe dieser Intervalle. Die Decodierung des Puls-Lagen-Codes wird gewöhnlich mit einer Anordnung, bestehend aus einer Verzögerungsleitung und einer Koinzidenz-Kaskade, vorgenommen. In Abb. 5.20 ist das Blockschaltbild zur Decodierung für einen Drei-Impuls-Code gezeigt, der zwei Codeworte trägt (z. B. Takt- und Nutz-Codeblock bei der Puls-Zeit-Modulation).

Es werde nun der „Drei-Impuls"-Lagen-Code ausführlicher betrachtet. Die Intervalle zwischen den Impulsen werden in Einheiten des minimal möglichen

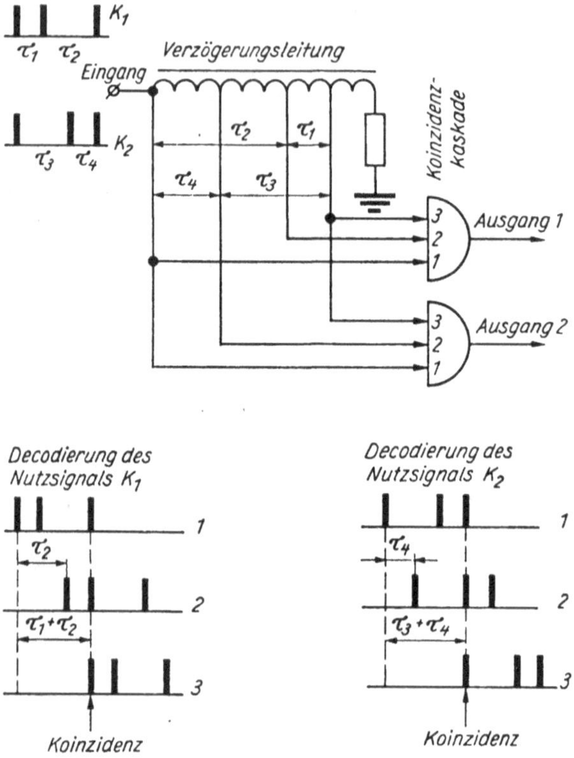

Abb. 5.20

Intervalls τ_0 gemessen. So werde als Maximalintervall, das dem Codewort zugewiesen ist, $12\,\tau_0$ angenommen, dann kann beispielsweise ein Satz von Codeworten eine Form haben, wie sie in Abb. 5.21 gezeigt ist. Wird wiederum

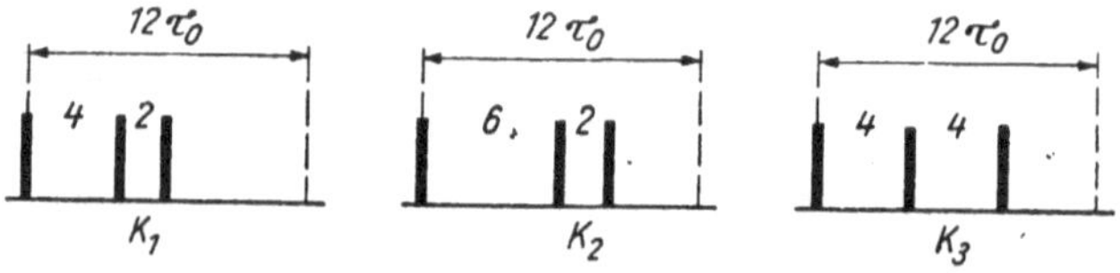

Abb. 5.21

angenommen, daß sich aufgrund hoher Störpegel Fehlpulse bilden, so wird eine Verzerrung des Nutzsignals, das mittels Puls-Lagen-Code übertragen wird, durch das Auftreten falscher Pulse innerhalb des Codeblocks hervorgerufen. Die Unterdrückung von Nutzpulsen soll außer Betracht bleiben, da die Wahrscheinlichkeit eines solchen Ereignisses wesentlich geringer ist als die Wahrscheinlichkeit der Bildung von Fehlpulsen. Für die Unterdrückung eines Nutzpulses ist wenigstens die gleichzeitige Erfüllung dreier Bedingungen notwendig:

das Auftreten des Störimpulses im gegebenen Intervall, das Vorhandensein eines bestimmten Verhältnisses der Pulsamplituden und das Vorhandensein bestimmter Phasenbeziehungen der Trägerfrequenz. Die Wahrscheinlichkeit der Unterdrückung läßt sich durch Auswahl einer entsprechenden Schwelle im Umwandler noch weiter verringern. Eine Herabsetzung der Arbeitsschwelle der Decodiereinrichtung führt immer zu einer Erhöhung der Anzahl falscher Pulse, wobei gleichzeitig die Wahrscheinlichkeit der Unterdrückung von Nutzpulsen abnimmt.

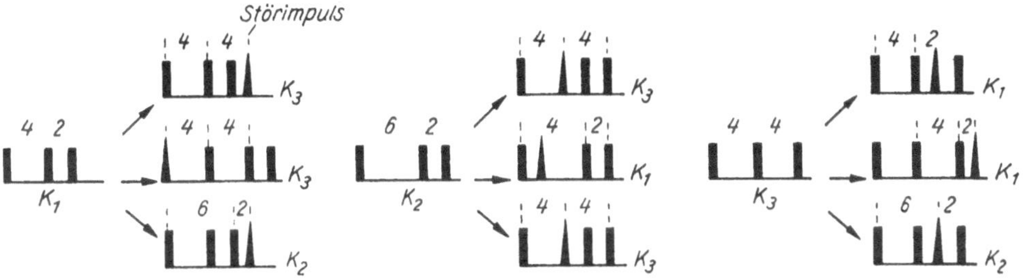

Abb. 5.22

Im betrachteten Puls-Lagen-Code (Abb. 5.21) können falsche Codeworte durch das Auftreten von Fehlpulsen innerhalb des Code-Intervalls $12\tau_0$ entstehen. Tatsächlich kann das Codewort K_1 in die Codeworte K_3 und K_2, das Codewort K_2 in die Worte K_1 und K_3 und das Codewort K_3 in K_1 und K_2 transformiert werden, wenn die Störimpulse, wie in Abb. 5.22 gezeigt, angeordnet sind. In den betrachteten Fällen wurden die falschen Codeworte durch Zusatz eines Störimpulses gebildet. Die Anzahl falscher Codeworte kann u. U. recht hoch sein. Von diesem Gesichtspunkt aus gilt, daß der Puls-Lagen-Code relativ anfällig gegen Störungen ist.

Jedoch kann die Störfestigkeit des Impuls-Lagen-Codes wesentlich gesteigert werden, wenn die Intervalle zwischen den Codepulsen vollständig auf bestimmte Art ausgewählt werden. Eine solche Codierung wird Intervall-Codierung genannt [10]. Sowohl der Intervall-Code mit einer solchen Anzahl von Drei-Puls-Codeworten, wie auch der Puls-Lagen-Code gewährleisten eine absolute Störfestigkeit gegen einen einzelnen Störpuls. Dieses wird durch entsprechende Auswahl der Intervalle zwischen den Impulsen eines jeden Codewortes erreicht.

Die hohe Störfestigkeit des Intervall-Codes ist ihr großer Vorteil gegenüber den gewöhnlichen Puls-Lagen-Codes, da keinerlei zusätzliche Maßnahmen, außer einer geeigneten Auswahl der Intervalle gefordert werden. Jedoch sind die Intervall-Codes nicht stabil gegen sehr starke Störungen. Deshalb ist es bei Verwendung von Intervall-Codes notwendig, die Wahrscheinlichkeit für das Ausfallen von Nutzpulsen so weit wie möglich herabzusetzen.

Das Wesen der Intervall-Codierung besteht darin, die Intervalle zwischen N-Impulsen so auszuwählen, daß selbst durch $N - 2$ Störimpulse keine Verfälschungen auftreten können. Voraussetzung ist, daß sich keine fehlerhaften Codeblöcke bilden, die dem ausgewählten Codewortsatz angehören.

Dem Typ der Störung, die mit den Nutzsignalen in Wechselwirkung tritt, werden relativ schwache Einschränkungen auferlegt: Die Störung kann eine Zufallsfolge von Impulsen sein, etwa auch eine Abtastfolge aus frequenzbegrenztem Gaussschem Rauschen; sie kann durch Übersprechen von einem Impulsübertrager mit annähernd einheitlicher Folgefrequenz entstehen und vieles andere mehr. Die einzige Forderung besteht darin, daß die Wahrscheinlichkeit für das Auftreten einzelner Fehlerimpulse pro Zeiteinheit größer ist als die Wahrscheinlichkeit für das Auftreten von Fehlimpulspaaren. Deren Wahrscheinlichkeit muß wiederum größer sein, als die Wahrscheinlichkeit für das Auftreten fehlerhafter Puls-Dreiergruppen usw. Diese Forderung ist nicht einschneidend und wird in der Praxis gewöhnlich erfüllt. Die Störfestigkeit des Pulscodes bestimmt sich aus der Dichte der Impulsstörungen, bei der er noch stabil ist.

Das Kriterium der Störfestigkeit des Intervall-Codes wird durch die Maximalmenge der Störimpulse charakterisiert, die auf die Codeblöcke wirkend, die Identität der Codeworte nicht zu ändern vermögen und das gegebene Codewort zeitlich nicht verschieben.

Die Theorie der Intervall-Codes stützt sich auf das folgende Theorem [10], das ohne Beweis angegeben sei:

Ein Intervall-Code, bestehend aus k verschiedenen N-Puls-Codeworten (Codeworte der Länge N), ist absolut stabil (im oben angegebenen Sinne) gegen das Auftreten von $N - 2$ Fehlimpulsen, die im allgemeinen in allen Codeworten auftreten, dann und nur dann, wenn folgende $k N \frac{N-1}{2}$ Zahlen (zeitlicher Abstand zwischen den Impulsen des Codewortes) verschieden sind:

$$\left.\begin{array}{ll} t_{ij} & \text{für } i = 1, 2, \ldots, N-1;\ j = 1, 2, \ldots, k\,, \\ t_{ij} + t_{(i+1)j} & \text{für } i = 1, 2, \ldots, N-2;\ j = 1, 2, \ldots, k\,, \\ t_{ij} + t_{(i+1)j} + t_{(i+2)j} & \text{für } i = 1, 2, \ldots, N-3;\ j = 1, 2, \ldots, k\,, \\ \sum_{i=1}^{N-1} t_{ij} & \text{für } j = 1, 2, \ldots, k\,. \end{array}\right\} \quad (5.30)$$

Hier sind die Zahlen t_{ij} die Zeitintervalle zwischen den Impulsen der Codeblöcke, wobei der Index i die Intervallnummer und der Index j die Codewortnummer anzeigt. Daher gelten für die zwei Codeworte des Drei-Puls-Codes die Bezeichnungen:

$$\text{für das erste Codewort } t_{11}, t_{21}\,,$$

$$\text{für das zweite Codewort } t_{12}, t_{22}\,,$$

und nach der Bedingung des Theorems für die Intervall-Codierung müssen die Größen

$$t_{11}, t_{21}, t_{12}, t_{22}, t_{11} + t_{21} \text{ und } t_{12} + t_{22}$$

voneinander verschieden sein, und der Drei-Puls-Code ist bezüglich eines einzelnen Fehlimpulses absolut stabil. Die Hauptschwierigkeit beim Intervall-Code besteht darin, nur solche Intervalle zwischen den Nutzimpulsen auszuwählen, die eine minimale Länge der Codeworte gewährleisten. Wenn beliebig große Intervalle zwischen den Impulsen zugelassen sind, entstehen keinerlei Schwierigkeiten bei seiner Erzeugung. Dabei vermindert sich jedoch Kanalkapazität und der Gewinn strebt offenbar gegen Null. Deshalb entsteht natürlich die Frage, wie bei gegebenem k und N eine minimale Länge des Codeblocks gewährleistet werden kann und wie groß diese ist.

Diese Aufgabe ist in allgemeiner Form gegenwärtig nicht gelöst. Es gibt aber spezielle Lösungen, die sich in der Praxis vorteilhaft verwenden lassen. So ist die untere Grenze der minimalen Länge T_C des Codeblocks (des Codewortes) gefunden worden [10]. Für einen beliebigen Intervall-Code wird sie durch den Ausdruck

$$T_C = \frac{k\,N\,(N-1)}{2}\,. \tag{5.31}$$

bestimmt.

Zwar wird es bei der praktischen Realisierung der Intervall-Codes sehr selten gelingen, diese Grenze zu erreichen, doch sind für einige Codes recht gute Werte T_C' erreicht worden. In den Tabellen 32, 33 und 34 sind die Daten einiger Intervall-Codes mit minimaler Codewortlänge angegeben. Die Zahlenwerte in den

Tabelle 32

k	T_C	T_C'	Drei-Impuls-Code						
2	6	7	(1, 5)	(3, 4)					
3	9	10	(4, 6)	(1, 7)	(2, 3)				
4	12	12	(1, 9)	(3, 8)	(5, 7)	(2, 4)			
5	15	15	(3, 12)	(5, 9)	(2, 11)	(4, 6)	(1, 7)		
6	18	19	(4, 15)	(2, 16)	(5, 12)	(3, 8)	(1, 9)	(6, 7)	
7	21	22	(3, 19)	(5, 16)	(7, 13)	(6, 12)	(2, 15)	(4, 10)	(1, 8)
8	24	24	(1, 23) (8, 9)	(2, 11)	(3, 18)	(4, 10)	(5, 15)	(6, 16)	(7, 12)
9	27	27	(1, 26) (4, 13)	(3, 22) (5, 11)	(9, 15)	(2, 21)	(6, 14)	(7, 12)	(10, 8)
10	30	31	(5, 26) (7, 12)	(14, 16) (3, 10)	(2, 27) (6, 11)	(8, 20)	(4, 21)	(9, 15)	(1, 22)

Tabelle 33

k	T_C	T_C'	Vier-Impuls-Code			
2	12	13	(2, 5, 6)	(3, 1, 8)		
3	18	21	(1, 5, 12)	(2, 8, 11)	(3, 4, 9)	
4	24	27	(1, 11, 15)	(2, 6, 17)	(3, 7, 14)	(4, 5, 13)
5	30	31	(2, 20, 9)	(3, 14, 13)	(4, 8, 16)	(5, 10, 11) (6, 1, 18)

Tabelle 34

k	$T_{\hat{C}}$	$T'_{\hat{C}}$	Fünf- und Sechs-Impuls-Code		
2	20	25	(1, 8, 3, 13)	(2, 5, 10, 4)	
3	30	38	(1, 5, 12, 20)	(2, 8, 11, 14)	(3, 4, 9, 15)
2	30	45	(1, 8, 3, 13, 20)	(2, 5, 10, 4, 18)	

Klammern bedeuten die Intervalle zwischen dem ersten und zweiten, dem zweiten und dritten Impuls usw., die in Einheiten des Minimalintervalls τ_0 ausgedrückt sind (so gilt z. B. für den Drei-Puls-Code bei $k = 2$ $t_{11} = \tau_0$, $t_{21} = 5\,\tau_0$, $t_{12} = 3\,\tau_0$, $t_{22} = 4\,\tau_0$). Um kompliziertere Codes zu finden, müssen Rechenmaschinen und Algorithmen für Zufallscodes verwendet werden.

Abschließend sei bemerkt, daß die Intervall-Codierung nicht nur auf die Konstruktion von Codeblöcken begrenzt ist. Offensichtlich ist eine vielstufige Intervall-Codierung auch anwendbar, wenn das Codewort aus einer Serie von Codeblöcken („Unter-Codeworte") gebildet wird, die auf der Zeitachse ebenfalls nach dem Prinzip der Intervall-Codierung angeordnet sind (Abb. 5.23).

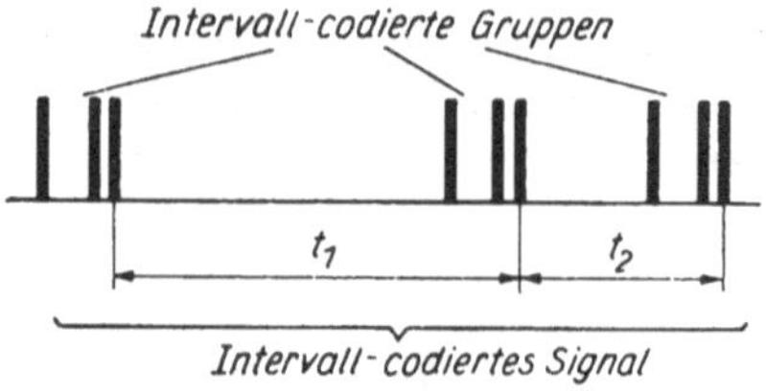

Abb. 5.23

Wenn im Drei-Block-Code, der in Abb. 5.23 dargestellt ist, das Gesamtintervall $t_1 + t_2$ konstant ist, entsteht eine Modifikation der digitalen Puls-Zeit-Modulation, die gegen das Auftreten fehlerhafter Codeblöcke stabil ist. Dabei wird es allerdings nicht gelingen, eine hohe Anzahl von Codeworten zu übertragen.

§ 30. Verbesserung der Störfestigkeit durch fehlerkorrigierende Codes

Eine der effektivsten Methoden zur Erhöhung der Störfestigkeit der Codierung besteht darin, die Fehler, die im Prozeß der Signalübertragung wegen der Störungseinwirkungen entstehen, festzustellen und zu korrigieren. Im § 20 wurde gezeigt, daß prinzipiell eine fehlerfreie Nachrichtenübertragung auch bei Störungen mittels geeigneter Codierung (für den Preis einer verminderten Übertragungsrate) praktisch möglich ist. Da die Fehler bei der Signalübertragung zufällig entstehen, kann die Qualität der Übertragung nur statistisch beurteilt werden. Je geringer die Fehlerwahrscheinlichkeit ist, desto besser ist die Übertragungsqualität.

Nun sei ein Binärcode mit N Stellen betrachtet. Die Pulse haben die Werte 0 und 1. Die Störeinwirkung hat zur Folge, daß Codezeichen 0 in 1 übergehen und umgekehrt. P sei die Fehlerwahrscheinlichkeit irgendeines Zeichens und diese Wahrscheinlichkeit möge für alle Codezeichen gleich sein. Außerdem sei vorausgesetzt, daß ein Fehler in einem gegebenen Zeichen unabhängig von Fehlern in anderen Codezeichen auftritt.

Zunächst sei angenommen, daß nur ein einziger Fehler (ein Fehler in nur einer Stelle) in dem Codewort möglich ist. Wenn das Codewort aus N Zeichen besteht, so bleiben bei einem Einzelfehler $N - 1$ Zeichen unverändert.

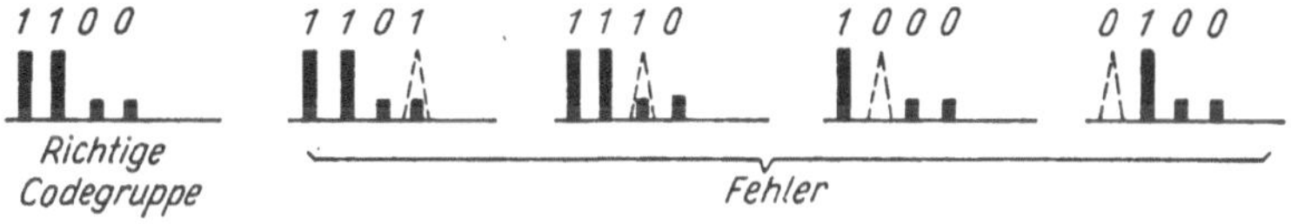

Abb. 5.24

Offensichtlich bilden diese $N - 1$ Zeichen N Kombinationen (in Abb. 5.24 ist der Fall des Vier-Puls-Codes gezeigt). Die Wahrscheinlichkeit für das Nichteintreffen des Fehlers (für die fehlerfreie Übertragung) ist gleich der Wahrscheinlichkeit, daß in keiner der möglichen N Kombinationen (der möglichen fehlerhaften Codeworte) ein Fehler auftritt. Diese Wahrscheinlichkeit ist gleich dem Produkt der Wahrscheinlichkeiten für jede Kombination und wird durch die Gleichung

$$P_0 = (1 - P)^N \tag{5.32}$$

ausgedrückt, wobei $(1 - P)$ die Wahrscheinlichkeit für das Nichtvorhandensein des Fehlers in der gegebenen Kombination ist. Die Wahrscheinlichkeit des Ereignisses, bei dem in dem N-stelligen Codewort ein Zeichen verändert wird, aber $N - 1$ nicht verändert werden, wird auch als Produkt der entsprechenden Wahrscheinlichkeiten gefunden und ist gleich

$$P (1 - P)^{N-1},$$

da es aber N solcher Kombinationen gibt, wird die Wahrscheinlichkeit des Einzelfehlers

$$P_1 = N P (1 - P)^{N-1}. \tag{5.33}$$

Wenn in dem Codewort gleichzeitig zwei Fehler an verschiedenen Stellen möglich sind, ist die Wahrscheinlichkeit eines solchen Ereignisses gleich

$$P^2 (1 - P)^{N-2}$$

und die Anzahl der möglichen Kombinationen zweier Fehler in dem N-stelligen Codewort ist gleich

$$\frac{N (N - 1)}{2}.$$

Folglich wird die Wahrscheinlichkeit zweier Fehler (Fehler auf zwei unterschiedlichen Stellen des Codeblocks oder Codewortes) gleich

$$P_2 = \frac{N(N-1)}{2} P^2 (1-P)^{N-2}. \tag{5.34}$$

Der Vergleich der Gln. (5.32), (5.33) und (5.34) zeigt die Gesetzmäßigkeit ihrer Bildung und für die Wahrscheinlichkeit von l Fehlern an l verschiedenen Stellen des Codewortes folgt daher

$$P_l = \frac{N!}{l!(N-l)!} P^l (1-P)^{N-l} \tag{5.35}$$

mit

$$\frac{N!}{l!(N-l)!} = \frac{N(N-1)(N-2)\ldots(N-l+1)}{l!}.$$

Es werde jetzt ein N-stelliger Code benutzt, in dem auf irgendeine Art der Einzelfehler in jedem Codewort festgestellt und korrigiert wird. Dann wird sich die Wahrscheinlichkeit für die Abwesenheit des Fehlers aus der Wahrscheinlichkeit P_0 der fehlerfreien Übertragung und aus der Wahrscheinlichkeit P_1 der Korrektur des Einzelfalles zusammensetzen

$$P_{J1} = P_0 + P_1$$

oder, unter Berücksichtigung der Gln. (5.32) und (5.33),

$$P_{J1} = (1-P)^N + N P (1-P)^{N-1}.$$

Wenn in jedem Codewort die Einzel- und Doppelfehler festgestellt und korrigiert werden, wird die Wahrscheinlichkeit des richtigen Empfanges (d. h. die Wahrscheinlichkeit für die Abwesenheit der genannten Fehler)

$$P_{J2} = (1-P)^N + P N (1-P)^{N-1} + \frac{N(N-1)}{2} P^2 (1-P)^{N-2}$$

betragen. Somit wird sich durch die Korrektur einer immer größeren Anzahl von Fehlern die Wahrscheinlichkeit des richtigen Empfangs immer weiter steigern. Im N-stelligen Code kann die Maximalzahl der Fehler N nicht überschreiten, da in diesem Grenzfall alle Stellen gleichzeitig verändert werden. Bei weiterer Erhöhung des Störpegels häufen sich die Fehler an einem Zeichen. Dabei werden einige Fehler kompensiert. Z. B. geht 0 in 1 über und danach durch die Häufung wieder in 0 und umgekehrt.

Wenn die Möglichkeit besteht, alle N Fehler zu korrigieren, wird die Wahrscheinlichkeit des richtigen Empfangs gleich Eins. Es gilt dann

$$P_{JN} = \sum_{k=1}^{N} \frac{N}{k!(N-k)!} P^k (1-P)^{N-k} = [P + (1-P)]^N = 1$$

übereinstimmend mit der Binomialformel.

Codes, mit deren Hilfe die durch die Störwirkungen bedingten Fehler aufgefunden und korrigiert werden, haben die Bezeichnung *fehlerkorrigierende Codes* erhalten. Jetzt werden einige Fragen der Theorie der fehlerkorrigierenden Codes behandelt. Diese verwenden zur Korrektur redundante Zeichen. Einfache geometrische Darstellungen, wie sie von HAMMING eingeführt wurden, erklären anschaulich die Eigenschaften solcher Codes. Wenn das Codewort aus N Stellen besteht, so können 2^N Nachrichtenzeichen übertragen werden.

Das Codewort wird im N-dimensionalen Raum in Form eines N-dimensionalen „Würfels" dargestellt. Die Würfelkanten sind nach den Koordinatenachsen ausgerichtet. Jede Achse entspricht einer Stelle im Codewort. Dabei werden die Ecken des Würfels allen möglichen Zahlenkombinationen des gegebenen Codewortes entsprechen. Diese Ecken werden Codepunkte genannt. So wird

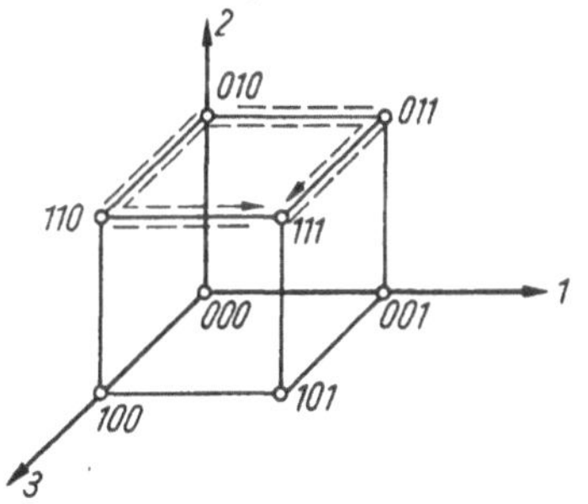

Abb. 5.25

z. B. im Falle des dreistelligen Codes, wenn $N = 3$ ist, die Gesamtheiten der Codeworte im dreidimensionalen Raum in Form eines Würfels mit den Codepunkten 000, 001, 010, 011, 100, 101, 110 und 111 beschrieben. In Abb. 5.25 sind die Achsen übereinstimmend mit der üblichen Klassifizierung von Binärzahlen, d. h. von rechts nach links numeriert worden. HAMMING hat in dem Raum der Codeblöcke eine Metrik eingeführt, in dem er einen Abstand $D(x, y)$ definiert hat. Dieser Abstand ist gleich der Anzahl der Komponenten, in der sich der Codevektor y vom Codevektor x unterscheidet. In der geometrischen Interpretation entspricht er der geringsten Kantenzahl des N-dimensionalen Würfels, die durchlaufen werden müssen, um von x nach y zu gelangen. So ist z. B. der Abstand zwischen den Punkten 010 und 111 gleich zwei (Abb. 5.25).

Der Abstand D genügt den üblichen Bedingungen für eine Metrik:

$$D(x, y) \equiv 0 \quad \text{bei} \quad x = y\,,$$

$$D(x, y) = D(y, x) > 0\,, \quad \text{wenn} \quad x \neq y\,,$$

$$D(x, y) + D(y, z) \geqq D(x, z)\,.$$

Der Abstand D zwischen zwei Binärzahlen ist die Anzahl der darin nicht übereinstimmenden Stellen. Im dreidimensionalen Raum gibt es daher:

a) Codepunkte, zwischen denen der Abstand gleich Drei ist: 000 und 111, oder 100 und 011, oder 010 und 101, oder 110 und 001;

b) Codepunkte, zwischen denen der Abstand gleich Zwei ist: 000, 101, 011 und 110 oder 001, 100, 010 und 111;

c) Codepunkte, zwischen denen der Abstand gleich Eins ist: 000, 001, 010, 011, 100, 101, 110 und 111.

Einzelfehler im Code entstehen also, wenn eine Stelle des Codewortes durch die Störung so verzerrt wird, daß statt der 1 eine 0 erscheint und umgekehrt. Es ist verständlich, daß solche Fehler in einem Code nicht entdeckt werden können, wenn der Abstand D zwischen den Codeworten gleich Eins ist. Hierbei geht nämlich ein Codepunkt in einen anderen über der ebenfalls zur Übertragung verwendet wird. Ist dagegen der Abstand zwischen den Codeworten immer gleich Zwei, so führt das Auftreten eines Einzelfehlers den Codepunkt in einen Punkt über, der für die Übertragung nicht verwendet wird, und der Fehler wird entdeckt. Beim dreistelligen Code z. B. wird jeder Einzelfehler entdeckt, wenn nur Blöcke oder Worte verwendet werden, zwischen denen der Abstand gleich Zwei ist, d. h. 000, 101, 011 und 110 oder 001, 100, 010 und 111.

Wenn die erste Wortserie verwendet wird, so ist die zweite verboten und umgekehrt. Praktisch wird der Fehler mittels Prüfung der Codeworte auf Geradzahligkeit oder Parität der Eins (oder auf Unpaarigkeit, wenn die zweite Serie der Kombinationen verwendet wird) festgestellt.

Ein Einzelfehler kann korrigiert werden, sobald der Abstand zwischen den Codeworten bis auf Drei vergrößert wird. Dann wird beim Vorhandensein eines Einzelfehlers die fehlerhafte Kombination von der richtigen nur in einer Stelle verschieden sein, aber von allen übrigen um nicht weniger als zwei entfernt sein. Damit ist die Möglichkeit gegeben, die fehlerhafte Kombination durch die richtige zu ersetzen, d. h. den Fehler zu korrigieren. Mittels ähnlicher Überlegungen kann der Abstand D für die Entdeckung von Doppelfehlern, für die Korrektur von Doppelfehlern usw. bestimmt werden.

In Abhängigkeit vom gegebenen Abstand D und der Stellenanzahl N gibt es eine unterschiedliche Anzahl der zur Übertragung erlaubten Codepunkte.

Zunächst sei die Maximalmenge der erlaubten Codepunkte für einige konkrete Abstände D bestimmt [28].

1. Entdeckung des Einzelfehlers ($D = 2$)

Es mögen im N-dimensionalen Würfel A_2 Punkte vorhanden sein, die voneinander um zwei Einheiten (Stellen) entfernt sind. Offenbar werden diese A_2 Punkte auch für die Übertragung erlaubt sein. Zur Bestimmung von A_2 wird der N-dimensionale Würfel aus zwei $(N - 1)$-dimensionalen Würfeln bestehend dargestellt. Bei einer solchen Darstellung im HAMMING-Raum hat der $(N - 1)$-dimensionale Würfel folglich 2^{N-1} Ecken (z. B. besitzt der dreidimensionale Würfel $2^3 = 8$ Ecken, besteht aus zwei Quadraten, deren jedes über $2^2 = 4$ Ecken verfügt). Im $(N - 1)$-dimensionalen Würfel werden höchstens $A_2/2$ Codepunkte erlaubt sein.

Indem nun der $(N-1)$-dimensionale Würfel seinerseits aus zwei $(N-2)$-dimensionalen Würfeln bestehend dargestellt wird, ergibt sich, daß in jedem von ihnen nicht mehr als $\frac{A_2}{2 \cdot 2} = A_2/2^2$ Codepunkte erlaubt sind.

Wird die Teilung in der gleichen Weise fortgeführt, so ergeben sich für den $(N-k)$-dimensionalen Würfel nicht mehr als $A_2/2^k$ erlaubte Codepunkte. Wenn $k = N - 2$ angenommen wird, so entsteht ein zweidimensionaler „Würfel" (Quadrat), der nicht mehr als $A_2/2^{N-2}$ erlaubte Codepunkte hat. Andererseits ist klar, daß das Quadrat immer zwei Codepunkte mit dem Abstand $D = 2$ besitzt; folglich gilt

$$\frac{A_2}{2^{N-2}} \leqq 2\,,$$

woraus folgt

$$A_2 \leqq 2^{N-1} = \frac{2^N}{2} = \frac{A_1}{2}\,. \tag{5.36}$$

Dabei ist A_1 die Gesamtzahl der Kombinationen (Abstand $D = 1$).

Das Verhältnis der Zahl der erlaubten Codeblöcke zur Gesamtzahl der möglichen Codeblöcke ist gleich

$$\frac{A_2}{A_1} = \frac{1}{2}\,. \tag{5.37}$$

So können, wenn Einzelfehler aufgefunden werden sollen, im N-stelligen Code nur die Hälfte aller Codeworte zur Übertragung verwendet werden.

Wenn die Menge m der Quantisierungsstufen des Signals gegeben ist und gefordert wird, den HAMMING-Code zur Entdeckung der Einzelfehler zu verwenden, wird die Stellenanzahl durch die Gleichung

$$N \geqq \log_2 m + 1 \tag{5.38}$$

bestimmt, wobei N auf die nächst größere ganze Zahl aufzurunden ist. So folgt z. B. bei $m = 64$

$$N \geqq \log_2 64 + 1 = 7\,.$$

Die Gl. (5.38) zeigt, daß es, um Einzelfehler aufzufinden, nötig ist, zum gewöhnlichen Binärcode einfach noch ein Binärzeichen hinzuzufügen.

2. Feststellung und Korrektur des Einzelfehlers ($D = 3$)

Zur Feststellung und Korrektur des Einzelfehlers ist es notwendig, daß zwischen den erlaubten Codeblöcken der Abstand nicht kleiner als Drei ist. Dabei überführt der Einzelfehler wie bereits oben bemerkt wurde, das wahre in ein verbotenes Codewort. Es hat vom wahren Wort den Abstand Eins. Daher ist der Fehler festzustellen und zu korrigieren.

Es mögen im N-dimensionalen Raum A_3 Codepunkte vorhanden sein, zwischen denen der Abstand nicht geringer ist als Drei. Von jedem der A_3 Codepunkte gehen Strecken der Länge Eins parallel zu den Würfelkanten aus. Die Gesamtheit solcher Strecken bildet im Raum eine Figur, die an einen Igel erinnert. Jede Strecke stellt sich als Stachel dieses Igels dar. Je größer N ist, desto mehr Stacheln sind es. Im HAMMING-Raum liegt die Gesamtheit der Endpunkte der Stacheln des Igels auf der N-dimensionalen Einheitskugel. Diese Kugel hat keine zusammenhängende, sondern diskrete Oberfläche, die in den einzelnen Codepunkten konzentriert ist. Im dreidimensionalen Raum ($N = 3$), wenn als Punkte A_3 die Punkte 111 und 000 ausgewählt wurden, ist die Fläche der Einheitskugel in jeweils drei Codepunkten konzentriert: für das Zentrum 111 in den Punkten 011, 101 und 110 und für das Zentrum 000 in den Punkten 001, 010 und 100 (Abb. 5.26).

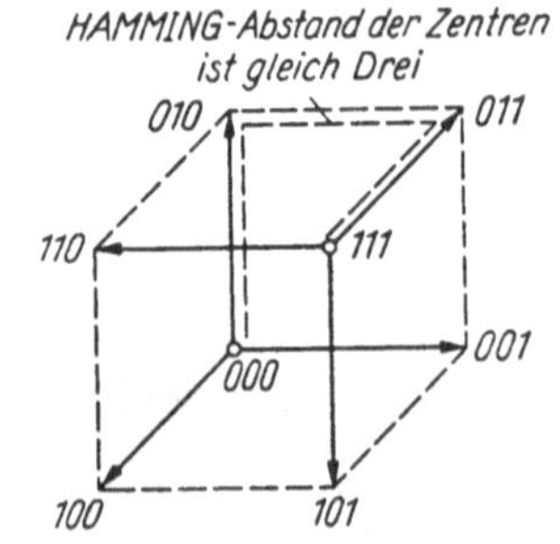

Abb. 5.26

Es ist leicht zu erkennen, daß sich diese „Flächen" nirgends durchschneiden werden. Sie besitzen nämlich keinen gemeinsamen Punkt. Gewöhnliche (kompakte) Flächen würden sich in diesem Falle schneiden. Der Abstand zwischen den Zentren beträgt nur $\sqrt{3}$, während die Kugelradien gleich Eins sind. Tatsächlich würde die Durchdringung der Kugeln der Flächen in Punkten stattfinden, die nicht zur Gesamtheit der Codepunkte gehören.

Die Angabe eines Abstandes zwischen den Codepunkten im HAMMING-Raum hat eine von der gewöhnlichen geometrischen Darstellung abweichende Bedeutung. So ist z. B. der Abstand zwischen den Punkten 000 und 111, wie schon oben hervorgehoben wurde, im HAMMING-Raum gleich Drei. Folglich werden sich zwei Kugeln mit dem Einheitsradius im Sinne HAMMINGs nirgends durchschneiden.

Hiernach ist es leicht zu erkennen, daß die Gesamtzahl der sich nicht durchschneidenden Einheitskugelflächen im N-dimensionalen Raum gleich der Anzahl der Codepunkte ist, die voneinander um drei Einheiten entfernt sind. Tatsächlich enthält jede Kugel N Codepunkte auf der Oberfläche und einen Punkt als Zentrum, d. h. immer $N + 1$ Punkte. Aber die Gesamtzahl der Codepunkte im N-dimensionalen Raum ist bekanntlich gleich 2^N. Folglich wird die Gesamtzahl der sich nicht durchschneidenden Kugeln A_3 (Codepunkte, deren Abstand voneinander gleich Drei ist) durch die Division der Gesamtzahl der Codepunkte durch die Zahl der Punkte, die zu jeder Kugel gehören, bestimmt:

$$A_3 = \frac{2^N}{N+1}. \tag{5.39}$$

Das Verhältnis der erlaubten Codeblöcke zur Gesamtzahl der möglichen Codeblöcke ist gleich

$$\frac{A_3}{A_1} = \frac{1}{N+1}.$$

So nutzt der betrachtete Code etwa den $1/N$-ten Teil der möglichen Codeblöcke aus. Mit steigender Stellenanzahl wird er daher für den Gebrauch immer weniger rationell.

Der HAMMING-Code nutzt für die Feststellung und Korrektur, wie schon oben vermerkt wurde, die Redundanz der Codezeichen aus. Diese Redundanz sei für die betrachteten Fälle der Codes zur Feststellung und Korrektur von Einzelfehlern bestimmt. Gemäß § 18 ist die Redundanz durch folgende Formel gegeben:

$$R = 1 - \frac{n_0}{n_1},$$

wobei n_1 die Gesamtzahl der Symbole in der gegebenen Nachricht und n_0 die minimal erforderliche Zahl ist.

Die Redundanz des fehlerkorrigierenden Codes kann als relative Zahl der redundanten, keine Information tragenden Zeichen pro Codewort,

$$R = 1 - \frac{N_0}{N}, \tag{5.40}$$

definiert werden, wobei N die Länge des fehlerkorrigierenden Codes angibt, und N_0 die minimal notwendige Zeichenmenge des Codes zur Übermittlung einer gegebenen Anzahl von Nachrichtenzeichen bedeutet.

Um Einzelfehler zu finden, müßte gemäß Gl. (5.38) die Anzahl der Codezeichen um Eins größer sein, als im gewöhnlichen Code. Folglich wird die Redundanz gleich

$$R_2 = 1 - \frac{N_0}{N_0+1} = \frac{1}{N} \qquad \text{mit } N = N_0 + 1\,. \tag{5.41}$$

Bei Verwendung eines fehlerfeststellenden oder fehlerkorrigierenden Codes wird dessen Länge im Falle von Einzelfehlern für die Übertragung von A_3 Nachrichtensymbolen durch Gl. (5.39) bestimmt. Andererseits, wenn für die Übermittlung eben dieser A_3 Nachrichtenzeichen ein gewöhnlicher Code ohne Korrektureigenschaft verwendet wird, bestimmt sich die erforderliche Menge N_0 seiner Zeichen aus der Bedingung

$$A_3 \leqq 2^{N_0}.$$

Mit Gl. (5.39) gilt

$$2^{N_0} \geqq \frac{2^N}{N+1}. \tag{5.42}$$

Werden beide Seiten logarithmiert, so folgt (nach Division durch N)

$$\frac{N_0}{N} \geqq 1 - \frac{1}{N}\log_2(N+1)\,.$$

Hieraus wird die gesuchte Redundanz durch die Gleichung

$$R_3 \geqq \frac{1}{N} \log_2 (N + 1) \tag{5.43}$$

bestimmt.

Die Kanalkapazität wurde früher als Maximalwert der Größe

$$I' = \frac{\log_2 N}{T}$$

definiert, wobei N die Zahl aller Folgen (Nachrichten) ist, die durch alle möglichen Kombinationen der Codeworte gebildet werden können [§ 19].

Für ein Codewort ist die Zahl aller für die Übertragung ausnutzbaren Zeichenkombinationen des Codewortes gleich der Zahl der übertragbaren Nachrichtenzeichen. So wird die relative Verringerung der Kanalkapazität des mit fehlerkorrigierendem Code arbeitenden Kanals gleich

$$\gamma = \frac{I'_{\text{kor}}}{I'_0} = \frac{\log_2 A_{\text{kor}}}{\log_2 A_0} .$$

Hierin bedeuten: I'_{kor} die Übertragungsrate der Elementarnachricht über den Kanal mit fehlerkorrigierendem Code, I'_0 dieselbe für einen Kanal mit einfachem Code gleicher Länge, A_{kor} die Anzahl der erlaubten Codeworte und A_0 die Gesamtzahl der Codeworte jeweils im fehlerkorrigierenden Code. Da

$$A_{\text{kor}} = 2^{N_0} \quad \text{und} \quad A_0 = 2^N$$

gilt, folgt

$$\gamma = \frac{N_0}{N} = 1 - R . \tag{5.44}$$

Tabelle 35 illustriert die Redundanz R der fehlerkorrigierenden Codes und die relative Verringerung γ der Kanalkapazität in Abhängigkeit von der Zahl m der zu übertragenden Nachrichtenzeichen und der Zahl N der Nachrichten, die durch Kombinationen der Codeworte gebildet werden können.

Die Konstruktionsmethode des fehlerkorrigierenden HAMMING-Codes und die Verwendung seiner redundanten Elemente zur Fehlerkorrektur sei am Beispiel eines Codes betrachtet, der die Korrektur von Einzelfehlern gewährleistet.

Tabelle 35

Menge der übertragbaren Symbole m		8	16	32	64	128	256	512	1024
Fehlerentdeckender	N	4	5	6	7	8	9	10	11
Code	R	0,25	0,20	0,17	0,14	0,13	0,11	0,10	0,09
	γ	0,75	0,80	0,83	0,86	0,87	0,90	0,90	0,91
Fehlerkorrigierender	N	6	8	9	10	11	12	13	14
Code	R	0,47	0,40	0,37	0,35	0,33	0,31	0,29	0,28
	γ	0,53	0,60	0,63	0,65	0,67	0,69	0,71	0,72

Das Codewort enthalte N_i Informations- und N_k Kontrollstellen. Das angenommene Codewort der Länge N wird unabhängig davon, ob es einen Fehler enthält oder nicht, N_k Prüfungen auf Parität unterworfen.

Das Wesen der Paritätsprüfung besteht in folgendem. Die für die Übertragung erlaubten Codeworte werden so ausgewählt, daß in jeder eine gerade Zahl von Einsen vorhanden ist[1]). Dann stört ein beliebiger Einzelfehler die Parität, folglich erlaubt die Prüfung des Codeblocks auf Parität, das Vorhandensein eines Fehlers zu entdecken. Die nächste Aufgabe besteht darin, die Fehlerstelle innerhalb des Codeblocks zu bestimmen. Es werde vereinbart, daß bei nicht vorhandenem Fehler (Parität des Wortes ist erhalten geblieben) ein Symbol 0 und vorhandenem Fehler (Parität des Wortes gestört) ein Symbol 1 verwendet wird. Das gesamte Prüfergebnis wird von rechts nach links aufgetragen. Als Ergebnis einer solchen Eintragung entsteht eine binäre Prüfzahl. Offensichtlich wird die Prüfzahl bei nicht vorhandenem Fehler aus einer Null bestehen, bei vorhandenem Fehler wird in der Prüfzahl die Eins erscheinen. Es wird nun verlangt, daß die Prüfzahl auf die Nummer der verzerrten Position hinweist.

Die Prüfzahl muß also $(N_i + N_k + 1)$ Ereignisse beschreiben (N_i Ereignisse bei Anwesenheit des Fehlers in einem beliebigen Informationszeichen, N_k Ereignisse bei Anwesenheit des Fehlers in einem beliebigen Kontrollzeichen und ein Ereignis bei Abwesenheit der Fehler).

So ist bei N_k Prüfungen folgende Zahl der Kombinationen (der Prüfzahlen) möglich:

$$2^{N_k} \geqq N_i + N_k + 1 = N + 1 ,$$

da $N_i + N_k = N$ ist. Hieraus folgt

$$2^{N_i} \leqq \frac{2^N}{N + 1} . \tag{5.45}$$

Der Vergleich zwischen Gl. (5.45) und (5.42) zeigt, daß im Grenzfall die Zahl der Informationszeichen N_i gleich der einfachen Länge N_0 eines Binärcodes ohne Korrektur ist.

In Tab. 36 sind die nach Gl. (5.45) erhaltenen Daten für die Zahl der Informations- und Kontrollzeichen des betrachteten Codes angegeben.

Tabelle 36

N	3	4	5	6	7	8	9	10	11	12
N_i	1	1	2	3	4	4	5	6	7	8
N_k	2	3	3	3	3	4	4	4	4	4

[1]) Von dieser Forderung läßt sich natürlich nur in einem relativen Sinne reden, da mit gleichem Recht die Nichtparität verwendet werden könnte.

Jetzt sollen die Stellen des Codewortes bestimmt werden, die notwendigerweise bei jeder der N_k Kontrollen auf alle Fälle überprüft werden müssen. Als Beispiel wird ein 10stelliger Code benutzt. Die Stellen werden von links nach rechts mit 1 bis 10 durchnumeriert und in Binärzahlen geschrieben. Als Ergebnis folgt:

Stelle	1	2	3	4	5	6	7	8	9	10
Binärnummer	0001	0010	0011	0100	0101	0110	0111	1000	1001	1010

Es werden alle Stellen zusammengefaßt, die am Ende eine Eins haben. Es ist leicht zu finden, daß das die folgenden Stellen sind:

1	3	5	7	9
0001	0011	0101	0111	1001

Analog geschieht es für die Stellen, deren Binärnummer in der zweiten Stelle eine Eins hat:

2	3	6	7	10
0010	0011	0110	0111	1010

Dieses Verfahren läßt sich fortsetzen, und es entsteht eine Tabelle zur Prüfung auf Parität der Einsen in den Nummern aller Stellen. In Tabelle 37 sind die entsprechenden Daten für Codes, die bis zu 24 Stellen enthalten, angegeben.

Tabelle 37

Prüfnummer	Klassennummer	Prüfpositionen								
1	1	1	3	5	7	9	11	13	15	17
2	2	2	3	6	7	10	11	14	15	18
3	3	4	5	6	7	12	14	15	20	21
4	4	8	9	10	11	12	13	14	15	24
5	5	16	17	18	19	20	21	22	23	24

Aus der Tabelle ist ersichtlich, daß als Kontrollstellen die Stellen 1, 2, 4, 8 und 16 ausgewählt werden müssen. Die Prüfung dieser Stellen erlaubt es, die Parität in allen Klassen der Kontrollzahlen zusammenzuzählen. Am Beispiel des 9-stelligen Codes werde dies Vorgehen erläutert. Für diesen Code gilt $N = 9$, $N_i = 5$ und $N_k = 4$. Wie oben angemerkt wurde, werden die Stellen 1, 2, 4 und 8 zu Kontrollstellen. Folglich sind die Stellen 3, 5, 6, 7 und 9 Informationsstellen. Das Schema des Codewortes nimmt die Form

$$\mathrm{K_1K_2IK_3IIIK_4I}$$

an, wenn K eine Kontroll- und I eine Informationsstelle bezeichnet. Da es fünf Informationsstellen sind, können mit dem gegebenen Code 32 Zeichen in Form von Binärzahlen übertragen werden.

Begonnen sei mit der Zahl 1. Im Schema des Codewortes wird sie in folgender Art geschrieben:

$$K_1K_20K_3000K_41 .$$

Gemäß Tab. 37 umfaßt die erste Prüfung die Stellen 1, 3, 5, 7 und 9, wobei nur die erste der Kontrollstellen — K_1 — in diese Prüfung gelangt. Als Ergebnis muß eine gerade Zahl von Einsen vorhanden sein, folglich muß auf der Stelle K_1 eine Eins stehen:

$$1K_20K_3000K_41 .$$

Die zweite Prüfung muß gemäß Tabelle nur die Stellen 2, 3, 6 und 7 umfassen, in denen also eine Kontrollstelle — K_2 — enthalten ist. Um bei dieser Prüfung Geradzahligkeit der Einsen zu erreichen, muß die Stelle K_2 notwendiger Weise eine Null haben:

$$100K_3000K_41 .$$

In analoger Weise folgen im Ergebnis der dritten und vierten Prüfung die Binärzeichen für die Stellen K_3 und K_4. Als Ergebnis gilt für den Code der Zahl 1

$$100000011 .$$

Werden in das Schema des Codewortes nacheinander alle 32 Binärzahlen eingesetzt, so entsteht mittels der betrachteten Prozedur eine vollständige Codetabelle. Den Teil für die Zahlen von 0 bis 10 zeigt Tabelle 38.

Zur Illustration der Methode der Fehlerkorrektur wird das Codewort 11 01 01 011 (Zahl 5) betrachtet. Infolge von Verzerrungen werde es als 11 01 00 011 empfangen, d. h. auf der 6. Stelle ist das Symbol 1 in 0 transformiert worden. Als Ergebnis der ersten Prüfung der Stellen 1, 3, 5, 7 und 9 auf Geradzahligkeit wird der Fehler nicht entdeckt werden. In der letzten Stelle der Prüfzahl steht eine Null. Bei der zweiten Prüfung der Stellen 2, 3, 6 und 7 auf Geradzahligkeit wird der Fehler entdeckt; deshalb steht in der zweiten Klasse (Stelle) der Prüfzahl eine Eins, und die Prüfzahl wird 10.

Tabelle 38

Zahl	Positionsnummer								
	1	2	3	4	5	6	7	8	9
0	0	0	0	0	0	0	0	0	0
1	1	0	0	0	0	0	0	1	1
2	1	1	0	1	0	0	1	0	0
3	0	1	0	1	0	0	1	1	1
4	0	1	0	1	0	1	0	0	0
5	1	1	0	1	0	1	0	1	1
6	1	0	0	0	0	1	1	0	0
7	0	0	0	0	0	1	1	1	1
8	1	0	0	1	1	0	0	0	0
9	0	0	0	1	1	0	0	1	1
10	0	1	0	0	1	0	1	0	0

Die dritte Prüfung der 4, 5, 6 und 7 Stelle ergibt nochmals Ungeradzahligkeit, und die Prüfzahl wird 110. Die vierte Prüfung der 8. und 9. Stelle entdeckt den Fehler nicht, und die Prüfzahl nimmt die Form 0110 an. Da diese Binärzahl der dekadischen 6 entspricht, ist der Fehler auf der sechsten Stelle geschehen. Er wird korrigiert, wenn auf dieser Stelle die Null durch eine Eins ersetzt wird.

Zur Ausführung der beschriebenen Operationen muß es im Wandler am Empfangsende eine Speicher- und eine Vergleichseinrichtung geben, die geeignet gesteuert werden kann (Schieberegister). Ein HAMMING-Code für die Korrektur einer großen Anzahl von Fehlern kann unter Ausnutzung dieser Prüfvorschrift auf Parität konstruiert werden. Seine Konstruktion ist jedoch mit umfangreichen Berechnungen verknüpft und erfordert die Anwendung der Rechentechnik.

Bequem für die Konstruktion ist der REED-MULLER-Code, der es erlaubt, systematisch Nachrichten beliebiger Dauer (Länge) und mit einer praktisch beliebigen Anzahl korrigierbarer Fehler zu codieren. Die Konstruktionsverfahren basieren auf den Eigenschaften algebraischer Gruppen [30].

KAPITEL VI

Die informationstheoretische Bewertung von Regelungs- und Überwachungssystemen

§ 31. Die Kanalkapazität gestörter linearer Systeme

Bei der Informationsübertragung durch ungestörte lineare Systeme ohne Frequenzbandbeschränkung treten keine Informationsverluste auf. Die Signalübertragung erfolgt beliebig schnell. In praktischen Fällen wird die Informationsübertragung in automatischen Systemen und Übertragungskanälen jedoch stets durch Störungen sowie durch bestimmte Eigenschaften der Frequenzcharakteristiken der Systeme und Kanäle beeinträchtigt. Deshalb ist es von großem Interesse, die Besonderheiten der Informationsübertragung in gestörten Systemen bei Beachtung der Frequenzcharakteristiken zu untersuchen.

Hierbei ist die Kanalkapazität die wesentlichste informationstheoretische Kenngröße.

Nach § 20 wird die Kanalkapazität durch[1])

$$C = F \cdot \log_2\left(1 + \frac{P_n}{P_s}\right) \tag{6.1}$$

bestimmt. Dabei sind F die Frequenzbandbreite, P_n die mittlere Signalleistung und P_s die mittlere Störleistung.

Diese Gleichung gilt für die Fälle, in denen der Kanal einen idealen Bandpaß darstellt und die Störungen aus Gaussschem weißem Rauschen bestehen.

Gl. (6.1) werde auf den Fall beliebiger Signal- und Störspektren verallgemeinert. Die spektralen Leistungsdichten des Signals und der Störungen seien als Funktionen von ω im Intervall von 0 bis $2\pi F$ gegeben (Abb. 6.1a), wobei $S_n(\omega)$ die spektrale Leistungsdichte des Signals und $S_s(\omega)$ die spektrale Leistungsdichte der Störungen sind. Mit $\omega = 2\pi f$ gilt für die mittleren Leistungen

$$P_n = \frac{1}{\pi} \int_0^{2\pi F} S_n(\omega)\, d\omega = 2 \int_0^F S_n(f)\, df\,,$$

$$P_s = \frac{1}{\pi} \int_0^{2\pi F} S_s(\omega)\, d\omega = 2 \int_0^F S_s(f)\, df\,. \tag{6.2}$$

Diese Signale passieren ein lineares Filter mit einer rechteckigen Durchlaßkurve der Bandbreite ΔF (Abb. 6.1b). Dabei sei ΔF so gewählt, daß die Größen $S_n(f)$ und $S_s(f)$ innerhalb des Durchlaßbereiches des Filters als konstant betrach-

---

1) Vgl. Fußnote S. 152

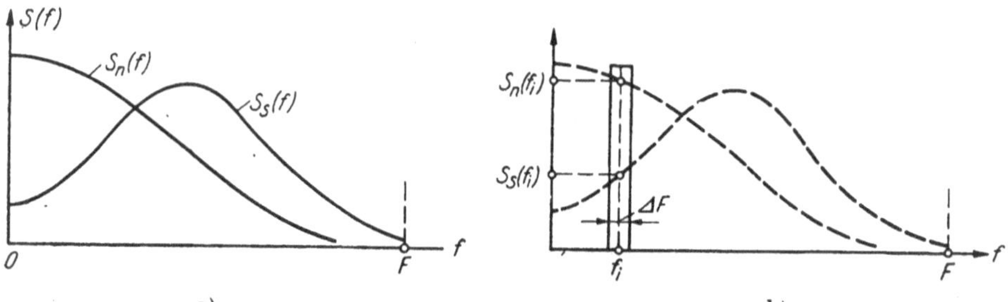

a) b)

Abb. 6.1

tet und gleich $S_n(f_i)$ bzw. gleich $S_s(f_i)$ gesetzt werden können. f_i ist gleich der Mittenfrequenz des Filters. Die mittleren Leistungen am Ausgang des Filters sind dann

$$D_n = 2\, S_n(f_i) \cdot \Delta F\,, \qquad D_s = 2\, S_s(f_i) \cdot \Delta F\,.$$

Nach Einsetzen dieser Werte in Gl. (6.1) folgt

$$C_i = \Delta F \log_2 \left(1 + \frac{S_n(f_i)}{S_s(f_i)}\right),$$

wobei C_i die Kanalkapazität des betrachteten Filters ist.

Es werde um ein System von L parallelgeschalteten Filtern mit hinreichend schmalen rechteckigen Durchlaßkurven so angeordnet, daß der gesamte Fre-

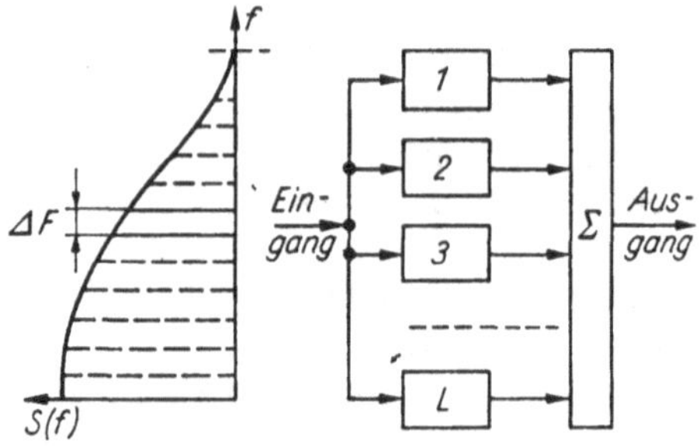

Abb. 6.2

quenzbereich von 0 bis F erfaßt wird (Abb. 6.2). Offenbar läßt das i-te Filter nur diejenigen Spektralanteile des Eingangssignals durch, die im Frequenzband ΔF um f_i liegen. Die Filter sind so schmalbandig, daß ihre Ausgangssignale miteinander praktisch nicht korreliert sind.

Das System besteht aus L voneinander unabhängigen Kanälen, von denen jeder eine Kanalkapazität C_i besitzt. Folglich wird die Summe dieser Kanalkapazität gleich der Kanalkapazität eines Kanals mit beliebiger spektraler Verteilung der Nutz- und Störgrößen sein:

$$C = \sum_{i=1}^{L} C_i\,,$$

oder

$$C = \Delta F \sum_{i=1}^{L} \log_2 \left(1 + \frac{S_n(f_i)}{S_s(f_i)}\right).$$

Der Grenzübergang zum Integral ergibt die gesuchte Gleichung

$$C = \int_0^F \log_2 \left(1 + \frac{S_n(f)}{S_s(f)}\right) df\,. \tag{6.3}$$

Danach hängt die Kanalkapazität vom Verlauf der Funktionen $S_n(f)$ und $S_s(f)$ ab. Sind diese vorgegeben, wird durch Gl. (6.3) die Kanalkapazität des betrachteten Kanals vollständig bestimmt. Die Kapazitäten verschiedener Kanäle mit gleichem Verhältnis von mittlerer Signalleistung zu mittlerer Störleistung sind im allgemeinen voneinander verschieden. Es sei die Aufgabe betrachtet, die Funktionen $S_n(f)$ und $S_s(f)$ so zu bestimmen, daß die Kanalkapazität bei vorgegebenem Verhältnis von mittlerer Signalleistung zu mittlerer Störleistung zum Maximum wird.

Das Extremum des Integrals

$$V = \int_0^X \log\,[g(x)]\,dx \tag{6.4}$$

wird durch Variation von $g(x)$ unter der Nebenbedingung

$$Q = \int_0^X g(x)\,dx = \text{const}\,. \tag{6.5}$$

bestimmt. Nach den Regeln der Variationsrechnung (s. § 18) wird zunächst

$$V^* = \log g(x) + \lambda\, g(x)$$

gesetzt. Dieser Ausdruck ergibt in der Eulerschen Differentialgleichung

$$\frac{\partial V^*}{\partial g(x)} = 0,$$

$$\frac{1}{g(x)} + \lambda = 0\,,$$

oder

$$g(x) = -\frac{1}{\lambda} = \text{const}\,. \tag{6.6}$$

Einsetzen dieses Wertes in die Bedingung (6.5) ergibt

$$g(x) = \frac{Q}{X} \tag{6.7}$$

und folglich

$$V = X \log \frac{Q}{X}\,. \tag{6.8}$$

Es ließe sich beweisen, daß der berechnete Wert der Funktion das Integral (6.4) zum Maximum macht.

Hier sei jedoch nur die in Abb. 6.3 gezeigte Veranschaulichung anstelle eines Beweises angegeben.

Gl. (6.3) wird nun in folgender Form geschrieben:

$$C = \int_0^F \log_2 [S_n(f) + S_s(f)]\, df - \int_0^F \log_2 S_s(f)\, df\,. \tag{6.9}$$

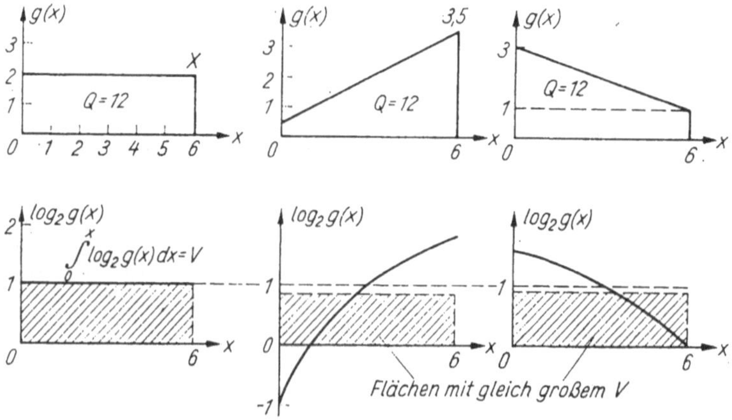

Abb. 6.3

Bei bekannter spektraler Leistungsdichte $S_s(f)$ der Störungen hat das zweite Integral einen festen Wert. Die Bestimmung derjenigen Spektraldichten, bei denen die Kapazität zum Extremum wird, stützt sich dann nur auf das erste Integral. Gemäß Bedingung (6.6) nimmt dieses Integral seinen maximalen Wert für

$$S_n(f) + S_s(f) = \text{const.}$$

an, wobei die Konstante mit Gl. (6.7) unter Berücksichtigung von Beziehung (6.2) gleich $\frac{1}{2F}(P_n + P_s)$ wird. Die maximale Kanalkapazität wird demnach erreicht, wenn die spektralen Leistungsdichten des Signals und der Störungen der Gleichung

$$S_n(f) + S_s(f) = \frac{1}{2F}(P_n + P_s)\,. \tag{6.10}$$

genügen. In Abb. 6.4 ist ein Beispiel für die Spektraldichten von Signal und Störung angegeben, das den physikalischen Gehalt der Gl. (6.9) anschaulich wiedergibt. Die mittlere Leistung des Signals ist vorgegeben. Optimal ist die Spektraldichte, deren wesentliche Anteile auf die Frequenzbereiche konzentriert sind, in denen die spektrale Störleistungsdichte ihre kleinsten Werte annimmt. Dann werden der maximale Störabstand und folglich auch die maximale Kanalkapazität erreicht. Aus der Beziehung (6.9) kann unmittelbar entnommen werden, daß das weiße Rauschen wegen seiner konstanten spek-

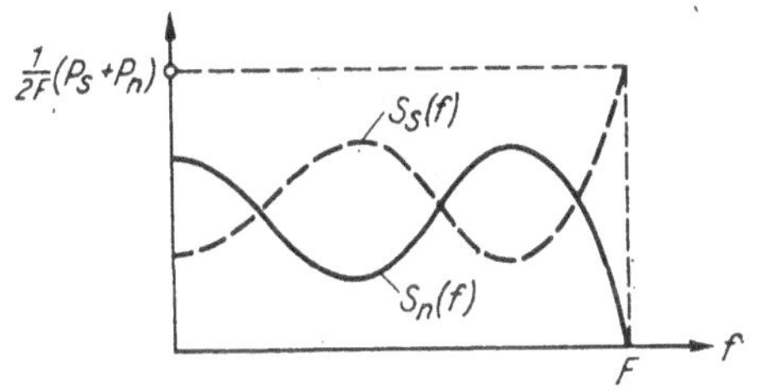

Abb. 6.4

tralen Leistungsdichte die größte Störwirkung besitzt. Hierbei wird das zweite Integral zum Maximum. Dann muß das Nutzsignal zur Erreichung der maximalen Kanalkapazität ebenfalls eine konstante spektrale Verteilung im Nutzfrequenzband besitzen, d. h., es muß rauschähnlich sein.

Die Beziehung für die Kanalkapazität kann recht einfach abgeleitet werden, indem die Gl. (6.10) in die Gl. (6.9) eingesetzt wird:

$$C = F \cdot \log_2 \frac{1}{2F}(P_n + P_s) - \int_0^F \log_2 S_s(f)\, df\,. \tag{6.11}$$

Für weißes Rauschen nimmt diese Formel die Gestalt (6.1) an.

Wir betrachten nun das folgende Problem. Es sei ein Kanal gegeben, der ein lineares Filter enthält. Störungen wirken sowohl auf dessen Eingang als auch auf dessen Ausgang (Abb. 6.5). Das Filter besitzt den Übertragungsfaktor

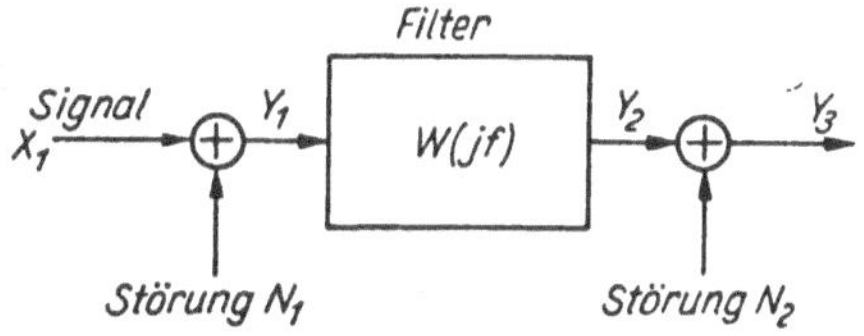

Abb. 6.5

$W(jf)$, während das Signal durch die Spektraldichte $S_n(f)$ und die Störungen durch die Spektraldichten $S_{s1}(f)$ bzw. $S_{s2}(f)$ beschrieben werden. Die Störleistungen seien wesentlich kleiner als die Signalleistung. Dann gilt für die Kanalkapazität bis zum Filtereingang unter Verwendung von Gl. (6.3) näherungsweise

$$C_1 = \int_0^F \log_2 \frac{S_n(f)}{S_{s1}(f)}\, df\,. \tag{6.12}$$

Dabei ist F wieder die Bandbreite des Nutzsignals. Die spektralen Leistungsdichten des Nutzsignals und der Störung $N_1(t)$ am Ausgang des Filters werden gleich

$$S_{n2}(f) = |W(jf)|^2\, S_n(f)\,, \qquad S_{sy}(f) = |W(jf)|^2\, S_{s1}(f)\,. \tag{6.13}$$

Für den Kanalabschnitt hinter dem Filter ergibt sich insgesamt

$$S_{s3}(f) = |W(jf)|^2 \, S_{s1}(f) + S_{s2}(f) \, . \tag{6.14}$$

Mittels Gl. (6.12) folgt für die Kanalkapazität dieses Abschnittes

$$C_3 = \int_0^F \log_2 \frac{S_{n2}(f)}{S_{s3}(f)} \, df$$

und mittels Gln. (6.13) und (6.14) ergibt sich

$$C_3 = \int_0^F \log_2 \frac{|W(jf)|^2 \cdot S_n(f)}{|W(jf)|^2 \cdot S_{s1}(f) + S_{s2}(f)} \, df \, . \tag{6.15}$$

Im allgemeinen wird demnach die Kanalkapazität eines Systems durch ein in Reihe geschaltetes lineares Filter verändert. Wenn jedoch auf den Ausgang des Filters keine Störungen wirken und der Durchlaßbereich größer oder gleich F ist, ändert sich die Kanalkapazität des Systems nicht. Mit $S_{s2}(f) = 0$ geht die Gl. (6.15) in Gl. (6.12) über.

Wenn nun das Signal zunächst gefiltert und erst anschließend von Störungen überlagert wird, ergibt die Gl. (6.15) mit $S_{s1}(f) = 0$ den Ausdruck

$$C_f = \int_0^F \log_2 \frac{|W(jf)|^2 \, S_n(f)}{S_s(f)} \, df$$

oder

$$C_f = \int_0^F \log_2 \frac{S_n(f)}{S_s(f)} \, df + \int_0^F \log_2 |W(jf)|^2 \, df \, .$$

Der erste Summand stellt die Kanalkapazität des Systems ohne Filter dar, während der zweite den Beitrag des Filters wiedergibt. Ist die Kanalkapazität ohne Filter gleich C, so folgt

$$C_f = C + \int_0^F \log_2 |W(jf)|^2 \, df \, . \tag{6.16}$$

Wenn das Filter ein idealer Verstärker mit dem Verstärkungsfaktor k ist, ergibt sich

$$C_f = C + 2 \, F \log_2 k \, .$$

Für $k > 1$ wird also die Kanalkapazität des Systems erhöht, während sie für $k < 1$ abnimmt. Im ersten Fall wird der Störabstand vergrößert, wodurch pro Zeiteinheit eine größere Zahl von Quantisierungsstufen übertragen werden kann. Für $k < 1$ sind die Verhältnisse genau umgekehrt.

Von größerem Interesse sind laufzeitbehaftete Filter, deren Übertragungsfaktor im Signalfrequenzband frequenzabhängig ist. Es sei ein Tiefpaß betrachtet, dessen Übertragungsfaktor für niedrige Frequenzen praktisch gleich 1 ist und für hohe Frequenzen dem Betrage nach abfällt (Abb. 6.6).

Wenn der Übertragungsfaktor im Signalfrequenzband praktisch gleich 1 ist (wie in Abb. 6.6), wird das Integral in Gl. (6.16) gleich Null, da die Funktion $\log_2 |W(jf)|^2$ im Integrationsintervall verschwindet. Dabei wird die Kanalkapazität nicht verändert. In den Fällen, in denen sich der Übertragungsfaktor

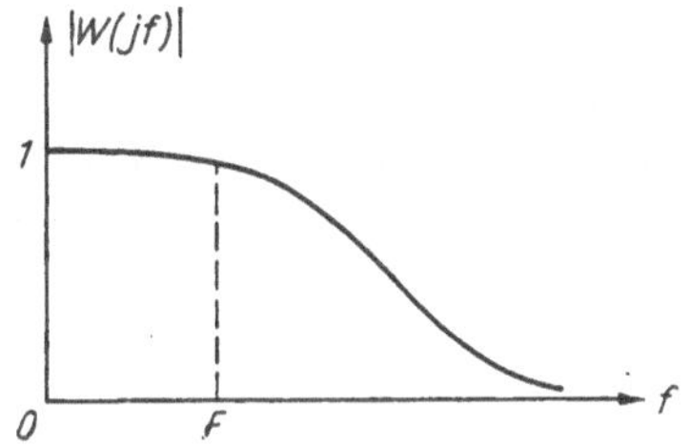

Abb. 6.6

im Signalfrequenzband merklich ändert, indem er z. B. für höhere Frequenzen kleiner als Eins wird, vermindert sich die Kanalkapazität des Systems. Hierbei wird der Integrand in Gl. (6.16) negativ (Abb. 6.7).

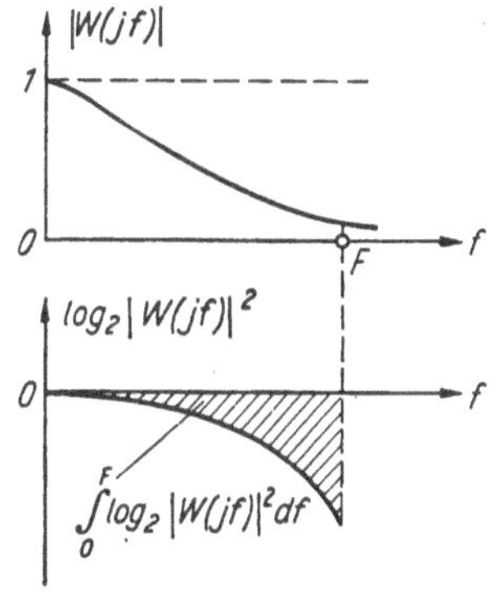

Abb. 6.7

Die Kanalkapazität gibt den maximal erreichbaren Transinformationsfluß an. Der Transinformationsfluß kann aus dem Produkt von Entropie und doppelter Bandbreite bestimmt werden:

$$I' = 2\,F\,H\,.$$

Somit ergibt sich

$$2\,F\,H_a = 2\,F\,H_e + \int_0^F \log_2 |W(jf)|^2\,df$$

oder

$$H_a = H_e + \frac{1}{2\,F}\int_0^F \log_2 |W(jf)|^2\,df\,. \qquad (6.17)$$

Diese Formel bestimmt den Zusammenhang zwischen der Entropie H_e am Eingang des Filters und der Entropie H_a am Filterausgang. Für passive Filter, deren Übertragungsfaktor stets ≤ 1 ist, gibt diese Formel die *Entropieverluste* an.

Im Anschluß an diese Betrachtungen lassen sich auch die Grenzen für die Gültigkeit des Abtasttheorems (s. Kap. 1) abschätzen. Danach ist es möglich, Signale mit beschränktem Spektrum durch schmale Impulse zeitlich quantisiert zu übertragen. Die genaue Reproduktion des Signals auf der Empfangsseite ist dabei allerdings nur mittels eines idealen Tiefpasses möglich. Ideale Tiefpässe sind jedoch physikalisch nicht realisierbar. Gemäß Gl. (6.17) treten bei

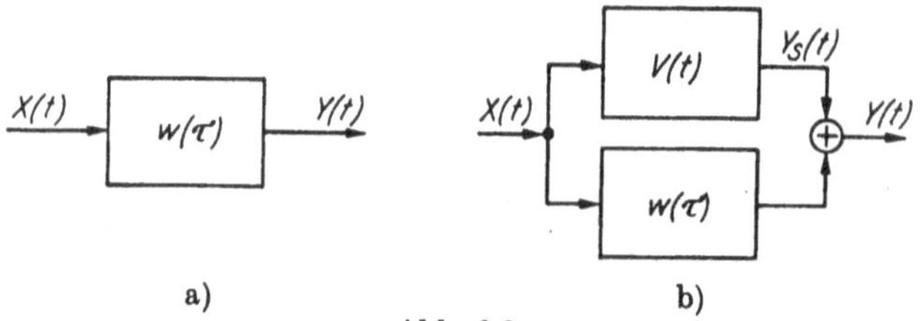

Abb. 6.8

der Verwendung realer Filter stets Entropieverluste auf. Eine exakte Reproduktion des ursprünglichen Signals wird damit unmöglich. Neben den äußeren Störungen treten in automatischen Regelungssystemen auch sogenannte innere Störungen auf. Sie können als zufällige Veränderungen der Parameter einzelner Glieder aufgefaßt werden. Die inneren Störungen führen ebenfalls zu Fehlern bei der Signalübertragung und vermindern die Kanalkapazität des Systems.

Es sei ein lineares „rauschendes" Filter mit einem Verstärkungsfaktor, der zufällig um einen bestimmten konstanten Wert schwankt, betrachtet. Am Eingang des Filters liege das stationäre Nutzsignal $X(t)$ mit der spektralen Leistungsdichte $S_x(f)$. Die Übertragungseigenschaften des Filters werden durch die Stoßantwort $w(\tau)$ charakterisiert. Das Ausgangssignal wird durch die Zufallsfunktion $Y(t)$ beschrieben (Abb. 6.8a). Der Verstärkungsfaktor wird als Summe zweier Komponenten dargestellt, die von der Nenngröße k_0 und der Zufallskomponente $\varphi(t)$ mit verschwindendem Erwartungswert gebildet werden. Das betrachtete Filter besteht also aus zwei parallel geschalteten Gliedern, von denen das eine ein Filter mit konstanten Parametern und der Stoßantwort $w(\tau) = k_0 \cdot w_0(\tau)$ darstellt, während das zweite die Stoßantwort $v(t) = \varphi(\tau) \times$ $\times w_0(t-\tau)$ (Abb. 6.8b) besitzt. Hierbei ist $w_0(\tau)$ die Stoßantwort des Filters mit dem Verstärkungsfaktor Eins.

Somit wird das Störsignal $Y_s(t)$ durch den folgenden Ausdruck bestimmt:

$$Y_s(t) = \int_0^t w_0(t-\tau) \cdot \varphi(\tau) \cdot X(\tau)\, d\tau .$$

Für die Korrelationsfunktion des Produktes $\varphi(t) \cdot X(t)$ ergibt sich

$$K_\varphi(\tau) = M\,[X(t)\,\varphi(t)\,X(t-\tau)\,\varphi(t-\tau)] .$$

Die Schwankungen des Übertragungsfaktors können als weißes Rauschen, das mit dem Nutzsignal nicht korreliert ist, betrachtet werden. Dann sind die Erwartungswerte der Produkte $X(t) \cdot \varphi(t)$ und $X(t-\tau) \cdot \varphi(t-\tau)$ gleich Null, und es folgt

$$M[X(t)\,\varphi(t)\,X(t-\tau)\,\varphi(t-\tau)] = M[X(t)\,X(t-\tau)]\,M[\varphi(t)\,\varphi(t-\tau)]\,.$$

Das Rauschen besitzt die Korrelationsfunktion

$$M[\varphi(t)\,\varphi(t-\tau)] = S_\varphi\,\delta(\tau)\,.$$

Folglich ergibt sich

$$M[X(t)\,X(t-\tau)]\,M[\varphi(t)\,\varphi(t-\tau)] = M[X^2(t)]\,S_\varphi\,\delta(\tau)\,.$$

Da $X(t)$ stationär ist, gilt

$$M[X^2(t)] = D_x\,.$$

Somit wird die gesuchte Korrelationsfunktion gleich

$$K_\varphi(\tau) = D_x\,S_\varphi\,\delta(\tau)\,, \tag{6.18}$$

wobei D_x der quadratische Mittelwert des Eingangssignals und S_φ die spektrale Leistungsdichte der Schwankungen des Übertragungsfaktor sind[1]).

Für $Y_s(t)$ ergibt sich die spektrale Leistungsdichte

$$S_s(f) = D_x \cdot S_\varphi \cdot |W_0(jf)|^2 \tag{6.19}$$

und für das ungestörte Nutzsignal am Ausgang des Filters gilt

$$S_y(f) = k_0^2\,|W_0(jf)|^2\,S_x(f)\,.$$

$W_0(jf)$ ist der Übertragungsfaktor des Filters bei der Verstärkung 1. Die Anwendung der allgemeinen Gl. (6.3) ergibt für die Kanalkapazität des „rauschenden" Filters schließlich

$$C_{\text{fr}} = \int_0^F \log_2\left[1 + \frac{k_0^2\,S_x(f)}{D_x\,S}\right] df\,. \tag{6.20}$$

Für gestörte Systeme mit Rückkopplungen kann im allgemeinen ein Blockschaltbild gemäß Abb. 6.9a angegeben werden.

Dem äquivalent ist das in Abb. 6.9b angegebene Schaltbild, das andere Filter benutzt. Außerdem sind die Eingänge für Nutz- und Rauschsignal anders angeordnet. Unter Benutzung der Gleichung für den Übertragungsfaktor rückgekoppelter Systeme ergibt sich

$$Y(jf) = \frac{W_1(jf)\,W_2(jf)}{1 + W_1(jf)\,W_2(jf)\,W_R(jf)}\left[X(jf) + \frac{N(jf)}{W_1(jf)}\right].$$

---

[1]) Der Verstärkungsfaktor des „rauschenden Filters" ist dimensionslos. Die spektrale Leistungsdichte S_φ hat mithin die Dimension [s].

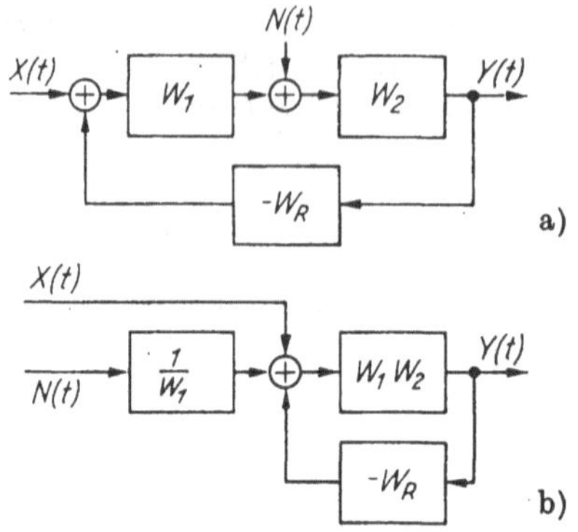

Abb. 6.9

Diese Gleichung zeigt, daß das Ausgangssignal aus einer Nutz- und einer Störkomponente besteht. Für diese Komponenten gilt einzeln

$$Y_n(jf) = \frac{W_1(jf)\,W_2(jf)}{1 + W_1(jf)\,W_2(jf)\,W_R(jf)}\,X(jf)\,,$$

$$Y_s(jf) = \frac{W_2(jf)}{1 + W_1(jf)\,W_2(jf)\,W_R(jf)}\,N(jf)\,.$$

Für gegebene Spektraldichten des Nutzsignals und der Störungen werden die entsprechenden Komponenten der spektralen Leistungsdichte des Ausgangssignals gleich

$$\left.\begin{aligned} S_{yn}(f) &= \frac{|W_1(jf)\,W_2(jf)|^2}{1 + W_1(jf)\,W_2(jf)\,W_R(jf)^2}\,S_x(f)\,,\\ S_{ys}(f) &= \frac{|W_2(jf)|^2}{1 + W_1(jf)\,W_2(jf)\,W_R(jf)^2}\,S_s(f)\,. \end{aligned}\right\} \tag{6.21}$$

Mit Gl. (6.3) ergibt sich für die Kanalkapazität des gesamten Systems

$$C_R = \int_0^F \log_2\left[1 + \frac{S_x(f)\,|W_1(jf)\,W_2(jf)|^2}{S_s(f)\,|W_2(jf)|^2}\right] df\,. \tag{6.22}$$

Die Kanalkapazität des Systems hängt somit nicht von den Parametern des Rückkopplungszweiges ab. Anders gesagt: Eine Rückkopplung in irgendeinem Abschnitt eines Übertragungssystems bringt keine Änderung der Kanalkapazität mit sich. Durch die Rückkopplung ändern sich zwar die spektralen Verteilungen des Nutzsignals und der Störungen am Ausgang, jedoch werden beide Komponenten in gleichem Maße beeinflußt. Das Verhältnis der beiden Spektraldichten ändert sich demnach durch die Rückkopplung nicht, wovon man sich leicht mit Hilfe der Beziehungen (6.21) überzeugen kann. Somit wird die Kanalkapazität beliebiger linearer Übertragungsglieder ausschließlich vom Verhältnis der spektralen Leistungsdichten des Nutzsignals und der Störungen an ihren Ausgängen bestimmt.

Wenn das Übertragungssystem jedoch „rauschende“ Glieder (d. h. Elemente mit zeitlich veränderlichen Parametern) enthält, läßt sich mit Hilfe einer Rückkopplung mitunter die Kanalkapazität des Systems erhöhen. Zum Beweis dieser Behauptung sei das in Abb. 6.10a gezeigte Blockschaltbild für ein

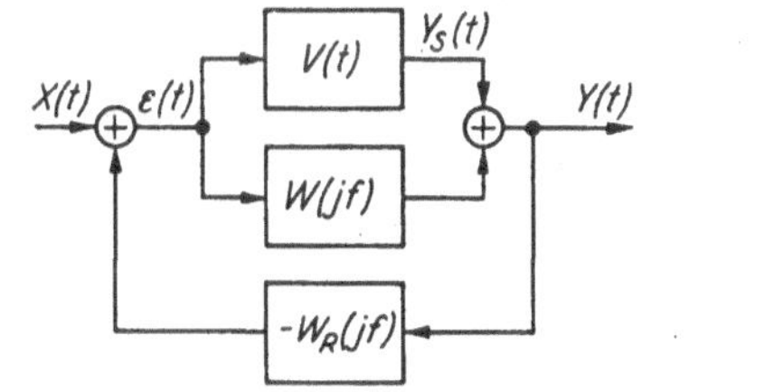

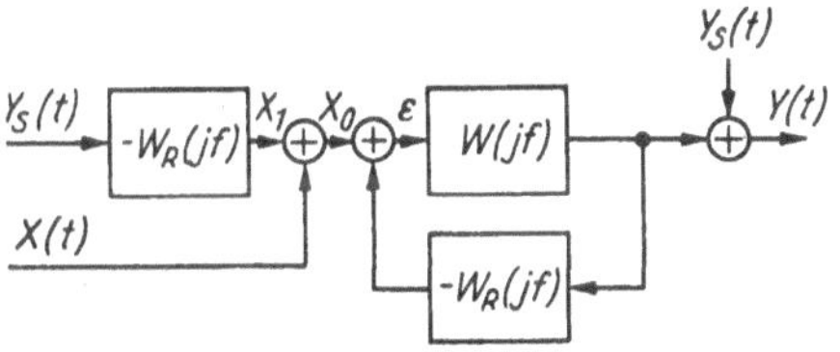

Abb. 6.10

„rauschendes“ Filter betrachtet. Hierzu wurden weiter oben bereits Ausführungen gemacht. Das Filter ist mit einer Rückkopplung versehen, die den Übertragungsfaktor $W_R(jf)$ besitzt. Für die Störgröße am Filterausgang gilt analog zu den obigen Betrachtungen

$$Y_s(t) = \int_0^t w_0\,(t - \tau) \cdot \varepsilon(\tau)\, \varphi(\tau)\, d\tau\,, \tag{6.23}$$

wobei $\varphi(t)$ wieder weißes Rauschen sein soll. Durch Auftrennen der Rückkopplungsschleife bezüglich der Störgröße ergibt sich das in Abb. 6.10b dargestellte Schema, das der Abb. 6.10a äquivalent ist. Es gelten folgende Beziehungen:

$$X_1(jf) = -\,W_R(jf)\; Y_s(jf)\,, \tag{6.24}$$

$$\varepsilon(jf) = \frac{1}{1 + W(jf)\, W_R(jf)}\, X_0(jf)\,, \tag{6.25}$$

$$X_0(jf) = X_1(jf) + X(jf)\,. \tag{6.26}$$

Da $\varphi(t)$ weißes Rauschen darstellt, ist die Störgröße $Y_s(t)$ mit $\varepsilon(t)$ nicht korreliert und somit auch nicht mit dem Eingangssignal $X(t)$. Die Spektraldichte des Summensignals $X_0(t)$ ist deshalb gleich der Summe der Spektraldichten der beiden Komponenten

$$S_0(f) = S_x(f) + S_1(f)\,. \tag{6.27}$$

Mit den Beziehungen (6.25), (6.26) und (6.27) ergibt sich für das Leistungsspektrum des Signals $\varepsilon(t)$ am Filtereingang

$$S_\varepsilon(f) = \frac{S_x(f) + S_1(f)}{|1 + W(jf)\, W_R(jf)|^2}\,. \tag{6.28}$$

Aus Gl. (6.24) folgt

$$S_1(f) = |W_R(jf)|^2 \cdot S_s(f)\,, \tag{6.29}$$

wobei für das Störspektrum aufgrund von Gl. (6.23) in Analogie zu Gl. (6.19)

$$S_s(f) = D_\varepsilon\, S_\varphi \cdot |W_0(jf)|^2 \tag{6.30}$$

gilt. D_ε ist gleich der Dispersion des Signals $\varepsilon(t)$, während S_φ die spektrale Leistungsdichte für die Schwankungen des Verstärkungsfaktors des Filters angibt. Die Dispersion D_ε kann aus dem Leistungsspektrum $S_\varepsilon(f)$ mit folgender Formel bestimmt werden:

$$D_\varepsilon = 2 \int_0^\infty S_\varepsilon(f)\, df\,.$$

Durch Einsetzen der Ausdrücke (6.28), (6.29) und (6.30) in diese Formel ergibt sich

$$D_\varepsilon = 2 \int_0^\infty \frac{S_x(f)\, df}{|1 + W(jf)\, W_R(jf)|^2} + 2\, D_\varepsilon\, S_\varphi \int_0^\infty \frac{|W_R(jf)|^2 \cdot |W_0(jf)|^2}{|1 + W(jf)\, W_R(jf)|^2}\, df$$

und daraus

$$D_\varepsilon = \frac{2 \displaystyle\int_0^\infty \frac{S_x(f)\, df}{|1 + W(jf)\, W_R(jf)|^2}}{1 - 2\, S_\varphi \displaystyle\int_0^\infty \frac{|W_R(jf)|^2 \cdot |W_0(jf)|^2}{|1 + W(jf)\, W_R(jf)|^2}\, df}\,. \tag{6.31}$$

Bei fehlender Rückkopplung ist $W_R(jf) = 0$ und der Ausdruck (6.31) vereinfacht sich zu

$$D_{\varepsilon 0} = 2 \int_0^\infty S_x(f)\, df = D_x\,. \tag{6.31a}$$

Zur Gl. (6.31) muß noch folgendes gesagt werden. Der Amplitudenfrequenzgang bezüglich des Signals $\varepsilon(t)$

$$|W_\varepsilon(jf)| = |1 + W(jf) \cdot W_R(jf)|^{-1}$$

kann in Abhängigkeit von den Frequenzcharakteristiken der verwendeten Übertragungsglieder verschiedene asymptotische Eigenschaften besitzen. Die Übertragungsfaktoren dieser Glieder können meist in der Form

$$W(jf) = \frac{P(jf)}{Q(jf)} \qquad \text{bzw.} \qquad W_R(jf) = \frac{P_R(jf)}{Q_R(jf)}$$

dargestellt werden, wobei P und Q Polynome sind. Damit wird

$$|W_\varepsilon(jf)| = \frac{|Q(jf) \cdot Q_R(jf)|}{|Q(jf)\, Q_R(jf) + P(jf)\, P_R(jf)|}\,. \tag{6.32}$$

Wenn der Grad des Polynoms Q größer ist als der von P, wie es bei Tiefpässen (I-Gliedern) der Fall ist, wird der Wert von $|W_\varepsilon(jf)|$ für hohe Frequenzen asymptotisch gegen Eins streben. In diesem Fall wird das Integral im Nenner von Gl. (6.31) einen endlichen Wert ergeben, während das Integral im Zähler nur für frequenzbegrenzte Signalspektren $S_x(f)$ konvergiert. D. h., daß die Gl. (6.31) im betrachteten Fall für weißes Rauschen als Eingangssignal $X(t)$ nicht verwendbar ist. Wenn als Rückkopplung ein Hochpaßglied verwendet wird (D-Glied), gilt die Gl. (6.31) für alle Typen von Eingangssignalen.

Der Nenner in Gl. (6.31) genügt der folgenden Abschätzung. Es gelte $W(jf) = k_0\, W_0(jf)$, wobei $W_0(jf)$ wieder der Übertragungsfaktor des Filters mit der Verstärkung 1 ist. Der Integrand im Nenner hat die Gestalt

$$\frac{|W_R(jf)\cdot W_0(jf)|^2}{|1+k_0\, W_0(jf)\, W_R(jf)|^2}.$$

Bei hinreichend großem Verstärkungsfaktor k_0 wird dieser Ausdruck von der Größenordnung $1/k_0^2$ sein. Da das Eigenrauschen des Filters gewöhnlich gering ist, wird der zweite Summand im Nenner $\ll 1$. Bei der Berechnung der Dispersion von $\varepsilon(t)$ lassen sich die Einflüsse der Schwankungen in den Parametern des Übertragungsgliedes vernachlässigen. Die Dispersion am Eingang ist dann gleich

$$D_\varepsilon = 2\int_0^\infty \frac{S_x(f)\, df}{|1+W(jf)\, W_R(jf)|^2}. \tag{6.33}$$

$$S_s(f) = 2\, S_\varphi\cdot |W_0(jf)|^2\cdot \int_0^\infty \frac{S_x(f)\, df}{|1+W(jf)\cdot W_R(jf)|^2} \tag{6.34}$$

ist die spektrale Rauschleistungsdichte am Ausgang des Filters. Eine Rückkopplung führt zu einer Verminderung der Rauschleistungsdichte am Ausgang des „rauschenden" Filters, da der Nenner des Integranden dem Betrage nach stets >1 ist.

Allerdings wird die spektrale Leistungsdichte des Nutzsignals am Filterausgang dabei ebenfalls kleiner, wodurch eine wesentliche Erhöhung der Kanalkapazität nicht zu erwarten ist. Gemäß Abb. 6.10b ergibt sich für das Nutzleistungsspektrum

$$S_y(f) = S_n(f) = \frac{|W(jf)|^2\, S_x(f)}{|1+W(jf)\cdot W_R(jf)|^2}. \tag{6.35}$$

Durch Einsetzen von Gl. (6.30) und Gl. (6.35) in Gl. (6.3) ergibt sich für die Kanalkapazität des Systems die Beziehung

$$C_{\mathrm{Rr}} = \int_0^F \log_2\left[1+\frac{k_0^2\, S_x(f)}{D_\varepsilon\, S_\varphi\, |1+W(jf)\, W_R(jf)|^2}\right] df\,. \tag{6.36}$$

Im Vergleich zu Gl. (6.20) tritt hier an die Stelle von D_x das Produkt $D_\varepsilon\, |1+W(jf)\, W_R(jf)|$. Da der Wert dieses Produktes mit wachsender Frequenz abnimmt, wenn $W(jf)$ und $W_R(jf)$ Tiefpaßcharakteristiken sind, kann mit einer gewissen Erhöhung der Kanalkapazität des Systems gerechnet werden.

Zum Schluß dieses Kapitels sei noch die Abhängigkeit der Kanalkapazität von der Korrelation zwischen den Signalen am Eingang und Ausgang des Systems betrachtet [23]. In § 18 wurde folgende Formel für die bedingte Entropie von korrelierten Signalen mit Normalverteilung abgeleitet:

$$h_y(x) = \log_2 \left[\sigma_x \sqrt{2 \pi e (1 - r^2)}\right] .$$

Dabei sind σ_x der quadratische Mittelwert des Signals und r der Korrelationskoeffizient, der aus der Korrelationsfunktion $K(x, y)$ wie folgt berechnet wird:

$$r = \frac{K(x, y)}{\sigma_x^2} .$$

Bei fehlender Korrelation ($r = 0$) erhalten wir

$$h(x) = \log_2 \left[\sigma_x \sqrt{2 \pi e}\right] .$$

Für die Kanalkapazität kann aufgrund der Eigenschaften der bedingten Entropie unter Benutzung der Formel (3.106) die folgende Beziehung abgeleitet werden:

$$C = \frac{n}{T} [h(x) - h_y(x)]_{\max} .$$

Unter der Bedingung normalverteilter Signalwerte ergibt sich daraus mit $n = 2 F T$

$$C = 2 F [h(x) - h_y(x)] .$$

Wenn wir in diese Formel die obigen Werte für $h(x)$ und $h_y(x)$ einsetzen, erhalten wir

$$C = - 2 F \log_2 \sqrt{1 - r^2} = - F \log_2 (1 - r^2) . \qquad (6.37)$$

Bei vollständiger Korrelation zwischen Eingangs- und Ausgangssignal ($r = 1$) wäre die Kanalkapazität unendlich groß. Das würde einem ungestörten Kanal entsprechen, dessen Ausgangssignal durch das Eingangssignal vollständig determiniert ist. Im umgekehrten Fall, wenn keine Korrelation zwischen Eingangs- und Ausgangssignal vorliegt ($r = 0$), ist die Kanalkapazität gleich Null. Wir betrachten nun ein System, bei dem sich das Ausgangssignal Y additiv aus dem Eingangssignal X und der unabhängigen Störung N zusammensetzt:

$$Y = X + N .$$

Für die entsprechenden quadratischen Mittelwerte gilt dann

$$\sigma_y^2 = \sigma_x^2 + \sigma_n^2 .$$

Wir bilden nun den Korrelationskoeffizienten

$$r(x, y) = \frac{M[X\,Y]}{\sigma_x \sigma_y} = \frac{M[X(X + N)]}{\sigma_x \sqrt{\sigma_x^2 + \sigma_n^2}} .$$

Wegen der Unabhängigkeit von X und N erhalten wir

$$M\,[X\,(X + N)] = M[X^2] + M[X\,N] = M[X^2] = \sigma_x^2$$

und nach einfacher Umformung

$$r = \frac{1}{\sqrt{1 + \sigma_n^2/\sigma_x^2}}\,.$$

Indem wir diesen Wert in Gl. (6.37) einsetzen, erhalten wir für die Kanalkapazität

$$C = -\,F \log_2\left(1 - \frac{1}{1 + \sigma_n^2/\sigma_x^2}\right) = F \log_2\left(1 + \frac{\sigma_x^2}{\sigma_n^2}\right).$$

Dieses Ergebnis entspricht der Gl. (6.1).

Bei der Übertragung eines Zufallssignals durch ein Verzögerungsglied gilt zwischen Ausgangs- und Eingangssignal die Beziehung

$$Y(t) = X\,(t - \Delta\tau)\,.$$

Dabei ist $\Delta\tau$ die Laufzeit. Für den Korrelationskoeffizienten ergibt sich

$$r = \frac{M[X(t)\,X(t - \Delta\tau)]}{\sigma_x^2} = \frac{K(\Delta\tau)}{\sigma_x^2}\,.$$

Durch Einsetzen dieses Wertes in (6.37) folgt

$$C = -\,F \log_2\left[1 - \frac{K^2(\Delta\tau)}{\sigma_x^4}\right]. \tag{6.38}$$

Beispiel 6.1. In einen Regelkreis wird ein Verstärker geschaltet, dessen Verstärkungsfaktor bezüglich des Mittelwertes k_0 schwankt. Die Schwankungen des Verstärkungsfaktors werden durch die spektrale Leistungsdichte S_v beschrieben. Auf den Eingang des Verstärkers wirkt ein Zufallssignal mit der spektralen Leistungsdichte

$$S_x = \frac{\beta^2}{\beta^2 + f^2}\,.$$

Das Spektrum ist auf die Bandbreite F begrenzt. Die Kanalkapazität des Verstärkers soll für zwei Fälle bestimmt werden:

a) ohne Rückkopplung;
b) mit Rückkopplung über ein Filter mit dem Übertragungsfaktor

$$W_R(jf) = \frac{k_R}{1 + jf\,T}\,.$$

Tabelle 39

Parameter	k_0	k_R	β, [s^{-1}]	T, [s]	S_v, [s]	F, [Hz]
Zahlenwert	10	1	2	0,5	0,1	14

Die entsprechenden Zahlenwerte sind in Tab. 39 enthalten. Abb. 6.11 zeigt die Verläufe der spektralen Leistungsdichten S_x und S_v.

1. Die Dispersion des Eingangssignals ist gleich

$$D_x = 2 \int_0^F S_x(f)\, df\,,$$

$$D_x = 2 \int_0^F \frac{\beta^2}{\beta^2 + f_2}\, df = 2\,\beta \operatorname{arctg} \frac{F}{\beta}\,.$$

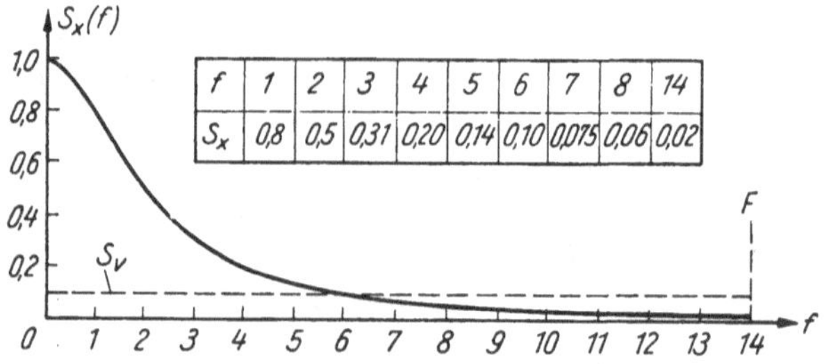

Abb. 6.11

Einsetzen der entsprechenden Zahlenwerte ergibt

$$D_x = 4 \operatorname{arctg} 7 = 5{,}7\,.$$

2. Aus Gl. (6.20) folgt für die Kanalkapazität ohne Rückkopplung

$$C_{\text{fr}} = \int_0^F \log_2 \left[1 + \frac{S_x(f)\, k_0^2}{S_v\, D_x}\right] df\,.$$

Zur Auswertung des Integrals müssen zunächst die Werte der Funktion

$$L_a = 1 + \frac{S_x(f)\ k_0^2}{S_v\, D_x}$$

für verschiedene Frequenzen (s. Tabelle 40) bestimmt werden. In Abb. 6.12 ist der Logarithmus dieser Funktion über der Frequenz dargestellt. Für den Wert des Integrals ergibt sich durch Auszählen der Fläche unter der Kurve

$$C_{\text{fr}} = 60\, \frac{\text{bit}}{\text{s}}\,.$$

Tabelle 40

f, [Hz]	0	1	2	3	4	5	6	7	8	14
L_a	161	129	81	50,6	33	23,4	17	13	10,6	4,2
$\log_2 L_a$	7,46	7,14	6,38	5,78	5,17	4,67	4,21	3,28	3,52	2,17

3. Aus Gl. (6.33) bestimmt sich die Dispersion des Signals $\varepsilon(t)$ am Eingang des gegengekoppelten Verstärkers wie folgt. Es gilt

$$D_\varepsilon = 2 \int_0^F \frac{\frac{\beta^2}{\beta^2 + f^2}\, df}{\left|1 + \frac{k_0 \cdot k_R}{1 + j f T}\right|^2}.$$

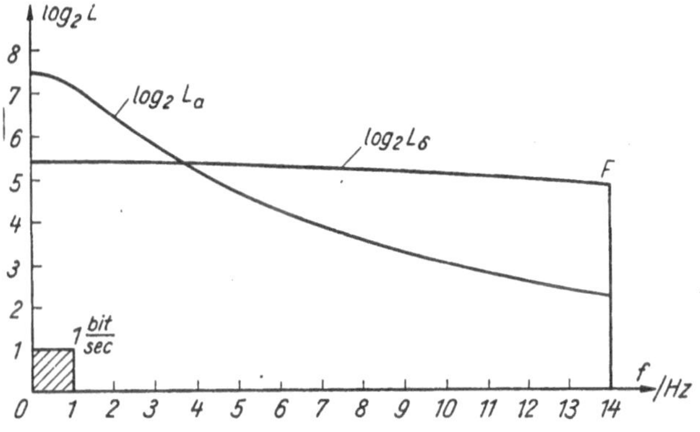

Abb. 6.12

Tabelle 41

f, [Hz]	0	1	2	3	4	5	6	7	8	14
L_δ	41,2	41,2	40,8	40,5	40,0	39,3	38,5	37,5	36,6	30
$\log_2 L_\delta$	5,37	5,37	5,35	5,34	5,32	5,30	5,27	5,23	5,20	4,91

Einige Umformungen führen über

$$\left|1 + \frac{k_0 k_R}{1 + j f T}\right|^2 = \left|(1 + k_0 k_R) \frac{1 + j f T_1}{1 + j f T}\right|^2 = (1 + k_0 k_R)^2 \frac{1 + f^2 T_1^2}{1 + f^2 T^2}$$

mit

$$T_1 = \frac{T}{1 + k_0 k_R}$$

auf

$$D_\varepsilon = \frac{2 \beta^2 T^2}{(1 + k_0 k_R)^2} \int_0^F \frac{\frac{f^2 + \frac{1}{T^2}}{f^2 + \beta^2}}{1 + f^2 T_1^2}\, df .$$

Wegen $\beta T = 1$ (s. Tab. 39) wird der Zähler des Integranden gleich Eins, und es folgt

$$D_\varepsilon = \frac{2}{T_1^2 (1 + k_0 k_R)^2} \int_0^F \frac{df}{f^2 + \frac{1}{T_1^2}} = \frac{2 \arctan\left(\frac{F T}{1 + k_0 k_R}\right)}{T (1 + k_0 k_R)}.$$

Einsetzen der Zahlenwerte ergibt

$$D_\varepsilon = 0{,}206 .$$

Der Vergleich der Werte D_x und D_ε zeigt, daß die Dispersion des Signals am Eingang des Verstärkers durch die Rückkopplung stark vermindert wird.

4. Die Kanalkapazität des gegengekoppelten Verstärkers wird mit der Gl. (6.36) bestimmt. Zunächst werde jedoch der Integrand wie folgt umgeformt:

$$L_\delta = 1 + \frac{S_x(f)\, k_0^2}{D_\varepsilon S_v \,|1 + k_0 W_R(jf)|^2} =$$

$$= 1 + \frac{\dfrac{\beta^2 k_0^2}{\beta^2 + f^2}}{D_\varepsilon S_v \left|1 + \dfrac{k_0 k_R}{1 + jfT}\right|^2} = 1 + \frac{T^2 \beta^2 k_0^2 \dfrac{f^2 + \dfrac{1}{T^2}}{\beta^2 + f^2}}{D_\varepsilon S_v (1 + k_0 k_R)^2 (f^2 T_1^2 + 1)} .$$

Mit $\beta T = 1$ ergibt sich

$$L_\delta = 1 + \frac{k_0^2}{D_\varepsilon S_v (1 + k_0 k_R)^2 (1 + f^2 T^2)} = 1 + \frac{100}{2{,}49\,(1 + 0{,}002 f^2)} .$$

In Tab. 41 sind die Werte dieser Funktion und ihres Binärlogarithmus für verschiedene Frequenzen angegeben. Die Auszählung der Fläche unter der entsprechenden Kurve in Abb. 6.12 ergibt für die Kanalkapazität

$$C_{\mathrm{Rr}} = 73{,}5 \,\frac{\mathrm{bit}}{\mathrm{s}} .$$

Somit wird die Kanalkapazität des Verstärkers durch die Rückkopplung in Form eines Tiefpasses um etwa 20% erhöht.

§ 32. Die Kanalkapazität von Recheneinrichtungen in Abhängigkeit von der Regelgenauigkeit

Für einen zweckmäßigen Einsatz der Recheneinrichtungen in Regelkreisen ist es wichtig, Methoden zur Abschätzung der geforderten Rechengeschwindigkeit (oder der äquivalenten Frequenzbandbreite) dieser Einrichtungen zu finden. Vor allem muß bei der Projektierung von Regelungssystemen abgeschätzt werden, inwieweit sich extrem hohe Genauigkeitsforderungen mit den verfügbaren Recheneinrichtungen realisieren lassen. Das hängt damit zusammen, daß die Möglichkeiten dieser Recheneinrichtungen, insbesondere hinsichtlich ihrer Rechengeschwindigkeit begrenzt sind. Ein Rechenautomat mit 10000 Elementaroperationen in einer Sekunde benötige etwa zur Lösung eines Gleichungssystems 20 s. In einem konkreten Regelungssystem seien dafür aber höchstens 0,01 s zulässig. So müßte ein Rechner mit einer Arbeitsgeschwindigkeit von etwa 20000000 Elementaroperationen pro Sekunde eingesetzt werden! Damit ist jedoch bereits die Grenze der Leistungsfähigkeit der modernen Rechentechnik erreicht. Zur Abschätzung der geforderten Rechengeschwindigkeit muß ein hinreichend allgemeines Kriterium zur Verfügung stehen, das unabhängig von der Funktionsweise des Rechners ist. Ein mögliches Kriterium ist die Kanalkapazität der Recheneinrichtung.

Das in Abb. 6.13 dargestellte Blockschaltbild eines Regelkreises des ersten Typs (s. Kap. 2, § 9!) diene als Ausgangspunkt. Ohne Regelwirkung möge die Regelstrecke die Ausgangsgröße x mit der Wahrscheinlichkeitsdichteverteilung $p_0(x)$ und dem endlichen Definitionsbereich $2\,|x_{max}|$ besitzen.

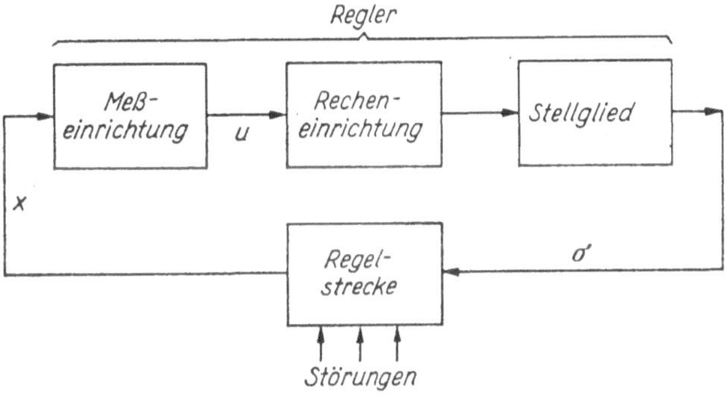

Abb. 6.13

Der Erwartungswert von x soll mit x_0 bezeichnet werden. Die Dispersion D_x ist ein Maß für die Schwankungen der Größe x bezüglich ihres Erwartungswertes x_0. Informationstheoretisch wird die Unbestimmtheit von x durch die Entropie $H_0(x)$ gekennzeichnet. Der Regelvorgang vermindert die Unbestimmtheit von x bis zu einem Restfehler mit der Dispersion $D_{x\varepsilon}$. Indem der Regler bestimmte Informationen über den Zustand der Regelstrecke erfaßt und verarbeitet, vermindert er die Entropie der Regelstrecke. Der neue Entropiewert sei $H_\varepsilon(x)$. Da die Verminderung der Entropie der Regelstrecke gleich der verarbeiteten Informationsmenge I_x ist, folgt

$$I_x = H_0(x) - H_\varepsilon(x)\,. \tag{6.39}$$

Bis jetzt wurden nur Regelstrecken mit einem Ausgangsparameter betrachtet. Das bedeutet jedoch keine wesentliche Einschränkung. In Systemen mit mehreren Ausgangsparametern setzt sich x aus einem Satz von Größen, die ihre jeweils eigene Entropie besitzen, zusammen.

Die Entropie der Ausgangsgröße x ist jedoch nur dann gleich $H_\varepsilon(x)$, wenn sich das System im eingeschwungenen Zustand befindet. Die Werte von x werden während des Einschwingvorganges (kurz nach dem Einschalten des Reglers) eine höhere Dispersion als im eingeschwungenen Zustand besitzen. Im Einschaltzeitpunkt ist noch nichts von der Wirkung des Reglers auf die Regelstrecke zu bemerken und die Dispersion der Regelgröße x ist gleich D_{x0}.

In Abb. 6.14 sind verschiedenen Realisierungen für Einschwingvorgänge der statistisch schwankenden Regelgröße nach dem Einschalten des Reglers dargestellt. Nach Abschluß des Einschwingvorganges liegt wieder eine stationäre Zufallsschwankung mit der Dispersion $D_\varepsilon(x)$ vor.

Als nächstes seien die Vorgänge in einem Regelkreis, der eine Recheneinrichtung enthält, betrachtet. Die Rechenergebnisse werden zeitdiskret in periodischen Intervallen der Länge τ_z ausgegeben. Bis zum Einschaltzeitpunkt des Reglers wirken auf die Regelstrecke innere und äußere Störungen. Die

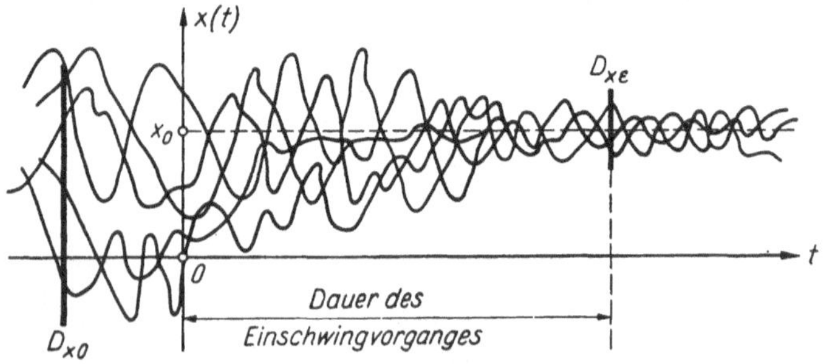

Abb. 6.14

Schwankungen der Regelgröße x werden dann, wie schon weiter oben bemerkt, durch die Entropie $H_0(x)$ beschrieben. Nach dem Einschalten des Reglers wird die Entropie der Regelgröße abnehmen, wenn die dem Regelkreis durch die Recheneinrichtung zugeführte Informationsmenge größer ist, als der Entro-

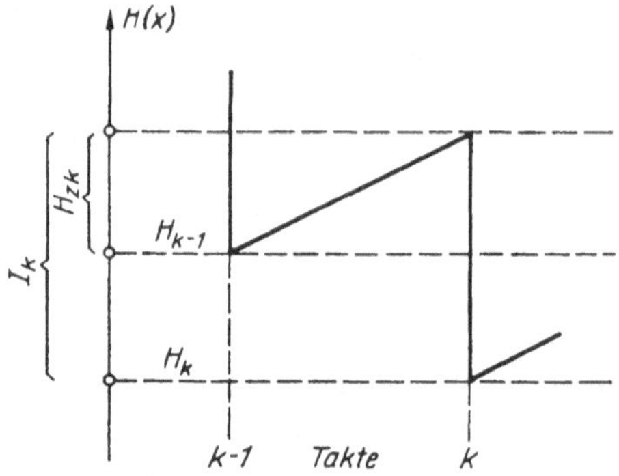

Abb. 6.15

piezuwachs der Regelgröße während der Taktperiode τ_z. Aufgrund der zeitdiskreten Regelwirkung nimmt die Entropie der Regelgröße, nachdem sie durch die Betätigung des Stellgliedes zunächst vermindert wurde, während der Taktperiode τ_z infolge der Störungen allmählich wieder zu (Abb. 6.15).

Mit H_{k-1} und H_k werden die Entropie der Regelstrecke (d. h. der Regelgröße) zu den Zeitpunkten t_{k-1} und t_k bezeichnet. H_{zk} ist der Entropiezuwachs während des Zeitintervalls τ_z, in dem der Regelkreis praktisch aufgetrennt ist.

Dann ergibt sich für die Information I_k, die dem Regelkreis durch die Recheneinrichtung zugeführt wurde,

$$I_k = H_{k-1} - H_k + H_{zk} . \tag{6.40}$$

Wenn die Zahl der Takte während des Einschwingvorganges des Systems gleich m ist, ergibt sich für die Informationsmenge, die dem Regelkreis während der Einschwingzeit zugeführt wurde,

$$I_{\text{per}} = \sum_{k=1}^{m} (H_{k-1} - H_k) + \sum_{k=1}^{m} H_{zk} . \tag{6.41}$$

Dabei bestimmt die erste Summe, wieviel sich die Entropie der Regelgröße vom Einschaltzeitpunkt an bis zur Beendigung des Einschwingvorganges vermindert hat. Die zweite Summe entspricht der Wirkung der Störungen während des betrachteten Zeitabschnittes. Für den eingeschwungenen Zustand gilt die Beziehung

$$H_{k-1} = H_k . \tag{6.42}$$

Folglich wird die von der Recheneinrichtung während einer Taktperiode zu verarbeitende Informationsmenge gleich

$$I_i = H_{zi} ,$$

wobei i ein beliebiger Zeitpunkt nach Abschluß des Einschwingvorganges ist.

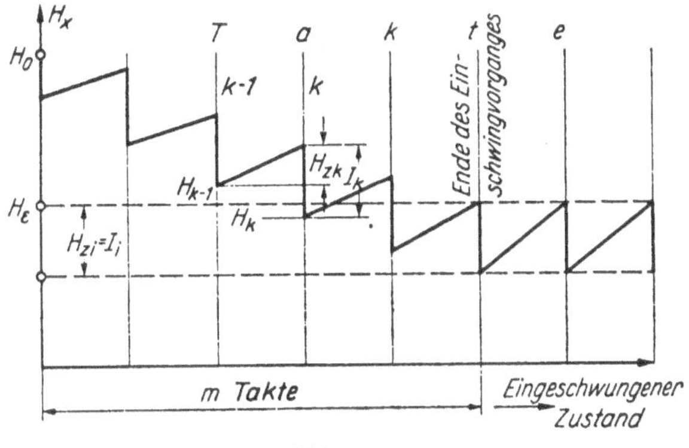

Abb. 6.16

In Abb. 6.16 sind die Entropieänderungen während des Einschwingvorganges und im eingeschwungenen Zustand grafisch dargestellt. Der gesamte Informationszuwachs während der m Takte des Einschwingvorganges ist gleich der Entropieverminderung der Regelstrecke:

$$I_x = \sum_{k=1}^{m} (H_{k-1} - H_k)$$

oder, mit Gl. (6.39),

$$H_0(x) - H_\varepsilon(x) = \sum_{k=1}^{m} (H_{k-1} - H_k) . \tag{6.44}$$

Der Informationszuwachs während eines Taktintervalls der Recheneinrichtung läßt sich durch den Transinformationsfluß ausdrücken:

$$I'_k = \frac{I_k}{\tau_z} . \tag{6.45}$$

Das Maximum dieses Wertes bestimmt die erforderliche *Kanalkapazität der Recheneinrichtung*

$$C_{\mathrm{RE}} = \left[\frac{I_k}{\tau_z}\right]_{\max} . \tag{6.46}$$

Diese Beziehungen beschreiben in allgemeiner Form die Informationsverarbeitung in diskontinuierlich arbeitenden Regelkreisen. Für viele praktische Aufgaben kann dabei für die Regelgröße eine Normalverteilung ihrer Amplituden angenommen werden. Außerdem kann die Regelstrecke aufgrund ihrer dynamischen Eigenschaften näherungsweise als Tiefpaß mit einer Zeitkonstante T_0 betrachtet werden. Unter diesen Bedingungen lassen sich Beziehungen herleiten, die die Regelgenauigkeit mit den informationstheoretischen Kenngrößen des Regelungssystems in Verbindung bringen.

Wenn der Regler zu einem bestimmten Zeitpunkt abgeschaltet wird, nimmt von da an die Dispersion der Regelgröße unter dem Einfluß der auf die Regelstrecke wirkenden Störungen stetig zu. Stellt die Regelstrecke ein stationäres, stabiles System dar, wird die Dispersion im eingeschwungenen Zustand einen bestimmten Grenzwert annehmen. Da die Regelstrecke als Tiefpaß und die Störungen als weißes Rauschen angenommen wurden, läßt sich die zeitliche Änderung der Dispersion wie folgt beschreiben:

$$D_x(t) = D_0 (1 - e^{-\beta t}) . \tag{6.47}$$

Hierbei sind D_0 die Dispersion der Regelgröße im eingeschwungenen Zustand ohne Regler und β eine Konstante, die gleich der zeitlichen Ableitung der Dispersion zu Beginn des Übergangsprozesses ist. Für einen Tiefpaß mit der Zeitkonstante T_0 gilt (s. Kap. 2):

$$\beta = \frac{2}{T_0} .$$

In der Gl. (6.47) wurde für den Beginn des Übergangsprozesses der Zeitpunkt $t = 0$ angenommen. Für die Entropie der Regelgröße x gilt bei Normalverteilung der Amplitude

$$H(x) = \log_2 \left[\sqrt{2\pi e \frac{D_x}{\delta_x^2}}\right] . \tag{6.48}$$

Dabei ist δ_x der Quantisierungsschritt des Signals x. Offensichtlich wird für den exponentiellen Anstieg der Dispersion der Zuwachs der Entropie der Regelstrecke im eingeschwungenen Zustand maximal, da in diesem Fall der Anstieg der Funktion $D_x(t)$ durch ihre erste Ableitung an der Stelle $t = 0$ bestimmt wird. Dann ergibt sich mit den Gln. (6.43) und (6.46) für die Kanalkapazität der Recheneinrichtung

$$C_{RE} = \frac{H_{z0}}{\tau_z} . \tag{6.49}$$

Dabei ist H_{z0} der Entropiezuwachs der Regelstrecke im eingeschwungenen Zustand.

Der Wert von H_{z0} wird folgendermaßen bestimmt. Die Entropie der Regelstrecke soll am Ende des Taktintervalls im eingeschwungenen Zustand den

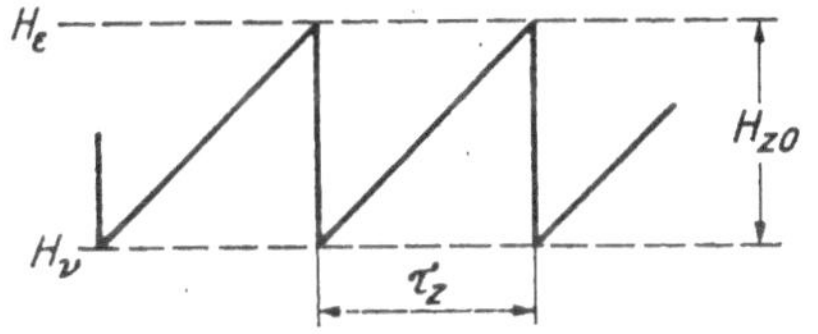

Abb. 6.17

vorgegebenen Wert H_ε nicht überschreiten. Dieser Wert wird durch die geforderte Regelgenauigkeit bestimmt. Zu Beginn des Taktintervalls besitzt die Entropie ihren minimalen Wert H_ν (Abb. 6.17). Dann gilt

$$H_{z0} = H_\varepsilon - H_\nu$$

oder mit Gl. (6.48)

$$H_{z0} = \log_2 \sqrt{\frac{D_\varepsilon}{D_\nu}} . \tag{6.50}$$

Dabei sind D_ε bzw. D_ν die Dispersionswerte zu Beginn bzw. am Ende des Taktintervalls.

Für die Ableitung der Funktion $D_x(t)$ im Zeitpunkt $t = 0$ ergibt sich gemäß Gl. (6.47)

$$D'_x(0) = D_0 \beta .$$

Die Dispersion ändere sich während des Taktintervalls τ_z zeitlich linear. Damit ergeben sich die Beziehungen

$$D_\varepsilon = D_\nu + D_0 \beta \tau_z$$

bzw.

$$D_\nu = D_\varepsilon - D_0 \beta \tau_z . \tag{6.51}$$

Mit Gl. (6.50) ergibt sich dann als Entropiezunahme

$$H_{z0} = \frac{1}{2} \log_2 \frac{D_\varepsilon}{D_\varepsilon - D_0 \beta \tau_z}$$

oder

$$H_{z0} = -\frac{1}{2} \log_2 \left(1 - \frac{D_0}{D_\varepsilon} \beta \tau_z\right)$$

und, mit Gl. (6.49) als Kanalkapazität der Recheneinrichtung,

$$C_{\mathrm{RE}} = -\frac{1}{2\tau_z}\log_2\left(1 - \frac{D_0}{D_\varepsilon}\beta\,\tau_z\right). \tag{6.52}$$

Mit dieser Gleichung kann die erforderliche Kanalkapazität der Recheneinrichtung bestimmt werden, wenn die Regelgenauigkeit in Form des Verhältnisses der Dispersionen D_0 und D_ε vorgegeben ist. Außerdem müssen die Zeitkonstante der Regelstrecke sowie die Länge des Taktintervalls bekannt sein. Die erforderliche Kanalkapazität der Recheneinrichtung wächst in dem Maße, wie sich die Größe $\frac{D_0}{D_\varepsilon}\beta\cdot\tau_z$ an den Wert Eins annähert. Dem Grenzwert $C_{\mathrm{RE}} = \infty$ entspricht

$$\frac{D_0}{D_\varepsilon}\beta\,\tau_z = 1\,.$$

Dabei wird D_ν zu Null [s. Gl. (6.51)]. Das bedeutet, daß der Sollwert der Regelgröße genau eingehalten wird. Es wurde bereits an anderer Stelle (s. Kap. 3) darauf hingewiesen, daß zur Gewährleistung dieser Bedingung eine unendlich große Informationsmenge verarbeitet werden müßte. Diese Grenzbedingung ist dann von Nutzen, wenn die Länge der Taktperiode abgeschätzt werden muß:

$$\tau_z \leqq \frac{D_\varepsilon}{D_0\,\beta}. \tag{6.53}$$

Da das Verhältnis D_ε/D_0 in der Regel sehr klein ist, läßt sich die angegebene Bedingung wegen der begrenzten Rechengeschwindigkeit oft nicht einhalten. Deshalb ist es meist zweckmäßig, den Wert von D_0 zunächst durch eine „Grobregelung" herabzusetzen und in einem zweiten Kanal der Recheneinrichtung die „Feinregelung" vorzunehmen.

Wie bereits festgestellt wurde, erstreckt sich der Übergangsprozeß vom Einschalten des Reglers bis zum Erreichen des eingeschwungenen Zustandes über mehrere Taktperioden. Jedem Takt können bestimmte Entropiewerte zugeordnet werden.

Für die Anfangsentropie der Regelstrecke gilt

$$H_0 = \log_2\left[\sqrt{2\,\pi\,e\,\frac{D_0}{\delta_x^2}}\right] \tag{6.54}$$

und für die Entropie am Ende des Taktes j

$$H_j = \log_2\left[\sqrt{2\,\pi\,e\,\frac{D_j}{\delta_x^2}}\right]. \tag{6.55}$$

Dabei ist D_j die entsprechende Dispersion der Regelgröße. In jedem Takt kann die Recheneinrichtung mit der Kanalkapazität C_{RE}, die durch Gl. (6.49) gegebene Informationsmenge H_{z0} liefern. Der Entropiezuwachs während eines

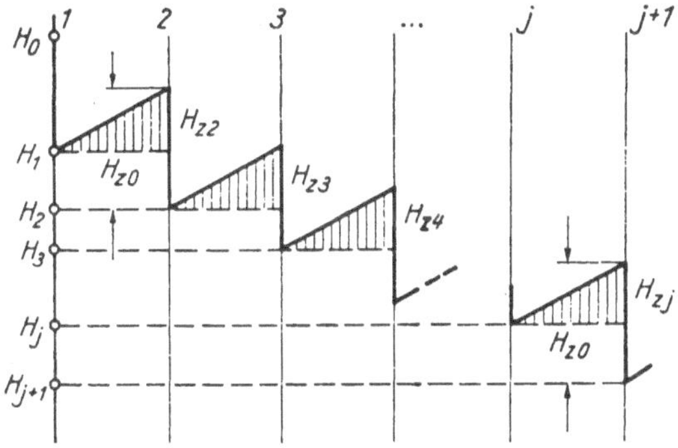

Abb. 6.18

Taktintervalls ist H_{zj}. Dann gilt für die Entropie nach dem Takt j (Abb. 6.18)

$$H_j = H_0 - j\,H_{z0} + \sum_{k=2}^{j} H_{zk}\,.$$

Mit H_0 und H_j aus den Gln. (6.54) und (6.55) folgt

$$\log_2 \sqrt{\frac{D_j}{D_0}} = -\,j\,H_{z0} + \sum_{k=2}^{j} H_{zk}$$

und daraus

$$D_j = D_0 \cdot 2^{-2j\,H_{z0} + 2\sum\limits_{k=2}^{j} H_{zk}}\,. \qquad (6.56)$$

Für die Dispersion bzw. ihre zeitliche Ableitung zu Beginn des Taktes $j + 1$ ergibt die Gl. (6.47)

$$[D'(t)]_{t=t_j} = D_0\,\beta\,e^{-\beta t_j}\,, \qquad D(t_j) = D_0 - D_0\,e^{-\beta t_j}\,.$$

Daraus folgt

$$[D'(t)]_{t=t_j} = \beta\,[D_0 - D(t_j)]\,.$$

Die Zunahme der Dispersion der Regelgröße x während des Taktintervalls beträgt somit (Abb. 6.19)

$$\Delta D_j = \beta\,\tau_z\,(D_0 - D_j)\,.$$

Für die Dispersion am Ende des Taktintervalls ergibt sich somit

$$D_{j+1} = D_j + \Delta D_j = D_j + \beta\,\tau_z\,(D_0 - D_j)$$

mit $D_j = D(t_j)$. Und für den entsprechenden Entropiezuwachs gilt

$$H_{z(j+1)} = \log_2 \sqrt{\frac{D_{j+1}}{D_j}} = \frac{1}{2}\log_2\left(1 + \beta\,\tau_z\,\frac{D_0 - D_j}{D_j}\right). \qquad (6.57)$$

Für die Informationsmenge, die dem System während des Übergangsprozesses insgesamt zugeführt wurde, ergibt sich mit den Gln. (6.41) und (6.44)

$$I_{\text{per}} = H_0 - H_\varepsilon + \sum_{k=2}^{m} H_{zk}$$

oder, bei Benutzung der Gl. (6.48),

$$I_{\text{per}} = \log_2 \sqrt{\frac{D_0}{D_\varepsilon}} + \sum_{k=2}^{m} H_{zk}\,, \tag{6.58}$$

wobei m die Zahl der Takte während des Übergangsprozesses angibt. Mit den Gln. (6.56) und (6.57) läßt sich der Verlauf der Entropie der Regelstrecke während des gesamten Übergangsprozesses berechnen. Die Werte von H_{z0}, τ_z, D_0 und D_ε sind vorgegeben. Mit der Gl. (6.56) folgt für die Dispersion nach dem ersten Takt ($j = 1$):

$$D_1 = D_0\, 2^{-2H_{z0}}\,.$$

Der Entropiezuwachs während des zweiten Taktintervalls beträgt gemäß Gl. (6.57)

$$H_{z2} = \frac{1}{2} \log\left(1 + \beta\,\tau_z\,\frac{D_0 - D_1}{D_1}\right).$$

Daraus ergibt sich wiederum unter Benutzung von Gl. (6.56) die Dispersion nach dem zweiten Takt

$$D_2 = D_0 - 2^{-4H_{z0}+2\cdot H_{z2}}\,.$$

Dann wird mit der Gl. (6.57) der Entropiezuwachs H_{z3} bestimmt usw. Die Rechnung wird solange fortgesetzt, bis $H_{z(j+1)}$ den Wert H_{z0} annimmt. Dann ist der eingeschwungene Zustand erreicht. Die Zahl der Arbeitstakte des Reglers während des Einschwingvorganges des Systems kann ausgezählt werden. Die gesamte, von der Recheneinrichtung während dieses Zeitabschnittes an das System gelieferte Informationsmenge läßt sich mit der Gl. (6.58) bestimmen.

Die automatischen Regelungssysteme des zweiten Typs zeichnen sich dadurch aus, daß während der gesamten Betriebszeit T des Systems nur eine einmalige Regelwirkung auf die Regelstrecke ausgeübt wird. Die erforderliche Kanalkapazität der Recheneinrichtungen für solche Systeme kann folgendermaßen bestimmt werden. Da die einmalig wirkende Stellgröße beliebig genau

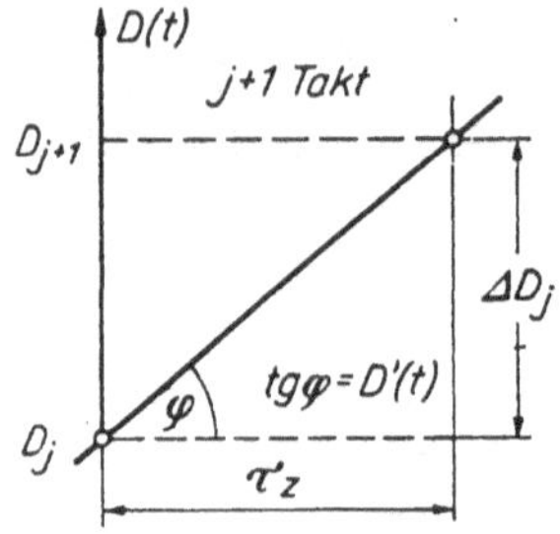

Abb. 6.19

eingestellt werden kann, wird die Regelgenauigkeit nur vom zeitlichen Fehler der Regelwirkung bestimmt. Der zeitliche Fehler kann entweder durch eine Wahrscheinlichkeitsdichteverteilung $p(t)$ oder durch die konstante Größe Δt_0 gegeben sein. Der Zeitpunkt, zu dem das Stellglied betätigt werden soll, ist ebenfalls eine Zufallsgröße, die mit der Wahrscheinlichkeit Eins innerhalb des Intervalls T liegt. Der erste Fall, wenn für den zeitlichen Fehler der Ausgabe des Stellbefehls die Wahrscheinlichkeitsdichteverteilung $p(t)$ vorliegt, entspricht einer kontinuierlichen Nachrichtenquelle mit begrenzter Beobachtungsgenauigkeit. Die Unbestimmtheit ihres Zustandes wird im allgemeinen durch die sogenannte Epsilon-Entropie beschrieben (s. § 17).

Für den Fall der Normalverteilung des Sollzeitpunktes und des zeitlichen Fehlers der Regeleinrichtung wird dieser Entropiewert durch die folgende Formel bestimmt:

$$H_{\Delta t} = \log_2 \frac{\sigma_T}{\sigma_{\Delta t}}. \tag{6.59}$$

Hierbei sind σ_T die Standardabweichung des Sollwertes und $\sigma_{\Delta t}$ der quadratische Mittelwert des Fehlers der Regeleinrichtung.

Der zweite Fall, wenn der Fehler durch den Maximalwert Δt_0 begrenzt ist, entspricht einer diskreten Nachrichtenquelle mit n_t Quantisierungsstufen (Abb. 6.20). Im vorliegenden Fall gilt

$$n_t = \frac{T}{\Delta t_0}.$$

Liegt für den Sollzeitpunkt wieder eine Normalverteilung vor, ergibt sich als Entropie

$$H_{\Delta t} = \log_2 \left[\sqrt{2\pi e} \cdot \frac{\sigma_T}{\Delta t_0}\right]. \tag{6.60}$$

Sowohl im ersten als auch im zweiten Fall wird mit der Ausführung des Stellbefehls zu einem gewissen Zeitpunkt die Unbestimmtheit des Systems vermindert, indem ihm eine Informationsmenge zugeführt wird, die gleich der Entropie gemäß den Gln. (6.59) bzw. (6.60) ist. Da der Zeitpunkt, zu dem der Stellbefehl ausgegeben werden soll, a priori unbekannt ist, muß die Recheneinrichtung zu jedem beliebigen Zeitpunkt innerhalb des Zeitintervalls T ausgabebereit sein. Das bedeutet, daß die Länge τ_z einer Taktperiode der Recheneinrichtung bei zeitdiskreter Ausgabe im ersten Fall nicht größer als $6\,\sigma_{\Delta t}$ und im zweiten Fall nicht größer als Δt_0 sein soll. Die erforderliche Kanalkapazität der Recheneinrichtung wird durch

$$C_{\mathrm{RE}} = \frac{H_{\Delta t}}{\tau_z} \tag{6.61}$$

bestimmt. $H_{\Delta t}$ wird dabei entweder nach Gl. (6.59) oder Gl. (6.60) berechnet.

Die oben abgeleiteten Gleichungen für die erforderliche Kanalkapazität der Recheneinrichtungen bestimmen die erforderliche Rechengeschwindigkeit lediglich für optimal codierte Eingangsdaten. Das bedeutet, daß nur die Zustände des Rechners in Betracht gezogen werden, die der unmittelbaren Informationsverarbeitung dienen.

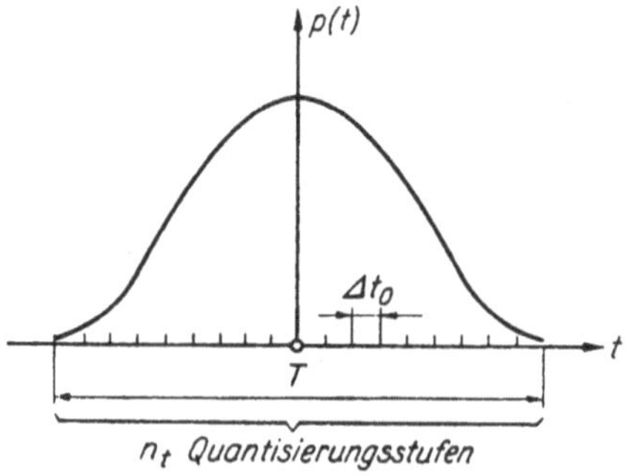

Abb. 6.20

Es sei nun ein einfaches Beispiel betrachtet. In einem automatischen Regelungssystem des zweiten Typs soll die zeitliche Genauigkeit der Ausgabe des Stellbefehls auf das Doppelte erhöht werden. Mit $\Delta t_{02} = 0{,}5\,\Delta t_{01}$ ergibt sich eine Entropieerhöhung von

$$\Delta H_{\Delta t} = \log_2 \frac{\Delta t_{01}}{\Delta t_{02}} = 1 \text{ bit.}$$

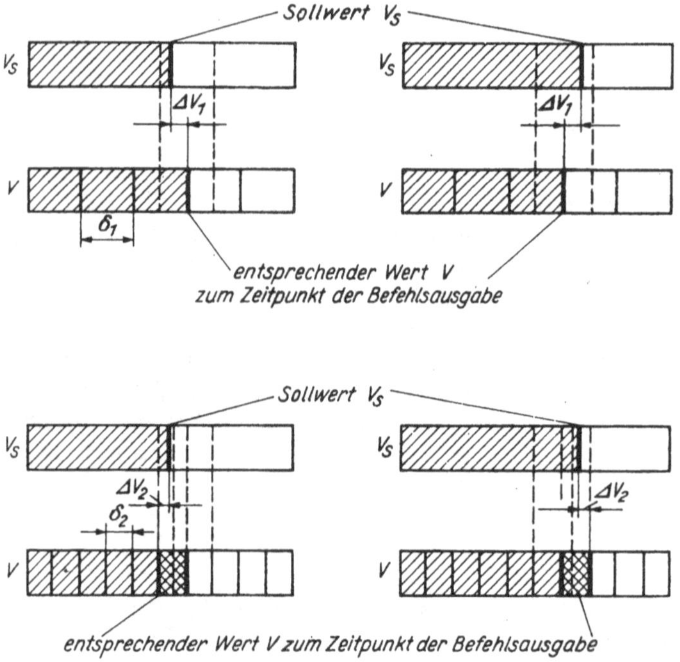

Abb. 6.21

Das bedeutet, daß die Genauigkeit der Recheneinrichtung um eine Binärstelle, also ebenfalls auf das Doppelte erhöht werden muß.

Im ursprünglichen System wird der Stellbefehl zu dem Zeitpunkt ausgegeben, in dem die Regelgröße V mit einer gewissen Genauigkeit den Sollwert V_s erreicht. Der zeitliche Fehler Δt_{01} der Ausgabe des Stellbefehls wird durch den Fehler ΔV_1 bei der Auswertung der Größe V bestimmt. Die Vergleichseinrichtung besteht aus zwei Skalen V_s und V (s. Abb. 6.21a), von denen die eine den Sollwert der Regelgröße und die andere die berechneten Werte der Regelgröße enthält. Die berechneten Werte sind diskret in Quantisierungsstufen der Breite δ_1 aufgetragen. Der maximale Fehler ΔV_1 beim Vergleich der beiden Skalen beträgt $\delta_1/2$. Zur Erhöhung der zeitlichen Genauigkeit der Ausgabe des Stellbefehls auf das Doppelte ist es erforderlich, den maximalen Amplitudenfehler beim Vergleich von V mit V_s auf die Hälfte herabzusetzen. Das läßt sich erreichen, indem die Breite der Quantisierungsstufen auf $\delta_2 = \delta_1/2$ vermindert wird (Abb. 6.21b). Das entspricht einer Verdoppelung der Amplitudenstufenzahl bzw. einer zusätzlichen informationstragenden Binärstelle bei der Verwendung von Digitalrechnern. Außerdem müssen genauere Meßeinrichtungen verwendet werden.

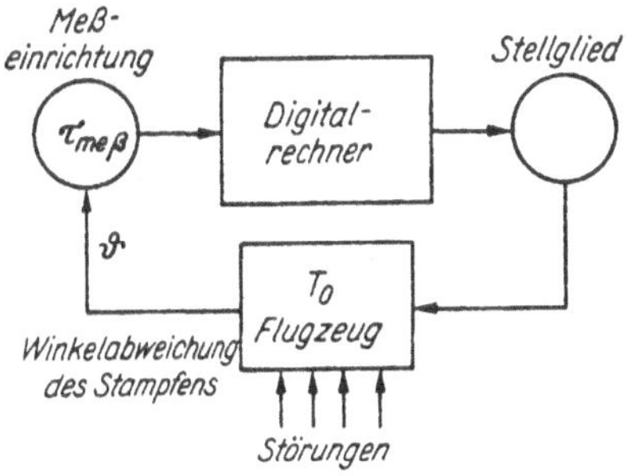

Abb. 6.22

Beispiel 6.2. Zur Stabilisierung der Stampfschwingungen eines Flugzeuges soll ein Autopilot mit einem Digitalrechner eingesetzt werden. Das vereinfachte Blockschaltbild für das Stabilisierungssystem ist in Abb. 6.22 gezeigt [23].

Bei der Auftrennung des Regelkreises wächst die Dispersion der Stampfschwingung gemäß Gl. (6.47) infolge der Wirkung von Störgrößen exponentiell mit der Zeit an. Es sollen die erforderlichen Kanalkapazität des Rechners sowie die informationstheoretischen Größen des Übergangsprozesses nach dem Einschalten des Autopiloten bestimmt werden, wenn folgende Daten vorgegeben sind:

a) Der quadratische Mittelwert der Stampfschwingung bei abgeschaltetem Autopilot sei gleich $\sigma_0 = 5°$.
b) Der mittlere quadratische Fehler der Stabilisierung sei gleich $\sigma_\varepsilon = 20'$.
c) Die Zeitkonstante des Flugzeuges betrage $T_0 = 0{,}5$ s

$$\left(\beta = \frac{1}{T_0} = 2\ \mathrm{s}^{-1}\right).$$

d) Zur Meßwerterfassung sei die Zeit

$$\tau_{\text{meß}} = 0{,}015 \text{ s}$$

erforderlich.

Lösung:

1. Zunächst soll das maximal zulässige Taktintervall τ_z der im Einkanalbetrieb arbeitenden Recheneinrichtung abgeschätzt werden. Gemäß Gl. (6.53) gilt

$$\tau_z \leqq \frac{\sigma_\varepsilon^2}{\sigma_0^2 \cdot \beta} = \frac{1}{9 \cdot 25 \cdot 2} \text{ s} = 0{,}0022 \text{ s} .$$

Dieser Wert ist jedoch wesentlich kleiner als die zur Meßwerterfassung benötigte Zeit. Deshalb müssen zwei Rechnerkanäle vorgesehen werden, von denen der eine die Grobstabilisierung und der andere die Feinstabilisierung besorgt.

2. Die Kanalkapazität beider Kanäle sei gleichgroß. Dann werden gemäß Gl. (6.52) auch die Grenzwerte des Dispersionsverhältnisses für beide Kanäle gleich sein. Das ist gewährleistet, wenn die Dispersion der Stampfschwingung durch die Grobstabilisierung zunächst von $D_0 = 25$ Grad² auf $D_{0\,T} = 1{,}67$ Grad² herabgesetzt wird. Dann gilt gerade

$$\frac{D_{0\,T}}{D_0} = \frac{1}{15}, \qquad \frac{D_\varepsilon}{D_{0\,T}} = \frac{1}{15} .$$

3. Der maximale Wert von τ_z für beide Kanäle wird wieder mittels Gl. (6.53) bestimmt:

$$\tau_z \leqq \frac{D_\varepsilon}{D_{0\,T}\,\beta} = \frac{1}{30} \text{ s} \approx 0{,}033 \text{ s} .$$

Es wird der Wert $\tau_z = 0{,}02$ gewählt. Er erfüllt die Betriebsbedingungen der Meßeinrichtung.

4. Gemäß Gl. (6.52) ergibt sich für die erforderliche Kanalkapazität

$$C_{\text{RE}} = -\frac{1}{2\,\tau_z} \log_2 \left(1 - \frac{D_{0\,T}}{D_\varepsilon} 3\,\tau_z\right) = -25 \log_2 (1 - 15 \cdot 2 \cdot 0{,}02) \text{ s}^{-1} = 33 \frac{\text{bit}}{\text{s}} .$$

Als Entropiezuwachs während einer Taktperiode des eingeschwungenen Zustandes ergibt sich aus Gl. (6.49)

$$H_{z0} = C_{\text{RE}} \cdot \tau_z = 0{,}66 \text{ bit} .$$

5. Nun werden die informationstheoretischen Kenngrößen des Einschwingvorganges für den Kanal zur Feinstabilisierung berechnet. Es werde nur die erste Taktperiode betrachtet. Aus den Gln. (6.56) und (6.57) folgt

$$D_{1\,T} = D_{0\,T} \cdot 2^{-H_{z0} \cdot 2} = 1{,}67 \cdot 2^{-1{,}32} = 0{,}67 \text{ Grad}^2 ,$$

$$H_{z2} = \frac{1}{2} \log_2 \left(1 + \beta \tau_z \frac{D_{0\,T} - D_{1\,T}}{D_{1\,T}}\right) = \frac{1}{2} \log_2 \left(1 + \frac{0{,}04}{0{,}67}\right) = 0{,}04 \text{ bit} .$$

Die Resultate für die weiteren Takte können der Tabelle 42 entnommen werden. Nach dem sechsten Takt ist praktisch der eingeschwungene Zustand erreicht, da sich der Entropiezuwachs $H_{z7} = 0{,}61$ bit nur noch um 0,05 bit vom Wert H_{z0} unterscheidet. Abb. 6.23 zeigt eine grafische Darstellung der Entropieänderungen während des Übergangsprozesses. Die Informationsmenge, die dem System über den Kanal zur Feinstabilisierung während des Übergangsprozesses insgesamt zugeführt wurde, berechnet

Tabelle 42

Takt j	Dispersionswerte D_{jT}, Grad²	Entropiezuwachs während des Taktintervalls $H_{z(j+1)}$, bit
1	0,67	0,04
2	0,28	0,13
3	0,14	0,27
4	0,074	0,45
5	0,06	0,52
6	0,049	0,61

sich aus Gl. (6.58) zu

$$I_{\text{per}} = \log_2 \sqrt{\frac{D_{0\,T}}{D_\varepsilon}} + \sum_{k=2}^{7} H_{zk} =$$
$$= \frac{1}{2} \log_2 15 + 0{,}04 + 0{,}13 + 0{,}27 + 0{,}45 + 0{,}52 + 0{,}61 = 3{,}98 \text{ bit}.$$

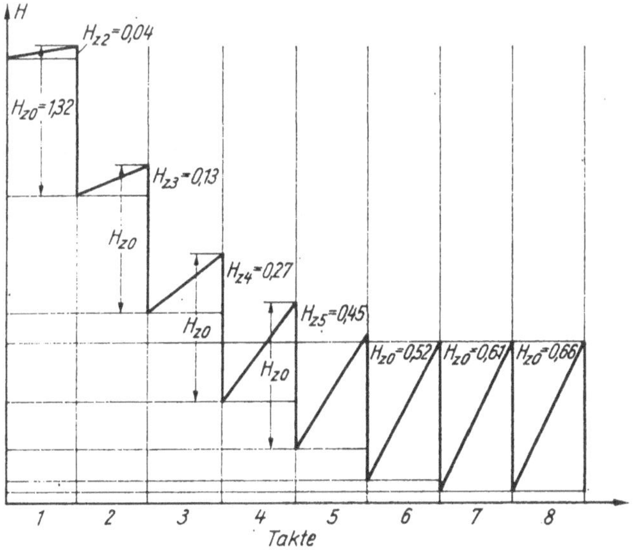

Abb. 6.23

§ 33. Ein informationstheoretisches Kriterium der Effektivität von für Regelungssysteme entworfenen Rechenprogrammen

Recheneinrichtungen, die in automatischen Systemen eingesetzt werden sollen, müssen so projektiert werden, daß die zeitliche Verzögerung der Signale im Regler minimal wird. Deshalb spielt der Zeitfaktor in den Recheneinrichtungen automatischer Systeme eine wichtige Rolle. Das unterscheidet diese

Anlagen wesentlich von den Recheneinrichtungen, die für Forschungszwecke vorgesehen sind. Für Regelungsaufgaben sind stets die Programme optimal, mit denen die Aufgabe in minimaler Rechenzeit gelöst werden kann.

Eine weitere Besonderheit der Recheneinrichtungen automatischer Systeme ist ihre hohe Spezialisierung. Die Maschine hat nur bestimmte Aufgaben bei einer endlichen Menge von Eingangsdaten zu lösen. Die Resultate werden dann ebenfalls Elemente einer endlichen Menge von Zahlen sein, die von der Gesamtheit aller möglichen Zustände des Systems gebildet werden. Es dürfte also zweckmäßig sein, Kriterien für die Effektivität der Programmierung von Regelungsaufgaben auszuarbeiten. Ein solches Kriterium könnte als Maß für die Güte des Systemkonzepts dienen und würde vergleichende Abschätzungen verschiedener Varianten zur Auswahl der optimalen Lösung ermöglichen. Dabei ergeben sich jedoch einige Schwierigkeiten. Zum einen sind die Regelungsaufgaben von sehr verschiedener Art. Ihre Lösung wird zudem von einer Vielzahl von Faktoren beeinflußt. Es ist deshalb kaum zu erwarten, daß entsprechende Kriterien in nächster Zeit gefunden werden. Der informationstheoretische Zugang kann jedoch Wege zur Lösung aufzeigen, zunächst allerdings nur in ganz allgemeiner Hinsicht.

Es sei eine digitale Recheneinrichtung, die bei der Lösung der Regelungsaufgabe eine Informationsmenge von I bit ausgibt und mit der Taktperiode τ_z arbeitet, betrachtet. Die Leistungsfähigkeit der Recheneinrichtung werde durch die Rechengeschwindigkeit r für eine Elementaroperation sowie durch die Kapazität ihres Speichers charakterisiert. Wenn während eines Taktintervalls S Elementaroperationen durchgeführt werden, gilt die Beziehung

$$\tau_z = \frac{S}{r} . \qquad (6.62)$$

Zur Lösung der Regelungsaufgabe seien S Operationen notwendig, wobei für jede Operation im Mittel L bit aufgewendet werden müssen. Dann ist die Länge der Aufgabe in Binäreinheiten gleich

$$L_0 = S\, L . \qquad (6.63)$$

Die Größe L wird auf folgende Weise bestimmt:

$$L = \log_2 M_0 . \qquad (6.64)$$

Dabei ist M_0 die Zahl aller möglichen Zustände des Systems während einer Operation.

Als Maß der Effektivität der Programmierung diene die Größe η_H. Sie ist gleich dem Verhältnis der Informationsmenge I, die die Recheneinrichtung während einer Taktperiode ausgibt, zur Gesamt„dauer“ L_0 des Regelungsprozesses [15]:

$$\eta_H = \frac{I}{L_0} .$$

Mit Hilfe der Beziehungen (6.63) und (6.64) folgt

$$\eta_H = \frac{I}{S \log_2 M_0} . \tag{6.65}$$

Die Größe η_H charakterisiert den Aufwand an Operationen zur Lösung der Regelungsaufgabe und den Grad der Benutzung des Speichers. Je größer η_H ist, um so kleiner wird der Wert S und damit auch die durch die Gl. (6.62) bestimmte Länge der Taktperiode. Außerdem wird die Zahl der erforderlichen Speicherplätze um so geringer sein, je kleiner die Zahl der möglichen Zustände der Maschine während eines Taktes ist. Im Grenzfall, wenn die gesamte Aufgabe während eines Taktes durch eine einzige Elementaroperation gelöst wird, ist die Zahl der dafür erforderlichen Binäreinheiten gleich der Informationsmenge I. Dabei wird die Größe η_H gleich Eins.

Das Kriterium für die Effektivität der Programmierung in Recheneinrichtungen automatischer Systeme ist also, daß die Größe η_H ihr Maximum erreicht.

Es ist bekannt, daß die Programmierung von einfachsten Aufgaben für Ziffernrechenautomaten herkömmlicher Konstruktion bereits zu einer bedeutenden Zahl von Zwischenoperationen führt. Deshalb ist die Größe S in der Gl. (6.65) stets relativ groß, wodurch η_H einen kleinen Wert annimmt. Außerdem ist die „Dauer" einer Operation L in vielen Fällen wesentlich größer als die Informationsmenge I.

Als anschauliches Beispiel sei die Addition in einem Ziffernrechenautomaten angeführt. Wenn zwei N-stellige Binärzahlen gegeben sind, von denen jede 2^N verschiedene Werte annehmen kann, kann ihre Summe insgesamt

$$M_2 = 2^N \cdot 2^N = 2^{2N}$$

Werte ergeben. Für die mittlere Dauer des Additionsvorganges ergibt sich somit

$$L = \log_2 M_2 = 2N .$$

Die entsprechende Informationsmenge wird jedoch nicht von allen M_2 Werten des Ergebnisses bestimmt, da sich die Werte zum Teil wiederholen. Die gesamte Zahl der sich nicht wiederholenden (alternativen) Werte der Summe wird durch

$$\widetilde{M}_2 = 2^{N+1} - 1$$

bestimmt, da die Summation aller 2^N Werte der ersten Zahl mit einem bestimmten Wert der zweiten Zahl 2^N Summen ergibt, während die restlichen $2^N - 1$ Werte der zweiten Zahl jeweils nur eine zusätzliche neue Kombination ergeben.

Die Informationsmenge, die durch die Operation geliefert wird, ist somit

$$I = \log_2 \widetilde{M}_2 = \log_2 (2^{N+1} - 1) . \tag{6.66}$$

Das Verhältnis I/L nähert sich für große N dem Wert 1/2:

$$\frac{I}{L} = \frac{\log_2 (2^{N+1} - 1)}{2\,N} \approx \frac{N+1}{2\,N}.$$

Bei der Addition von Q N-stelligen Binärzahlen wird die Menge aller möglichen Summen gleich

$$M_Q = 2^{QN}$$

und folglich

$$L = \log_2 M_Q = Q\,N\,. \tag{6.67}$$

Es läßt sich leicht verifizieren, daß die Gesamtzahl der verschiedenen (alternativen) Summen durch folgende Beziehung bestimmt wird:

$$\tilde{M}_Q = 2^N + (Q-1)\,(2^N - 1)\,. \tag{6.67a}$$

Für die entsprechende Informationsmenge gilt dann

$$I = \log_2 \tilde{M}_Q = \log_2 [Q\,(2^N - 1) + 1]\,. \tag{6.68}$$

In der Tab. 43 ist die Abhängigkeit des Verhältnisses I/L von der Stellenzahl und von der Zahl der Summanden dargestellt. Aus dieser Tabelle geht hervor, daß sich bei der Programmierung nach dem Kriterium der maximalen Effektivität ein Gewinn an Arbeitsgeschwindigkeit ergibt.

Tabelle 43

Q	N								
	2	3	4	5	6	8	10	12	14
2	0,70	0,65	0,62	0,60	0,58	0,56	0,55	0,54	0,535
3	0,50	0,48	0,46	0,44	0,42	0,40	0,39	0,38	0,37
4	0,43	0,40	0,37	0,35	0,33	0,31	0,30	0,29	0,25
10	0,243	0,203	0,180	0,165	0,155	0,141	0,133	0,128	0,123

Die Dauer für die Addition zweier 10-stelliger Binärzahlen möge z. B. $\tau_a = 10^{-3}$s betragen. Die Zeiten, die zum Speichern der Zahlen und zur Ausgabe des Resultates erforderlich sind, sollen so klein sein, daß sie vernachlässigt werden können. Bei einer gewöhnlichen Addition von $Q = 10$ Zahlen ergibt sich für die geforderte mittlere Rechengeschwindigkeit unter Berücksichtigung der Gl. (6.67) der Ausdruck

$$L' = \frac{L}{Q \cdot \tau_a} = \frac{Q \cdot N}{Q \cdot \tau_a} = \frac{N}{\tau_a}$$

oder

$$L' = \frac{10}{10^{-3}} \frac{\text{bit}}{\text{s}} = 10000 \text{ bit/s}\,.$$

Wenn nun ein Rechenprogramm verwendet wird, bei dem die einmal berechneten Summenwerte gespeichert wurden, so daß sie nur durch einen speziellen

Befehl von den entsprechenden Speicherplätzen abgerufen werden brauchen, so ergibt sich für die erforderliche mittlere Rechengeschwindigkeit

$$I' = \frac{I}{Q \tau_a}$$

oder, unter Berücksichtigung der Gl. (6.68),

$$I' = \frac{\log_2 [Q (2^N - 1) + 1]}{Q \tau_a} .$$

Durch Einsetzen der entsprechenden Zahlen erhalten wir

$$I' = 1332 \text{ bit/s} .$$

Im letzteren Fall kann also eine Maschine mit geringer Arbeitsgeschwindigkeit für das gleiche Ergebnis verwendet werden.

Es ist leicht zu sehen, daß das Verhältnis I'/L' gleich I/L ist und gemäß Tab. 43 den Wert 0,133 ergibt.

Im allgemeinen durften sich in vielen Fällen durch die Verwendung optimaler Rechenprogramme sowohl die erforderliche Rechengeschwindigkeit als auch die Zahl der benötigten Speicher reduzieren lassen. Anhand optimaler Rechenprogramme können somit verhältnismäßig einfache Recheneinrichtungen für automatische Systeme konstruiert werden.

Bei der Lösung von komplizierten Aufgaben ist jedoch die Zahl der erforderlichen Rechenoperationen auch bei optimaler Programmierung verhältnismäßig groß. η_H bleibt damit ziemlich klein. Die Verwendung von Arbeitsprinzipien von Universalrechenautomaten ermöglicht keine wesentliche Erhöhung der Kenngröße η_H. Offensichtlich muß bei der Konstruktion solcher Recheneinrichtungen nach anderen Wegen gesucht werden. In vielen Fällen ist es günstig, als Recheneinrichtungen in automatischen Systemen Rechner vom Kommando-Typ zu benutzen. In solchen Rechnern werden überhaupt keine Rechnungen mehr durchgeführt, sondern nur die im voraus berechneten Resultate durch einen von den Eingangssignalen formierten Befehl von den entsprechenden Speicherplätzen abgerufen. Solche Automaten bestehen im wesentlichen aus Kombinationen von Binärzählern und Diodenmatrizen.

Zur Veranschaulichung der Leistungsfähigkeit solcher Rechner sei eine Recheneinrichtung, die das im Kapitel 2 beschriebene Regelungsproblem in kürzester Zeit löst, betrachtet.

Sie soll ein Rechenergebnis nach folgender Gleichung ausgeben:

$$w = 2\,x\,[B - A \operatorname{sign} y] + y^2 \operatorname{sign} y .$$

Dabei sind x und y die Eingangsgrößen und A sowie B konstante Koeffizienten. Mit den Summanden z_1 und z_2 lautet die Formel $w = z_1 + z_2$. Da x und y begrenzt und quantisiert sind, können alle möglichen Werte dieser Größen sowie die entsprechenden Werte von z_1 und z_2 angegeben werden. Die verschiedenen Werte von z_1 und z_2 seien durch vorangegangene Berechnungen bereits ermittelt.

Tabelle 44

z_1	1	2	2	3	4	4	5	6	8	10	15	20
z_2	3	4	6	6	8	9	12	12	12	16	18	24

Für ein einfaches Beispiel sind diese Werte in Tabelle 44 angegeben. Die verschiedenen Resultate w der Addition können dann ebenfalls als eine Menge von Zahlen angegeben werden. Jede dieser Zahlen entspricht dabei einer bestimmten Kombination der Werte von z_1 und z_2. In unserem Beispiel ergeben sich 144 Werte für das Resultat (s. Tabelle 45).

Tabelle 45

z_2	z_1											
	1	2	2	3	4	4	5	6	8	10	15	20
3	4	5	5	6	7	7	8	9	11	13	18	23
4	5	6	6	7	8	8	9	10	12	14	19	24
6	7	8	8	9	10	10	11	12	14	16	21	26
6	7	8	8	9	10	10	11	12	14	16	21	26
8	9	10	10	11	12	12	13	14	16	18	23	28
9	10	11	11	12	13	13	14	15	17	19	24	29
12	13	14	14	15	16	16	17	18	20	22	27	32
12	13	14	14	15	16	16	17	18	20	22	27	32
12	13	14	14	15	16	16	17	18	20	22	27	32
16	17	18	18	19	20	20	21	22	24	26	31	36
18	19	20	20	21	22	22	23	24	26	28	33	38
24	25	26	26	27	28	28	29	30	32	34	39	44

Alle Werte von w sind im Speicher der Recheneinrichtung enthalten. Je nach der am Eingang vorhandenen Kombination der Größen x und y (und folglich auch von z_1 und z_2) wird durch die Befehlseinrichtung der Inhalt der entsprechenden Speicherzelle durch eine einzige Operation als Resultat ausgegeben (Abb. 6.24).

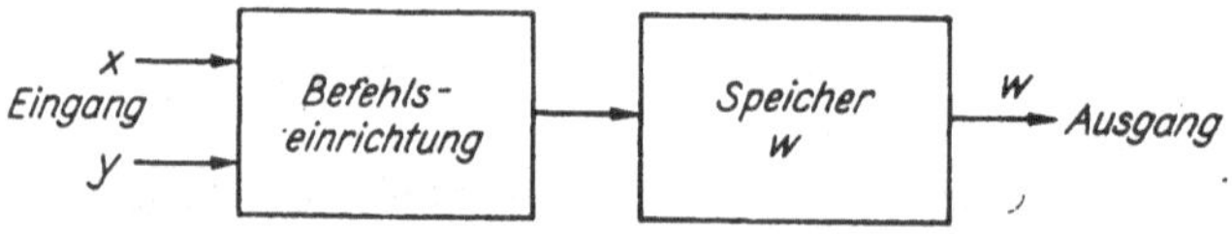

Abb. 6.24

Die Recheneinrichtung besteht aus den Binärzählern (Abb. 6.25a) zur Eingabe der Zahlen z_1 und z_2 im Binärcode, der Diodenmatrix und der Speichereinheit.

Die Stufenzahl der Binärzähler ist gleich der Stellenzahl des Binärcodes, der zur Darstellung der Zahlen z_1 und z_2 verwendet wird. Die Zeilenzahl der

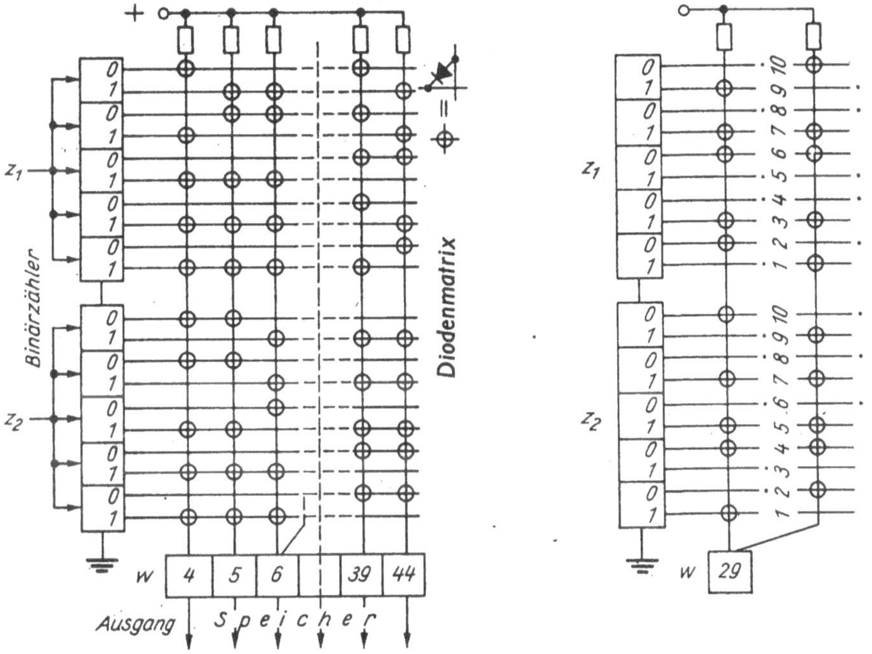

a) b)

Abb. 6.25

Diodenmatrix ist gleich der doppelten Zahl der Binärstufen, da jede Binärstufe zwei Ausgänge besitzt (0 und 1). Jede der Spalten der Diodenmatrix entspricht einer bestimmten Zahl w und ist mit der entsprechenden Speicherzelle verbunden. Die Zeilen und Spalten sind an bestimmten Punkten durch Dioden verbunden.

Die Wirkungsweise der Einrichtung sei anhand der Ausgabe des Wertes $w = 29$ (Abb. 6.25b) betrachtet. Aus der Tab. 45 ist zu entnehmen, daß diesem Wert zwei verschiedene Wertepaare z_1 und z_2 entsprechen:

$$z_1 = 20;\ z_2 = 9 \quad \text{bzw.} \quad z_1 = 5;\ z_2 = 24$$

oder im Binärcode

$$z_1 = 10100;\ z_2 = 01001 \quad \text{bzw.} \quad z_1 = 00101;\ z_2 = 11000\,.$$

Die einzelnen Binärstufen arbeiten als Schalter: Wenn am Ausgang der Binärstufe das Signal 1 erscheint, wird die entsprechende Zeile der Matrix mit der Bezeichnung 1 auf Masse geschaltet, während beim Ausgangssignal 0 die Zeile 0 Massepotential erhält. Wenn der obere Zähler die Zahl $Z_1 = 10100$ enthält, werden demnach die Zeilen mit den Nummerierungen 1, 4, 5, 8, 10 auf Masse geschaltet, wobei die Zählung von unten nach oben erfolgt. Die entsprechenden Zeilen sind in Abb. 6.25b durch Punkte gekennzeichnet. Ganz analog werden durch die Zahl $z_2 = 01001$ im unteren Zähler die Zeilen 2, 3, 6, 8, 9 (ebenfalls durch Punkte bezeichnet) auf Masse geschaltet. Alle übrigen Zeilen behalten positives Potential. Wenn nur diese Zeilen über Dioden mit der vertikalen Leitung verbunden werden, wirkt die positive Spannung auf die Speicherzelle 29, wodurch der Inhalt dieser Speicherzelle als Resultat ausgegeben wird. Jede Änderung der Werte z_1 und z_2 führt zu einem Masseschluß der vertikalen Leitung und somit zum Verschwinden der positiven Spannung an der Speicherzelle. Wenn z. B. die erste Binärstelle der Zahl z_1 geändert wird, erhält die Zeile 2 und über die Diodenverbindung auch die vertikale Leitung Massepotential. Die zweite vertikale Leitung, die ebenfalls auf die Speicherzelle 29 führt, entspricht der zweiten möglichen Kombination von z_1 un z_2, die ebenfalls das Resultat 29 ergibt. In Abb. 6.25 b ist gezeigt, daß diese Leitung nach dem bereits beschriebenen Prinzip mit den Zeilen der Matrix verbunden ist.

Somit können nur durch die beiden vorgegebenen Code-Kombinationen an den Ausgängen der Binärzähler Spannungsimpulse auf die Speicherzelle mit dem Wert 29 gelangen.

Aus der Tab. 45 kann entnommen werden, daß sich eine Reihe von Werten der Größe w wiederholt. Die Speichereinheit kann so aufgebaut werden, daß sie weniger Speicherzellen als vertikale Leitungen enthält. In unserem Beispiel ist die Spaltenzahl der Diodenmatrix gleich 144, während nur insgesamt 35 Speicherzellen benötigt werden (für die Zahlen 4 bis 34 sowie für 36, 38, 39, 44).

Die Struktur der Recheneinrichtungen vom Kommando-Typ ist also weitgehend unabhängig von der Art der jeweils zu lösenden Regelungsaufgabe. Die Verwendung von gesteuerten Diodenmatrizen, deren Arbeitsprogramm in Abhängigkeit von den Eingangssignalen geändert werden kann, eröffnet zusätzliche Möglichkeiten für den Entwurf von geeigneten Recheneinrichtungen in verhältnismäßig einfachen Regelungssystemen.

§ 34. Ein optimaler Algorithmus zur Fehlersuche durch ein automatisches Überwachungssystem

Bei der Projektierung von Systemen mit hoher Betriebssicherheit werden oft Reserveelemente vorgesehen, die im Störungsfall während des Betriebes automatisch gegen die entsprechenden ausgefallenen Elemente ausgetauscht werden können. Da der Austausch in möglichst kurzer Zeit erfolgen muß, ist es erforderlich, das ausgefallene Element möglichst schnell ausfindig zu machen.

Das Funktionsschema eines Systems mit automatischer Fehlersuche und automatischem Austausch von Elementen ist in Abb. 6.26 dargestellt.

Durch ein automatisches Überwachungssystem wird ständig eine bestimmte Zahl von Parametern x_i des zu kontrollierenden Objektes überprüft. Bei der Überprüfung werden die gestörten Elemente des Objektes gefunden. Durch einen Befehl an die Umschaltvorrichtung erfolgt der Austausch des ausgefallenen Elementes durch ein Reserveelement. Im folgenden seien einige grundsätzliche Probleme aufgezählt, die beim Entwurf solcher Systeme auftreten. Folgende Forderungen sollen an das System gestellt werden:

Erstens muß das automatische Überwachungssystem die Fehlersuche zielgerichtet nach einem definierten Algorithmus vornehmen.

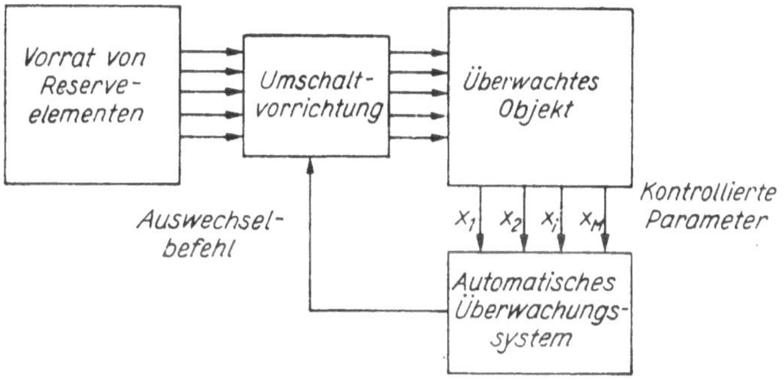

Abb. 6.26

Zweitens soll der verwendete Algorithmus in einem bestimmten Sinne optimal sein, damit die Funktionsweise des Systems gewissen Gütekriterien genügt.

Drittens soll die Zahl der kontrollierten Parameter einen gewissen Wert nicht überschreiten. Dieser Wert hängt ab von der Zahl der zu erwartenden Ausfälle.

Es sei ein Objekt zu überwachen, das aus N Elementen besteht. Jedes dieser Elemente besitzt eine bestimmte Zuverlässigkeit. Die Ursache für den Ausfall des Objektes bestehe stets darin, daß ein einziges der N Elemente funktionsuntüchtig ist. Ein Ereignis sei der Ausfall eines Elementes. Die Ereignisse sollen als voneinander unabhängig betrachtet werden. Ferner sei angenommen, daß die Wahrscheinlichkeit dafür, daß das Element j den Ausfall des Objektes verursacht hat, durch P_j gegeben ist. Für die Wahrscheinlichkeiten P_j gilt dann die Bedingung

$$\sum_{j=1}^{N} P_j = 1 .$$

Die Entdeckung der Störung kann durch Überprüfung von m Parametern erfolgen, die für den Zustand des Objektes charakteristisch sind.

Wenn der überprüfte Parameter seinen Nennwert besitzt (innerhalb bestimmter Toleranzen), erhält das Prüfungsergebnis das Zeichen 1. Bei wesentlichen Abweichungen des Parameters vom Nennwert wird das Ergebnis der Überprüfung durch das Zeichen 0 angegeben. Die Abhängigkeiten der Parameter von den Zuständen der Elemente (intakt oder defekt) seien bekannt. Sie können durch theoretische Analyse oder experimentell ermittelt werden, indem künstliche Störungen in ein Modell des Objektes eingebracht und dabei die einzelnen Parameter gemessen werden. Bei einer Störung des k-ten Elementes wird eine gewisse Zahl l der Parameter den Wert 0 annehmen, während die restlichen $m - l$ Parameter den Wert 1 behalten. Es muß eine solche Menge m von Parametern vorgesehen werden, daß Wiederholungen von Wertekombinationen beim Ausfall unterschiedlicher Elemente vermieden werden. Als Er-

Tabelle 46

Kontrollierte Parameter	Störungen und ihre Wahrscheinlichkeiten										
	n_1	n_2	n_3	n_4	n_5	....	n_j	....	n_{N-1}	n_N
	P_1	P_2	P_3	P_4	P_5	....	P_j	....	P_{N-1}	P_N
x_1	1	0	1	1	1	...	0	...	1	0
x_2	1	1	1	0	0	...	0	...	1	1
x_3	0	0	0	0	1	...	0	...	1	1
x_4	1	1	0	0	1	...	1	...	1	0
x_5	1	0	1	0	0	...	0	...	0	1
.	.	.	.	.	.	...	.		.	.
.	.	.	.	.	.	...	.		.	.
.	.	.	.	.	.	...	.		.	.
x_i	1	1	1	0	1	...	1	...	1	0
.	.	.	.	.	.	...	.		.	.
.	.	.	.	.	.	...	.		.	.
.	.	.	.	.	.	...	.		.	.
x_m	0	0	1	1	1	...	1	...	1	1

gebnis der vorbereitenden Analyse wird eine Störungstabelle (Tab. 46) aufgestellt, in der die Werte der zu kontrollierenden Parameter x_i für alle möglichen Störungen n_j verzeichnet sind. Außerdem sind die Wahrscheinlichkeiten P_j für die einzelnen Störungen angegeben.

Da bei der Überprüfung der Parameterwerte zwei Ergebnisse möglich sind (0 oder 1), kann auf das Vorhandensein dieser oder jener Störung im allgemeinen nur mit einer gewissen Wahrscheinlichkeit geschlossen werden. Die Wahrscheinlichkeit, mit der der Parameter x_i den Wert 1 annimmt, wird mit

$$P_{i1} = \sum_{j \to 1} P_j \tag{6.69}$$

bezeichnet. Das Symbol $j \to 1$ bedeutet, daß nur diejenigen Wahrscheinlichkeiten P_j addiert werden, zu denen Ereignisse gehören, für die x_i gilt.

Die Wahrscheinlichkeit dafür, daß die Überprüfung des Parameters x_i das Ergebnis 0 liefert, ist offensichtlich gleich

$$P_{i0} = 1 - \sum_{j \to 1} P_j = \sum_{j \to 0} P_j . \tag{6.70}$$

Wie aus der Tab. 46 ersichtlich ist, entspricht jedem gestörten Element eine definierte Folge von Prüfresultaten für die m Parameter. Z. B. entspricht die Folge 1111 0 . . . 1 . . . 1 der Störung n_{N-1}.

Offensichtlich stellt die Tab. 46 im wesentlichen eine Codetabelle für die einzelnen gestörten Elemente des Objektes dar, wobei die Werte der Parameter x_i die Elemente des Codes sind. Da einige Störungen bereits durch einen unvollständigen Parametersatz eindeutig definiert sind, kann die Zahl der Elemente in den einzelnen Codeblöcken unterschiedlich sein.

Der Aufwand für jede Überprüfung der Parameter soll durch einen gewissen Wert λ_i charakterisiert werden. Das können die zur Überprüfung des Parameters x_i notwendige Zeit, die Kosten oder andere Größen sein. Dann wird der Aufwand L_j für die Auffindung des gestörten Elementes j durch

$$L_j = \sum_{i=1}^{k_j} \lambda_i$$

bestimmt. Dabei ist k_j die Zahl der Parameter x_i, durch die die gegebene Störung eindeutig definiert wird. Wenn z. B. die Zeiten, die zur Überprüfung der einzelnen Parameter benötigt werden, mit τ_i bezeichnet werden, beträgt die Zeit zur Auffindung des gestörten Elementes

$$T_{0j} = \sum_{i=1}^{k_j} \tau_i \,.$$

Im folgenden sei vorausgesetzt, daß alle τ_i gleich groß sind. Das bedeutet keine wesentliche Einschränkung der Allgemeinheit der Resultate. Dann gilt

$$T_{0j} = k_j \tau_x \,. \tag{6.71}$$

Dabei ist τ_x die Zeit, die zur Überprüfung eines beliebigen Parameters x_i benötigt wird.

Offensichtlich ist die Zeit, die zur Auffindung eines fehlerhaften Elementes bei vorgegebenem Wert τ_x erforderlich ist, um so kleiner, je geringer die Zahl der Parameter k_j ist, die bis zur Lokalisierung der Störung überprüft wurden.

Als Gütekriterium für das automatische Überwachungssystem wird somit zweckmäßig das Minimum des mittleren Zeitaufwandes, der zur Auffindung eines fehlerhaften Elementes nötig ist, benutzt. Wie die Gl. (6.71) verdeutlicht, besteht das wesentliche Problem darin, die Zahl der zu überprüfenden Parameter zu minimalisieren. Wir führen den Begriff der „Länge" eines Codeblocks ein. Die Länge ist gleich der Zahl der Elemente dieses Codeblocks, die zur Feststellung einer bestimmten Störung nötig sind. So ist z. B. die Folge der Prüfergebnisse der Gestalt 1101101 ein Codeblock mit einer Länge von 6 Binäreinheiten. Offensichtlich wird sich die Länge der verschiedenen Codeblöcke zwischen 1 und m bewegen. Manchmal reicht die Überprüfung eines einzigen Parameters zur Lokalisierung der Störung aus. In anderen Fällen ist die Überprüfung aller m Parameter notwendig. Die Länge der einzelnen Codeblöcke hängt von der Reihenfolge ab, in der die Parameter überprüft werden. Das bedeutet, daß ein und dieselbe Störung auf verschiedene Art codiert werden kann. Die Gesamtanzahl der möglichen Codeblöcke, mit denen die Störungen codiert werden können, wird von der Zahl der Parameter m unter Berücksichtigung der verschiedenen möglichen Längen bestimmt:

$$Q = \sum_{j=1}^{m} C_m^j = \sum_{j=1}^{m} \binom{m}{j} . \qquad (6.72)$$

Im folgenden wird die Konstruktion von Codeblöcken mit minimaler mittlerer Länge für die verschiedenen Störungen betrachtet.

Es ist eine solche Reihenfolge für die Prüfung der Parameter zu bestimmen, daß das gestörte Element mit einer minimalen Zahl von Prüfschritten aufgefunden wird.

Jeder Prüfvorgang liefert ein bestimmtes Maß an Information über den Zustand des Objektes und vermindert somit die Entropie der betrachteten Situation. Daraus folgt, daß die Länge des Codeblocks einer bestimmten Störung vom Informationsgewinn während der einzelnen Prüfschritte abhängt. Je größer dieser Gewinn ist, um so kürzer wird der Codeblock sein und desto weniger Prüfschritte sind erforderlich.

Bei der Überprüfung des Parameters x_i wird die anfängliche Unbestimmtheit durch die Entropie

$$H(x_i) = - P_{i0} \log_2 P_{i0} - P_{i1} \log_2 P_{i1} \qquad (6.73)$$

bestimmt. Die Wahrscheinlichkeit P_{i1} und P_{i0} können mit den Gln. (6.69) und (6.70) berechnet werden. Das Maximum der Entropie $H(x_i)$ wird bei der Gleichheit der Wahrscheinlichkeiten P_{i1} und P_{i0} erreicht. Folglich muß, damit während des ersten Schrittes ein Maximum an Information erhalten wird, mit der Überprüfung desjenigen Parameters begonnen werden, dessen Wahrscheinlichkeiten P_{i1} und P_{i0} nahezu gleich sind.

Die praktische Konstruktion des optimalen Prüfalgorithmus kann auf zwei verschiedene Weisen erfolgen. Die erste Methode stellt im wesentlichen die bereits früher betrachtete Konstruktion des SHANNON-FANO-Codes dar [s. Kap. 3] und besteht in folgendem.

Alle möglichen Störungen werden in zwei Gruppen aufgeteilt, so daß die Summenwahrscheinlichkeiten der beiden Gruppen dem Wert 0,5 möglichst nahe kommen.

Von den zu prüfenden Parametern wird jener für die erste Prüfung ausgewählt, der für die eine der beiden Gruppen ein einheitliches Prüfergebnis ergibt (z. B. 1). Für die andere Gruppe muß das Prüfergebnis entgegengesetzt sein (0). Die so erhaltenen Störungsgruppen werden dann so in Untergruppen unterteilt, daß jede Untergruppe möglichst eine Summenwahrscheinlichkeit von 0,25 besitzt. Von den restlichen $m - 1$ Parametern x_i werden jetzt zwei Parameter ausgewählt, von denen jeder bezüglich seiner Untergruppe den gleichen Forderungen genügt, wie sie an den zuerst zu prüfenden Parameter gestellt wurden.

Im nächsten Schritt werden die vier erhaltenen Untergruppen von neuem in je zwei Teile zerlegt, so daß die Summenwahrscheinlichkeiten jeder neuen Gruppe möglichst gleich 0,125 sind. Von den noch verbleibenden $m - 3$ Parametern werden diesmal vier Parameter nach den bereits formulierten Bedingungen ausgewählt. Die Aufteilung der verschiedenen Störungen in Untergruppen wird solange fortgesetzt, bis die Untergruppe nur noch eine Störung enthält. Ein idealisiertes Schema der betrachteten Methode ist in Tabelle 47 angegeben.

Tabelle 47*)

<table>
<tr><td rowspan="3">1. Prüfschritt</td><td>A</td><td colspan="4">I, II, III, IV</td><td colspan="6">V, VI, VII, VIII, IX, X</td></tr>
<tr><td>B</td><td colspan="4">0,5</td><td colspan="6">0,5</td></tr>
<tr><td>C</td><td colspan="10">$1 \leftarrow x_1 \rightarrow 0$</td></tr>
<tr><td rowspan="3">2. Prüfschritt</td><td>A</td><td colspan="2">I, II</td><td colspan="2">III, IV</td><td colspan="3">V, VI, VII</td><td colspan="3">VIII, IX, X</td></tr>
<tr><td>B</td><td colspan="2">0,25</td><td colspan="2">0,25</td><td colspan="3">0,25</td><td colspan="3">0,25</td></tr>
<tr><td>C</td><td colspan="4">$1 \leftarrow x_2 \rightarrow 0$</td><td colspan="6">$1 \leftarrow x_3 \rightarrow 0$</td></tr>
<tr><td rowspan="3">3. Prüfschritt</td><td>A</td><td>I</td><td>II</td><td>III</td><td>IV</td><td>V</td><td colspan="2">VI, VII</td><td colspan="2">VIII, X</td><td>IX</td></tr>
<tr><td>B</td><td>0,125</td><td>0,125</td><td>0,125</td><td>0,125</td><td>0,125</td><td colspan="2">0,125</td><td colspan="2">0,125</td><td>0,125</td></tr>
<tr><td>C</td><td colspan="2">$1 \leftarrow x_4 \rightarrow 0$</td><td colspan="2">$1 \leftarrow x_5 \rightarrow 0$</td><td colspan="3">$1 \leftarrow x_6 \rightarrow 0$</td><td colspan="3">$1 \leftarrow x_7 \rightarrow 0$</td></tr>
<tr><td rowspan="3">4. Prüfschritt</td><td>A</td><td colspan="5"></td><td>VI</td><td>VII</td><td>VIII</td><td>X</td><td></td></tr>
<tr><td>B</td><td colspan="5"></td><td>0,06</td><td>0,065</td><td>0,065</td><td>0,06</td><td></td></tr>
<tr><td>C</td><td colspan="5"></td><td colspan="2">$1 \leftarrow x_8 \rightarrow 0$</td><td colspan="2">$1 \leftarrow x_9 \rightarrow 0$</td><td></td></tr>
</table>

*) A – mögliche Störungen, B – Summenwahrscheinlichkeiten der Untergruppen, C – zu prüfender Parameter.

Ausgehend von dem betrachteten Verfahren, kann die maximale Zahl m der Parameter x_i bestimmt werden, die in der Störungstabelle enthalten sein müssen. Wir nehmen an, daß alle N Störungen gleichwahrscheinlich sind. Dann ergibt die erste Zerlegung, der ein Parameter zugeordnet wird, zwei Gruppen zu je $N/2$ möglichen Störungen mit den Summenwahrscheinlichkeiten $1/2$. Die zweite Zerlegung, für die zwei Parameter benutzt werden, liefert vier Gruppen zu je $N/2^2$ möglichen Störungen mit den Summenwahrscheinlichkeiten $1/2^2$.

Die k-te Zerlegung liefert schließlich 2^k Untergruppen mit 2^{k-1} Parametern für jedes Paar der Untergruppen und mit $N/2^k$ möglichen Störungen in jeder Untergruppe. Wenn die k-te Teilung die letzte ist, beträgt die Summenwahrscheinlichkeit in jeder Unterpruppe $1/N$, woraus

$$\frac{1}{2^k} = \frac{1}{N} \quad \text{oder} \quad N = 2^k$$

folgt.

Im ungünstigsten Fall müssen bei den verschiedenen Zerlegungen jeweils verschiedene Parameter benutzt werden. Dann wird die Gesamtanzahl der zur Entdeckung eines Fehlers notwendigen Parameter durch die Teilsumme der geometrischen Reihe

$$m = \sum_{j=1}^{k} 2^{j-1} = 2^k - 1$$

bestimmt. Es läßt sich auch

$$m = N - 1 \tag{6.74}$$

schreiben.

Eine Unzulänglichkeit dieses Konstruktionsverfahrens besteht in der Schwierigkeit, solche Parameter x_i auszuwählen, die sowohl der Forderung nach der Gleichheit der Summenwahrscheinlichkeiten als auch nach entgegengesetzten Prüfresultaten genügen. So ist z. B. kein einziger der in der Tab. 46 enthaltenen ersten fünf Parameter zur ersten Prüfung geeignet, wenn die Bedingung $P_1 + P_2 = P_3 + P_4 + P_5$ gelten soll. In diesem Fall muß eine Umgruppierung der Störungen vorgenommen werden. Wenn z. B. die Summen $P_1 + P_3$ und $P_2 + P_4 + P_5$ ebenfalls annähernd gleich sind, kann der Parameter X_5 zur ersten Überprüfung benutzt werden, da er für die Störungen n_1 und n_3 das Prüfergebnis 1 und für die Störungen n_2, n_4 und n_5 das Ergebnis 0 liefert. Es ist offensichtlich, daß das erläuterte Verfahren einiges Probieren erfordert und deshalb schwerlich in einem optimalen Prüfalgorithmus formuliert werden kann.

Eine andere Methode zur Konstruktion des optimalen Algorithmus zur Fehlersuche stützt sich auf Gl. (6.73).

Wie bereits weiter oben bemerkt wurde, kann die Zahl der notwendigen Prüfschritte vermindert werden, wenn dafür gesorgt wird, daß jeder Prüfschritt ein Maximum an Information über den Zustand des kontrollierten Objektes liefert. Das bedeutet, daß stets der Parameter überprüft wird, der beim jeweiligen Prüfschritt eine maximale Entropie besitzt. Das entspricht einem minimalen Unterschied der beiden Wahrscheinlichkeiten P_{i0} und P_{i1}. Der erste Schritt dieses Verfahrens besteht darin, eine Tabelle der nach den Gln. (6.69) und (6.70) berechneten Wahrscheinlichkeiten P_{i0} und P_{i1} und ihrer Differenzen aufzustellen (s. Tab. 48).

Der Parameter, der den kleinsten Wert $|\Delta P_i|$ besitzt, wird für die erste Überprüfung ausgewählt. Das sei z. B. der Parameter x_4 in der Tab. 46. Da die Überprüfung dieses Parameters die Werte 1 oder 0 liefern kann, verzweigt

Tabelle 48

Wahrscheinlichkeiten	Parameter				
	x_1	x_2	x_3	....	x_m
P_{i0}	P_{10}	P_{20}	P_{30}	...	P_{m0}
P_{i1}	P_{11}	P_{21}	P_{31}	...	P_{m1}
$\|\Delta P_i\|$	$\|\Delta P_1\|$	$\|\Delta P_2\|$	$\|\Delta P_3\|$	...	$\|\Delta P_m\|$

sich die Kette der Prüfschritte. Für den Wert 1 sind die Summen der Wahrscheinlichkeiten für die Prüfresultate 1 bzw. 0 der restlichen $m - 1$ Parameter zu bilden. Dabei werden nur die Wahrscheinlichkeiten der Spalten in Tab. 46 summiert, die dem Wert 1 des ersten überprüften Parameters (x_4) entsprechen. Ganz analog ist das Verfahren für das Prüfresultat 0 des Parameters x_4. Die Tabelle 49 illustriert das beschriebene Verfahren anhand des Beispiels der Tab. 46.

Tabelle 49

Parameter	Prüfresultate	$x_4 = 1$	$x_4 = 0$
x_1	1	$P_1 + P_5 + P_{N-1}$	$P_3 + P_4$
	0	$P_2 + P_j$	P_N
x_2	1	$P_1 + P_2 + P_{N-1}$	$P_3 + P_N$
	0	$P_5 + P_j$	P_4
x_3	1	$P_5 + P_{N-1}$	P_N
	0	$P_1 + P_2 + P_j$	$P_3 + P_4$
....	....	....	....

Die ermittelten Summenwahrscheinlichkeiten seien $P_{i1}(x_4 = 1)$, $P_{i0}(x_4 = 1)$, $P_{i1}(x_4 = 0)$ und $P_{i0}(x_4 = 0)$, wobei der Index i anzeigt, welchem Parameter die Wahrscheinlichkeitswerte zugeordnet sind. Entsprechend Tab. 49 gelte z. B. folgende Beziehungen für diese Wahrscheinlichkeiten:

$$P_{11}(x_4 = 1) = P_1 + P_5 + P_{N-1},$$
$$P_{20}(x_4 = 1) = P_5 + P_j,$$
$$P_{31}(x_4 = 0) = P_N,$$
$$P_{30}(x_4 = 1) = P_1 + P_2 + P_j \qquad \text{usw.}$$

Anschließend werden für alle restlichen Parameter die Differenzen der Summenwahrscheinlichkeiten $\Delta P_i(x_4 = 1)$ und $\Delta P_i(x_4 = 0)$ gebildet und aus jeder Gruppe die minimalen Differenzen ausgewählt. Die entsprechenden Parameter sind am besten für den nächsten Kontrollschritt geeignet. Im gegebenen Beispiel mögen das die Parameter x_1 und x_3 sein:

$$\Delta P_1(x_4 = 1) = \min \quad \text{und} \quad \Delta P_3(x_4 = 0) = \min .$$

Aber auch die Parameter x_1 und x_3 können bei der weiteren Prüfung wieder verschiedene Resultate liefern, was zu einer weiteren Verzweigung führt. In Abb. 6.27 wird das Schema der Konstruktion des optimalen Codes anhand des behandelten Beispiels gezeigt.

Analog zum Vorangegangenen werden aus der Störungstabelle für die Kombinationen ($x_4 = 1$; $x_1 = 1$) und ($x_4 = 1$; $x_1 = 0$) die Summenwahrscheinlichkeiten $P_{i1}(x_4 = 1;\ x_1 = 1)$ und $P_{i0}(x_4 + 1;\ x_1 = 0)$ aller restlichen Parameter gebildet und die minimalen Differenzen aufgesucht:

$$\Delta P_i(x_4 = 1;\ x_1 = 1) = \min; \qquad \Delta P_i(x_4 = 1;\ x_1 = 0) = \min .$$

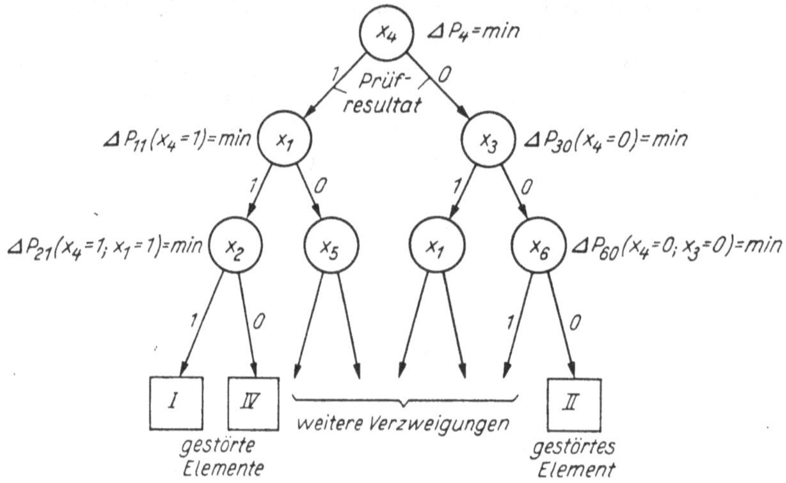

Abb. 6.27

Damit werden die Parameter bestimmt, die im nächsten Schritt überprüft werden müssen. In unserem Beispiel mögen das x_2 und x_5 sein.

Die analogen Operationen bezüglich des Parameters x_3 ergeben

$$\Delta P_i\,(x_4 = 0;\; x_1 = 1) = \min; \qquad \Delta P_i\,(x_4 = 0;\; x_3 = 0) = \min .$$

Hierbei mögen die Parameter x_6 und x_7 die minimalen Differenzen ergeben.

Die Konstruktion wird solange fortgesetzt, bis sich ein eindeutiger Zusammenhang zwischen dem Prüfergebnis und einer bestimmten Störung ergibt. Der so erhaltene Prüfalgorithmus gewährleistet eine minimale mittlere Zahl von Prüfschritten zur Lokalisierung eines beliebigen fehlerbehafteten Elementes des kontrollierten Objektes.

Tabelle 50

Nr. der Störung	n_1	n_2	n_3	n_4	....
Codewort der Störung	111	000	1010	110	....
Schrittzahl in bit (K_i)	3	3	4	3	....
Wahrscheinlichkeit der Störung	P_1	P_2	P_3	P_4	....

Zur Bestimmung der mittleren Schrittzahl ist es zweckmäßig, ein Schema entsprechend der Tabelle 50 zu benutzen.

Dabei wird die mittlere Schrittzahl bzw. die mittlere Zeit zur Auffindung eines gestörten Elementes in Binäreinheiten gleich

$$\overline{K} = \sum_{i=1}^{N} K_i\, P_i . \tag{6.75}$$

Die betrachtete informationstheoretische Methode zur Konstruktion optimaler Algorithmen für die Fehlersuche kann leicht für die Lösung ähnlicher Aufgaben erweitert werden. So können z. B. auch Konstruktionsverfahren für Algorithmen zur Fehlersuche in solchen Systemen angegeben werden, deren Parameter mehr als zwei mögliche Zustände besitzen. Dabei werden die Rechnungen jedoch wesentlich komplizierter und lassen sich nur auf Rechenautomaten durchführen.

Beispiel 6.3. Wir betrachten die Konstruktion eines Algorithmus zur Fehlersuche in einem Niederfrequenzverstärker (s. Abb. 6.28). Die möglichen Ursachen für die Störungen des Verstärkers und ihre Wahrscheinlichkeiten sind in der Tabelle 51 angegeben.

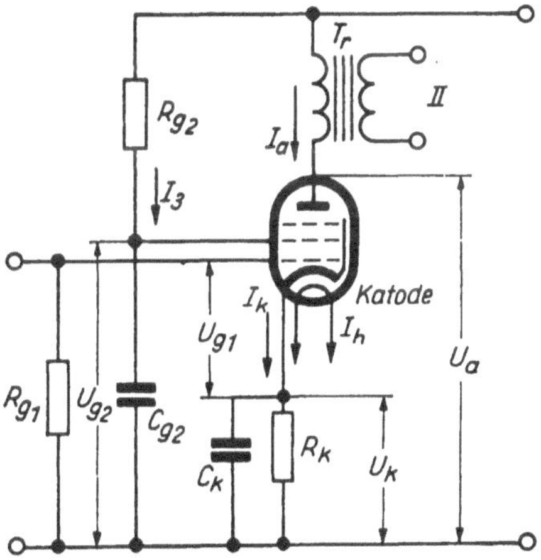

Abb. 6.28

Im Verstärker besteht die Möglichkeit, folgende Gleichspannungen und Gleichströme zu kontrollieren (s. Abb. 6.28): U_{g1}, U_k, U_{g2}, U_a, I_k, I_h, I_{g2}, I_a.

Entsprechend Gl. (6.74) sind sechs Parameter für die Aufstellung der Störungstabelle

Tabelle 51

Nr. der Störung	n_1	n_2	n_3	n_4	n_5	n_6	n_7
Art der Störung	Unterbrechung				Durchschlag		Unterbr. der Trafowicklung
	Katode	R_{g1}	R_k	R_{g2}	C_k	C_{g2}	
Wahrscheinlichkeit der Störung	0,10	0,07	0,08	0,20	0,11	0,09	0,35

ausreichend. Auf die Prüfung der Ströme I_h und I_k wird deshalb verzichtet. Die Störungstabelle wird aufgestellt, indem fehlende Spannungen oder Ströme mit dem Wert 0 und vorhandene mit 1 bezeichnet werden (Tab. 52). In die Tabelle sind die Werte für die Parameter eingetragen, die sich aus der Analyse des Systems ergeben.

Entsprechend Gl. (6.72) ergibt sich für die Gesamtzahl aller möglichen Algorithmen der Wert

$$Q = C_6^1 + C_6^2 + C_6^3 + C_6^4 + C_6^5 + C_6^6 = 6 + 15 + 20 + 15 + 6 + 1 = 63\,.$$

Die Berechnung der Werte P_{i0} und P_{i1} sowie der Differenzen ΔP_i ergibt folgende Resultate (Tab. 53).

Tabelle 52

Parameter	Bezeichnungen der Parameter	Störung						
		n_1	n_2	n_3	n_4	n_5	n_6	n_7
U_{g1}	x_1	0	0	0	1	0	0	0
U_k	x_2	0	1	0	1	0	0	0
I_a	x_3	0	1	0	1	1	0	0
I_{g2}	x_4	0	1	0	0	1	1	0
U_{g2}	x_5	0	1	1	0	1	0	1
U_a	x_6	0	1	1	1	1	1	0

Tabelle 53

Wahrscheinlichkeiten	Parameter					
	x_1	x_2	x_3	x_4	x_5	x_6
P_{i0}	0,80	0,73	0,62	0,73	0,39	0,45
P_{i1}	0,20	0,27	0,38	0,27	0,61	0,55
$\|\Delta P_i\|$	0,60	0,46	0,24	0,46	0,22	**0,10**

Tabelle 54

Wahrscheinlichkeiten	Parameter				
	x_1	x_2	x_3	x_4	x_5
$P_{i0}\,(x_6 = 1)$	0,35	0,28	0,17	0,28	0,29
$P_{i1}\,(x_6 = 1)$	0,20	0,27	0,38	0,27	0,26
$\|\Delta P_i\|\,(x_6 = 1)$	0,15	**0,01**	0,21	**0,01**	0,03
$P_{i0}\,(x_6 = 0)$	0,45	0,45	0,45	0,45	0,45
$P_{i1}\,(x_6 = 0)$	0	0	0	0	0,35
$\|\Delta P_i\|\,(x_6 = 0)$	0,45	0,45	0,45	0,45	**0,25**

Aus der Tabelle folgt, daß die Prüfung mit dem Parameter x_6 (Anodenpotential) beginnen muß. Die entsprechenden bedingten Wahrscheinlichkeiten $P_{i1}\,(x_6 = 1)$, $P_{i0}\,(x_6 = 1)$, $P_{i1}\,(x_6 = 0)$, $P_{i0}\,(x_6 = 0)$ und ihre Differenzen werden in der Tabelle 54 bestimmt.

Bei $x_6 = 1$ ist als nächster einer der Parameter x_2 oder x_4 zu überprüfen, im Falle $x_6 = 0$ jedoch der Parameter x_5. Da im letzteren Fall die Parameter x_1, x_2, x_3, x_4 den Wert 0 besitzen, wird durch den Wert des Parameters x_5 entweder die Störung n_1 (beim Wert 0) oder die Störung n_7 (beim Wert 1) angezeigt. Beim Prüfresultat $x_6 = 1$ wird für die nächste Überprüfung der Parameter x_2 (Katodenpotential) gewählt. Dann ergeben sich entsprechend Tabelle 55 die folgenden bedingten Wahrscheinlichkeiten $P_{i0}\,(x_6 = 1;\; x_2 = 1)$,

Tabelle 55

Wahrscheinlichkeiten	Parameter			
	x_1	x_3	x_4	x_5
$P_{i0}\ (x_6 = 1;\ x_2 = 1)$	0,07	0	0,20	0,20
$P_{i1}\ (x_6 = 1;\ x_2 = 1)$	0,20	0,27	0,07	0,07
$\|\Delta P_i\|(x_6 = 1;\ x_2 = 1)$	**0,13**	0,27	**0,13**	**0,13**
$P_{i0}\ (x_6 = 1;\ x_2 = 0)$	0,28	0,17	0,08	0,09
$P_{i1}\ (x_6 = 1;\ x_2 = 0)$	0	0,11	0,20	0,19
$\|\Delta P_i\|(x_6 = 1;\ x_2 = 0)$	0,28	**0,06**	0,12	0,10

$P_{i1}(x_6 = 1;\ x_2 = 1)$, $P_{i0}(x_6 = 1;\ x_2 = 0)$, $P_{i1}(x_6 = 1;\ x_2 = 0)$ sowie die Differenzen $|\Delta P_i|(x_6 = 1;\ x_2 = 1)$ und $|\Delta P_i|\ (x_6 = 1;\ x_2 = 0)$. Aus der Tabelle geht hervor, daß für $x_2 = 1$ als nächstes einer der Parameter x_1, x_4 oder x_5 überprüft werden muß, während $x_2 = 0$ auf den Parameter x_3 führt.

Tabelle 56

	n_1	n_2	n_3	n_4	n_5	n_6	n_7
Codewort der Störung	00	111	1001	110	101	1000	01
Schrittzahl	2	3	4	3	3	4	2
Wahrscheinlichkeit der Störung	0,10	0,07	0,08	0,2	0,11	0,09	0,35

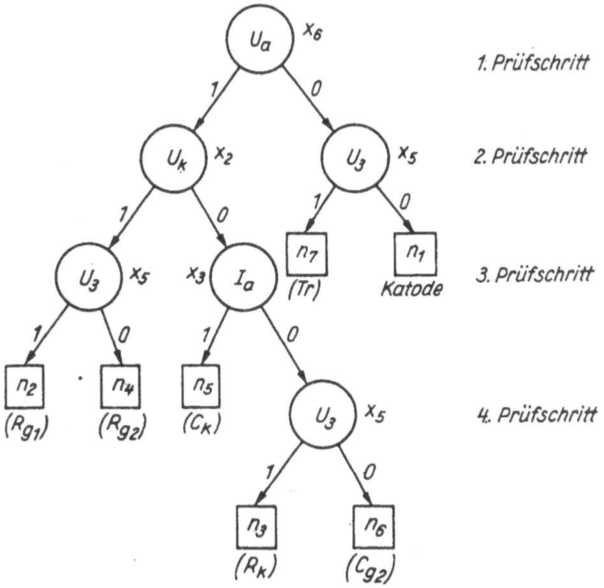

Abb. 6.29

Die Überprüfung eines der Parameter x_1, x_4 oder x_5 wird die Störung bereits eindeutig lokalisieren (n_2 oder n_4). Das folgt aus der Tab. 52, wenn dort nur die Spalten betrachtet werden, für die sowohl $x_6 = 1$ als auch $x_2 = 1$ gilt. Wenn wir den Parameter x_5 auswählen, wird $x_5 = 1$ die Störung n_2 und $x_5 = 0$ die Störung n_4 anzeigen. Aus der Tab. 52 folgt weiter, daß für $x_6 = 1$, $x_2 = 0$ das Ergebnis $x_3 = 1$ eindeutig die Störung n_5 kennzeichnet. Für $x_3 = 0$ wird durch die weitere Überprüfung eines der Parameter x_4 oder x_5 entweder die Störung n_3 oder n_6 ermittelt. Zum Beispiel entspricht das Prüfresultat $x_5 = 1$ der Störung n_3, während $x_5 = 0$ die Störung n_6 anzeigt. Damit ist der Algorithmus vollständig konstruiert. In Abb. 6.29 ist das entsprechende Prüfschema angegeben. Daraus ist ersichtlich, daß zur Lokalisierung einer beliebigen der angegebenen Fehlerquellen die Überprüfung der vier Parameter x_2, x_3, x_5, x_6 hinreichend ist.

Es sei nun noch eine Tabelle für die Codes, die den einzelnen Fehlern entsprechen, aufgestellt (Tab. 56).

Die Berechnung der mittleren Länge nach der Gl. (6.75) ergibt

$$\overline{K} = 2 \cdot 0{,}10 + 3 \cdot 0{,}07 + 4 \cdot 0{,}08 + 3 \cdot 0{,}20 + 3 \cdot 0{,}11 + 4 \cdot 0{,}09 + 2 \cdot 0{,}35 = 2{,}72 \text{ bit}.$$

Würde die Fehlersuche durch die aufeinanderfolgende Überprüfung der Parameter x_i erfolgen, wäre die mittlere Länge gleich der Zahl der Parameter, d. h.

$$\overline{K} = 6 \text{ bit}.$$

Durch den optimalen Algorithmus wird die erforderliche Zahl der Prüfschritte somit auf weniger als die Hälfte herabgesetzt.

§ 35. Störfestigkeit und Kanalkapazität bei der Verwendung von rauschähnlichen Signalen

Als Folge der ständigen Verbesserung der Nachrichtenübertragungssysteme und der Erschließung neuer Anwendungsgebiete, wie z. B. des kosmischen Funkverkehrs, erhöht sich die Bedeutung der statistischen Nachrichtentheorie für die Lösung der entsprechenden technischen Probleme.

In den vorangegangenen Kapiteln wurde gezeigt, daß die Qualität eines Nachrichtenübertragungssystems im wesentlichen durch die Kanalkapazität und die Störfestigkeit charakterisiert wird. Diese Kenngrößen können ihren theoretischen Grenzwerten nahekommen, wenn folgende Bedingungen erfüllt werden:

a) Liegen im Übertragungskanal Störungen vom Typ des weißen Rauschens vor, muß das Nutzsignal rauschähnlich sein. Nur dann kann die Kanalkapazität auch wirklich erreicht werden (s. § 31).

b) Bei vorgegebenem Verhältnis der Energien von Nutzsignal und Rauschen im Übertragungsfrequenzband des Kanals muß der Korrelationskoeffizient des Signals gleich

$$\lambda = -\frac{E}{m-1}$$

sein [s. Gl. (4.73), Kap. 4]. Dabei ist E die Energie des Nutzsignals, und m ist gleich der Zahl der verschiedenen Signalwerte. Dann wird der Fehler beim Empfang des Signals minimal.

c) Die Distanz der Codeblöcke im Signalraum muß bei gegebener Redundanz maximal sein, dann werden die besten Korrektureigenschaften des Codes erzielt, d. h. eine maximale Anzahl von Übertragungsfehlern kann verbessert werden.

Diesen Bedingungen lassen sich durch die Konstruktion entsprechender Codes und durch Verwendung geeigneter Signalformen realisieren.

Deshalb sei im folgenden die Anwendung von rauschähnlichen Signalen zur Informationsübertragung betrachtet (HUFFMANN-Codes [27]). Rauschähnliche Signale sind solche Signale, deren Autokorrelationsfunktion ähnlich der des

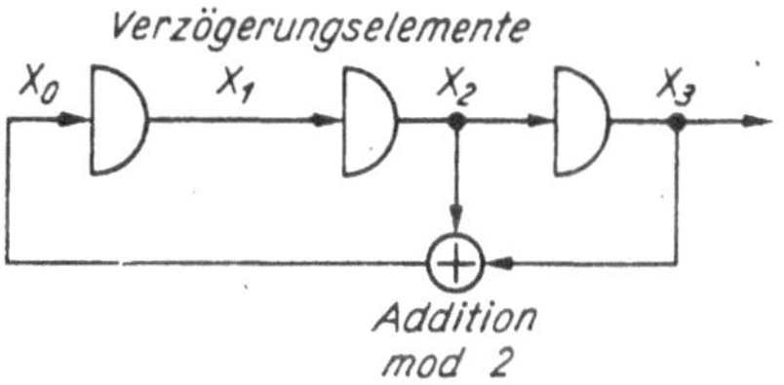

Abb. 6.30

weißen Rauschens ist. Es läßt sich zeigen, daß durch die Verwendung rauschähnlicher Signale die höchste Übertragungsqualität praktisch erreicht wird.

Es sei das in Abb. 6.30 gezeigte Schema zur Erzeugung eines Signals in Form einer Binärfolge betrachtet. Die Schaltung besteht aus einem Antivalenzglied (Addition mod 2) und drei Verzögerungselementen, die z. B. aus Laufzeitgliedern oder aus Kippschaltungen bestehen können. Eine Kette aus solchen Verzögerungselementen wird gewöhnlich als Schieberegister bezeichnet.

Der Einfachheit halber sei angenommen, daß die Schaltung eine Folge von Impulsen mit zwei verschiedenen Pegeln (0 und 1) erzeugt, und daß alle Zustandsänderungen in der Schaltung sprungartig erfolgen. Die Addition mod 2 erfolgt nach den Regeln

$$1 + 1 = 0 + 0 = 0\,, \quad 1 + 0 = 0 + 1 = 1\,. \tag{6.76}$$

Die Verzögerungselemente wirken so, daß sie einen Impuls (Zeichen) nur dann vom Eingang zum Ausgang weiterleiten, wenn sie einen Synchronisationsimpuls erhalten. Der Operator D kennzeichnet die Verzögerung der Impulse (Zeichen).

Zunächst sei der Nullzustand der Schaltung betrachtet. Hierbei besitzen alle Signale in der Schaltung den Wert 0. Dieser Zustand des Systems kann durch Synchronisationsimpulse nicht verändert werden. Nun soll durch irgendeinen Eingriff in die Schaltung das Signal x_1 den Wert 1 erhalten.

Durch einen Synchronisationsimpuls werden jetzt alle Zeichen in der Schaltung um eine Stelle nach rechts verschoben. Das Ausgangssignal des Addiergliedes gelangt zur Stelle x_0. Bei der Zugabe weiterer Synchronisationsimpulse werden alle in Abb. 6.31 gezeigten Zustände 1—7 durchlaufen. Nach sieben Takten wird wieder der Anfangszustand erreicht. Das bedeutet, daß das Zustandsdiagramm der betrachteten Schaltung periodisch ist. Von beliebigen Punkten der Schaltung können bestimmte periodische Zeichenfolgen abgenommen werden. So ergeben sich z. B. für die Signale x_0, x_1, x_2 und x_3 (s. Abb. 6.30) beim Durchlaufen aller Zustände, beginnend vom Zustand 1 die Zeichenfolgen

$$\left.\begin{array}{l} 0\;1\;1\;1\;0\;0\;1\;0\;1\;1\;1\;0\;0\;1\;0\ldots \\ 1\;0\;1\;1\;1\;0\;0\;1\;0\;1\;1\;1\;0\;0\;1\ldots \\ 0\;1\;0\;1\;1\;1\;0\;0\;1\;0\;1\;1\;1\;0\;0\ldots \\ 0\;0\;1\;0\;1\;1\;1\;0\;0\;1\;0\;1\;1\;1\;0\ldots \end{array}\right\}. \tag{6.77}$$

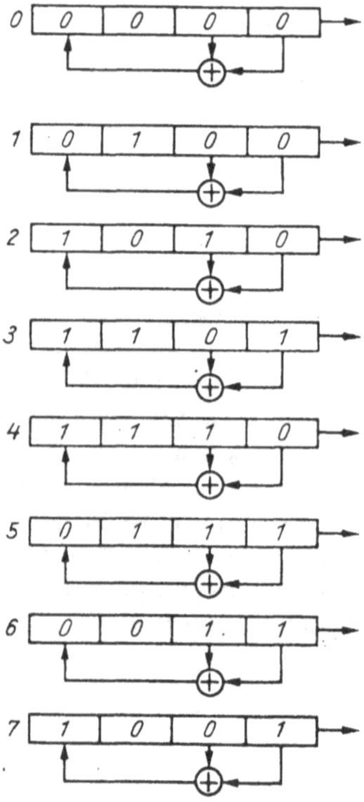

Abb. 6.31

Die Periodizität dieser Folgen ist leicht zu erkennen. Wegen

$$X_0 = X_2 + X_3 \tag{6.78}$$

ist der Zustand der Schaltung durch die Werte der Signale x_1, x_2 und x_3 vollständig bestimmt. Da die Zahl der möglichen Zeichen am Ausgang eines jeden Verzögerungselementes gleich 2 ist, kann die Schaltung insgesamt $2^3 = 8$ verschiedene Zustände annehmen. Davon kann der Nullzustand nicht verwendet werden, da sich dieser Zustand durch äußere Eingriffe nicht verändern läßt. Die Symbolfolgen (6.77) besitzen eine Periode der Länge 7. Folglich durchläuft diese Schaltung alle möglichen Zustände. Es läßt sich zeigen, daß nicht alle Schaltungen aus Verzögerungsgliedern und Addiergliedern sämtliche möglichen Zustände durchlaufen. Eine Schaltung nach Abb. 6.32 z. B. kann unter den oben angegebenen Bedingungen nicht alle möglichen 7 Zustände annehmen und erzeugt somit Zeichenfolgen mit geringerer Periodenlänge. Eine Zeichenfolge, die eine maximale Periodenlänge besitzt, wird als Folge mit maximaler Periode oder als m-Folge bezeichnet.

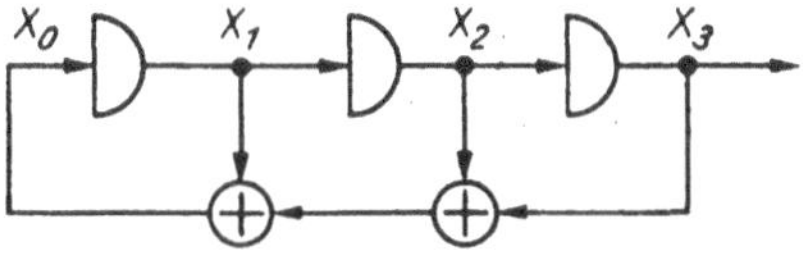

Abb. 6.32

Es sollen nun die Bedingungen angegeben werden, unter denen der Generator Folgen mit maximaler Periodenlänge erzeugt. Dazu werden für die Größen x_0, x_1, x_2 und x_3 die folgenden Ausdrücke verwendet.

$$X_0 = X_0\,, \quad X_1 = D\,X_0\,, \quad X_2 = D\,X_1 = D^2\,X_0\,, \quad X_3 = D\,X_2 = D^3\,X_0\,.$$

Anstelle von Gl. (6.78) folgt

$$X_0 = D^2\,X_0 + D^3\,X_0$$

oder

$$X_0\,(D^3 + D^2 + I) = 0\,. \tag{6.79}$$

Das Zeichen I bezeichnet einen Operator, der der Bedingung $I = \pm 1$ genügt. Die Erzeugung der Folgen läßt sich somit durch das in den Klammern des Ausdruckes (6.79) stehende Polynom beschreiben:

$$Q(D) = D^3 + D^2 + I\,. \tag{6.80}$$

Für das in Abb. 6.32 gezeigte Register gilt

$$Q(D) = D^3 + D^2 + D + I\,.$$

Aus dem Polynom (6.80) ergibt sich das sogenannte charakteristische Polynom $\Phi(x)$, indem der Operator D durch $1/x$ ersetzt und der so erhaltene Ausdruck mit x^n multipliziert wird. Dabei ist n der Grad des Polynoms (6.80):

$$\Phi(x) = x^3\,Q\left(\frac{1}{x}\right) = I + x + x^3\,. \tag{6.81}$$

In allgemeiner Form läßt sich diese Umformung durch

$$\Phi(x) = x^n\,Q\left(\frac{1}{x}\right)$$

beschreiben.

Die charakteristischen Polynome spielen bei der Analyse von Schaltungen zur Erzeugung von Zeichenfolgen maximaler Länge eine wichtige Rolle. Damit ein Generator eine m-Folge erzeugen kann, müssen folgende Bedingungen erfüllt sein [27]:

a) Das charakteristische Polynom $\Phi(x)$ der zu untersuchenden Schaltung darf nicht in Polynome vom Grad kleiner als n und größer als Null zerlegbar sein.

b) Das charakteristische Polynom $\Phi(x)$ vom Grade n darf nicht Teiler des Polynoms $x^k - 1$ für beliebige ganze $k < 2^n - 1$ sein.

Aus einer bestimmten Zahl von Verzögerungselementen können mehrere Schaltungen konstruiert werden, die charakteristische Polynome vom gleichen Grad besitzen. Z. B. gibt es für $n = 3$ zwei verschiedene Polynome mit maximaler Periode. Eines dieser Polynome ist durch den Ausdruck (6.81) gegeben

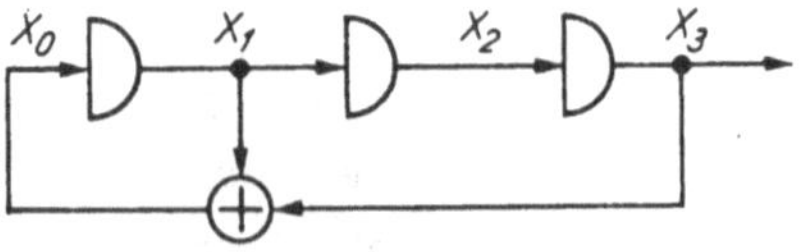

Abb. 6.33

und entspricht der Schaltung nach Abb. 6.30. Das zweite Polynom $I + x^2 + x^3$ entspricht der in Abb. 6.33 dargestellten Schaltung. Die Zeichenfolgen maximaler Länge, die dieser Generator erzeugt, unterscheiden sich von den Folgen (6.77) und haben die Gestalt

$$1\ 1\ 1\ 0\ 1\ 0\ 0 \quad 1\ 1\ 1\ 0\ 1\ 0\ 0\ \ldots \tag{6.82}$$

Jede der Zeichenfolgen (6.77) und (6.82) besitzt die Eigenschaften einer m-Folge. Je höher der Grad n ist, desto größer ist die Zahl der Polynome vom Grad n mit Symbolfolgen maximaler Länge. Den Beweis dafür findet man in [27].

Ohne Beweis seien einige Eigenschaften von m-Folgen angegeben:

1. Die Länge m der Periode einer m-Folge wird durch die Beziehung

$$m = 2^n - 1\,, \qquad n = 2, 3, 4, \ldots, \tag{6.83}$$

bestimmt, wobei n gleich dem Grad des Polynoms bzw. gleich der Zahl der Verzögerungselemente des Generators ist. In der Tabelle 57 sind die Periodenlängen für einige Werte von n angegeben.

Tabelle 57

Grad des Polynoms	2	3	4	5	6	7	8	9	10	11	12
Periodenlänge in bit	3	7	15	31	63	127	255	511	1023	1047	4095

2. Eine m-Folge enthält m verschiedene Kombinationen von n Binärstellen. Werden z. B. die Stellen der m-Folge (6.82) mit Dezimalziffern bezeichnet,

$$\begin{array}{l} 1\ 1\ 1\ 0\ 1\ 0\ 0\ 1\ 1\ 1\ 0 \ldots \\ 1\ 2\ 3\ 4\ 5\ 6\ 7\ 8\ 9 \ldots, \end{array}$$

ergeben sich die enthaltenen sieben verschiedenen Kombinationen von $n = 3$ Binärstellen.

Die Stellen 1, 2 und 3 enthalten die Kombination 111; die Stellen 2, 3 und 4 die Kombination 110; die Stellen 3, 4 und 5 die Kombination 101; die Stellen 4, 5 und 6 die Kombination 010; die Stellen 5, 6 und 7 die Kombination 100; die Stellen 6, 7 und 8 die Kombination 001; die Stellen 7, 8 und 9 schließlich die Kombination 011.

3. Die Zahl der Einsen in einer Periode der m-Folge ist gleich 2^{n-1}. Folglich beträgt die Zahl der Nullen $2^{n-1} - 1$. Das heißt, daß die Zahl der Nullen stets um eins kleiner als die Zahl der Einsen ist.

4. Die mod-2-Addition von zwei gleichen, um eine beliebige Stellenzahl gegeneinander verschobenen m-Folgen ergibt stets eine m-Folge mit der gleichen Periode:

$$\begin{array}{r} 1\ 1\ 1\ 0\ 1\ 0\ 0\ 1\ 1\ 1\ 0\ 1\ 0\ 0 \\ +\ 0\ 1\ 0\ 0\ 1\ 1\ 1\ 0\ 1\ 0\ 0\ 1\ 1\ 1 \\ \hline 1\ 0\ 1\ 0\ 0\ 1\ 1\ 1\ 0\ 1\ 0\ 0\ 1\ 1. \end{array}$$

5. Zwei gleiche, um eine beliebige Stellenanzahl gegeneinander verschobene m-Folgen unterscheiden sich pro Periode in d Stellen mit

$$d = \frac{m+1}{2}. \tag{6.84}$$

Es seien zwei m-Folgen mit der Periodenlänge 7 und mit Verschiebungen von Eins bzw. Drei betrachtet:

$$\begin{array}{l} 1\ 1\ 1\ 0\ 1\ 0\ 0\ 1\ 1\ 1\ 0\ 1\ 0\ 0 \\ 0\ 1\ 1\ 1\ 0\ 1\ 0\ 0\ 1\ 1\ 1\ 0\ 1\ 0 \\ 1\ 2\ 3\ 4\ 5\ 6\ 7\ 8\ 9 \\ 1\ 1\ 1\ 0\ 1\ 0\ 0\ 1\ 1\ 1\ 0\ 1\ 0\ 0 \\ 1\ 0\ 0\ 1\ 1\ 1\ 0\ 1\ 0\ 0\ 1\ 1\ 1\ 0 \\ 1\ 2\ 3\ 4\ 5\ 6\ 7\ 8\ 9. \end{array}$$

Es ist zu erkennen, daß sich die beiden Folgen im ersten Fall in den Stellen 1, 4, 5 und 6 unterscheiden. Beträgt die Stellendifferenz Drei, treten Unterschiede in den Stellen 2, 3, 4 und 6 auf. Auch hinsichtlich der Unterschiede in den Stellen der zweiten Periode ergibt sich ein analoges Resultat. Es gilt also tatsächlich

$$d = \frac{7+1}{2} = 4\,.$$

Es sei jetzt eines der möglichen Codierungsverfahren mit Hilfe von m-Folgen angegeben. Es sollen z. B. sieben verschiedene Nachrichtenwerte übertragen werden. Jeder Wert ist durch eine Folge von sieben Binärzeichen dargestellt, indem die m-Folge

1 1 1 0 1 0 0 1 1 1 0 1 0 0 1 1 1 0 ...

jedes Mal um Eins verschoben wird.

Tabelle 58

Nachrichtenwerte	Codeblock	Position in der m-Folge	Nachrichtenwerte	Codeblock	Position in der m-Folge
1	1 1 1 0 1 0 0	von 1 bis 7	5	0 1 0 0 1 1 1	von 4 bis 10
2	0 1 1 1 0 1 0	von 7 bis 13	6	1 0 1 0 0 1 1	von 3 bis 9
3	0 0 1 1 1 0 1	von 6 bis 12	7	1 1 0 1 0 0 1	von 2 bis 8
4	1 0 0 1 1 1 0	von 5 bis 11			

In der Tabelle 58 sind die Codeblöcke zur Übertragung der sieben Nachrichtenwerte aufgeführt.

Bekanntlich werden zur Codierung von sieben Werten im gewöhnlichen Binärcode nur drei Stellen benötigt. Bei der Benutzung von m-Folgen sind demnach vier Stellen redundant. Diese Stellen können zur Fehlerkorrektur benutzt werden.

Da jeder Codeblock Teil der m-Folge ist, werden alle Signale, die bei der Nachrichtenübertragung im erhaltenen Code formiert werden, m-Folgen sein.

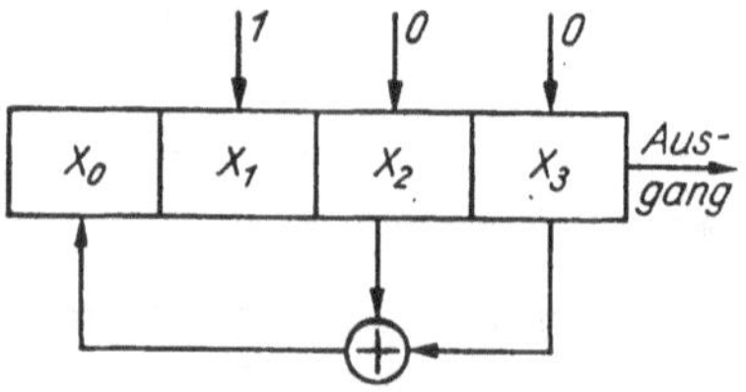

Abb. 6.34

Diese Besonderheit erlaubt den Entwurf einer einfachen Schaltung zur Codierung der Nachrichtenwerte. Die ursprüngliche Nachricht sei im gewöhnlichen Binärcode codiert. Bei der Umcodierung wird der folgende Umstand ausgenutzt. Bei der oben betrachteten Codierung der sieben Nachrichtenwerte ist jeder der Codeblöcke durch nur drei aufeinanderfolgende Zeichen eindeutig bestimmt. Das folgt aus der zweiten Eigenschaft der m-Folgen. Diese Zeichen bilden dann einen gewöhnlichen Binärcode (z. B. die drei letzten Zeichen der Codeblöcke in Tab. 58).

Das Schieberegister entsprechend Abb. 6.34, das sich im Nullzustand befindet, erhält drei Binärzeichen, die irgendeinem Nachrichtenwert entsprechen.

Am Ausgang des Generators wird dann Takt für Takt der durch die m-Folge des Generators codierte Nachrichtenwert erscheinen.

Die Eigenschaften der Signale in Form von m-Folgen sind von einigem Interesse. Es sollen die Zusammenhänge zwischen diesen Signaleigenschaften und der Kanalkapazität bzw. der Störfestigkeit der Übertragung untersucht werden.

Wie in Kapitel 4 gezeigt wurde, ist die Störfestigkeit beim Empfang von m Signalwerten maximal, wenn der Korrelationskoeffizient λ für alle Wertepaare des Signals den gleichen Wert

$$\lambda = -E\frac{1}{m-1} \tag{6.85}$$

besitzt. Der Koeffizient λ wird mit der Gl. (4.63) bestimmt, für die hier folgende Darstellung verwendet wird:

$$\lambda = \int_0^T \chi_i(t)\, \chi_j(t)\, dt\,. \tag{6.86}$$

Dabei sind $\chi_i(t)$ und $\chi_j(t)$ ein beliebiges Wertepaar des Signals und T die Dauer des gegebenen Wertes, die für alle Werte gleich ist.

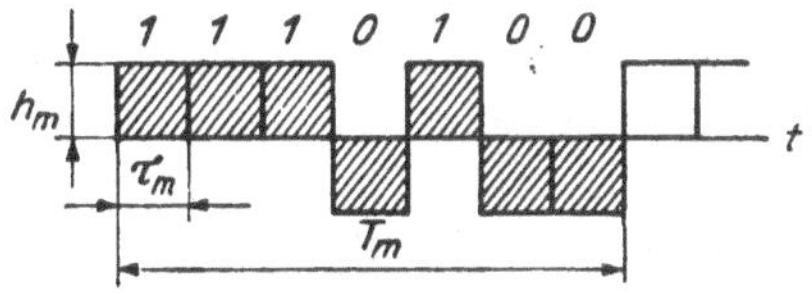

Abb. 6.35

Es werde jetzt λ für Signale vom Typ der m-Folgen bestimmt. Jedes Zeichen der m-Folge habe die gleiche Energie E_m sowie die gleiche Länge τ_m und den Pegel h_m (Abb. 6.35).

Bei der Periode $m = 7$ gibt es gemäß Tab. 58 sieben Signalwerte, die durch die Verschiebung der m-Folge um je eine Stelle entstehen. Gemäß Gl. (6.86) müssen zur Berechnung von λ (für m-Folgen als λ_m bezeichnet) die gegeneinander verschobenen Werte multipliziert und anschließend mit der Periode T_m multipliziert werden. Abb. 6.36 vermittelt eine grafische Darstellung dieser Operationen, wobei die zeitliche Verschiebung durch τ bezeichnet wird.

Bei fehlender Verschiebung folgt

$$\lambda_{m0} = h_m^2\, T_m = h_m^2\, \tau_m\, m = E\,.$$

D. h., daß λ_{m0} gleich der Energie des Codeblocks ist. Bei beliebiger, von Null verschiedener Verschiebung ergeben sich entsprechend Bild 6.36 folgende Werte:

$$\lambda_{mi} = -\tau_m\, h_m^2 = -\frac{E}{m}\,, \qquad i = 1, 2, \ldots, m-1\,.$$

Dabei nimmt der Korrelationskoeffizient einen Wert an, der gleich der negativen Energie eines Zeichens ist. Bei einer Verschiebung, die gleich der Perioden-

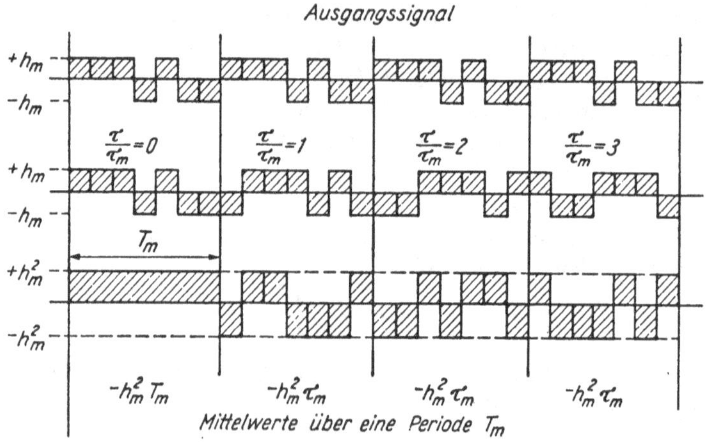

Abb. 6.36

länge ist, nimmt λ wieder den Wert E an. Somit ändert sich der Wert von λ periodisch mit τ. In Abb. 6.37 ist diese Änderung für $m = 7$ grafisch dargestellt.

Mit der Vergrößerung der Periode der m-Folge nähert sich der Verlauf von λ_m immer mehr einer Delta-Impulsfolge.

Das Rechenverfahren für den Koeffizienten λ_m zeigt, daß er für beliebige Verschiebungswerte innerhalb der ersten Periode wie folgt definiert werden kann:

$$\lambda_m = \begin{cases} E & \text{für} \quad \dfrac{\tau}{\tau_m} = 0\,, \\ -\dfrac{E}{m} & \text{für} \quad \dfrac{\tau}{\tau_m} \neq 0\,. \end{cases}$$

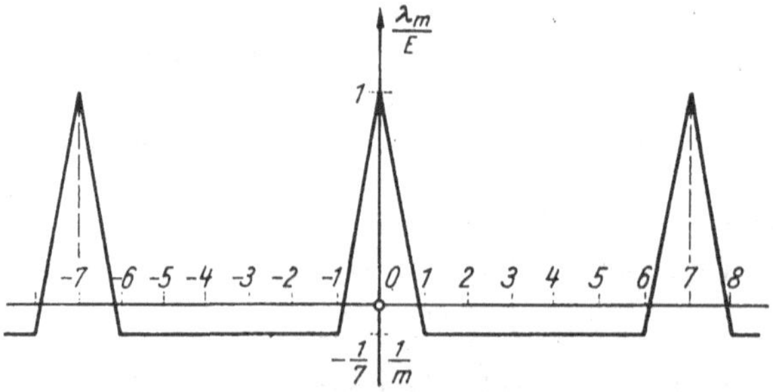

Abb. 6.37

Da bei der Nachrichtencodierung stets verschiedene Codeblöcke auftreten, ergibt sich für die Codes aus m-Folgen

$$\lambda_m = -\frac{E}{m}\,. \tag{6.87}$$

Der Vergleich der Gl. (6.85) mit Gl. (6.87) zeigt, daß sich der Korrelationskoeffizient mit wachsendem m immer mehr seinem optimalen Wert nähert.

Das bedeutet, daß Codes aus m-Folgen Signale bilden, die eine maximale Störfestigkeit bei der Übertragung durch Kanäle mit stochastischen Störungen gewährleisten.

Da das Signal Nachrichtenwerte in zufälliger Folge enthält, erscheint auch die m-Folge auf der Empfangsseite des Kanals als zufälliger Prozeß. Die Berechnung der Autokorrelationsfunktion dieses Prozesses kann ganz analog zur Ermittlung des Korrelationskoeffizienten λ vorgenommen werden. Sie hat nur über einen hinreichend großen Zeitabschnitt zu erfolgen. Somit kann die oben angegebene Darstellung der Funktion λ auch als Darstellung der normierten Autokorrelationsfunktion des Signals betrachtet werden, wenn das Signal aus m-Folgen mit genügend großem m besteht. Dabei nähert sich die Autokorrelationsfunktion des Signals aus m-Folgen der Autokorrelationsfunktion des weißen Rauschens. Deshalb werden Signale von diesem Typ auch als rauschähnliche Signale bezeichnet.

Die Ähnlichkeit der Autokorrelationsfunktion weist auch auf die Ähnlichkeit der Leistungspektren eines aus m-Folgen bestehenden Signals und des weißen Rauschens hin. Folglich kann durch die Verwendung von rauschähnlichen Signalen bei der Nachrichtenübertragung durch Kanäle, die durch weißes Rauschen gestört sind, die Kanalkapazität ihrem maximalen Grenzwert angenähert werden. Das sei nun anhand einer Rechnung gezeigt. Gemäß § 20 ist die Kanalkapazität des durch weißes Rauschen gestörten Kanals bei optimaler Codierung des Nutzsignals gegeben durch

$$C = F \log_2\left(1 + \frac{P_n}{P_s}\right). \tag{6.88}$$

Die zur Übertragung von einem bit Information benötigte Zeit sei gleich T_0. Wenn alle Nachrichtenwerte gleichwahrscheinlich sind, beträgt der Informationsgehalt des Signals

$$I = \log_2 m\,.$$

Für die Länge des Signals ergibt sich

$$T_m = T_0 \log_2 m$$

und für die Dauer eines Zeichens

$$\tau_m = \frac{T_m}{m} = \frac{T_0}{m} \log_2 m\,.$$

Die Bandbreite des Signalspektrums beträgt

$$F = \frac{1}{2\,\tau_m} = \frac{m}{2\,T_0 \log_2 m}\,. \tag{6.89}$$

Die Störleistung ist gleich

$$P_s = N_0 \cdot F = \frac{N_0 \cdot m}{2\,T_0 \log_2 m}\,. \tag{6.90}$$

Dabei ist N_0 die spektrale Leistungsdichte der Rauschens. Nach Einsetzen der Beziehungen (6.89) und (6.90) in die Gl. (6.88) folgt

$$C = \frac{m}{2\,T_0 \log_2 m} \log_2\left(1 + \frac{2\,P_n \cdot T_0 \cdot \log_2 m}{N_0 \cdot m}\right)$$

oder

$$T_0\,C = \alpha \log_2\left[\left(1 + \frac{2\,\alpha \log_2 m}{m}\right)^{\frac{m}{2\,\alpha \log_2 m}}\right] \tag{6.91}$$

mit $\alpha = \frac{P_n \cdot T_0}{N_0}$.

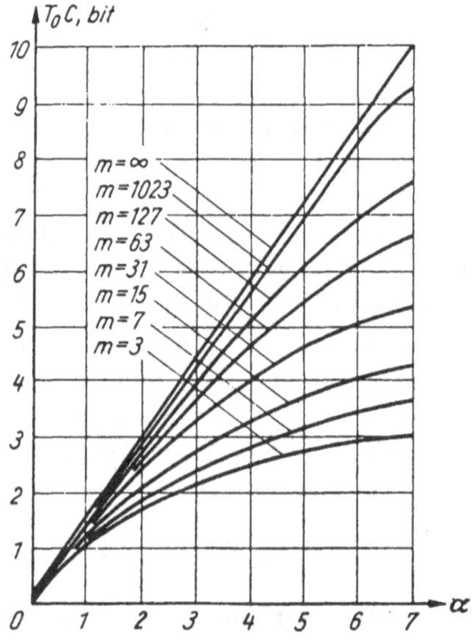

Abb. 6.38

In Abb. 6.38 ist die Funktion $T_0 \cdot C$ in Abhängigkeit von α und m dargestellt. Die Kanalkapazität nähert sich mit wachsendem m einem Grenzwert.

Schließlich besitzen die Signale in Form von m-Folgen auch gute Korrektureigenschaften. Die Distanz der Codeblöcke, die durch die Gl. (6.84) gegeben ist, entspricht einem festen Abstand zwischen den Code-Punkten im Hamming-Raum. Die guten Korrektureigenschaften von Codes aus m-Folgen lassen sich anhand des Beispiels $m = 7$ zeigen. Es können sieben verschiedene Nachrichtenwerte übertragen werden. Das entspricht einem dreistelligen gewöhnlichen Binärcode. Wie in § 30 erläutert wurde, besitzt der Hamming-Code zur Korrektur eines Fehlers für drei informationstragende Binärstellen drei Kontrollstellen.

Der aus m-Folgen gebildete Code gewährleistet im Fall $m = 7$ ebenfalls die Korrektur eines einzelnen Fehlers und besitzt im Vergleich zum Hamming-Code nur ein zusätzliches Symbol.

ANHANG

Tabelle der Logarithmen zur Basis 2 für die Zahlen von 1 bis 10000

1	0,00000	41	5,35755	81	6,33985	121	6,91886
2	1,00000	42	5,39232	82	6,35755	122	6,93074
3	1,58496	43	5,42626	83	6,37504	123	6,94252
4	2,00000	44	5,45943	84	6,39232	124	6,95420
5	2,32193	45	5,49185	85	6,40939	125	6,96578
6	2,58496	46	5,52356	86	6,42626	126	6,97728
7	2,80735	47	5,55459	87	6,44294	127	6,98869
8	3,00000	48	5,58496	88	6,45943	128	7,00000
9	3,16993	49	5,61471	89	6,47573	129	7,01123
10	3,32193	50	5,64386	90	6,49185	130	7,02237
11	3,45943	51	5,67242	91	6,50779	131	7,03342
12	3,58496	52	5,70044	92	6,52356	132	7,04439
13	3,70044	53	5,72792	93	6,53916	133	7,05528
14	3,80735	54	5,75489	94	6,55459	134	7,06609
15	3,90689	55	5,78136	95	6,56986	135	7,07682
16	4,00000	56	5,80735	96	6,58496	136	7,08746
17	4,08746	57	5,83289	97	6,59991	137	7,09803
18	4,16993	58	5,85798	98	6,61471	138	7,10852
19	4,24793	59	5,88264	99	6,62936	139	7,11894
20	4,32193	60	5,90689	100	6,64386	140	7,12928
21	4,39232	61	5,93074	101	6,65821	141	7,13955
22	4,45943	62	5,95420	102	6,67242	142	7,14975
23	4,52356	63	5,97728	103	6,68650	143	7,15987
24	4,58496	64	6,00000	104	6,70044	144	7,16992
25	4,64386	65	6,02237	105	6,71425	145	7,17991
26	4,70044	66	6,04439	106	6,72792	146	7,18982
27	4,75489	67	6,06609	107	6,74147	147	7,19967
28	4,80735	68	6,08746	108	6,75489	148	7,20945
29	4,85798	69	6,10852	109	6,76818	149	7,21917
30	4,90689	70	6,12928	110	6,78136	150	7,22882
31	4,95420	71	6,14975	111	6,79442	151	7,23840
32	5,00000	72	6,16992	112	6,80735	152	7,24793
33	5,04439	73	6,18982	113	6,82018	153	7,25739
34	5,08746	74	6,20945	114	6,83289	154	7,26679
35	5,12928	75	6,22882	115	6,84549	155	7,27613
36	5,16993	76	6,24793	116	6,85798	156	7,28540
37	5,20945	77	6,26679	117	6,87036	157	7,29462
38	5,24793	78	6,28540	118	6,88264	158	7,30378
39	5,28540	79	6,30378	119	6,89482	159	7,31288
40	5,32193	80	6,32193	120	6,90689	160	7,32192

(Fortsetzung)

161	7,33092	212	7,72792	263	8,03892	314	8,29462
162	7,33985	213	7,73471	264	8,04440	315	8,29921
163	7,34873	214	7,74147	265	8,04985	316	8,30378
164	7,35755	215	7,74819	266	8,05528	317	8,30834
165	7,36632	216	7,75489	267	8,06069	318	8,31288
166	7,37504	217	7,76155	268	8,06609	319	8,31741
167	7,38370	218	7,76818	269	8,07146	320	8,32193
168	7,39232	219	7,77479	270	8,07682	321	8,32643
169	7,40088	220	7,78136	271	8,08215	322	8,33092
170	7,40939	221	7,78790	272	8,08746	323	8,33539
171	7,41785	222	7,79442	273	8,09276	324	8,33985
172	7,42626	223	7,80090	274	8,09803	325	8,34429
173	7,43463	224	7,80735	275	8,10329	326	8,34873
174	7,44294	225	7,81378	276	8,10852	327	8,35315
175	7,45121	226	7,82018	277	8,11374	328	8,35755
176	7,45943	227	7,82655	278	8,11894	329	8,36194
177	7,46760	228	7,83289	279	8,12412	330	8,36632
178	7,47573	229	7,83920	280	8,12928	331	8,37069
179	7,48382	230	7,84549	281	8,13442	332	8,37504
180	7,49185	231	7,85175	282	8,13955	333	8,37938
181	7,49985	232	7,85798	283	8,14466	334	8,38370
182	7,50779	233	7,86419	284	8,14975	335	8,38802
183	7,51570	234	7,87036	285	8,15482	336	8,39232
184	7,52356	235	7,87652	286	8,15987	337	8,39660
185	7,53138	236	7,88264	287	8,16491	338	8,40088
186	7,53916	237	7,88874	288	8,16992	339	8,40514
187	7,54690	238	7,89482	289	8,17493	340	8,40939
188	7,55459	239	7,90087	290	8,17991	341	8,41363
189	7,56224	240	7,90689	291	8,18488	342	8,41785
190	7,56986	241	7,91289	292	8,18982	343	8,42206
191	7,57743	242	7,91886	293	8,19476	344	8,42626
192	7,58496	243	7,92481	294	8,19967	345	8,43045
193	7,59246	244	7,93074	295	8,20457	346	8,43440
194	7,59991	245	7,93664	296	8,20945	347	8,43879
195	7,60733	246	7,94251	297	8,21432	348	8,44294
196	7,61471	247	7,94837	298	8,21917	349	8,44708
197	7,62205	248	7,95420	299	8,22400	350	8,45121
198	7,62936	249	7,96000	300	8,22882	351	8,45533
199	7,63662	250	7,96578	301	8,23362	352	8,45943
200	7,64386	251	7,97154	302	8,23840	353	8,46352
201	7,65105	252	7,97728	303	8,24317	354	8,46760
202	7,65821	253	7,98299	304	8,24793	355	8,47167
203	7,66534	254	7,98869	305	8,25267	356	8,47573
204	7,67242	255	7,99435	306	8,25739	357	8,47978
205	7,67948	256	8,00000	307	8,26209	358	8,48382
206	7,68650	257	8,00562	308	8,26679	359	8,48784
207	7,69349	258	8,01123	309	8,27146	360	8,49185
208	7,70044	259	8,01681	310	8,27613	361	8,49585
209	7,70736	260	8,02237	311	8,28077	362	8,49985
210	7,71424	261	8,02791	312	8,28540	363	8,50383
211	7,72110	262	8,03342	313	8,29002	364	8,50779

(Fortsetzung)

365	8,51175	416	8,70044	467	8,86728	518	9,01681
366	8,51570	417	8,70390	468	8,87036	519	9,01959
367	8,51964	418	8,70736	469	8,87344	520	9,02237
368	8,52356	419	8,71081	470	8,87652	521	9,02514
369	8,52748	420	8,71424	471	8,87958	522	9,02791
370	8,53138	421	8,71768	472	8,88264	523	9,03067
371	8,53528	422	8,72110	473	8,88570	524	9,03342
372	8,53916	423	8,72451	474	8,88874	525	9,03617
373	8,54303	424	8,72792	475	8,89178	526	9,03892
374	8,54690	425	8,73132	476	8,89482	527	9,04166
375	8,55075	426	8,73471	477	8,89784	528	9,04439
376	8,55459	427	8,73809	478	8,90087	529	9,04712
377	8,55842	428	8,74147	479	8,90388	530	9,04985
378	8,56224	429	8,74483	480	8,90698	531	9,05257
379	8,56605	430	8,74819	481	8,90989	532	9,05528
380	8,56986	431	8,75154	482	8,91289	533	9,05799
381	8,57365	432	8,75489	483	8,91588	534	9,06069
382	8,57743	433	8,75822	484	8,91886	535	9,06340
383	8,58120	434	8,76155	485	8,92184	536	9,06609
384	8,58496	435	8,76487	486	8,92481	537	9,06878
385	5,58872	436	8,76818	487	8,92778	538	9,07146
386	8,59246	437	8,77149	488	8,93074	539	9,07414
387	8,59619	438	8,77479	489	8,93369	540	9,07682
388	8,59991	439	8,77808	490	8,93664	541	9,07948
389	8,60363	440	8,78136	491	8,93958	542	9,08215
390	8,60733	441	8,78464	492	8,94251	543	9,08481
391	8,61103	442	8,78790	493	8,94544	544	9,08746
392	8,61471	443	8,79116	494	8,94837	545	9,09011
393	8,61839	444	8,79442	495	8,95128	546	9,09276
394	8,62205	445	8,79766	496	8,95420	547	9,09540
395	8,62571	446	8,80090	497	8,95710	548	9,09803
396	8,62936	447	8,80413	498	8,96000	549	9,10066
397	8,63300	448	8,80735	499	8,96290	550	9,10329
398	8,63662	449	8,81057	500	8,96578	551	9,10591
399	8,64025	450	8,81378	501	8,96867	552	9,10852
400	8,64386	451	8,81698	502	8,97154	553	9,11113
401	8,64746	452	8,82018	503	8,97441	554	9,11375
402	8,65105	453	8,82337	504	8,97728	555	9,11634
403	8,65464	454	8,82655	505	8,98014	556	9,11894
404	8,65821	455	8,82972	506	8,98299	557	9,12153
405	8,66178	456	8,83289	507	8,98584	558	9,12412
406	8,66534	457	8,83605	508	8,98869	559	9,12670
407	8,66888	458	8,83920	509	8,99152	560	9,12928
408	8,67242	459	8,84235	510	8,99435	561	9,13186
409	8,67596	460	8,84549	511	8,99718	562	9,13443
410	8,67948	461	8,84862	512	9,00000	563	9,13699
411	8,68299	462	8,85175	513	9,00281	564	9,13955
412	8,68650	463	8,85487	514	9,00562	565	9,14211
413	8,69000	464	8,85798	515	9,00843	566	9,14466
414	8,69349	465	8,86109	516	9,01123	567	9,14720
415	9,69697	466	8,86419	517	9,01402	568	9,14975

(Fortsetzung)

569	9,15228	620	9,27613	671	9,39017	722	9,49585
570	9,15482	621	9,27845	672	9,39232	723	9,49785
571	9,15735	622	9,28077	673	9,39446	724	9,49985
572	9,15987	623	9,28309	674	9,39660	725	9,50184
573	9,16239	624	9,28540	675	9,39874	726	9,50383
574	9,16491	625	9,28771	676	9,40088	727	9,50581
575	9,16742	626	9,29002	677	9,40301	728	9,50779
576	9,16992	627	9,29232	678	9,40514	729	9,50978
577	9,17243	628	9,29462	679	9,40727	730	9,51175
578	9,17493	629	9,29692	680	9,40939	731	9,51373
579	9,17742	630	9,29921	681	9,41151	732	9,51570
580	9,17991	631	9,30149	682	9,41363	733	9,51767
581	9,18239	632	9,30378	683	9,41574	734	9,51964
582	9,18488	633	9,30606	684	9,41785	735	9,52160
583	9,18735	634	9,30834	685	9,41996	736	9,52356
584	9,18982	635	9,31061	686	9,42206	737	9,52552
585	9,19229	636	9,31288	687	9,42417	738	9,52748
586	9,19475	637	9,31515	688	9,42626	739	9,52943
587	9,19722	638	9,31741	689	9,42836	740	9,53138
588	9,19967	639	9,31967	690	9,43045	741	9,53333
589	9,20212	640	9,32193	691	9,43254	742	9,53528
590	9,20457	641	9,32418	692	9,43463	743	9,53722
591	9,20701	642	9,32643	693	9,43671	744	9,53916
592	9,20945	643	9,32867	694	9,43879	745	9,54110
593	9,21189	644	9,33092	695	9,44087	746	9,54303
594	9,21432	645	9,33316	696	9,44294	747	9,54497
595	9,21675	646	9,33539	697	9,44502	748	9,54690
596	9,21917	647	9,33762	698	9,44708	749	9,54882
597	9,22159	648	9,33985	699	9,44915	750	9,55075
598	9,22400	649	9,34208	700	9,45121	751	9,55267
599	9,22641	650	9,34429	701	9,45327	752	9,55459
600	9,22882	651	9,34651	702	9,45533	753	9,55651
601	9,23122	652	9,34873	703	9,45738	754	9,55842
602	9,23362	653	9,35094	704	9,45943	755	9,56033
603	9,23601	654	9,35315	705	9,46148	756	9,56224
604	9,23840	655	9,35535	706	9,46353	757	9,56415
605	9,24079	656	9,35755	707	9,46556	758	9,56605
606	9,24317	657	9,35975	708	9,46760	759	9,56796
607	9,24555	658	9,36194	709	9,46964	760	9,56986
608	9,24793	659	9,36413	710	9,47167	761	9,57175
609	9,25030	660	9,36632	711	9,47371	762	9,57365
610	9,25267	661	9,36850	712	9,47573	763	9,57554
611	9,25503	662	9,37069	713	9,47776	764	9,57743
612	9,25739	663	9,37287	714	9,47978	765	9,57931
613	9,25974	664	9,37504	715	9,48180	766	9,58120
614	9,26209	665	9,37721	716	9,48382	767	9,58308
615	9,26444	666	9,37938	717	9,48583	768	9,58496
616	9,26679	667	9,38154	718	9,48784	769	9,58684
617	9,26913	668	9,38370	719	9,48985	770	9,58872
618	9,27146	669	9,38586	720	9,49185	771	9,59059
619	9,27380	670	9,38802	721	9,49385	772	9,59246

(Fortsetzung)

773	9,59432	824	9,68650	875	9,77314	926	9,85487
774	9,59619	825	9,68825	876	9,77479	927	9,85643
775	9,59805	826	9,69000	877	9,77643	928	9,85798
776	9,59991	827	9,69174	878	9,77808	929	9,85954
777	9,60177	828	9,69349	879	9,77972	930	9,86109
778	9,60363	829	9,69523	880	9,78136	931	9,86264
779	9,60548	830	9,69697	881	9,78300	932	9,86419
780	9,60733	831	9,69870	882	9,78464	933	9,86573
781	9,60918	832	9,70044	883	9,78627	934	9,86728
782	9,61103	833	9,70217	884	9,78790	935	9,86882
783	9,61287	834	9,70390	885	9,78953	936	9,87036
784	9,61471	835	9,70563	886	9,79116	937	9,87191
785	9,61655	836	9,70736	887	9,79279	938	9,87344
786	9,61839	837	9,70908	888	9,79442	939	9,87498
787	9,62022	838	9,71081	889	9,79604	940	9,87652
788	9,62205	839	9,71253	890	9,79766	941	9,87805
789	9,62388	840	9,71424	891	9,79928	942	9,87958
790	9,62571	841	9,71596	892	9,80090	943	9,88111
791	9,62753	842	9,71768	893	9,80251	944	9,88264
792	9,62936	843	9,71993	894	9,80413	945	9,88417
793	9,63118	844	9,72110	895	9,80574	946	9,88570
794	9,63300	845	9,72281	896	9,80735	947	9,88722
795	9,63481	846	9,72451	897	9,80896	948	9,88874
796	9,63662	847	9,72622	898	9,81057	949	9,89026
797	9,63843	848	9,72792	899	9,81218	950	9,89178
798	9,64025	849	9,72962	900	9,81378	951	9,89330
799	9,64205	850	9,73132	901	9,81538	952	9,89482
800	9,64386	851	9,73302	902	9,81698	953	9,89633
801	9,64566	852	9,73471	903	9,81858	954	9,89784
802	9,64746	853	9,73640	904	9,82018	955	9,89936
803	9,64926	854	9,73809	905	9,82178	956	9,90087
804	9,65105	855	9,73978	906	9,82337	957	9,90238
805	9,65285	856	9,74147	907	9,82496	958	9,90388
806	9,65464	857	9,74315	908	9,82655	959	9,90539
807	9,65643	858	9,74483	909	9,82814	960	9,90689
808	9,65821	859	9,74651	910	9,82972	961	9,90839
809	9,66000	860	9,74819	911	9,83131	962	9,90989
810	9,66178	861	9,74987	912	9,83289	963	9,91139
811	9,66356	862	9,75154	913	9,83447	964	9,91289
812	9,66534	863	9,75322	914	9,83605	965	9,91438
813	9,66711	864	9,75489	915	9,83763	966	9,91588
814	9,66888	865	9,75656	916	9,83920	967	9,91737
815	9,67066	866	9,75822	917	9,84078	968	9,91886
816	9,67242	867	9,75989	918	9,84235	969	9,92035
817	9,67419	868	9,76155	919	9,84392	970	9,92184
818	9,67596	869	9,76321	920	9,84549	971	9,92333
819	9,67772	870	9,76487	921	9,84706	972	9,92481
820	9,67948	871	9,76653	922	9,84862	973	9,92630
821	9,68124	872	9,76818	923	9,85019	974	9,92778
822	9,68299	873	9,76984	924	9,85175	975	9,92926
823	9,68475	874	9,77149	925	9,85331	976	9,93074

(Fortsetzung)

977	9,93222	1280	10,32193	1790	10,80574	2300	11,16742
978	9,93369	1290	10,33316	1800	10,81378	2310	11,17368
979	9,93517	1300	10,34429	1810	10,82178	2320	11,17991
980	9,93664	1310	10,35535	1820	10,82972	2330	11,18611
981	9,93811	1320	10,36632	1830	10,83763	2340	11,19229
982	9,93958	1330	10,37721	1840	10,84549	2350	11,19845
983	9,94105	1340	10,38802	1850	10,85331	2360	11,20457
984	9,94251	1350	10,39874	1860	10,86109	2370	11,21067
985	9,94398	1360	10,40939	1870	10,86882	2380	11,21675
986	9,94544	1370	10,41996	1880	10,87652	2390	11,22279
987	9,94691	1380	10,43045	1890	10,88417	2400	11,22882
988	9,94837	1390	10,44087	1900	10,89178	2410	11,23482
989	9,94983	1400	10,45121	1910	10,89936	2420	11,24079
990	9,95128	1410	10,46148	1920	10,90689	2430	11,24674
991	9,95274	1420	10,47167	1930	10,91438	2440	11,25267
992	9,95420	1430	10,48180	1940	10,92184	2450	11,25857
993	9,95565	1440	10,49185	1950	10,92926	2460	11,26444
994	9,95710	1450	10,50184	1960	10,93664	2470	11,27030
995	9,95855	1460	10,51175	1970	10,94398	2480	11,27613
996	9,96000	1470	10,52160	1980	10,95128	2490	11,28193
997	9,96145	1480	10,53138	1990	10,95855	2500	11,28771
998	9,96290	1490	10,54110	2000	10,96578	2510	11,29347
999	9,96434	1500	10,55075	2010	10,97298	2520	11,29921
1000	9,96578	1510	10,56033	2020	10,98014	2530	11,30492
1010	9,98014	1520	10,56986	2030	10,98726	2540	11,31061
1020	9,99435	1530	10,57931	2040	10,99435	2550	11,31628
1030	10,00843	1540	10,58872	2050	11,00141	2560	11,32193
1040	10,02237	1550	10,59805	2060	11,00843	2570	11,32755
1050	10,03617	1560	10,60733	2070	11,01541	2580	11,33316
1060	10,04985	1570	10,61655	2080	11,02237	2590	11,33874
1070	10,06340	1580	10,62571	2090	11,02929	2600	11,34429
1080	10,07682	1590	10,63481	2100	11,03617	2610	11,34984
1090	10,09011	1600	10,64386	2110	11,04302	2620	11,35535
1100	10,10329	1610	10,65285	2120	11,04985	2630	11,36085
1110	10,11634	1620	10,66178	2130	11,05664	2640	11,36633
1120	10,12928	1630	10,67066	2140	11,06340	2650	11,37178
1130	10,14211	1640	10,67948	2150	11,07012	2660	11,37721
1140	10,15482	1650	10,68825	2160	11,07682	2670	11,38262
1150	10,16742	1660	10,69697	2170	11,08348	2680	11,38802
1160	10,17991	1670	10,70563	2180	11,09011	2690	11,39339
1170	10,19229	1680	10,71424	2190	11,09671	2700	11,39874
1180	10,20457	1690	10,72280	2200	11,10329	2710	11,40408
1190	10,21675	1700	10,73132	2210	11,10983	2720	11,40939
1200	10,22882	1710	10,73978	2220	11,11634	2730	11,41469
1210	10,24079	1720	10,74819	2230	11,12283	2740	11,41996
1220	10,25267	1730	10,75656	2240	11,12928	2750	11,42522
1230	10,26444	1740	10,76487	2250	11,13571	2760	11,43045
1240	10,27613	1750	10,77314	2260	11,14211	2770	11,43567
1250	10,28771	1760	10,78136	2270	11,14848	2780	11,44087
1260	10,29921	1770	10,78953	2280	11,15482	2790	11,44605
1270	10,31061	1780	10,79766	2290	11,16113	2800	11,45121

(Fortsetzung)

2810	11,45635	3320	11,69697	3830	11,90313	4340	12,08348
2820	11,46148	3330	11,70131	3840	11,90689	4350	12,08680
2830	11,46658	3340	11,70563	3850	11,91064	4360	12,09011
2840	11,47167	3350	11,70995	3860	11,91438	4370	12,09342
2850	11,47675	3360	11,71424	3870	11,91812	4380	12,09671
2860	11,48180	3370	11,71853	3880	11,92184	4390	12,10001
2870	11,48684	3380	11,72281	3890	11,92556	4400	12,10329
2880	11,49185	3390	11,72707	3900	11,92926	4410	12,10656
2890	11,49685	3400	11,73132	3910	11,93295	4420	12,10983
2900	11,50184	3410	11,73555	3920	11,93664	4430	12,11309
2910	11,50680	3420	11,73978	3930	11,94031	4440	12,11634
2920	11,51175	3430	11,74399	3940	11,94398	4450	12,11959
2930	11,51669	3440	11,74819	3950	11,94764	4460	12,12283
2940	11,52160	3450	11,75238	3960	11,95128	4470	12,12606
2950	11,52650	3460	11,75633	3970	11,95492	4480	12,12928
2960	11,53138	3470	11,76072	3980	11,95855	4490	12,13250
2970	11,53625	3480	11,76487	3990	11,96217	4500	12,13571
2980	11,54110	3490	11,76901	4000	11,96578	4510	12,13891
2990	11,54593	3500	11,77314	4010	11,96938	4520	12,14211
3000	11,55075	3510	11,77725	4020	11,97298	4530	12,14529
3010	11,55555	3520	11,78136	4030	11,97656	4540	12,14848
3020	11,56033	3530	11,78545	4040	11,98014	4550	12,15165
3030	11,56510	3540	11,78953	4050	11,98371	4560	12,15482
3040	11,56986	3550	11,79360	4060	11,98726	4570	12,15798
3050	11,57459	3560	11,79766	4070	11,99081	4580	12,16113
3060	11,57931	3570	11,80171	4080	11,99435	4590	12,16428
3070	11,58402	3580	11,80574	4090	11,99788	4600	12,16742
3080	11,58872	3590	11,80977	4100	12,00141	4610	12,17055
3090	11,59339	3600	11,81378	4110	12,00492	4620	12,17368
3100	11,59805	3610	11,81778	4120	12,00843	4630	12,17680
3110	11,60270	3620	11,82178	4130	12,01193	4640	12,17991
3120	11,60733	3630	11,82575	4140	12,01541	4650	12,18301
3130	11,61195	3640	11,82972	4150	12,01889	4660	12,18611
3140	11,61655	3650	11,83368	4160	12,02237	4670	12,18921
3150	11,62114	3660	11,83763	4170	12,02583	4680	12,19229
3160	11,62571	3670	11,84156	4180	12,02929	4690	12,19537
3170	11,63027	3680	11,84549	4190	12,03273	4700	12,19845
3180	11,63481	3690	11,84940	4200	12,03617	4710	12,20151
3190	11,63934	3700	11,85332	4210	12,03960	4720	12,20457
3200	11,64386	3710	11,85720	4220	12,04303	4730	12,20762
3210	11,64836	3720	11,86109	4230	12,04644	4740	12,21067
3220	11,65285	3730	11,86496	4240	12,04985	4750	12,21371
3230	11,65732	3740	11,86882	4250	12,05325	4760	12,21675
3240	11,66178	3750	11,87267	4260	12,05664	4770	12,21977
3250	11,66622	3760	11,87652	4270	12,06002	4780	12,22279
3260	11,67066	3770	11,88035	4280	12,06340	4790	12,22581
3270	11,67508	3780	11,88417	4290	12,06676	4800	12,22882
3280	11,67948	3790	11,88798	4300	12,07012	4810	12,23182
3290	11,68387	3800	11,89178	4310	12,07347	4820	12,23482
3300	11,68825	3810	11,89558	4320	12,07682	4830	12,23781
3310	11,69262	3820	11,89936	4330	12,08015	4840	12,24079

(Fortsetzung)

4850	12,24377	5360	12,38802	5870	12,51914	6380	12,63934
4860	12,24674	5370	12,39071	5880	12,52160	6390	12,64160
4870	12,24971	5380	12,39339	5890	12,52405	6400	12,64386
4880	12,25267	5390	12,39607	5900	12,52650	6410	12,64611
4890	12,25562	5400	12,39874	5910	12,52894	6420	12,64836
4900	12,25857	5410	12,40141	5920	12,53138	6430	12,65060
4910	12,26151	5420	12,40408	5930	12,53382	6440	12,65285
4920	12,26444	5430	12,40674	5940	12,53625	6450	12,65508
4930	12,26737	5440	12,40939	5950	12,53867	6460	12,65732
4940	12,27030	5450	12,41204	5960	12,54110	6470	12,65955
4950	12,27321	5460	12,41469	5970	12,54351	6480	12,66178
4960	12,27613	5470	12,41732	5980	12,54593	6490	12,66400
4970	12,27903	5480	12,41996	5990	12,54834	6500	12,66622
4980	12,28193	5490	12,42259	6000	12,55075	6510	12,66844
4990	12,28483	5500	12,42522	6010	12,55315	6520	12,67066
5000	12,28771	5510	12,42784	6020	12,55555	6530	12,67287
5010	12,29060	5520	12,43045	6030	12,55764	6540	12,67508
5020	12,29347	5530	12,43306	6040	12,56033	6550	12,67728
5030	12,29634	5540	12,43568	6050	12,56272	6560	12,67948
5040	12,29921	5550	12,43827	6060	12,56510	6570	12,68168
5050	12,30207	5560	12,44087	6070	12,56748	6580	12,68387
5060	12,30492	5570	12,44346	6080	12,56986	6590	12,68606
5070	12,30777	5580	12,44605	6090	12,57223	6600	12,68825
5080	12,31061	5590	12,44863	6100	12,57459	6610	12,69043
5090	12,31345	5600	12,45121	6110	12,57696	6620	12,69262
5100	12,31628	5610	12,45379	6120	12,57931	6630	12,69479
5110	12,31911	5620	12,45635	6130	12,58170	6640	12,69697
5120	12,32193	5630	12,45892	6140	12,58402	6650	12,69914
5130	12,32474	5640	12,46148	6150	12,58640	6660	12,70131
5140	12,32755	5650	12,46403	6160	12,58872	6670	12,70347
5150	12,33036	5660	12,46658	6170	12,59105	6680	12,70563
5160	12,33316	5670	12,46913	6180	12,59339	6690	12,70779
5170	12,33595	5680	12,47167	6190	12,59572	6700	12,70995
5180	12,33874	5690	12,47421	6200	12,59805	6710	12,71210
5190	12,34152	5700	12,47675	6210	12,60038	6720	12,71424
5200	12,34429	5710	12,47927	6220	12,60270	6730	12,71639
5210	12,34707	5720	12,48180	6230	12,60502	6740	12,71853
5220	12,34984	5730	12,48432	6240	12,60733	6750	12,72067
5230	12,35260	5740	12,48684	6250	12,60964	6760	12,72281
5240	12,35535	5750	12,48935	6260	12,61195	6770	12,72494
5250	12,35810	5760	12,49185	6270	12,61425	6780	12,72707
5260	12,36085	5770	12,49436	6280	12,61655	6790	12,72920
5270	12,36359	5780	12,49685	6290	12,61885	6800	12,73132
5280	12,36632	5790	12,49935	6300	12,62114	6810	12,73344
5290	12,36905	5800	12,50184	6310	12,62342	6820	12,73555
5300	12,37178	5810	12,50432	6320	12,62571	6830	12,73767
5310	12,37450	5820	12,50680	6330	12,62799	6840	12,73978
5320	12,37721	5830	12,50928	6340	12,63027	6850	12,74189
5330	12,37992	5840	12,51175	6350	12,63254	6860	12,74399
5340	12,38262	5850	12,51422	6360	12,63481	6870	12,74609
5350	12,38532	5860	12,51668	6370	12,63708	6880	12,74819

(Fortsetzung)

6890	12,75029	7400	12,85331	7910	12,94946	8420	13,03960
6900	12,75238	7410	12,85526	7920	12,95128	8430	13,04132
6910	12,75447	7420	12,85720	7930	12,95310	8440	13,04303
6920	12,75656	7430	12,85915	7940	12,95492	8450	13,04474
6930	12,75864	7440	12,86109	7950	12,95674	8460	13,04644
6940	12,76072	7450	12,86302	7960	12,95855	8470	13,04814
6950	12,76280	7460	12,86496	7970	12,96036	8480	13,04985
6960	12,76487	7470	12,86689	7980	12,96217	8490	13,05155
6970	12,76694	7480	12,86882	7990	12,96398	8500	13,05325
6980	12,76901	7490	12,87075	8000	12,96578	8510	13,05494
6990	12,77108	7500	12,87267	8010	12,96759	8520	13,05664
7000	12,77314	7510	12,87460	8020	12,96938	8530	13,05833
7010	12,77520	7520	12,87652	8030	12,97119	8540	13,06002
7020	12,77725	7530	12,87843	8040	12,97298	8550	13,06171
7030	12,77931	7540	12,88035	8050	12,97477	8560	13,06340
7040	12,78136	7550	12,88261	8060	12,97656	8570	13,06508
7050	12,78341	7560	12,88417	8070	12,97835	8580	13,06676
7060	12,78545	7570	12,88608	8080	12,98014	8590	13,06844
7070	12,78749	7580	12,88798	8090	12,98193	8600	13,07012
7080	12,78953	7590	12,88988	8100	12,98371	8610	13,07180
7090	12,79157	7600	12,89178	8110	12,98549	8620	13,07347
7100	12,79360	7610	12,89368	8120	12,98726	8630	13,07515
7110	12,79563	7620	12,89558	8130	12,98904	8640	13,07682
7120	12,79766	7630	12,89747	8140	12,99081	8650	13,07848
7130	12,79969	7640	12,89936	8150	12,99259	8660	13,08015
7140	12,80171	7650	12,90124	8160	12,99435	8670	13,08182
7150	12,80373	7660	12,90313	8170	12,99612	8680	13,08348
7160	12,80574	7670	12,90501	8180	12,99788	8690	13,08514
7170	12,80776	7680	12,90689	8190	12,99965	8700	13,08680
7180	12,80977	7690	12,90877	8200	13,00140	8710	13,08846
7190	12,81178	7700	12,91064	8210	13,00317	8720	13,09011
7200	12,81378	7710	12,91251	8220	13,00492	8730	13,09176
7210	12,81578	7720	12,91438	8230	13,00668	8740	13,09342
7220	12,81778	7730	12,91625	8240	13,00843	8750	13,09507
7230	12,81978	7740	12,91812	8250	13,01018	8760	13,09671
7240	12,82178	7750	12,91998	8260	13,01193	8770	13,09836
7250	12,82376	7760	12,92184	8270	13,01367	8780	13,10001
7260	12,82575	7770	12,92370	8280	13,01541	8790	13,10165
7270	12,82774	7780	12,92556	8290	13,01716	8800	13,10329
7280	12,82972	7790	12,92741	8300	13,01889	8810	13,10493
7290	12,83170	7800	12,92926	8310	13,02063	8820	13,10656
7300	12,83368	7810	12,93111	8320	13,02237	8830	13,10820
7310	12,83565	7820	12,93295	8330	13,02410	8840	13,10983
7320	12,83763	7830	12,93480	8340	13,02583	8850	13,11146
7330	12,83960	7840	12,93664	8350	13,02756	8860	13,11309
7340	12,84156	7850	12,93848	8360	13,02929	8870	13,11472
7350	12,84353	7860	12,94031	8370	13,03101	8880	13,11634
7360	12,84549	7870	12,94215	8380	13,03273	8890	13,11797
7370	12,84745	7880	12,94398	8390	13,03445	8900	13,11959
7380	12,84940	7890	12,94581	8400	13,03617	8910	13,12121
7390	12,85136	7900	12,94764	8410	13,03789	8920	13,12283

(Fortsetzung)

8930	13,12444	9200	13,16742	9470	13,20915	9740	13,24971
8940	13,12606	9210	13,16899	9480	13,21067	9750	13,25119
8950	13,12767	9220	13,17055	9490	13,21219	9760	13,25267
8960	13,12928	9230	13,17212	9500	13,21371	9770	13,25414
8970	13,13089	9240	13,17368	9510	13,21523	9780	13,25562
8980	13,13250	9250	13,17524	9520	13,21675	9790	13,25709
8990	13,13411	9260	13,17680	9530	13,21826	9800	13,25857
9000	13,13571	9270	13,17835	9540	13,21977	9810	13,26004
9010	13,13731	9280	13,17991	9550	13,22128	9820	13,26151
9020	13,13891	9290	13,18146	9560	13,22279	9830	13,26298
9030	13,14051	9300	13,18301	9570	13,22430	9840	13,26444
9040	13,14211	9310	13,18457	9580	13,22581	9850	13,26591
9050	13,14370	9320	13,18611	9590	13,22732	9860	13,26737
9060	13,14529	9330	13,18766	9600	13,22882	9870	13,26883
9070	13,14689	9340	13,18921	9610	13,23032	9880	13,27030
9080	13,14848	9350	13,19075	9620	13,23182	9890	13,27175
9090	13,15006	9360	13,19229	9130	13,23332	9900	13,27321
9100	13,15165	9370	1,319383	9640	13,23482	9910	13,27467
9110	13,15323	9380	13,19537	9650	13,23631	9920	13,27613
9120	13,15482	9390	13,19691	9660	13,23781	9930	13,27758
9130	13,15640	9400	13,19845	9670	13,23930	9940	13,27903
9140	13,15798	9410	13,19998	9680	13,24079	9950	13,28048
9150	13,15956	9420	13,20151	9690	13,24228	9960	13,28193
9160	13,16113	9430	13,20304	9700	13,24377	9970	13,28338
9170	13,16270	9440	13,20457	9710	13,24525	9980	13,28483
9180	13,16428	9450	13,20610	9720	13,24674	9990	13,28627
9190	13,16585	9460	13,20762	9730	13,24822	10000	13,28771

LITERATURVERZEICHNIS

[1] Amiantow, I. N.: Anwendung der Entscheidungstheorie auf Aufgaben der Detektion von Signalen und ihrer Ausfilterung aus dem Rauschen [Применение теории решений к задачам обнаружения сигналов и выделения сигналов из шумов], Verlag Shukowskij WWIA, 1958.

[2] Ango, A.: Mathematik für Elektro- und Funktechniker [Математика для электро- и радиоинженеров], Verlag Nauka, Moskau 1964.

[3] Bloch, E. L.; Charkewitsch, A. A.: Zur Frage des geometrischen Beweises des Shannonschen Theorems [К вопросу о геометрическом доказательстве теоремы Шеннона], Radiotechnika, 1956, No. 11.

[4] Bode, H. W.; Shannon, C. E.: A Simplified Derivation on Linear Least-square Smoothing and Prediction Theory, Proc. IRE **38** (1950) 417.

[5] Brillouin, L.: Science and Information Theory, Academic Press Inc., New York 1962.

[6] Charkewitsch, A. A.: Abriß einer allgemeinen Kommunikationstheorie [Очерки общей теории связи], Gostechisdat, Moskau 1955.

[7] Charkewitsch, A. A.: Zum Abtasttheorem [О теореме Котельникова], Radiotechnika, 1958, No 8.

[8] Charkewitsch, A. A.: Der Kampf mit den Störungen [Борьба с помехами], Verlag Nauka 1965.

[9] Chintschin, A. J.: Arbeiten zur Informationstheorie, Deutscher Verlag der Wissenschaften, Berlin 1967.

[10] Eckler, A. R.: The Construction of Missile Guidance Codes Resistant to Random Interference, Bell Syst. Techn. J. **39** (1960) Nr. 4.

[11] Fano, R. M.: Informationsübertragung, R. Oldenbourg, München 1966.

[12] Feinstein, A.: Foundations of Information Theory, McGraw Hill, New York 1958.

[13] Feldbaum, A. A.: Rechengeräte in automatischen Systemen, R. Oldenbourg, München 1962.

[14] Fey, P.: Informationstheorie, Akademie-Verlag, Berlin 1968.

[15] Freeman, H.: On the Information-Handling Efficiency of a Digital Computer Program, Applications and Industry, Jan. 1961, Nr. 52.

[16] Goldman, S.: Information Theory, Prentice Hall, Englewood Cliffs 1953.

[17] Gray, A.; Mathews, G. B.; Macroberts, T. M.: Bessel functions and their applications to physics, Mac Millan, London 1922.

[18] Hartley, R. V.: Transmission of Information, Bell Syst. Techn. J. 7 (1928) 535–563.

[19] Helstrom, C. W.: The Resolution of Signals in White, Gaussian Noise, Proc. IRE 43 (1955) Nr. 9.

[20] Informationstheorie. Sammelbände zur Terminologie, Nr. 64, Verlag Nauka, Moskau 1964.

[21] Kolmogorow, A. N.: Theorie der Informationsübertragung [Теория передачи информации], Plenarsitzung der Akademie der Wissenschaften der UdSSR zu wissenschaftlichen Fragen der Automatisierung der Produktion, Verlag der Akademie der Wissenschaften der UdSSR 1957.

[22] Kotelnikow, W. A.: Theorie der potentiellen Störfestigkeit [Теория потенциальной помехоустойчивости], Gosenergoisdat, Moskau 1956.

[23] Krasowskij, A. A.; Pospelow, G. S.: Grundlagen der Automatisierungstechnik und der technischen Kybernetik [Основи автоматики и технической кибернетики], Gosenergoisdat, Moskau 1962.

[24] Lifschitz, N. A.; Pugatschow, W. N.: Statistische Analyse automatischer Systeme [Вероятностный анализ систем автоматического управления], Sowjetskoje Radio 1963.

[25] Maksimow, M. W.; Gorgonow, G. P.: Funksteuerung von Raketen [Радио управление ракетами], Sowjetskoje Radio 1964.

[26] Paket, A. E.; Ramo, S. (Herausgeber): Die Konstruktion lenkbarer Geschosse [Конструированийе управляемух снарядов], Wojenisdat, 1963.

[27] Peterson, W. W.: Prüfbare und korrigierbare Codes, R. Oldenbourg, München 1967.

[28] Petrowskij, A. M. (Herausgeber): Sammelband „Fehlerfeststellende und fehlerkorrigierende Codes [Коды с овнаруженийем и исправленийем ошивок], Verlag für technisch-theoretische Literatur, Moskau 1956.

[29] Pugatschow, W. S.: Theorie der Zufallsfunktionen und ihre Anwendung in der Regelungstechnik [Теория случайных функций и ее применение к задачам автоматического управления], Fismatgis, Moskau 1960.
(Englische Übersetzung:
Pugachev, V. S.: Theory of Random Functions and its Application to Control Problems, Pergamon Press, Oxford 1956.)

[30] Reed, I. S.: A Class of Multiple-Error Correcting Codes and Decoding Schemes, IRE Trans. Inform. Theory IT–4 (1954) 38–49.

[31] Ryshik, I. M.; Gradstein, I. S.: Summen-, Produkt- und Integraltafeln, Deutscher Verlag der Wissenschaften, Berlin 1957.

[32] Seifert, H. (Herausgeber): Kosmische Technik [Космическая техника], Verlag Nauka, Moskau 1964.

[33] Shannon, C. E.; Weaver, W.: The mathematical Theory of Communication, Univ. of Illinois, Urbana 1949.

[34] Shannon, C. E.: Automata Studies, Princetown University Press 1956.

[35] Shannon, C. E.: The Zero Error Capacity of a Noisy Channel, IRE Trans. Inform. Theory IT–12 (1956) 8–19.

[36] Shelesnow, N. A.: Zu Grundproblemen der Signaltheorie [О принципалних вопросах теории сигналов], Radiotechnika, 1957, Nr. 11.

[37] Shelesnow, N. A.: Das Prinzip der diskreten Darstellung kontinuierlicher Signale mit beschränktem Spektrum [Принцип дискретисации непрерувнух сигналов с неогранитченум спектром], Radiotechnika i Elektronika 1958, Nr. 1.

[38] Smirnow, W. A.: Grundlagen des UKW-Funks, Swjasisdat 1957.

[39] Solodow, A. W.: Lineare Regelungssysteme mit veränderlichen Parametern [Основы радиосвязи на ультракоротких волнах], Fismatgis, Moskau 1962.

[40] Stutt, C. A.: Information Rate in a Continous Channel for Regular Simplex Codes, IRE Trans Inform. Theory IT–6 (1960) Nr. 5.

[41] Turbowitsch, I. T.: Analytische Darstellung von Zeitfunktionen mit unbeschränktem Spektrum [Аналитическое представление функции времени с неограниченным спектром], Radiotechnika 1958, Nr. 3.

[42] Turbowitsch, I. T.: Zur Anwendung des Abtasttheorems auf Zeitfunktionen mit unbeschränktem Spektrum [К вопросу о применении теоремы Котелникова к функциям времени с неограниченным спектром], Radiotechnika 1958, Nr. 8.

[43] Zypkin, J. S.: Theorie der linearen Impulssysteme, Verlag Technik, Berlin 1967.

SACHVERZEICHNIS

FSC
www.fsc.org
MIX
Papier | Fördert gute Waldnutzung
FSC® C083411

Kolibri 360 GmbH
Ferdinand-Jühlke-Straße 7
99095 Erfurt, Deutschland
produktsicherheit@kolibri360.de